普通高等教育"十一五"国家级规划教材

中国石油和化学工业优秀出版物（教材奖）一等奖

工程热力学

第 3 版

毕明树　戴晓春　冯殿义　马连湘

化学工业出版社

·北京·

本书自出版以来受到了有关教师和学生的好评，第二版为普通高等教育"十一五"国家级规划教材，荣获了中国石油和化学工业优秀出版物一等奖。主要内容有热力学基本概念、热力学基本定律、工质的热力性质、工质的热力过程、气体与蒸气的流动、节能热力学分析基础、热力循环、溶液热力学与相平衡基础、热化学与化学平衡等，书后附有必要的图表以备查用。全书以热力学基本定律为主线，以工质的热力性质和热力过程为基础，引入当今热力工程领域的科技新成果，讨论热能与其他形式能相互转换的规律及合理用能的分析方法。强化对学生分析和解决工程实际问题的能力的培养，激发学生的科技创新兴趣。全书采用法定计量单位。

第3版保持了原版的风格，增加了"气体与蒸气的流动"的章节，主要阐述气体与蒸气在流经一些形状特殊的管道（如喷管、节流阀）过程中热力状态参数、流动速度与管道截面变化间的关系以及能量转化关系，同时整合了原版中的相关内容。

本书配套有辅助教材《工程热力学学习指导》，辅以各章重点难点讲解与习题解答等，有利于学生提高学习效果，尤其是对参加工程热力学科目研究生入学考试的学生颇有益处。

本书是过程装备与控制工程相关本科专业的核心课教材，也可作为机械类其他专业教材，还可供有关技术人员作参考资料。

图书在版编目（CIP）数据

工程热力学/毕明树等编. —3 版. —北京：化学工业出版社，2016.2（2023.2 重印）
普通高等教育"十一五"国家级规划教材
ISBN 978-7-122-25890-8

Ⅰ. 工… Ⅱ. ① 毕… Ⅲ. 工程热力学-高等学校-教材
Ⅳ. TK123

中国版本图书馆 CIP 数据核字（2015）第 306590 号

责任编辑：程树珍　　　　　　　　　　　装帧设计：史利平
责任校对：宋　玮

出版发行：化学工业出版社（北京市东城区青年湖南街 13 号 邮政编码 100011）
印　　装：大厂聚鑫印刷有限责任公司
787mm×1092mm　1/16　印张 18¼　字数 470 千字　2023 年 2 月北京第 3 版第 6 次印刷

购书咨询：010-64518888　　　　　　　售后服务：010-64518899
网　　址：http://www.cip.com.cn
凡购买本书，如有缺损质量问题，本社销售中心负责调换。

定　　价：49.00 元

过程装备与控制工程专业核心课程教材编写委员会

组织策划人员（按姓氏笔画排列）：

丁信伟（全国高等学校化工类及相关专业教学指导委员会副主任委员兼化工
装备教学指导组组长）

吴剑华（全国高等学校化工类及相关专业教学指导委员会委员）

涂善东（全国高等学校化工类及相关专业教学指导委员会委员）

董其伍（全国高等学校化工类及相关专业教学指导委员会委员）

蔡仁良（全国高等学校化工类及相关专业教学指导委员会委员）

编写人员（按姓氏笔画排列）：

马连湘	王良恩	王淑兰	王　毅	叶德潜
刘敏珊	闫康平	毕明树	李　云	李建明
李德昌	张早校	吴旨玉	陈文梅	陈志平
肖泽仪	林兴华	卓　震	胡　涛	郑津洋
姜培正	桑芝富	钱才富	徐思浩	黄卫星
黄有发	董其伍	廖景娱	魏新利	魏进家

主审人员（按姓氏笔画排列）：

丁信伟　施　仁　郁永章　蔡天锡　潘永密　潘家祯

审定人员（按姓氏笔画排列）：

丁信伟　吴剑华　涂善东　董其伍　蔡仁良

前　言

本书自出版以来受到了有关教师和学生的好评，获批普通高等教育"十一五"国家级规划教材，荣获了中国石油和化学工业优秀出版物一等奖。

在总结近年来教学研究与改革成果并收集本书使用者和过程装备与控制工程专业教学指导委员会的意见和建议的基础上，编者提出了本次教材修改方案。根据过程装备与控制工程专业课程体系，考虑到与其他课程内容的有效衔接，本次修订增加了"气体与蒸气的流动"的内容，主要阐述气体与蒸气在流经一些形状特殊的管道（如喷管、节流阀）过程中热力状态参数、流动速率与管道截面变化间的关系以及能量转化关系，同时整合了原版中的相关内容。

全书共分10章。绪论概括了本课程的性质、研究对象、主要内容及研究方法。第1章介绍系统、状态及状态参数、可逆与不可逆过程、循环等基本概念。第2章介绍热力学第一和第二定律。第3章介绍工质的热力性质，包括理想气体和实际气体的性质与计算方法、水蒸气与湿空气的一般概念及各种图表的应用。第4章介绍工质的热力过程，包括理想气体、蒸汽、湿空气的基本热力过程与工程实际中常见的工质在绝热节流装置、压气机、膨胀机、锅炉、汽轮机中的热力过程。第5章介绍主要气体和蒸气在喷管稳定流动以及节流过程中热力状态参数、流动速度与管道截面变化间的关系和能量转化与传递问题。第6章介绍㶲的概念与分析方法，讨论了焓分析方法和㶲分析方法的区别与联系及其适用性。第7章介绍热力循环，包括蒸汽动力循环、气体制冷循环、蒸气压缩制冷循环、吸收式制冷循环、喷射制冷循环、热泵循环和气体液化循环。第8章介绍溶液热力学基础和相平衡；第9章介绍化学热力学基础和化学平衡。为方便学习和计算，附录提供了各种单位制的换算表、常见工质热力性质表和图。

本书仍保持了原版的特色和体系，注重对基本概念和基本参数或方程的理解和运用，强化对学生分析和解决工程实际问题的能力的培养，增强科学性、启发性和教学适用性，激发学生的科技创新兴趣。

本书由大连理工大学毕明树、辽宁工业大学戴晓春、冯殿义、青岛科技大学马连湘修订。修订过程中得到了部分教师和学生、过程装备与控制工程专业教学指导委员会的大力支持，在此表示衷心感谢。也借此机会，向本书第1版编者大连理工大学王淑兰教授、福州大学王良恩教授和主审人大连理工大学蔡天锡教授、审定人沈阳化工学院吴剑华教授致以诚挚的敬意。

限于编者学术水平及教学经验，书中难免仍有不妥之处，竭诚希望读者批评指正。

编　者
2015 年 10 月

第 1 版 序

按照国际标准化组织的认定（ISO/DIS 9000：2000），社会经济过程中的全部产品通常分为四类，即硬件产品（hardware）、软件产品（software）、流程性材料产品（processed material）和服务型产品（service）。在新世纪初，世界上各主要发达国家和我国都已把"先进制造技术"列为优先发展的战略性高技术之一。先进制造技术主要是指硬件产品的先进制造技术和流程性材料产品的先进制造技术。所谓"流程性材料"是指以流体（气、液、粉粒体等）形态为主的材料。

过程工业是加工制造流程性材料产品的现代国民经济的支柱产业之一。成套过程装置则是组成过程工业的工作母机群，它通常是由一系列的过程机器和过程设备，按一定的流程方式用管道、阀门等连接起来的一个独立的密闭连续系统，再配以必要的控制仪表和设备，即能平稳连续地把以流体为主的各种流程性材料，让其在装置内部经历必要的物理化学过程，制造出人们需要的新的流程性材料产品。单元过程设备（如塔、换热器、反应器与储罐等）与单元过程机器（如压缩机、泵与分离机等）二者的统称为过程装备。为此，有关涉及流程性材料产品先进制造技术的主要研究发展领域应该包括以下几个方面：①过程原理与技术的创新；②成套装置流程技术的创新；③过程设备与过程机器——过程装备技术的创新；④过程控制技术的创新。于是把过程工业需要实现的最佳技术经济指标：高效、节能、清洁和安全不断推向新的技术水平，确保该产业在国际上的竞争力。

过程装备技术的创新，其关键首先应着重于装备内件技术的创新，而其内件技术的创新又与过程原理和技术的创新以及成套装置工艺流程技术的创新密不可分，它们互为依托，相辅相成。这一切也是流程性产品先进制造技术与一般硬件产品的先进制造技术的重大区别所在。另外，这两类不同的先进制造技术的理论基础也有着重大的区别，前者的理论基础主要是化学、固体力学、流体力学、热力学、机械学、化学工程与工艺学、电工电子学和信息技术科学等，而后者则主要侧重于固体力学、材料与加工学、机械机构学、电工电子学和信息技术科学等。

"过程装备与控制工程"本科专业在新世纪的根本任务是为国民经济培养大批优秀的能够掌握流程性材料产品先进制造技术的高级专业人才。

四年多来，教学指导委员会以邓小平同志提出的"教育要面向现代化，面向世界，面向未来"的思想为指针，在广泛调查研讨的基础上，分析了国内外化工类与机械类高等教育的现状、存在的问题和未来的发展，向教育部提出了把原"化工设备与机械"本科专业改造建设为"过程装备与控制工程"本科专业的总体设想和专业发展规划建议书，于 1998 年 3 月获得教育部的正式批准，设立了"过程装备与控制工程"本科专业。以此为契机，教学指导委员会制订了"高等教育面向 21 世纪'过程装备与控制工程'本科专业建设与人才培养的总体思路"，要求各院校从转变传统教育思想出发，拓宽专业范围，以培养学生的素质、知识与能力为目标，以发展先进制造技术作为本专业改革发展的出发点，重组课程体系，在加强通用基础理论与实践环节教学的同时，强化专业技术基础理论的教学，削减专业课程的分量，淡化专业技术教学，从而较大幅度地减少总的授课时数，以增加学生自学、自由探讨和发展的空间，以有利于逐步树立本科学生勇于思考与创新的精神。

高质量的教材是培养高素质人才的重要基础，因此组织编写面向 21 世纪的 6 种迫切需要的核心课程教材，是专业建设的重要内容。同时，还编写了 6 种选修课程教材。教学指导委员会明确要求教材作者以"教改"精神为指导，力求新教材从认知规律出发，阐明本课程的基本理论与应用及其现代进展，做到新体系、厚基础、重实践、易自学、引思考。新教材的编写实施主编负责制，主编都经过了投标竞聘，专家择优选定的过程，核心课程教材在完成主审程序后，还增设了审定制度。为确保教材编写质量，在开始编写时，主编、教学指导委员会和化工出版社三方面签订了正式出版合同，明确了各自的责、权、利。

"过程装备与控制工程"本科专业的建设将是一项长期的任务，以上所列工作只是一个开端。尽管我们在这套教材中，力求在内容和体系上能够体现创新，注重拓宽基础，强调能力培养，但是由于我们目前对教学改革的研究深度和认识水平所限，必然会有许多不妥之处。为此，恳请广大读者予以批评和指正。

全国高等学校化工类及相关专业教学指导委员会

副主任委员兼化工装备教学指导组组长

大连理工大学　博士生导师

丁信伟教授

2001 年 3 月于大连

第1版前言

随着教学内容和课程体系改革的深入，过程装备与控制工程专业的主要专业技术基础课之一"工程热力学"的内容也须作相应调整。本书是按全国高等学校化工类及相关专业教学指导委员会化工装备教学指导组 1999 年度扩大工作会议上讨论通过的《工程热力学课程教学大纲》编写而成的。

由于热力学内容抽象、公式繁多，适用条件各异，往往使初学者眼花缭乱，尤其是那些历来喜欢依靠公式解决问题的学生，经常因公式使用不当而弄错，有时甚至造成基本概念的混乱。这也使某些学生对热力学不感兴趣，甚至厌烦。我们主张，学生在学习中应主要弄清基本概念，培养在对系统进行分析中运用基本原理的能力。为此，本书力图不做或少做繁琐的公式推导，重视对基本概念和基本参数或方程的理解和运用。力求注重理论联系实际，例题大多为身边或过程装备领域的实际问题，使学生掌握处理实际问题的方法。实践表明，采用这种学习方法的学生并不觉得工程热力学难学，相反，他们获得了分析和解决工程实际问题的工具。

在内容方面，本教材将精选内容，加大推陈出新的力度。大幅精减传统内容，增加新方法，贯彻少而精、博而通的原则。第一，本书抓住最基本的热力学基础知识，以热力学第一定律和热力学第二定律为主线，以工质的热力性质和热力过程为基础，介绍了对工程实际过程和装备的热力学分析方法；第二，本书考虑了"过程装备与控制工程"专业本科生后续课程（如化工原理、化工机械、成套装置等）的需要，选择了相应的内容；第三，本书考虑了化工过程与装备领域对热力学的需求，介绍了几种实际热力装置（设备）的热力学原理；第四，介绍了节能技术中正在兴起的㶲分析方法和热经济学方法。

与一般《工程热力学》比较，本书增加了溶液热力学基础知识、气体液化循环、㶲分析基础、典型化工装备的热力过程分析等内容，强化了热力循环、热化学和化学平衡在化工过程中的应用等内容；删去了篇幅较大的内燃机和燃气轮机循环以及与流体力学重复的气体与蒸汽流动等部分内容。

在体系编排上，本书将热力学第一和第二定律编排为一章，以加深学生对一个问题两个方面的理解；按工质的热力性质、热力过程编排章节，以强调理想气体、实际气体、蒸气和湿空气的区别与联系；将工质的热力循环排为一章，以加强学生对基本定律的理解与运用，学会对实际问题进行抽象、简化和分析的方法，将㶲分析基础单列一章，以使学生树立合理用能的观点，掌握节能分析原理并在后续章节中得以应用；将溶液热力学基础及相平衡基础和热化学与化学平衡分别单列成章，以重视它们的特殊性。本教材始终强调系统研究方法的重要性，尤其在后几章里，有意提供一些较长的需要综合分析的例题和习题，培养学生综合运用理论的能力，贯彻"授人以鱼，不如授人以渔"的思想。

每章开头有内容提要与学习要求，结尾有小结。每章均配有思考题和习题。既有考察单一概念的小型习题，也有考查学生综合分析问题能力的较大的习题。

本书由毕明树主编，蔡天锡主审，吴剑华审定。绪论、第 2、3、4、5、6 章由毕明树编写，第 1 章由王淑兰编写，第 7 章由王良恩编写，第 8、9 章由马连湘编写。鉴于编者水平有限，经验不足，不当之处在所难免，欢迎读者批评指正。

编　者

2001.3

第 2 版前言

本书为普通高等教育"十一五"国家级规划教材，是以第 1 版为蓝本，根据时代发展和课程改革的要求，在总结近年来教学研究与改革成果，并分析教师和学生反馈意见的基础上修订而成的。

本书共分 8 章。第 1 章介绍系统、状态及状态参数、可逆与不可逆过程、循环等基本概念；第 2～第 5 章是热力过程分析及计算的理论基础；第 6 章介绍热力循环，包括蒸汽动力循环、气体制冷循环、蒸气压缩制冷循环、吸收式制冷循环、喷射制冷循环、热泵循环和气体液化循环，此章属于实际应用；第 7 章介绍溶液热力学基础和相平衡；第 8 章介绍化学热力学基础和化学平衡。为方便学习和计算，附录提供了各种单位制的换算表、常见工质热力性质表和图。

本书保留了第 1 版的特色，注重对基本概念和基本参数或方程的理解和运用，力求避免抽象的说教和繁杂的公式推导，强化全局观念；同时也基本保留了第 1 版的体系，以热力学基本定律为主线，以工质的热力性质和热力过程为基础，引入当今热力工程领域的科技新成果，阐述实际热力过程和装备的分析方法，强化对学生分析和解决工程实际问题能力的培养，激发学生的科技创新兴趣。

本书力求吸收国内外相关教材的长处，结合过程装备与控制工程专业的特点与需求，提高教材的思想性、科学性、启发性、先进性和教学适用性。整合并增减了第 1 版部分章节的内容，使教材内容更加连贯，易教易学。对于已采用第 1 版教材进行教学的教师，如果继续使用第 2 版教材，不但不会增加工作量及教学难度，而且会使教学过程更加顺畅。

本书全面纠正了第 1 版表达上的不妥之处，增加了工程热力过程实际装置和结构插图，增加或更新了部分热力过程分析图，以增强学生对热力过程的感性认识，弥补教学内容过于抽象的不足。

每章开头有内容提要与学习要求，结尾对重点内容进行小结。每章不但配有理清概念的思考题，引导学生进行更深层次的思考，还配有考察单一概念的小型习题和培养学生统筹运用基本原理分析问题能力的综合性习题。

本书采用了国家公布的法定计量单位制。

本书由大连理工大学毕明树、辽宁工业大学冯殿义、青岛科技大学马连湘修订。修订过程中吸纳了使用过本书第 1 版部分教师和学生的意见和建议，在此表示衷心感谢。也借此机会，向本书第 1 版编者大连理工大学王淑兰教授、福州大学王良恩教授和主审人大连理工大学蔡天锡教授、审定人沈阳化工学院吴剑华教授致以诚挚的敬意。

限于编者学术水平及教学经验，书中难免仍有不妥之处，竭诚希望读者批评指正。

编　者
2007 年 12 月

目 录

绪　　论

0.1　本课程的性质

本课程是过程装备与控制工程专业核心课程之一，也是工科学生学习和掌握节能技术的热力学原理及分析方法的入门课程。本课程的任务是使学生掌握热力学基本定律和基本理论，熟悉工质的基本性质和实际热工装置的基本原理，学会对工程实际问题进行抽象、简化和以能量方程、熵方程、㶲方程为基础的分析方法，为进一步开发和应用节能技术奠定基础。

过程装备与控制工程专业的任务就是结合过程改造旧的或开发新的高效、节能的过程装备。在这个过程中，本课程在以下几方面起到极为重要的作用。

① 在物性数据关联方面，如状态方程、相平衡、焓值计算中发挥着极为重要的作用，因任何装备的改造与开发需要一个以此为依据建立的数据库。

② 在节能分析方面发挥着越来越重要的作用。过去的所谓节能只是以热力学第一定律为基础，消灭跑冒滴漏实现低水平的节能。新的节能分析方法和热经济学分析方法能通过改善装备流程或结构实现高水平的节能，这是改造旧装备和开发新装备的直接依据。

0.2　热能及其利用

人类在生产或日常生活中，需要各种形式的能量。自然界中以自然形态存在的可资利用的能源称为一次能源，如风能、水力能、太阳能、地热能、燃料化学能、核能等。这些能量，有些可以以机械能的形式直接被利用，有些需经过加工转化后才能利用。由一次能源加工转化后的能源称为二次能源。各种能源及其转换和利用情况大致如图 0-1 所示。

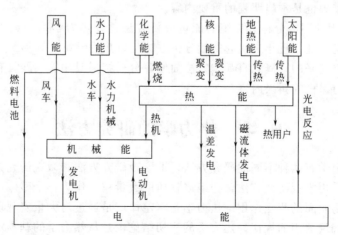

图 0-1　能量利用情况

由图 0-1 可见，热能是由一次能源转换成的最主要形式，而后再由热能转换成其他形式的能量而被利用。据统计，经热能这个环节而被利用的能量在世界上占 85% 以上。

热能的利用通常有以下两种基本形式：其一是热能的直接利用，即直接利用热能加热物体，诸如蒸煮、烘干、采暖、冶炼等；其二是热能的动力利用，即通过各种热能动力装置将热能转化成机械能或电能而被利用，从而为工农业生产、交通运输、人类日常生活等提供动力。这是现代工农业及科技文化的基础。然而，热能的利用率却较低，早期的蒸汽机的热效率只有 1%～2%，当代各种动力装置及热电厂的热效率也只有 40% 左右。因此，深入分析、研究并掌握热能与其他形式能的高效转换对人类社会的发展具有十分重要的意义。

0.3   工程热力学的研究对象及主要内容

自从 19 世纪中叶确立了热力学第一、第二定律以来，热力学已逐步发展成为严密的、系统性较强的学科，它主要研究热能和其他形式能间的相互转换以及能量与物质特性之间的关系。如合成氨，净化后的合成气体经压缩机压缩后引入合成塔；加温预热后，在触媒的作用下，氮气与氢气发生化学反应生成氨，并放出热量，出塔的氨气经冷凝后送入贮罐。在这个过程中，首先是压缩机输出机械功，并把它转化为气体的压力能（气体压力升高）；然后对合成反应放出的热量进行回收利用，实现化学能向热能的转变；氨的液化过程则又是通过冰机把机械能转化为低温热能的过程。

在这些能量转化过程中有以下几点值得注意。

① 能量间的转换要服从热力学基本定律。热力学第一和第二定律是热力学的理论基础。其中第一定律从数量上描述了热能与机械能间相互转换的关系；第二定律从质量上描述了热能与机械能的差别以及能量转换的方向、条件与限度。

② 这些转换过程都是借助特定的工质（工作介质）实现的，不同的工质具有不同的性质，能量转换条件及结果也有差异，因此必须研究工质的热力性质。

③ 能量间的转换是通过各种设备（压缩机、合成塔等）实现的，能量装置的设计过程首先要进行装置的能量衡算，因此对典型过程及循环进行热力分析与计算是工程热力学的重要内容。

④ 过程装备内常常伴有化学反应和相变化，因此，溶液热力学与相平衡基础、化学热力学与化学平衡基础也是本门课程的重要内容。

⑤ 对以上过程的用能分析。传统的能量分析方法是以热力学第一定律为基础建立起来的，存在很多不足之处。近年来兴起的㶲分析方法是以热力学第一和第二定律为基础，依据能质蜕变原理建立起来的，概念直观，方法简便，分析结果对用能实践具有指导意义。所以㶲分析基础是本门课程的新兴内容。

0.4   热力学的研究方法

原则上，热力学有两种不同的研究方法，即宏观研究方法和微观研究方法。

经典热力学采用宏观研究方法，把组成物质的大量粒子作为一个整体，用宏观物理量描述物质的状态及物质间的相互作用。热力学基本定律就是通过对大量宏观现象的直接观察与实验总结出来的普遍适用的规律。热力学的一切结论也是从热力学的基本定律出发，通过严密的逻辑推理而得到的，因而这些结论也具有高度的普遍性和可靠性。这些结论为工业实践提出了努力方向。

当然，在处理实际问题时，必须采用抽象、概括、简化及理想化等方法，抽出问题的共性及主要矛盾，而略去细节及次要矛盾。例如将高温气体视为理想气体，将高温烟气及大气环境视为恒温热源，既可使计算大为简化而又可保证工程上必要的准确性；在分析各种循环时，把实际上都是不可逆的过程理想化为可逆过程，突出问题的本质，而后再按实际中的不可逆程度予以校正，同时也提出了实际过程中需改进的关键及目标。究竟哪些分析与计算可采用简化与抽象，简化到什么程度，需依所涉及问题的具体情况而定。

热力学的宏观研究方法，由于不涉及物质的微观结构和微粒的运动规律，所以建立起来的热力学理论不能解释现象的本质及其发生的内部原因。另外，宏观热力学给出的结果都是必要条件，而非充分条件。例如，由氢和氮合成氨时，按宏观热力学，在低温下有最大的平衡产量。但在低温下，反应速率极慢，工业中无法实现，而必须在较小平衡产量的高温下进行。当然，这个热力学结果为人们寻求使反应在低温下进行的催化剂指出了方向。宏观热力学中的可逆过程功也只是给出了一个功的极限值，不能给出做功的速率。

热力学的微观研究方法，认为大量粒子群的运动服从统计法则和或然率法则。这种方法的热力学称为统计热力学或分子热力学。它从物质的微观结构出发，从根本上观察和分析问题，预测和解释热现象的本质及其内在原因。这种方法已受到越来越多的重视，也取得了显著效果，如用它推导流体 p-V-T 关系及液相活度系数等。

热力学的微观研究方法对物质结构必须采用一些假设模型，这些假设的模型只是物质实际结构的近似描写，因此其很多结论与实际还相差较大。这是统计热力学的局限性。

目前，在化工装备及过程领域，实际应用的仍是经典热力学。因此，本书主要介绍经典热力学，仅在个别场合辅以必要的统计解释。

了解了热力学的研究方法，也就相应地确定了本课程的学习方法。学习经典热力学应注意以下几方面。

① 本课程的主线是研究热能与机械能之间相互转换的规律、方法以及提高转化效率和热能利用经济性的途径，各基本概念、理论、方法都是为这条主线服务的。学习时必须时刻抓住这条主线。

② 注意掌握应用基本概念和基本理论分析处理实际问题的基本方法，学会利用"抽象"和"简化"实际问题的方法。

③ 提高工程意识。处理工程实际问题的方法是多种多样的，其答案也只有更好，没有最佳。学习本课程，在基本概念扎实的基础上，要开动脑筋，从不同角度出发去处理各个具体问题。

④ 注意弄清各参量的物理意义，不要被眼花缭乱的公式所吓倒。依靠套用数学公式的方法来处理热力学问题是难免出错的。

1 基本概念

内容提要 本章主要讨论热力系统、热力状态及状态参数、热力过程等基本概念。这些概念在本课程中，几乎随时都会遇到，对它们必须有一个正确的理解。

基本要求 ①掌握热力系统的基本概念与分类；②掌握热力状态的基本概念和状态参数的特性；③熟悉压力、温度和比体积的基本概念；④掌握准静态过程和可逆过程的基本概念；⑤熟悉热力循环。

1.1 热力系统

分析任何现象时，首先要明确研究对象。分析热现象时也不例外。通常，人为地由一个或几个几何面围成一定的空间，把该空间内的物质作为研究对象，然后研究它与其他物体的相互作用。这种作为研究对象的某指定范围内的物质称为热力系统，简称系统或体系。系统之外的物质称为外界。系统与外界之间的分界面称为边界或控制面。边界可以是具体存在的，也可以是假想的；可以是固定的，也可以是运动着的或尺寸和形状都是变化的。例如：在讨论气缸里的气体时，如果假定边界位于气缸的外部，则系统就包括气缸以及气缸里的气体；如果假定边界为气缸的内壁，则系统只由气体本身组成。又如以酒精灯加热一杯水；若取水作为系统，则作为界面的杯面是真实的、固定的，而水与空气的边界是移动的；若取部分水作为系统，则水与水的边界就是假想的。随着研究者所关心的问题不同，系统的选取可不同，系统所包含的内容也可不同，以方便解决问题为原则。系统选取的方法对研究问题的结果并无影响，只是解决问题时的繁杂程度不同。

系统与外界通过边界交换能量或质量。按系统与外界之间是否存在质量交换，系统可分为封闭系统和敞开系统，如图 1-1 所示。封闭系统（简称闭系）是指与外界仅有能量交换而无质量交换的热力系统。因系统内质量不变，所以，有时也把闭系称为控制质量系统。敞开系统（简称开系）是指与外界既有能量交换又有质量交换的热力系统。通常，敞开系统是一个相对固定的空间，故敞开系统有时也称为控制容积系统。应该指出，封闭系统与敞开系统可以相互转化。如图 1-2 所示，取气缸内的气体为系统，则系统可以吸热，可以推动活塞做

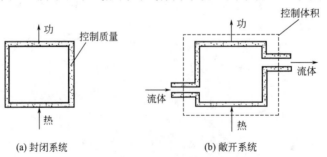

图 1-1 封闭系统与敞开系统

功，但只要关闭进出口阀门，即没有气体进入或流出系统，该系统就是闭系。而如果打开进、出口阀，取1—1截面与2—2截面之间的气体作为系统，则气体不断地从1—1截面流入系统，推动活塞做功后，又不断地从2—2截面流出系统，即系统与外界有质量交换，也有能量交换，故该系统是敞开系统。

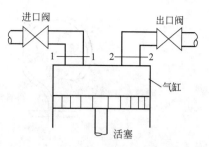

图1-2 闭系与开系的相互转化

按系统与外界进行能量交换的情况，可分为简单热力系统、绝热系统和孤立系统。简单热力系统是指与外界只交换热量和一种形式的功的热力系统。例如，气缸内气体吸热且只做膨胀功，则气缸内气体即为简单热力系统。绝热系统是指与外界没有热量交换的热力系统。孤立系统是指系统与外界既无能量交换也无质量交换的热力系统。可见，孤立系统一定是封闭系统，也一定是绝热系统；但反之则不成立。

值得指出，严格的绝热系统和孤立系统是不存在的。然而，如果某些实际热力系统与外界的传热量，与以其他形式交换的能量相比，可以忽略不计，则该系统可视为绝热系统。同样，若系统与外界在各方面的作用都很微弱，则可视为孤立系统。通常，把非孤立系统与相关的外界合在一起取为孤立系统。这样的系统是从实际中概括出来的抽象概念，从而使某些研究得到简化。

按系统内工质状况可有以下几种系统：如果热力系统内的工质由单一组分的物质组成，则该系统称为单组分系统；如果热力系统内的工质由多种不同组分的物质组成，则该系统称为多组分系统；如果热力系统内部各部分化学成分和物理性质都均匀一致，则该系统称为均匀系统；如果热力系统由单相物质所组成，则该系统称为单相系统；如果热力系统由两个以上的相所组成，则该系统称为多相系统。可见，均匀系统一定是单相系统，反之则不然。

1.2 热 力 状 态

1.2.1 状态及状态参数

热力系统在某一瞬间所呈现的宏观物理状况称为系统的状态。用以描述系统所处状态的宏观物理量称为状态参数。状态参数分为基本状态参数和导出状态参数。基本状态参数是指可以直接测量的状态参数，如压力、温度和比体积。导出状态参数是指由基本状态参数间接算得的状态参数，如内能、焓、熵等。下面首先介绍一下基本状态参数，其他状态参数，将在以后各章中逐步介绍。

（1）压力 是指沿垂直方向上作用在单位面积上的力。对于容器内的气态工质来说，压力是大量气体分子作不规则运动时对器壁单位面积撞击作用力的宏观统计结果。压力的方向总是垂直于容器内壁的。

在中国法定计量单位中，力的单位是牛顿（N），面积的单位是平方米（m^2），故压力的单位是 N/m^2，称为帕斯卡，符号是帕（Pa）。历史上几种常用压力单位间的换算关系参见附表1。

作为描述工质所处状态的状态参数，压力是指工质的真实压力，称为绝对压力，以符号 p 表示。但压力通常由压力计（压力表或压差计）测量，如图1-3所示。

压力计的指示值为工质绝对压力与压力计所处环境绝对压力之差。一般情况下，压力计处于大气环境中，受到大气压力 p_b 的作用，此时压力计的示值即为工质绝对压力与大气压力之

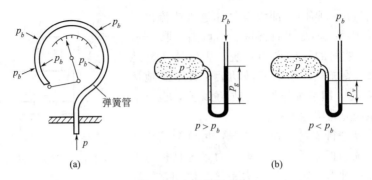

图 1-3　介质的压力

差。当工质绝对压力大于大气压力时，压力计的示值称为表压力，以符号 p_g 表示，可见

$$p = p_g + p_b \tag{1-1}$$

当工质绝对压力小于大气压力时，压力计的示值称为真空度，以 p_v 表示。可见

$$p = p_b - p_v \tag{1-2}$$

以压差计测量压力时，通常可读出液柱高度 h，此时

$$p_g（或\ p_v）= \rho_l g h \tag{1-3}$$

式中　ρ_l——所用液体密度，kg/m^3；

　　　g——重力加速度，$g = 9.81 m/s^2$；

　　　h——液柱高度，m。

以绝对压力等于零为基线，绝对压力、表压力、真空度和大气压力之间的关系如图 1-4 所示。

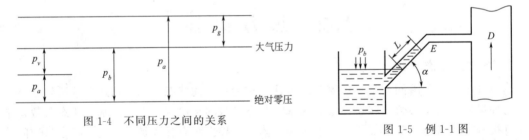

图 1-4　不同压力之间的关系　　　　　　图 1-5　例 1-1 图

大气压力 p_b 是地面上空气柱的重量所造成的，它随着各地的纬度、高度和气候条件而有所变化，可用气压计测定。因此，即使工质的绝对压力不变，表压力和真空度仍有可能变化。当工质压力远远大于大气压力时，可将大气压力 p_b 视为常数，常取为0.1MPa。

例 1-1　用斜管压力计测量管中气体压力（见图 1-5），斜管中的水柱长度 $L = 200mm$，气压计读数为 0.1MPa，$\alpha = 30°$，求管中 D 点的气体压力及真空度。

解　由于气体密度 ρ_g 远小于水的密度 ρ_w，故压差计管中气柱的压力可以忽略不计，即忽略 D 点与 E 点间的压差。故

$$\begin{aligned}
p_D &= p_E = p_b - \rho_w g h_w = p_b - \rho_w g L \sin\alpha \\
&= 0.1 \times 10^6 - 1000 \times 9.81 \times 200 \times 10^{-3} \sin 30° \\
&= 99019\ （Pa）
\end{aligned}$$

管道内的真空度为 $p_v = p_b - p_D = 981$（Pa）。

(2) 温度　是标志物体冷热程度的参数。人们可以根据直觉感知物体的冷热，较热的物体被说成温度高，较冷的物体被说成温度低。若将两个冷热程度不同的物体相互接触，它们之间就会发生热量交换。在不受外界影响的条件下，经过一定时间后，它们将达到相同的冷热程度而不再进行热量交换。这时称它们达到了热平衡，也称它们温度相同。经验表明，如果 A、B 两系统可分别与系统 C 处于热平衡，则只要不改变它们各自的状态，令 A 与 B 相互接触，可以发现它们的状态仍维持恒定不变，即 A 与 B 也处于热平衡。这个结论称为热力学第零定律。

根据这个定律，要比较两个物体的温度，就无需让它们相互接触，而只要用第三个物体分别与它们接触就行了。这个第三个物体就是温度计。将温度计与各被测物体接触，达到热平衡时，即可由温度计读出被测物体的温度。温度计的示值是利用它所采用的测温物质的某种物理特性来表示的。当温度改变时，物质的某些物理性质，如体积、压力、电阻、电势等会随之变化。只要这些物理性质随温度改变且发生显著的单调变化，就可用来标志温度的高低，相应地就可建立各种温度计，如水银温度计、酒精温度计、气体温度计、电阻温度计、热电偶等。

为了进行温度测量，需要有温度的数值表示法，即建立温度的标尺，这个标尺就称为温标。建立任何一种温标都需要选用测温物质及其某一物理性质，并规定温标的基准点及分度方法。摄氏温标规定，标准大气压下纯水的冰点温度为 $0℃$，沸点温度为 $100℃$，两定点间的温度，按温度与测温物质的某物理量（如液柱体积、金属电阻等）的线性函数确定。这样，采用不同的测温物质，或者采用同种测温物质的不同物理量进行测温，则用它们测量温度时，除基准点相同外，其他点的温度值均有微小差异。因而需寻求一种与测温物质无关的温标，这就是建立在热力学第二定律基础上的热力学温标。用这种温标确定的温度称为热力学温度或绝对温度，符号为 T，单位为开尔文，简写为"开"，代号为"K"。热力学温标选取水的三相点的温度为 $273.16K$，也就是定义 $1K$ 的温度间隔等于水的三相点热力学温度的 $1/273.16$。与热力学温标并用的还有热力学摄氏温标，以符号 t 表示，单位为摄氏度，符号为 $℃$。热力学摄氏温度定义为 $t=T-273.15$，即规定热力学温度的 $273.15K$ 为摄氏温度的零点。这两种温标的温度间隔完全相同（$\Delta t = \Delta T$）。这样，冰的三相点为 $0.01℃$，标准大气压下水的冰点也非常接近 $0℃$，沸点也非常接近 $100℃$。

在国外，还常用华氏温标（符号也为 t，单位为华氏度，代号为 $℉$）和朗肯温标（符号也为 T，单位为朗肯度，代号为 $°R$）。这四种温度间的换算关系如下。

$$\left.\begin{array}{l} T(\text{K}) = t(℃) + 273.15 \\ T(°\text{R}) = t(℉) + 459.67 \\ t(℉) = 1.8t(℃) + 32 \\ T(°\text{R}) = 1.8T(\text{K}) \\ \Delta T(\text{K}) = \Delta t(℃) \\ \Delta T(°\text{R}) = \Delta t(℉) \\ \Delta T(°\text{R}) = 1.8\Delta t(℃) \end{array}\right\} \qquad (1-4)$$

(3) 比体积　单位质量物质所占的体积称为比体积。比体积以符号 v 表示。对均匀系统来说，其比体积为

$$v = V/m \qquad (1-5)$$

式中　v——比体积，m^3/kg；

　　　　V——系统所占有的容积，m^3；

m——系统的质量，kg。

比体积的倒数称为密度，以符号 ρ 表示，单位为 kg/m³。

1.2.2　状态参数的特性

1.2.2.1　数学特性

状态参数是状态的单值函数。状态一定，状态参数也随之确定；若状态发生变化，则至少有一种状态参数发生变化。换句话说，状态参数的变化只取决于给定的初始状态和终了状态，而与变化过程中所经历的一切中间状态或途径无关。因此，确定状态参数的函数为点函数，具有积分特性和微分特性。

（1）积分特性　当系统由初态 1 变化到终态 2 时，任一状态参数 f 的变化量等于终态与初态下该状态参数的差值，而与从初态过渡到终态所经历的过程无关，即

$$\Delta f = \int_1^2 \mathrm{d}f = f_2 - f_1 \qquad (1\text{-}6)$$

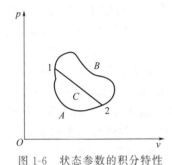

当系统经历一系列变化而又回复到初态时，其状态参数的变化量为零，即

$$\oint \mathrm{d}f = 0 \qquad (1\text{-}7)$$

图 1-6　状态参数的积分特性

例如，若系统内气体由状态 1 经历两个不同的途径 A 和 B 变化到状态 2（如图 1-6 所示），则其压力的变化量相等，即

$$\int_{1A2} \mathrm{d}p = \int_{1B2} \mathrm{d}p = p_2 - p_1$$

若再经路径 C 回复到状态 1，则压力的变化量为零

$$\oint_{1A2C1} \mathrm{d}p = \oint_{1B2C1} \mathrm{d}p = 0$$

（2）微分特性　由于状态参数是点函数，所以它的微分为全微分。设状态参数 f 是另外两个变量 x 和 y 的函数，则

$$\mathrm{d}f = \left(\frac{\partial f}{\partial x}\right)_y \mathrm{d}x + \left(\frac{\partial f}{\partial y}\right)_x \mathrm{d}y \qquad (1\text{-}8)$$

且

$$\frac{\partial^2 f}{\partial x \partial y} = \frac{\partial^2 f}{\partial y \partial x} \qquad (1\text{-}9)$$

以上数学特性是某物理量为状态参数的充要条件，即状态参数一定具有以上数学特性，而具有以上数学特性的物理量也一定是状态参数。

1.2.2.2　强度参数与广度参数

（1）强度参数　在给定状态下，与系统内所含物质数量无关的参数称为强度参数，如压力、温度、比体积等。强度参数不具有加和性。例如，1kg 气体的压力为 2MPa，则相同状态下 2kg 同种气体的压力仍是 2MPa，而不是 4MPa。把一个均匀系统划分成若干个子系统，各子系统的同名强度参数值相同，且与整个系统的同名强度参数相同。但非均匀系统内各处的同名参数值却不一定相同。例如，对一个处于汽液平衡的系统来说，各处温度值相同，但汽相比体积值就与液相比体积值不同。

（2）广度参数　在给定状态下，与系统内所含物质数量有关的参数称为广度参数，如容积、能量、质量等。这类参数具有加和性，即整个系统的广度参数等于各子系统同名广度参数之和。无论系统均匀与否，广度参数具有确定的值。

应当指出，单位质量的广度参数（称为比参数）具有强度参数的性质，如比体积、比焓、比熵等。通常，广度参数以大写字母表示，而由它们转化而来的比参数以相应的小写字母表示。习惯上常把比体积以外的其他比参数的"比"字省略。

单位摩尔的广度参数称为摩尔参数，如摩尔容积、摩尔焓等，这些参数当然也具有强度参数的性质。

1.2.3 平衡状态

系统可能以各种不同的宏观状态存在，但并不是系统的任何状态都可以用确定的状态参数来描述。例如，当系统内各处的压力不一致时，就无法用统一的压力来描述系统的状态。只有当系统处于平衡状态时才能用状态参数描述系统所处的状态。平衡状态是指在没有外界影响的条件下，系统的宏观状态不随时间而改变。

要使系统达到平衡，则必须满足以下条件。

（1）热平衡　如果系统内各部分的温度不一致，则在温差的推动下，热量自发地从高温处传向低温处，其状态也会随时间而改变，直至各部分间温差消失、传热停止。这时称系统处于热平衡。可见，是否存在温差是判别系统是否处于热平衡的条件。

（2）力平衡　如果系统内各部分间存在压力差或力差，则各部分之间必发生相对位移，其状态即随时间而变，直至力差消失为止。这时系统处于力平衡状态。可见，力差（压力差）是判别系统是否处于力平衡的条件。

（3）相平衡　对多相系统，只有当各相之间的物质交换在宏观上停止时，系统处于相平衡。各相间化学位相等是宏观相平衡的充要条件。

（4）化学平衡　对存在有化学反应的系统而言，只有当化学反应宏观上停止，即反应物与生成物的组分不再随时间而变化时，系统处于化学平衡。反应物与生成物化学位相等是实现化学平衡的充要条件。

此外，若系统受到外界影响，如系统与外界因存在温差而传热、因存在力差而交换功等，都会破坏系统原来的平衡状态。两者相互作用的结果，必然导致系统与外界共同达到一个新的平衡状态。此时，系统与外界间也处于相互平衡中。总之，只有当系统内部以及系统与外界之间都不存在不平衡势差时，系统才处于平衡状态。

值得注意，这里所说的平衡是指宏观动态平衡，因为组成系统的粒子仍在不停地运动，只是其运动的平均宏观效果不随时间而变。

需要指出的是平衡与均匀是两个不同的概念，平衡是相对时间而言的，均匀是相对空间而言的。平衡不一定均匀。由处于平衡状态的水和水蒸气组成的系统就不是均匀系统。反之，均匀系统则一定处于平衡状态。

实际上，不存在绝对的平衡状态，但在许多情况下，这种不平衡引起的偏差可以忽略不计，从而把它们作为平衡状态来处理，使得对问题的分析与计算大为简化。

1.2.4 状态方程与状态参数坐标图

1.2.4.1 系统状态的自由度

热力系统的状态可以用状态参数来描述，每个状态参数分别从不同的角度描述系统某一方面的特性。然而，要确切地描述热力系统的状态，却不必知道所有的状态参数，而只需将系统的自由度限制住就可以了，即描述系统状态所需的独立变量的数目应等于系统的自由度。

假设系统内有 α 个组分，则其独立变量数为 $\alpha-1$；若系统内又有 β 个相，则系统内的独立变量数变为 $\beta(\alpha-1)$ 个；再考虑平衡时应满足热平衡和力平衡 2 个条件，则系统总自

由度为 $\beta(\alpha-1)+2$ 个。因化学平衡时满足的条件是，每种组分在各相中的化学位相等，即 $\mu_i^{(1)}=\mu_i^{(2)}=\cdots=\mu_i^{(\beta)}$ （$i=1$，2，$\cdots$，α），这是 $\alpha(\beta-1)$ 个约束。故总自由度为 $\beta(\alpha-1)+2-\alpha(\beta-1)=\alpha-\beta+2$ 个，即描述平衡态所需的独立状态参数的数目为

$$\Phi=\alpha-\beta+2$$

1.2.4.2　状态方程

对任意系统所处的状态来说，只有 Φ 个独立状态参数作为自变量，其他参数均可视为因变量。将任一因变量表示为自变量的函数关系式就称为状态方程。

对单组分单相系统，$\Phi=2$，即只需 2 个独立状态参数就可确定系统的状态。由于压力 p、温度 T、比体积 v 是基本状态参数，故经常被选作自变量。这样，气体状态方程可表示为

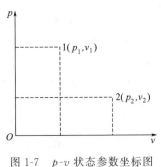

图1-7　$p\text{-}v$ 状态参数坐标图

$$f(p,v,T)=0$$

或

$$p=p(v,T)$$

对单组分理想气体，$pv=RT$ 就是最简单的一个状态方程。

1.2.4.3　状态参数坐标图

对于只有两个独立状态参数的系统，可以很清晰地在平面坐标图中表示系统所处的状态。$p\text{-}v$ 图就是最常用的坐标图之一，如图1-7所示。坐标图中的任意一点都代表系统的一个状态，两者是一一对应的关系。

如果系统处于不平衡状态，由于无确定的状态参数值，也就无法在坐标图上表示。

1.3　热力过程

当原来处于平衡状态的系统与外界之间存在某种不平衡势差（如温差、压力差等）时，系统将与外界交换能量或质量，系统原有的平衡就会被破坏，系统的状态就会发生变化，并最终达到一个新的平衡状态。这种系统从一个状态变化到另一个状态所经历的历程称为热力过程，简称过程。严格地说，实际热力过程是经历了一系列非平衡状态而从状态 1 变化到状态 2 的，因为要使过程进行，就必须有不平衡势差存在。然而，为了便于分析与计算，需建立某些理想化的物理模型，这就是本节要介绍的准静态过程和可逆过程。

1.3.1　准静态过程

如图 1-8 所示的装置，设气缸壁和活塞由理想绝热材料制成，气缸中盛有压力为 p_1 的气体，并与活塞上的砂粒的重力压强 p_{ex1} 相平衡。选取气体为系统，其初始状态为 1 （p_1,v_1）。若突然取走一些砂子，使重力压强 $p_{ex2}\ll p_1$，则气体会突然膨胀并推动活塞上行，气体压力、温度也不断变化。靠近活塞的那部分气体将先膨胀，压力、温度会低于靠近气缸底部的那部分气体，故系统呈现不平衡性。经过一段时间后，系统将重新达到平衡状态 2，压力为 p_2，并与外力相平衡，即 $p_2=p_{ex2}$。可见，系统经历的过程中，除状态 1 和状态 2 是平衡态之外，其余各

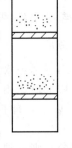
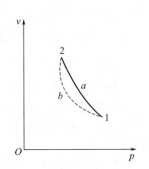

图1-8　热力过程分析图

点都是不平衡态。这样的过程称为不平衡过程。在 p-v 图上以虚线表示，曲线 $1b2$ 上除 1、2 两点外均无实际意义，不能把它视为过程曲线。外界压力每次改变得越大，这种不平衡性就越明显。系统自原平衡状态破坏后，自发地过渡到一个新的平衡状态所需的时间称为弛豫时间。

上例中，若每次只取走一个砂粒，即外界压力每次只改变一个小量，待系统恢复平衡后，再取走一个砂粒，依次类推，直至系统达到状态 2。这样，从状态 1 变化到状态 2 的过程中经历了许多个平衡状态。若砂粒足够小，外界压力每次只改变一个无穷小量，且取走前后两个砂粒的时间间隔大于弛豫时间，则可以认为气体内部压力、温度始终均匀，且气体压力始终与外界压力相平衡，即系统经历连续平衡态从状态 1 变化到状态 2。这样的过程称为准静态过程或准平衡过程。准静态过程在 p-v 图上以实线 $1a2$ 表示，它是过程曲线。

当然，在准静态过程中，还需要热平衡。如图 1-9 所示的装置，气缸内盛有压力为 p 的气体并已处于平衡态。假设气缸侧壁和活塞由理想绝热材料制成，气体只是通过气缸端壁与热源交换热量。取气缸内气体为系统。如果将温度远远高于气体温度的热源与气缸端部接触，则靠近气缸端部的气体首先被加热，温度首先升高，这同样引起系统内部的不平衡。它也需要一个弛豫时间以达到新的平衡。如果热源与气体间温差为无限小量，则传热就无限缓慢，传热速率小于气体恢复平衡的速率，则气体的变化过程即为准静态过程。

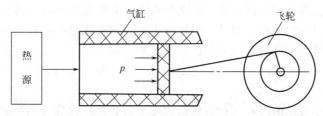

图 1-9 热力过程分析

如果过程中还有相变或化学反应，则还要求相应的化学位差为无限小。

准静态过程要求一切不平衡势差为无限小，因而是一个无限缓慢的过程。而实际过程都是在有限速度下进行的，严格地说都是不平衡过程。但如果系统状态变化时所经历的时间比其弛豫时间长，也就是说系统状态的变化速度小于系统恢复平衡态的速度，则可视为准静态过程。例如，活塞式机械中，活塞的移动速度约为 $10\,\mathrm{m/s}$，而空气压力波的传播速度为当地声速，通常约为 $340\,\mathrm{m/s}$，因此，这样的过程可视为准静态过程。

只有准静态过程才能用确定的状态参数的变化来描述，才能在坐标图中用连续实曲线来表示，才能用热力学方法来分析。

1.3.2 可逆过程

对图 1-8 所示的例子，设气缸壁与活塞间无摩擦，气体经一准静态过程由状态 1 膨胀到状态 2。此时，若把膨胀过程中从活塞上取走的砂子再一粒一粒地加在活塞上，实现一个使气体压缩的准静态过程，则砂子加完后，活塞也刚好回复到膨胀前的位置，即气体膨胀后经原来路径逆向返回原状态时，外界也同时回复了原来状态，没有留下任何痕迹。这种过程称为可逆过程。可逆过程的一般性定义为：当系统完成某一过程后，如果令过程沿相同的路径逆行而能使过程中所涉及的一切（系统和外界）都回复到原来状态，而不留下任何痕迹，则这一过程称为可逆过程。

若上述准静态过程中有摩擦，则由于摩擦力做功而造成能量损耗，因此，把气体膨胀过程中取走的砂子一粒一粒地全部放回到活塞上后，活塞回复不到膨胀前的位置，而要高一定距离，气体也回复不到原来状态。可见，这种过程是不可逆过程。对图 1-8 所示例子，若有摩擦，正行时，外界得到的功变小；而逆行时，要使系统复原所需的功却变大。因此外界复原时，系统无法复原。

不平衡过程也一定是不可逆过程。如图 1-9 所示的装置，气体自热源吸热、膨胀并对外做功，这部分功则以动能的形式存储在飞轮中。若为无摩擦的准静态过程，则可利用飞轮的动能推动活塞逆行，使系统与外界均回复原状。因压缩工质消耗的功与气体膨胀时产生的功相等，压缩过程排出的热量也与膨胀过程吸收的热量相等。但若膨胀过程为不平衡过程，则气体压力大于外界压力，因此气体所做的功大于外界得到的功，即飞轮获得的动能小于膨胀功，因而在逆行时，想利用飞轮动能使气体回复到原来状态是不可能的。此外，吸热时，若热源温度远高于气体温度，则逆行时，温度较低的工质也无法把热量传给高温的热源，即热源也无法回复原状。

总之，实现可逆过程的充分条件是：

① 过程是准静态过程，即过程所涉及的有相互作用的各物体之间的不平衡势差为无限小；

② 过程中不存在耗散效应，即不存在由于摩擦、非弹性变形、电流流经电阻等使功不可逆地转变为热的现象。

可见，准静态过程与可逆过程的共同之处在于，它们都是无限缓慢的，由连续的、无限接近平衡的状态所组成的过程，都可在坐标图上用连续实线描绘；它们的区别在于准静态过程着眼于平衡，耗散效应对它无影响，而可逆过程不但强调平衡，而且强调能量传递效果。可逆过程中不存在任何能量损耗，因而它是衡量实际过程效率高低的一个标准，也是实际过程的理想极限。

凡是导致过程不可逆的因素（耗散效应、不平衡势差）统称为不可逆因素。系统内部无不可逆因素的过程称为内部可逆过程；系统外部无不可逆因素的过程称为外部可逆过程；只有系统和外界均无不可逆因素时，才是可逆过程。

1.3.3 热力循环

热能和机械能之间的转换，通常是通过工质在相应的设备中进行循环来实现的。工质从某一状态出发，经历一系列过程之后又回复到初始状态，这些过程的综合称为热力循环，简称循环。

如果循环中的每个过程都是可逆的，则这个循环称为可逆循环。在坐标图上，可逆循环用闭合实线表示，如图 1-10 所示。循环方向通常以箭头表示。若为顺时针方向，则称为正循环，它是将热变为功的循环；若为逆时针方向，则称为逆循环，它是消耗功而把热量由低温热源送至高温热源的循环。

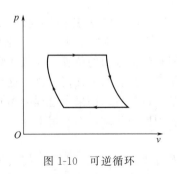

图 1-10　可逆循环

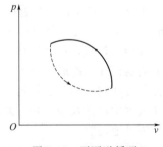

图 1-11　不可逆循环

　　含有不可逆过程的循环称为不可逆循环。不可逆循环中的可逆过程在坐标图上仍以实线表示，而不可逆过程则以虚线表示，如图 1-11 所示。这条虚线不代表实际热力过程线，只有虚线的两个端点才有实际意义。

小　结

　　(1) 热力系统是作为研究对象的某指定范围内的物质，系统之外的物质称为外界，系统与外界的交界面是边界或控制面，边界可以是真实的，也可以是假想的，可以是固定的，也可以是运动的。系统与外界通过边界交换能量和质量。

　　(2) 按系统与外界间是否存在质量交换，系统可分为封闭系统和敞开系统。

　　按系统与外界的能量交换方式，系统可分为简单热力系统、绝热系统和孤立系统。

　　按系统内工质的组分，系统可分为单组分系统和多组分系统。

　　按系统内工质的相，系统可分为单相系统和多相系统。

　　(3) 热力系统在某一瞬间所呈现的宏观物理状况称为系统的状态，用以描述系统所处状态的宏观物理量称为状态参数，可以直接测量的状态参数称为基本状态参数，由基本状态参数间接算得的状态参数称为导出状态参数。

　　(4) 绝对压力 p 是指介质的真实压力，由处于大气环境下的压力计测得的介质压力称为表压力 p_g 或真空度 p_v，它们之间的关系为

$$p = p_g + p_b$$
$$p = p_b - p_v$$

　　(5) 热力学第零定律：如果两个物体中的每一个都与第三个物体处于热平衡，则它们彼此一定处于热平衡，它们的温度相同。常用的温标有绝对温标、摄氏温标、朗肯温标和华氏温标，它们的关系是

$$T(\mathrm{K}) = t(\mathrm{℃}) + 273.15$$
$$T(\mathrm{°R}) = t(\mathrm{°F}) + 459.67$$
$$t(\mathrm{°F}) = 1.8t(\mathrm{℃}) + 32$$
$$T(\mathrm{°R}) = 1.8T(\mathrm{K})$$

　　(6) 状态参数的积分特性：$\Delta f = \int_1^2 \mathrm{d}f = f_2 - f_1$

$$\oint \mathrm{d}f = 0$$

　　状态参数的微分特性：$\mathrm{d}f = \left(\dfrac{\partial f}{\partial x}\right)_y \mathrm{d}x + \left(\dfrac{\partial f}{\partial y}\right)_x \mathrm{d}y$

$$\frac{\partial^2 f}{\partial x \partial y} = \frac{\partial^2 f}{\partial y \partial x}$$

　　(7) 强度参数是与系统内所含物质数量无关的参数，如压力、温度等，广度参数是与系统所含物质数量有关的参数，广度参数具有加和性。

　　(8) 平衡状态是指在没有外界影响的条件下，系统的宏观状态不随时间而改变。系统处于平衡状态的充要条件是：同时满足热平衡、力平衡、相平衡和化学平衡。

　　(9) 系统状态的自由度为 $\Phi = \alpha - \beta + 2$。

　　(10) 系统经历连续平衡状态由状态 1 变化到状态 2 的过程称为准静态过程。准静态过程中，各种不平衡势为无限小。

（11）如果一个过程是准静态过程，而且过程中不存在耗散效应，则这个过程就是可逆过程。

（12）正向循环消耗热量而对外做功，逆向循环消耗功而把热量由低温热源送至高温热源。

思 考 题

1. 开系与闭系的区别是什么？对某个问题来说，开系与闭系能否相互转化？系统的选择对问题的分析有无影响？

2. 孤立系统与绝热系统有何区别？

3. 何为平衡态？系统处于平衡态的本质是什么？

4. 状态参数有哪些特性？

5. 准静态过程的基本特征是什么？

6. 什么是可逆过程？实现可逆过程的基本条件是什么？可逆过程与准静态过程的区别与联系是什么？

7. 哪些过程可以用状态参数坐标图表示？

8. 什么是热力循环？正循环与逆循环有什么不同？

9. 绝对压力与表压力和真空度的关系是什么？

10. 状态方程中需要几个独立的状态参数？

11. 历史上出现过几种温标？它们之间的关系如何？

12. 容器内气体压力不变，测该容器压力的压力表的读数是否会变化？

13. 平衡系统与均匀系统是否是一回事？

14. 经过不可逆过程之后，系统能否回复到原来状态？

习 题

1. 水银的密度为 $13.6g/cm^3$，水的密度为 $1g/cm^3$，试分别确定与 1MPa 相当的液柱高度。

2. 如果气压计读数为 78kPa，试计算：①表压为 255kPa 的绝对压力；②真空度为 19kPa 的绝对压力；③绝对压力为 350mmHg 的表压力。

3. 分别将 0℃、25℃、36.5℃、100℃换算成绝对温度、华氏温度和朗肯温度。

4. 某烟囱高 40m，地面气压计读数为 735mmHg，大气密度为 $1.2kg/m^3$，烟气密度为 $0.8kg/m^3$，求烟道底部的真空度。

5. 判断下列系统是敞开系统还是封闭系统：①蓄电池；②家用电冰箱；③燃料电池；④燃烧炉。

6. 一容积为 $1.22m^3$ 的容器内装有 6.48kg 的氮气和 7.78kg 的氧气，试求该气体混合物的密度和比体积。

2 热力学基本定律

内容提要 热力学第一定律和热力学第二定律是热力学中的两条基本定律，也是热力学的理论基础。热力学第一定律阐明了热能与其他形式能之间相互转换中的数量关系，热力学第二定律则阐明了热能与其他形式能间相互转换的条件、方向和限度。只有同时满足这两个定律的过程才能实现。

基本要求 ①掌握热力学第一定律的实质；②熟悉能量传递的三种形式及体积功的计算方法；③掌握封闭系统的能量方程及稳定流动能量方程；④了解敞开系统能量方程的一般形式；⑤弄清体积功、技术功和轴功之间的区别和联系；⑥掌握热力学第二定律的实质；⑦掌握卡诺循环和卡诺定理；⑧弄清熵、熵流、熵产的基本概念，掌握克劳修斯不等式和孤立系统熵增原理，并能应用它们判断过程（循环）进行的方向、条件及限度。

2.1 热力学第一定律的实质

人类在长期的生产实践和科学实验基础上，建立了能量守恒与转换定律。自然界中一切物质都具有能量，能量既不可能被创造，也不可能被消灭，而只能从一种形式转变成另一种形式。在转换过程中，能的总量保持不变。热力学第一定律的实质就是能量守恒与转换定律在热现象上的应用。它的文字表述有多种形式，例如：

① 热能可以与其他形式的能相互转换，转换过程中，能的总量保持不变；

② 在孤立系统中，能的形式可以转换，但能量总值不变；

③ 第一类永动机是不可能制成的。

历史上，曾有人设想发明一种不供给能量而能永远对外做功的机器——第一类永动机。热力学第一定律的第③种表述就是为了明确否定这种发明的可能性。

在远古时期，人类摩擦取火就实现了机械能向热能的转化，18 世纪蒸汽机的发明又实现了热能向机械能的转化。然而，当时人们并未认识到热的本质，甚至有人认为热是一种没有重量的流体，即所谓"热素"。直到 19 世纪中叶，焦耳（Joule）完成了测定热功当量的实验，才认识到热是一种能量，为热力学第一定律的建立奠定了坚实的基础。分子运动学说的发展，肯定了热是物质分子及原子等微粒杂乱运动的能量，是运动的一种形式。粒子的运动也称为热运动。这样，热能与机械能的相互转化就是物质由一种运动形式转化为另一种运动形式。这又为热力学第一定律提供了理论基础。

对任一热力系统，热力学第一定律可表示为：

进入系统的能量－离开系统的能量＝系统储存能量的增量

2.2 能量的传递形式

进入或离开系统的能量主要有三种形式，即做功、传热以及随物质进入或离开系统而带入或带出其本身所具有的能量。前两种形式取决于系统与外界的相互作用，即与过程有关，第三种形式则取决于物质进、出系统的状态。

2.2.1 功

在力学中，把物体所受的力 F 和物体在力方向上的位移 X 的乘积定义为力对物体所做的功。

在热力学中，由于系统与外界间的相互作用形式是多种多样的，有时难以找出一个与功有关的力和位移，因而需给出一个具有普遍意义的功的概念：在热力过程中，系统与外界相互作用而传递的能量，若其全部效果可表现为使外界物体改变宏观运动状态，则这种传递的能量称为功。例如，气缸内气体膨胀推动活塞移动，则气体对外做功；电池工作时，带动电机旋转，则电池对外做功。

热力学中，系统对外做功取为正值，外界对系统做功取为负值。在法定计量单位中，功的单位是焦耳，符号 J。

气体膨胀时对外所做的功称为膨胀功，气体受到压缩时外界对气体所做的功称为压缩功，两者统称为体积功或容积功。

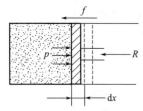

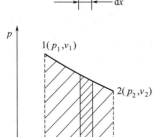

图 2-1 体积功的计算

设气缸内有 $m\,kg$ 气体，并取为系统，气缸、活塞等为外界，如图 2-1 所示。设气体完成一个可逆过程，由状态 1 膨胀到状态 2，其变化过程可由连续曲线 1—2 表示。在任一时刻，气体压力为 p，活塞面积为 A，气体作用在活塞上的力 $F = pA$ 应与外界对活塞的反力 R 相平衡。当活塞移动一微小距离 dx 时，气体所做的功为

$$\delta W = F\,dx = p \cdot A\,dx = p\,dV$$

气体从状态 1 膨胀到状态 2 的整个过程所完成的容积功为

$$W = \int_1^2 \delta W = \int_1^2 p\,dV \tag{2-1}$$

对气缸内每千克气体而言

$$w = \frac{W}{m} = \int_1^2 p\,dv \tag{2-2}$$

式(2-1) 或式(2-2) 是任意可逆过程容积功的表达式。只要知道初、终状态和过程函数 $p = f(v)$，就可计算出容积功。在 p-v 图上，容积功表现为过程曲线与横轴之间的面积。因此，p-v 图也称为示功图。

由于功的大小除与过程的初、终状态有关外，还与描述过程的函数 $p = f(v)$ 有关，故功是一个过程量。在数学上，微元过程功以 δw 表示，而不用 dw 表示。积分 $\int_1^2 \delta w = w \neq w_2 - w_1$，即 δw 是一个无限小功量，而不是功的无限小增量。

应该指出，若上述过程中活塞与气缸间有摩擦，则为不可逆过程，而只是准静态过程或内部可逆过程。由于摩擦发生在外界，故严格地说，并不影响系统与外界功的交换，此时，$F = R + f$（f 为摩擦力），故气体对外界所做的功仍可用式(2-1)或式(2-2)计算。只不过活塞输出的功 $\left(= \int_1^2 R\,dx\right)$ 小于气体所做的功。然而，从实际应用角度出发，只有活塞输出的功才有意义，因此，通常所说的过程功是指整套装置输出的功，也就是相当于把气体、气缸、活塞合在一起取为系统，从而成为内部不可逆过程，此时的过程功不能用式(2-1) 或式(2-2)计算，而是

$$w = \int_1^2 R\,dx \tag{2-3}$$

对不平衡过程，由于系统内部参数不均匀，也没有确定的 $p = f(v)$ 关系，故不能用式 (2-1) 或式 (2-2) 计算，也只能用式 (2-3) 计算。不平衡过程和内部不可逆过程，在坐标图上常以虚线表示，但虚线下面的面积不再代表容积功。

例 2-1 如图 2-2 所示，气缸内存有一定量气体。初始状态下，$p_1 = 0.6\text{MPa}$，$V_1 = 1000\text{cm}^3$；活塞面积 $A = 100\text{cm}^2$；大气压力 $p_b = 0.1\text{MPa}$。若不计活塞重量及摩擦阻力，拔掉销钉后，气体按下列两种过程膨胀至 $V_2 = 3000\text{cm}^3$，求气体所做的功。

① 按 $pV^{1.4} = \text{const}$ 规律可逆膨胀。

② 初始状态下，弹簧与活塞接触但不受力。弹簧刚度为 150N/cm。

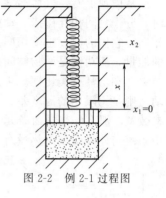

图 2-2 例 2-1 过程图

解 取气缸内气体为系统。

(1) 可逆过程功按式 (2-1) 计算

$$W_1 = \int_1^2 p\,dV$$
$$= \int_1^2 \frac{p_1 V_1^{1.4}}{V^{1.4}}\,dV$$
$$= p_1 V_1^{1.4} \int_{0.001}^{0.003} \frac{dV}{V^{1.4}}$$
$$= 0.6 \times 10^6 \times 10^{-3 \times 1.4} \times \frac{1}{(-0.4)} \times \left(\frac{1}{3^{0.4} \times 10^{-3 \times 0.4}} - \frac{1}{10^{-3 \times 0.4}} \right)$$
$$= 1000 \ (\text{J})$$

(2) 气体在有限压差下突然膨胀，为不平衡过程，过程功按式 (2-3) 计算。

取活塞初始位置 $x_1 = 0$，则终了位置为 $x_2 = \dfrac{V_2 - V_1}{A} = \dfrac{3000 - 1000}{100} = 20 \ (\text{cm})$

当活塞移到任一位置 x 时，弹簧力为

$$F = kx = 150 \times 10^2 x \ (\text{N})$$

总外力为

$$R = p_b A + F = 0.1 \times 10^6 \times 100 \times 10^{-4} + 15000x = 10^3 + 1.5 \times 10^4 x$$

外力 R 做功为

$$W = -\int_1^2 R\,dx$$
$$= -\int_0^{0.2} (1000 + 15000x)\,dx$$
$$= -\left[1000 \times (0.2 - 0) + 15000 \times \frac{1}{2} \times (0.2^2 - 0^2) \right]$$
$$= -500 \ (\text{J})$$

（力 R 与位移 x 方向相反，故取负值）

外力 R 做功为负，说明气体对外做功 500J。

2.2.2 热量

系统与外界之间仅仅由于温度不同而传递的能量称为热量。热量和功都是能量传递的形

式，都是与过程有关的量，而不是系统具有的能量。因此，不能说某系统含有多少热量。微元过程传递的热量也只能用 δQ 而不能用 $\mathrm{d}Q$ 表示。积分 $\int_1^2 \delta Q = Q \neq Q_2 - Q_1$。

热力学中规定，系统吸热为正，系统放热为负。热量的单位是焦耳，符号 J。

单位质量的工质与外界交换的热量，用符号 q 表示，单位为 J/kg。

从微观上看，气体温度代表了气体分子的平均动能。当两种温度不同的物体相互接触时，分子之间相互碰撞，动能大者便向动能小者传递动能，结果使两种物体的平均动能趋于相同，它们的温度也就相同。所以，热量是两物体间通过微观分子运动发生相互作用而传递的能量，而功则是两物体间通过宏观运动发生相互作用而传递的能量。

热和功具有类比性。可逆过程的容积功的推动力是无限小的压力差，可逆过程热量的推动力则是无限小的温度差，且压力和温度都是强度状态参数；容积功的微元变量是广度状态参数 V，那么，热量的微元变量也应是一广度状态参数，这个参数就是熵。因此，可逆过程中系统与外界交换的热量有如下表达式

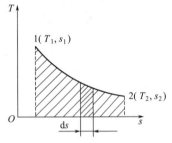

图 2-3　可逆过程的 T-s 图

$$\delta Q = T \mathrm{d}S \qquad (2\text{-}4)$$

$$Q = \int_1^2 T \mathrm{d}S \qquad (2\text{-}5)$$

$$q = \int_1^2 T \mathrm{d}s \qquad (2\text{-}6)$$

$s = \dfrac{S}{m}$ 是单位质量工质的熵。

可逆过程在 T-s 坐标图上也以实线表示，如图 2-3 所示，过程曲线与横轴间的面积也就代表热量。所以，T-s 图也称为示热图。

2.2.3　储存能

物质本身具有的能量称为储存能。储存能分为外部储存能和内部储存能（内能）两类。与系统整体宏观运动有关的能量称为外部储存能，它分为动能和位能两种。系统在空间相对某参考坐标系宏观运动所具有的能量称为宏观动能，简称动能。若系统质量为 m、速度为 c，则系统动能为

$$E_k = \frac{1}{2}mc^2 \qquad (2\text{-}7)$$

系统在外力场作用下，处于某参考坐标系中的一定位置所具有的能量称为位能。若系统质量为 m、系统重心在参考坐标系中的高度为 z，则它的位能为

$$E_p = mgz \qquad (2\text{-}8)$$

式中，g 为重力加速度。

储存于系统内部的能量称为内能，它与物质的分子结构及微观运动形式有关，包括物理内能、化学内能和核能。系统只发生物理变化时，只有物理内能发生变化；系统发生化学变化时才涉及化学内能的变化；在本课程的研究领域不涉及核能的变化。物理内能包括内动能和内位能两项。内动能包括分子移动动能、转动动能和分子内粒子振动动能，它是温度的函数，温度越高，内动能越大。内位能是分子之间的引力位能，它与分子间的平均距离有关，即与工质的比体积有关。这样，从分子运动论的观点看，内能是温度和比体积的函数，即内能是状态参数。这个结论也可由热力学第一定律得证。

如图 2-4 所示，若工质完成 $1a2b1$ 这个循环，即工质回复了原来状态，故系统储存能量

的变化为零，所以，进入系统的能量（吸热量）等于离开系统的能量（对外做功），即

$$\oint \delta Q = \oint \delta W$$

$$\oint (\delta Q - \delta W) = 0$$

令

$$dU = \delta Q - \delta W$$

则

$$\oint dU = 0 \qquad (2\text{-}9)$$

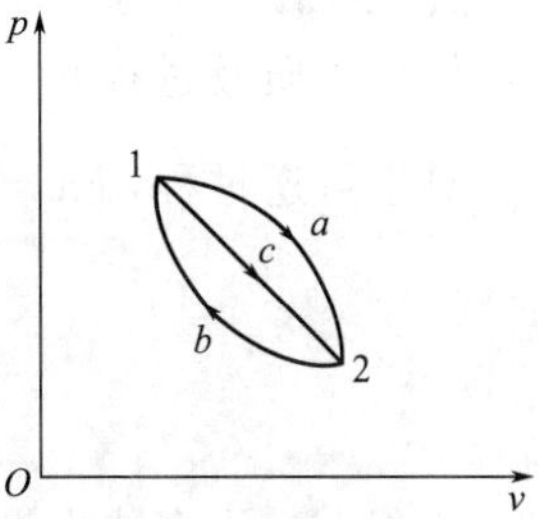

图 2-4　内能的分析

现假设工质完成另一个循环 $1c2b1$，则依式(2-9)有

$$\int_{1a2} dU + \int_{2b1} dU = 0$$

$$\int_{1c2} dU + \int_{2b1} dU = 0$$

两式相减得

$$\int_{1a2} dU = \int_{1c2} dU \qquad (2\text{-}10)$$

式(2-9)说明经过一个循环后，参数 U 的变化量为零；式(2-10)说明工质从状态 1 变化到状态 2，无论经过什么路径，参数 U 的变化量相等。这两点结论证明了参数 U 是状态参数，它可以表示为另外两个独立状态参数——温度和比体积的函数。

由于 dU 是系统储存能的变化量，而当系统完成一个循环时，外部储存能（动能和位能）的变化量为零，所以参数 U 只能是内能。

内能是广度参数，$U=mu$。内能的法定单位是焦耳（J）。

综上所述，系统的总能量为

$$E = E_k + E_p + U \qquad (2\text{-}11)$$

$$e = e_k + e_p + u \qquad (2\text{-}12)$$

2.3　封闭系统的能量方程

为了定量地分析系统在热力过程中的能量转换，需根据热力学第一定律，导出参与能量转换的各项能量之间的数量关系式，这种关系式称为能量方程。

分析各种工质的热力过程时，凡是工质不流动的过程，通常按封闭系统处理较方便。

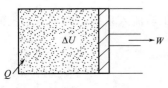

图 2-5　闭系能量方程的推演

如图 2-5 所示，若取气缸内气体为系统，则是一个典型的封闭系统。设气体从状态 1 变化到状态 2，变化过程中吸热 Q，对外做功 W。研究气体的变化过程，通常可以忽略位能的变化，对于气体不进行长距离流动的情况，动能变化也可忽略不计，故系统的能量中，只有内能发生变化 ΔU。根据热力学第一定律有

$$Q = \Delta U + W \qquad (2\text{-}13)$$

对微元过程有

$$\delta Q = dU + \delta W \qquad (2\text{-}14)$$

对单位质量工质有

$$q = \Delta u + w \qquad (2\text{-}15)$$

$$\delta q = du + \delta w \qquad (2\text{-}16)$$

式(2-13)～式(2-16) 称为封闭系统的能量方程，它们由热力学第一定律直接导出，适用于任何工质及过程。

对于可逆过程，$\delta w = p\mathrm{d}v$，$w = \int_1^2 p\mathrm{d}v$，上述各式可做相应变动。

2.4 敞开系统的能量方程

工程上，许多热力设备，如压气机、汽轮机、锅炉、换热器等，工作时不断地有工质流入流出。分析这类设备中的热力过程时，一般按敞开系统处理。

与封闭系统不同，敞开系统与外界有物质交换。第一，它与外界的能量交换除做功和传热外，还借助工质的流动，传递工质本身所具有的能量；第二，分析敞开系统时，还要考虑质量平衡；第三，敞开系统与外界交换的功，除容积功外，还有推动工质出入系统的推动功。

2.4.1 推动功

如图 2-6 所示的装置，取 1—1 截面与 2—2 截面之间的气体为系统，则是一个典型的敞

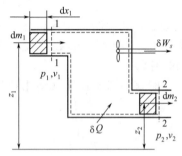

图 2-6 开系能量方程推演

开系统。当工质要流入系统时，需要其上游工质的推动以克服系统内工质的反作用力，在此过程中，外界对系统做了推动功；同理，工质流出系统时，系统内工质必须对外界做推动功。推动功也称为流动功。设系统进口处，工质压力 p_1，比体积 v_1，管道截面积 A_1。当质量为 $\mathrm{d}m_1$ 的工质在上游工质推力 $p_1 A_1$ 作用下移动 $\mathrm{d}x_1$ 而进入系统时，外界所做的推动功为

$$\delta W_{f1} = p_1 A_1 \mathrm{d}x_1 = p_1 \mathrm{d}V_1 = p_1 v_1 \mathrm{d}m_1$$

若质量为 1kg 的工质流入系统，则推动功为

$$w_{f1} = p_1 v_1 \tag{2-17}$$

同理，1kg 工质流出系统时，系统对外做推动功

$$w_{f2} = p_2 v_2 \tag{2-18}$$

1kg 工质流入并流出系统时，流动净功为

$$w_f = p_2 v_2 - p_1 v_1 \tag{2-19}$$

可见，流动功是推动工质进行宏观位移所做的功。

2.4.2 敞开系统的能量方程

考虑如图 2-6 所示的敞开系统。在 $\mathrm{d}\tau$ 时间内，有 $\mathrm{d}m_1$ 的工质流入系统，则进入系统的能量为：

① 吸热 δQ；

② 流入系统的工质带入它所具有的能量为

$$\mathrm{d}m_1 E_1 = \mathrm{d}m_1\left(u_1 + \frac{c_1^2}{2} + g z_1\right)$$

③ 上游工质所做的推动功为 $\mathrm{d}m_1 p_1 v_1$。

在 $\mathrm{d}\tau$ 时间内，流出 $\mathrm{d}m_2$ 的工质，则离开系统的能量为：

① 系统输出轴功为 δW_s；

② 流出工质带出它本身具有的能量为 $\mathrm{d}m_2 E_2 = \mathrm{d}m_2\left(u_2 + \frac{c_2^2}{2} + g z_2\right)$；

③ 系统推动工质流出的推动功为 $\mathrm{d}m_2 p_2 v_2$。

系统储存能量的增量为 $\mathrm{d}E$。依热力学第一定律有

$$\left[\delta Q+\mathrm{d}m_1\left(u_1+\frac{c_1^2}{2}+gz_1\right)+\mathrm{d}m_1 p_1 v_1\right]-$$

$$\left[\delta W_s+\mathrm{d}m_2\left(u_2+\frac{c_2^2}{2}+gz_2\right)+\mathrm{d}m_2 p_2 v_2\right]=\mathrm{d}E$$

令　$\dot{Q}=\dfrac{\delta Q}{\mathrm{d}\tau}$　　为系统的吸热速率；

　　$q_{m_1}=\dfrac{\mathrm{d}m_1}{\mathrm{d}\tau}$　　为进入系统的质量流量；

　　$q_{m_2}=\dfrac{\mathrm{d}m_2}{\mathrm{d}\tau}$　　为离开系统的质量流量；

　　$\dot{W}_s=\dfrac{\delta W_s}{\mathrm{d}\tau}$　　为系统输出的轴功率；

　　$\dot{E}=\dfrac{\mathrm{d}E}{\mathrm{d}\tau}$　　为系统储存能的增加速率。

则　　$$\dot{Q}=q_{m_2}\left(u_2+p_2 v_2+\frac{c_2^2}{2}+gz_2\right)-q_{m_1}\left(u_1+p_1 v_1+\frac{c_1^2}{2}+gz_1\right)+\dot{W}_s+\dot{E} \tag{2-20}$$

　　令　　$$h=u+pv$$
则　　$$h_1=u_1+p_1 v_1$$
　　　　$$h_2=u_2+p_2 v_2$$

式(2-20)变化为

$$\dot{Q}=q_{m_2}\left(h_2+\frac{c_2^2}{2}+gz_2\right)-q_{m_1}\left(h_1+\frac{c_1^2}{2}+gz_1\right)+\dot{W}_s+\dot{E} \tag{2-21}$$

式(2-20)和式(2-21)是敞开系统能量方程的普遍式，适用于任何工质的任何流动过程。

2.4.3　焓

热力分析与计算中，经常遇到 $U+pV$ 的形式。由于 U、p、V 都是状态参数，故为了简化公式与计算，常把它们的组合定义为另一个状态参数——焓，以符号 H 表示，即

$$H=U+pV \tag{2-22}$$

对 1kg 工质，定义相应的比焓，以 h 表示，即

$$h=u+pv \tag{2-23}$$

焓的物理意义可以理解如下：当 1kg 工质流进系统时，带进系统的与热力状态有关的能量有内能 u 和流动功 pv，而焓正是这两种能量的总和。因此，焓可以理解为工质流动时与外界传递的与其热力状态有关的总能量。但当工质不流动时，pV 不再是流动功，但焓作为状态参数仍然存在。此时，它只能理解为三个状态参数的组合。热力装置中，工质大都是在流动的过程中实现能量传递与转化的，故在热力计算中，焓比内能应用更广泛，焓的数据表（图）也更多。

焓既然是状态参数，也就具有状态参数的一切特性，也可表示为其他状态参数的函数。

2.5　稳定流动能量方程

2.5.1　稳定流动能量方程

所谓稳定流动是指在流动过程中，系统内任一点处，工质的热力参数和运动参数都不随

时间而变的流动过程。要使流动达到稳定，需满足以下三个条件：

ⅰ. 系统进、出口状态不随时间而变化；

ⅱ. 系统内工质数量保持不变，这就要求系统进、出口质量流量相等，且不随时间而变，即 $q_{m_1} = q_{m_2} = q_m$；

ⅲ. 系统内储存的能量不变，这就要求进入系统的能量与离开系统的能量相等，且不随时间而变化，即 $\dot{E} = 0$。

将这些条件代入式(2-21) 得

$$\dot{Q} = q_m \left[\left(h_2 + \frac{c_2^2}{2} + g z_2 \right) - \left(h_1 + \frac{c_1^2}{2} + g z_1 \right) \right] + \dot{W}_s \tag{2-24}$$

$$q = (h_2 - h_1) + \frac{1}{2}(c_2^2 - c_1^2) + g(z_2 - z_1) + w_s \tag{2-25}$$

或

$$q = (u_2 - u_1) + (p_2 v_2 - p_1 v_1) + \frac{1}{2}(c_2^2 - c_1^2) + g(z_2 - z_1) + w_s \tag{2-26}$$

对微元过程

$$\delta q = dh + \frac{1}{2} dc^2 + g\,dz + \delta w_s \tag{2-27}$$

式(2-24)～式(2-27) 称为稳定流动能量方程。这些方程适用于任何工质稳定流动的任何过程。

当热力设备在不变的工况下工作时，工质的流动过程可视为稳定流动，只是在开车和停车阶段为不稳定流动。对连续工作的周期性动作的热力设备（如活塞式机械），如果单位时间的传热量及轴功的平均值分别保持不变，工质的平均流量也保持不变，则即使工质在设备内部的流动是不稳定的，仍可用稳定流动能量方程分析其能量转换关系。

2.5.2　能量方程的分析

在稳定流动过程中，由于系统本身的状况不随时间而变，所以整个流动过程又可视为一定质量的工质从入口状态变化到出口状态，从而又是一个控制质量的封闭系统。这样式(2-26) 可视为每千克工质在流经热力设备过程中，吸热 q，对外做轴功 w_s 和流动功 $\Delta(pv)$，而其本身的能量由入口处的 $\left(u_1 + \frac{c_1^2}{2} + g z_1 \right)$ 变化为出口处的 $\left(u_2 + \frac{c_2^2}{2} + g z_2 \right)$。这样，流动过程的能量方程又可以式(2-15) 表示，即 $q = \Delta u + w$。比较式(2-15) 和式(2-26)可得

$$w = \Delta(pv) + \frac{1}{2}\Delta c^2 + g\Delta z + w_s \tag{2-28}$$

可见，如果把 w 理解为由热量转变来的机械能，则 $q = \Delta u + w$ 既适用于不流动过程，也适用于稳定流动过程。对不流动过程，这部分机械能（其值为 $q - \Delta u$）直接表现为对外做容积功；而对流动过程，这部分机械能（其值也是 $q - \Delta u$），一部分消耗于维持工质进出系统所需的流动净功，一部分用于增加工质的宏观动能和重力位能，其余部分才是热力设备输出的轴功。

2.5.3　技术功

式(2-28) 中的后三项是工程上可以直接利用的机械能，而 $\Delta(pv)$ 是维持流动所必须支付的功，不能被直接利用。因此，流动过程中，可资利用的机械能不等于工质膨胀功的全部，而是膨胀功与流动功之差，这部分能量就定义为技术功，以 w_t（1kg 工质）或 W_t（非 1kg 工质）表示，即

$$w_t = w - \Delta(pv) = \frac{1}{2}\Delta c^2 + g\Delta z + w_s \tag{2-29}$$

对微元过程

$$\delta w_t = \delta w - d(pv) = \frac{1}{2}dc^2 + g\,dz + \delta w_s \tag{2-30}$$

该式反映了稳定流动过程中膨胀功、技术功和轴功之间的关系。若忽略动能和位能的变化，则技术功与轴功相等（$w_t = w_s$）。

这样，稳定流动能量方程又可写为

$$q = \Delta h + w_t \tag{2-31}$$

对可逆过程，如图 2-7 中的过程 1→2，依式(2-30)，其技术功为

$$w_t = \int_1^2 p\,dv - \int_1^2 d(pv) = -\int_1^2 v\,dp \tag{2-32}$$

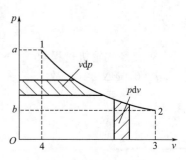

图 2-7 技术功的计算

可见，技术功在 p-v 图上可用过程曲线与纵轴之间的面积 ($12ba1$) 表示。

$dp < 0$ 时，$w_t > 0$，系统对外界做功；

$dp > 0$ 时，$w_t < 0$，外界对系统做功；

$dp = 0$ 时，$w_t = 0$。

2.5.4 机械能守恒式

对可逆过程，式(2-30) 可写为

$$v\,dp + \frac{1}{2}dc^2 + g\,dz + w_s = 0 \tag{2-33}$$

对有摩擦的准静态过程，再加一项摩擦损失功 w_F，则有

$$v\,dp + \frac{1}{2}dc^2 + g\,dz + w_s + w_F = 0 \tag{2-34}$$

该式即为广义的机械能守恒式。

若流动过程中没有轴功 w_s，则式(2-34) 变化为

$$v\,dp + \frac{1}{2}dc^2 + g\,dz + w_F = 0 \tag{2-35}$$

该式为广义的伯努利方程。它反映了压力、流速、位能及摩阻之间的关系。

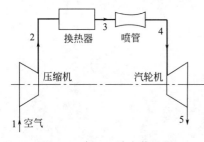

图 2-8 例 2-2 动力装置图

例 2-2 如图 2-8 所示的动力装置，压缩机入口空气焓 $h_1 = 280\text{kJ/kg}$，流速 $c_1 = 10\text{m/s}$，经压缩机绝热压缩后，出口空气焓 $h_2 = 560\text{kJ/kg}$，流速 $c_2 = 10\text{m/s}$，然后进入换热器吸热 $q_1 = 630\text{kJ/kg}$，再进入喷管绝热膨胀，出口焓 $h_4 = 750\text{kJ/kg}$，最后进入汽轮机绝热膨胀，出口焓 $h_5 = 150\text{kJ/kg}$，流速 $c_5 = 85\text{m/s}$。各过程中的位能变化忽略不计。若空气流量为 100kg/s，试计算：①压缩机功率；②喷管出口流速 c_4；③汽轮机功率；④整套装置功率。

解 工质在整个装置内的流动为稳定流动，可应用稳定流动能量方程式(2-25) 或式(2-26) 进行求解。

① 压缩过程 12

依题意，$q = 0$，$g\Delta z = 0$，$\frac{1}{2}(c_2^2 - c_1^2) = 0$ **故**

$$w_{s1}=h_1-h_2=280-560=-280 \text{ （kJ/kg）}$$

$N_{s1}=q_m w_{s1}=100\times(-280)=-28000\text{kW}$（负号表示压缩机对气体做功）。

② 流经换热器和喷管的过程 24

$q=630\text{kJ/kg}$，$g\Delta z=0$，$w_s=0$ 故

$$\frac{1}{2}(c_4^2-c_2^2)+(h_4-h_2)=q$$

$$c_4=\sqrt{2(q-h_4+h_2)+c_2^2}$$
$$=\sqrt{2\times(630\times10^3-750\times10^3+560\times10^3)+10^2}$$
$$=938 \text{ （m/s）}$$

③ 流经汽轮机过程 45

$q=0$，$g\Delta z=0$ 故

$$w_{s2}=h_4-h_5+\frac{1}{2}(c_4^2-c_5^2)$$
$$=750-150+\frac{1}{2}(938^2-85^2)\times10^{-3}=1036 \text{ （kJ/kg）}$$

$$N_{s2}=q_m w_{s2}=100\times1036=103600 \text{ （kW）}$$

④ 解法一 $N_s=N_{s1}+N_{s2}=-28000+103600=75600$ （kW）

解法二 将整套装置取为系统

$q=630\text{kJ/kg}$，$g\Delta z=0$

故

$$q=h_5-h_1+\frac{1}{2}(c_5^2-c_1^2)+w_s$$

$$w_s=q-h_5+h_1+\frac{1}{2}(c_1^2-c_5^2)$$
$$=630-150+280+\frac{1}{2}\times(10^2-85^2)\times10^{-3}=756 \text{ （kJ/kg）}$$

$$N_s=q_m w_s=100\times756=75600 \text{ （kW）}$$

例 2-3 水泵将压力 $p_1=10^5\text{Pa}$，温度 $t_1=20℃$ 的水以 1.5L/s 的流量从水池中打到 40m 高处，出口压力 $p_2=9\times10^5\text{Pa}$，水泵进水管径为 32mm，出水管径为 25mm。设水泵与管路是绝热的，且可忽略摩擦阻力，求水泵功率及焓变。水的比体积为 $10^{-3}\text{m}^3/\text{kg}$。

解 该流动过程可视为稳定流动过程，流动方程为

$$q=\Delta u+\Delta(pv)+\frac{1}{2}\Delta c^2+g\Delta z+w_s$$

依题意，$q=0$。

水可视为不可压缩流体，即 $v=$const；故体积功 $W=0$。

依热力学第一定律得，$\Delta U=0$。

流动过程中质量守恒

$$q_m=\frac{Ac}{v}=\frac{A_1 c_1}{v}=\frac{A_2 c_2}{v}=\frac{q_V}{v}=\frac{1.5\times10^{-3}}{10^{-3}}=1.5 \text{ （kg/s）}$$

$$c_1=\frac{1.5\times10^{-3}}{\frac{\pi}{4}\times0.032^2}=1.87 \text{ （m/s）}$$

$$c_2=\frac{1.5\times10^{-3}}{\frac{\pi}{4}\times0.025^2}=3.06 \text{ （m/s）}$$

依式(2-26) 得

$$w_s = (p_1 - p_2)v + \frac{1}{2}(c_1^2 - c_2^2) - g\Delta z$$

$$= (1-9) \times 10^5 \times 10^{-3} + \frac{1}{2} \times (1.87^2 - 3.06^2) - 9.8 \times 40$$

$$= -1195 \ (J/kg)$$

$$N_s = q_m w_s = 1.5 \times (-1195) = -1792.5 \ (W)$$

$$\Delta h = \Delta u + \Delta(pv) = (p_2 - p_1)v = 800 \ (J/kg)$$

2.6 热力学第二定律的实质

热力学第一定律表明，在热力过程中，热能可以与其他形式能相互转换，且转换过程中，能的总量保持不变。但实践告诉人们，满足热力学第一定律的过程并不是都能实现，即自然过程是有方向性的。热力学第二定律就是研究热力过程进行的方向、条件与限度。

2.6.1 自发过程

2.6.1.1 机械能向热能的转变过程

如图 2-9 所示，一个密闭绝热的刚性容器内盛有一定量的气体，其内的搅拌器可随滑轮由重物 G 带动旋转。当重物下降时，搅拌器旋转，重物所做的功转变成搅拌器的动能。由于搅拌器与气体间的摩擦，使搅拌器的动能又转变成热能而被气体和搅拌器吸收，温度升高。这种过程可以自动进行，称为自发过程。该过程中，机械能百分之百地转变成热能，符合热力学第一定律。然而，让气体和搅拌器温度降低，并使搅拌器反转带动重物上升的过程是不可能的。这说明，机械能转变为热能的过程是自发的、不可逆的。

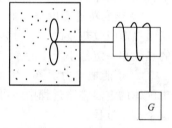

图 2-9 自发过程示例

2.6.1.2 传热过程

一杯开水放在室内空气中，则水向空气传热而被冷却。该过程也可以自动进行，但冷却了的水却不能从空气中吸热而重新沸腾起来。这说明，热量由高温物体传向低温物体的过程是自发的、不可逆的。

2.6.1.3 气体自由膨胀过程

高压气体向真空中的膨胀称为自由膨胀。经验表明，该过程可以自动进行，而其逆过程——气体的自动压缩却是不可能的。故气体自由膨胀过程也是自发的、不可逆的。当然，工质由高压处流向低压处也是自发的、不可逆的过程。

2.6.1.4 混合过程

将一滴有颜色的水倒入清水中，两种液体很快就混为一体；将两种不同的气体放在一起，它们也很快就形成混合气体。然而，它们的逆过程——分离过程却是不能自动进行的。因此，混合过程是自发的、不可逆的过程。

2.6.1.5 燃烧反应过程

燃料燃烧变成产物 （如 $CH_4 + 2O_2 \Longrightarrow CO_2 + 2H_2O$）的过程在某种条件下可自动进行。而其相反过程——燃烧产物还原成燃料却不能自动完成。故燃烧反应过程是自发的、不可逆的过程。

总之，一切实际的热力过程都具有方向性，只能单独自动地朝一个方向进行，这类过程称为自发过程；而其逆方向的过程不能单独自动地进行，这类过程称为非自发过程。要使非自发过程得以实现，必须附加某些补充条件，付出一定的代价。

2.6.2 热力学第二定律的表述与实质

热力学第二定律的文字表述有多种形式。

克劳修斯（Clausius）从热量传递方向性的角度，将热力学第二定律表述为：热量不可能自动地、无偿地从低温物体传至高温物体。

开尔文-普朗克（Kelvin-Plank）从热功转换的角度，将热力学第二定律表述为：不可能制成一种循环动作的热机，只从一个热源吸取热量，使之完全转变为有用功，而其他物体不发生任何变化。

历史上曾有人想制成一种只从单一热源吸热就能连续工作而使热完全转变为功的机器，即第二类永动机。第二类永动机并不违反热力学第一定律，但却违反热力学第二定律。为了明确否定这种发明的可能性，热力学第二定律又表述为：第二类永动机是不可能制成的。

理解热力学第二定律应注重以下几点。

① 热力学第二定律并不是说热量从低温物体传至高温物体的过程是不可能实现的，而是说要使之实现，必须花费一定的代价。在制冷过程中，此代价就是消耗功，即以功变热这个自发过程作为补充条件。

② 热变功过程也是一个非自发过程，要使之实现，也必须有一个补充条件。热机把从高温热源吸收热量的一部分转变成功是以向低温热源放热这个自发过程为补充条件的。热机的热效率一定是小于1的。

③ 不能把热力学第二定律理解为"功可以完全变为热，而热却不能完全变为功"。在理想气体的定温膨胀过程中，可以把所吸收的热全部转变成功，但其补充条件为气体压力降低这个自发过程。

总之，热力学第二定律的实质是，自发过程是不可逆的；要使非自发过程得以实现，必须伴随一个适当的自发过程为补充条件。这就是说，各种自发过程之间是有联系的，从一种自发过程的不可逆性可以推断另一种自发过程的不可逆性，即热力学第二定律的各种表述是等效的。以前两种表述为例证明如下。

如图 2-10(a) 所示，取热机 A 为系统，它自高温热源吸热 Q_1，将其一部分（Q_1-Q_2）转化为功 W_0，并向低温热源放热 Q_2。如果违反克劳修斯的说法，即热量 Q_2 可以自动地、无偿地从低温热源传至高温热源（如图中虚线所示），则其总效果为热机 A 从高温热源吸热 Q_1-Q_2，并使之全部转变为功 W_0，这也就否定了开尔文-普朗克说法。

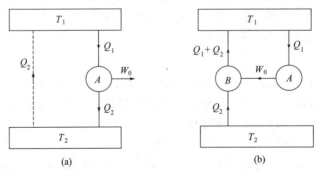

图 2-10 热力学第二定律表述的等效性

如图 2-10(b) 所示，取热机 A 和热机 B 为系统，热机 A 带动制冷机 B 工作。如果违反开尔文-普朗克说法，即热机 A 从高温热源吸热 Q_1，并使之全部转变为功 W_0（$=Q_1$），则制冷机 B 把从低温热源的吸热量 Q_2 连同它所消耗的功 W_0 一起送入高温热源。其总效果为热量 Q_2 自动地、无偿地从低温热源传至了高温热源。因此也否定了克劳修斯说法。

2.7 卡诺循环

热力学第二定律告诉人们，任何循环的热效率都小于 1。那么，热力循环的热效率最高能达到多少？如何能提高循环的热效率？这可通过研究卡诺循环来解决。

2.7.1 卡诺（Carnot）循环

卡诺循环是在两个温度分别为 T_1 和 T_2 的恒温热源之间，由两个定温可逆过程和两个绝热可逆（定熵）过程交替组成的循环。其 p-V 图和 T-S 图如图 2-11 所示。

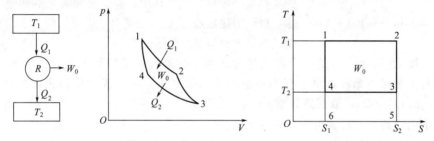

图 2-11　卡诺循环的 p-V 图和 T-S 图

过程 12：工质在温度 T_1 下定温膨胀做功，从高温热源吸热 Q_1。

过程 23：工质可逆绝热膨胀做功，温度由 T_1 降至 T_2。

过程 34：工质在温度 T_2 下被定温压缩，得到压缩功，向低温热源放热 Q_2。

过程 41：工质被绝热可逆压缩，得到压缩功，温度由 T_2 升到 T_1。

工质完成一个循环后，其状态回复原状，依热力学第一定律，工质对外做净功

$$W_0 = Q_1 - Q_2$$

卡诺循环的热效率为

$$\eta_c = \frac{W_0}{Q_1} = 1 - \frac{Q_2}{Q_1}$$

由 T-S 图可知，$Q_1 = T_1(S_2 - S_1)$，可用 12561 的面积表示；

$Q_2 = T_2(S_2 - S_1)$ 可用 34653 的面积表示。

故

$$\frac{Q_2}{Q_1} = \frac{T_2}{T_1} \tag{2-36}$$

$$\eta_c = 1 - \frac{T_2}{T_1} \tag{2-37}$$

若为逆向卡诺循环，则用于制冷时的制冷系数为

$$\varepsilon_c = \frac{Q_2}{W_0} = \frac{T_2}{T_1 - T_2} \tag{2-38}$$

用于供暖时的供暖系数为

$$\varepsilon_w = \frac{Q_1}{W_0} = \frac{T_1}{T_1 - T_2} \tag{2-39}$$

2.7.2 卡诺定理

定理一 在相同温度的高温热源和相同温度的低温热源之间工作的一切可逆循环，其热效率相等，且与循环工质的性质无关。

定理二 在相同温度的高温热源和相同温度的低温热源之间工作的一切不可逆循环，其热效率必小于相应可逆循环的热效率。

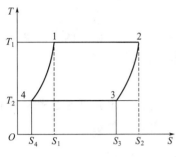

图 2-12 极限回热循环的 T-S 图

在卡诺循环热效率计算式的推导中，并未涉及工质性质，故 η_c 与工质性质无关。

在相同温度的高温热源和相同温度的低温热源之间工作的可逆循环，除卡诺循环外，还可以有其他的可逆循环，如极限回热循环（图 2-12）。该循环的定温吸热和定温放热过程与卡诺循环相同，但卡诺循环的定熵膨胀在这里变为有放热的膨胀过程，同样，压缩过程也有吸热，其吸热量恰好等于膨胀过程的放热量。可见，该循环中，高温热源失去的热量 Q_1、低温热源得到的热量 Q_2，以及功量 W_0 均与相应的卡诺循环相同，故其热效率也与卡诺循环相同。

若在温度为 T_1 和 T_2 的两个恒温热源之间工作的可逆循环和不可逆循环的吸热量 Q_1 相同，则对于不可逆循环，由于有不可逆因素（如摩擦）必造成功量损失，即其循环净功 $W'_0 < W_0$，而 $Q'_2 > Q_2$，故其热效率 $\eta' < \eta_c$。

根据卡诺定理，可得到以下几个重要结论。

ⅰ．卡诺循环的热效率只决定于高温热源和低温热源的温度，即工质吸热和放热时的温度。提高 T_1 或降低 T_2 均可提高其热效率。

ⅱ．因 T_1 不可能为无穷大，T_2 也不可能为零，所以任何循环的热效率均小于 1。

ⅲ．当 $T_1 = T_2$ 时，循环热效率为零，即只从单一热源吸热的循环是不可能把热转变为功的，或者说第二类永动机是不可能制成的。

ⅳ．要提高实际热机的热效率，必须尽最大可能减小其不可逆性。

2.8 多热源的可逆循环

如图 2-13 所示，$ABCD$ 为一个任意的可逆循环。在整个循环过程中，工质温度是变化的。为保证过程可逆，需有无穷多个高温和低温热源与之相适应，故该循环为一个多热源的可逆循环。温度最高的高温热源的温度为 T_1，温度最低的低温热源的温度为 T_2。在整个循环中，吸热量为 Q'_1，放热量为 Q'_2。在温度分别为 T_1 和 T_2 的两个恒温热源之间建立卡诺循环 12341，其吸热量为 Q_1，放热量为 Q_2。可见，$Q_1 = Q'_1 + 1AB1$ 面积 $+ 2BC2$ 面积，$Q_2 = Q'_2 - A4DA$ 面积 $- D3CD$ 面积。多热源可逆循环的热效率为

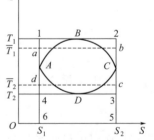

图 2-13 多热源循环的温-熵图

$$\eta_t = 1 - \frac{Q'_2}{Q'_1} < 1 - \frac{Q_2}{Q_1} = \eta_c$$

即多热源可逆循环的热效率小于同一温度界限内卡诺循环的热效率。

上述结论也可通过引入平均吸热温度 $\overline{T}_1$ 和平均放热温度 $\overline{T}_2$ 而得到。在熵变 $(S_2 - S_1)$ 不变的前提下，假想一个定温吸热过程 ab，使其吸热量等于原循环的吸热量 Q'_1，则这个假想过程

ab 的温度就是平均吸热温度 $\overline{T}_1$，故

$$\overline{T}_1 = \frac{Q_1'}{S_2 - S_1} < T_1$$

同理，平均放热温度为

$$\overline{T}_2 = \frac{Q_2'}{S_2 - S_1} > T_2$$

引入平均吸热温度和平均放热温度后，原循环即转化为工作在温度分别为 $\overline{T}_1$ 和 $\overline{T}_2$ 两个热源之间的卡诺循环。这个概念，在分析具有非定温吸热或放热过程时，经常被用来比较热效率的高低。这样

$$\eta_t = 1 - \frac{Q_2'}{Q_1'} = 1 - \frac{\overline{T}_2}{\overline{T}_1} < \eta_c$$

例 2-4 某柴油发动机的功率为 35kW，该机热力循环的最高热源温度为 1800K，低温热源温度为 300K，每千克柴油燃烧后放热 42705kJ。试求柴油的最低消耗量。如果实际循环的热效率为相应卡诺循环的 40%，则柴油耗量为多少？

解 （1）发动机以卡诺循环工作时，柴油耗量最少。

$$\eta_c = \frac{N}{\dot{Q}} = 1 - \frac{T_2}{T_1} = 1 - \frac{300}{1800} = 0.83$$

$$\dot{Q} = 42705 q_m = \frac{N}{\eta_c} = \frac{35}{0.83} = 42.2 \ (\text{kW})$$

$$q_m = \frac{42.2}{42705} \approx 10^{-3} (\text{kg/s}) = 3.6 \ (\text{kg/h})$$

（2）实际循环的柴油耗量

$$\eta_t = 40\% \eta_c = 0.4 \times 0.83 = 0.332$$

$$q_m = \frac{3.6}{0.4} = 9 \ (\text{kg/h})$$

例 2-5 冬季室外温度为 $-10℃$，为保持室内温度为 20℃，需向室内供热 7200kJ/h。试计算：

① 若采用电热器供暖，则所需电功率为多少？

② 若采用逆向卡诺循环机供暖，则供暖机功率为多少？

③ 若该供暖机由以正向卡诺循环工作的热机带动，其高温热源温度为 500K，低温热源为大气，则供热率为多少？

解 ① 取室内空气为系统，则电热器所做的功转变为供给系统的热量，然后散失到环境中去。由于室内空气状态不变，故 $\Delta U = 0$，系统向外散热 $Q = -7200\text{kJ/h}$，依热力学第一定律有 $Q = W$，故电热器消耗的功为

$$N_1 = -\dot{W} = -\dot{Q} = \frac{7200}{3600} = 2 \ (\text{kW})$$

② 逆向卡诺循环高温热源温度为 $T_1 = 20℃ = 293\text{K}$，低温热源温度为大气温度 $T_2 = -10℃ = 263\text{K}$，其供暖系数为

$$\varepsilon_w = \frac{\dot{Q}_1}{\dot{W}_2} = \frac{T_1}{T_1 - T_2} = \frac{293}{293 - 263} = 9.77$$

供暖机功率
$$N_2 = \dot{W}_2 = \frac{\dot{Q}_1}{\varepsilon_w} = \frac{2}{9.77} = 0.204 \ (\text{kW})$$

③ 高温热源供热率

$$\eta_c = \frac{N_2}{\dot{Q}_1'} = 1 - \frac{T_2}{T_1'} = 1 - \frac{263}{500} = 0.474$$

$$\dot{Q}_1' = \frac{N_2}{\eta_c} = \frac{0.204}{0.474} = 0.43 \ (\text{kW})$$

2.9 熵与克劳修斯不等式

2.9.1 熵的导出

对卡诺循环，按热量正负值规定，以代数值代入式(2-36)，则有

$$\frac{Q_1}{T_1} + \frac{Q_2}{T_2} = 0 \tag{2-40}$$

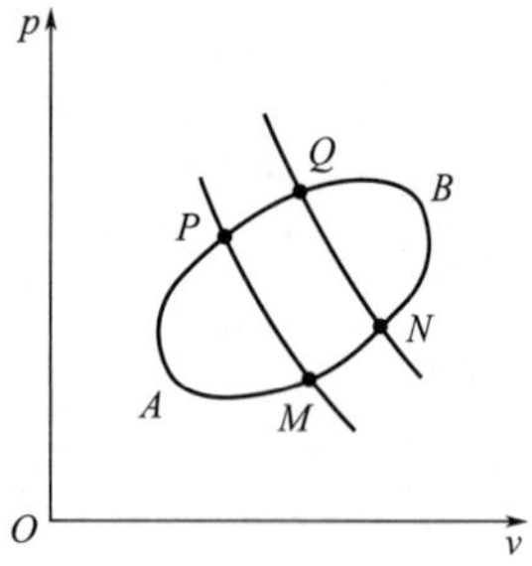

对任意的可逆循环 $PQBNMAP$（图 2-14），过循环线上任意两点 P、Q 分别做两条定熵线 PM 和 QN，则只要 P 点与 Q 点间的距离取为无限小，两点间的温差即为无限小。这样，整个循环就由无限多个微元卡诺循环构成。对每个微循环有

$$\left(\frac{\delta Q_1}{T_1}\right)_i + \left(\frac{\delta Q_2}{T_2}\right)_i = 0$$

图 2-14 熵的推演

对全部微循环求和得

$$\oint \frac{\delta Q}{T} = 0 \tag{2-41}$$

式中 δQ 为任一微元过程系统从外界的吸热量，T 为热源的温度，也等于工质的温度。

在整个循环中，任取两点 A、B，则

$$\oint \frac{\delta Q}{T} = \int_{APB} \frac{\delta Q}{T} + \int_{BMA} \frac{\delta Q}{T} = 0$$

又因各过程均为可逆过程，故 $\displaystyle\int_{BMA} \frac{\delta Q}{T} = -\int_{AMB} \frac{\delta Q}{T}$，代入上式有

$$\int_{APB} \frac{\delta Q}{T} = \int_{AMB} \frac{\delta Q}{T} \tag{2-42}$$

式(2-41) 和式(2-42) 表明，对可逆过程，$\dfrac{\delta Q}{T}$ 是状态参数。

依此，克劳修斯 1865 年定义了一个热力学状态参数，称为熵（entropy），以符号 S 表示。这样，对可逆过程有

$$\mathrm{d}S = \left(\frac{\delta Q}{T}\right)_{可逆} \tag{2-43}$$

$$S_2 - S_1 = \int_1^2 \left(\frac{\delta Q}{T}\right)_{可逆} \tag{2-44}$$

熵的法定单位为 J/K 或 kJ/K。熵是广度参数，对 1kg 工质而言

$$\mathrm{d}s = \left(\frac{\delta q}{T}\right)_{可逆} \tag{2-45}$$

可见，熵的变化反映了可逆过程中热交换的方向和大小。系统可逆地从外界吸热，$\delta Q > 0$，

系统熵增加；系统可逆地向外界放热，$\delta Q<0$，系统熵减小；可逆绝热过程中，系统熵不变。

熵是状态参数，因而只要系统始末状态一定，无论过程可逆与否，其熵差都有确定的值。

2.9.2　克劳修斯不等式

如果一个循环的全部或一部分是不可逆过程，把这个循环，按上述类似的方法，也分成无限多个微循环，则全部或一部分微循环为不可逆循环。依卡诺定理，在相同的高温和低温热源之间工作的一切不可逆热机的热效率小于可逆热机的热效率，即不可逆微循环的热效率为

$$\eta_t=1+\frac{\delta Q_2}{\delta Q_1}<\eta_c=1-\frac{T_2}{T_1}$$

$$\frac{\delta Q_1}{T_1}+\frac{\delta Q_2}{T_2}<0$$

对全部微循环求和得

$$\oint\left(\frac{\delta Q}{T}\right)_{不可逆}<0 \tag{2-46}$$

考虑到式(2-41)有

$$\oint\left(\frac{\delta Q}{T}\right)\leqslant 0 \tag{2-47}$$

此式称为克劳修斯不等式，也是热力学第二定律的数学表达式之一。式中 δQ 为微循环中系统从外界吸收的热量，T 为吸热时热源的温度。式中"="适用于可逆过程，"<"适用于不可逆过程。式(2-47)可作为循环能否进行和是否可逆的判据。如果设计的某循环使 $\oint\left(\frac{\delta Q}{T}\right)>0$，则是不可能的循环。

例 2-6　有一个循环装置，工作在 800K 和 300K 的热源之间。若与高温热源换热 3000kJ，与外界交换功 2400kJ，试判断该装置能否成为热机？能否成为制冷机？

解　(1) 若要成为热机，则 $Q_1=3000$ kJ，$W=2400$ kJ

$$Q_2=W-Q_1=2400-3000=-600\ (kJ)$$

$$\oint\frac{\delta Q}{T}=\frac{Q_1}{T_1}+\frac{Q_2}{T_2}=\frac{3000}{800}+\frac{-600}{300}=1.75>0$$

故该循环装置不可能成为热机。

要想使之成为热机，必须再少做功，多放热，使 $\oint\frac{\delta Q}{T}\leqslant 0$。

(2) 若要成为制冷机，即为逆循环，从低温热源吸热，向高温热源放热，同时外界对系统做功。

$$Q_1=-3000\ kJ,W=-2400\ kJ$$
$$Q_2=W-Q_1=-2400-(-3000)=600\ (kJ)$$
$$\oint\frac{\delta Q}{T}=\frac{Q_1}{T_1}+\frac{Q_2}{T_2}=-\frac{3000}{800}+\frac{600}{300}=-1.75<0，可行。$$

2.9.3　不可逆过程的熵变

如图 2-15 所示，系统自状态 1 经不可逆过程 1B2 变化到状态 2，又经可逆过程 2A1 回复到初态 1，从而构成一个循环 1B2A1。依克劳修斯不等式，对不可逆循环有

$$\oint\frac{\delta Q}{T}=\int_{1B2}\frac{\delta Q}{T}+\int_{2A1}\frac{\delta Q}{T}<0 \tag{2-48}$$

因熵是状态参数，两状态间的熵差与过程无关，故状态 2 与状态 1 间系统的熵差可按可

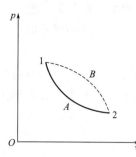

图 2-15　不可逆过程
熵变的计算

逆过程 1A2 计算，即

$$\Delta S_{12} = S_2 - S_1 = \int_{1A2} \frac{\delta Q}{T} = -\int_{2A1} \frac{\delta Q}{T}$$

代入式（2-48）得

$$S_2 - S_1 > \int_{1B2} \frac{\delta Q}{T} \tag{2-49}$$

考虑式（2-44）有

$$S_2 - S_1 \geqslant \int_{1B2} \frac{\delta Q}{T} \tag{2-50}$$

式中"＝"适用于可逆过程，"＞"适用于不可逆过程。它表明，两状态间的熵变等于可逆过程中系统吸热量与热源温度比值的积分，而大于不可逆过程中系统吸热量与热源温度比值的积分。

对微元过程有

$$dS \geqslant \frac{\delta Q}{T} \tag{2-51}$$

对 1kg 工质而言

$$ds \geqslant \frac{\delta q}{T} \tag{2-52}$$

式（2-50）～式（2-52）也是热力学第二定律的数学表达式。它们可作为过程能否进行或是否可逆的判据。

若为绝热过程，$\delta q = 0$，故

$$ds \geqslant 0$$

即在绝热可逆过程中，工质熵不变，故可逆的绝热过程也称为定熵过程；而在绝热不可逆过程中，$ds > 0$，工质熵一定增大。增大的这部分是由不可逆因素引起的。

2.9.4　熵流和熵产

在不可逆过程中　$dS > \dfrac{\delta Q}{T}$，因而可写为

$$dS = \frac{\delta Q}{T} + dS_g$$

令 $dS_f = \dfrac{\delta Q}{T}$ 称为熵流，表示由于系统与外界交换热量而引起的熵变，吸热时熵流为正，放热时熵流为负。式中 T 为热源温度。

$dS_g = dS - dS_f$ 称为熵产，表示由于过程中的不可逆因素（如摩擦、温差传热）引起的熵增加。可逆过程中，熵产 $dS_g = 0$；而不可逆过程中 $dS_g > 0$。熵产不能为负值。下面讨论一下系统内存在摩擦和温差传热时的熵产。

2.9.4.1　摩擦引起的熵产

若系统经历一微元不可逆过程，吸热 δQ，对外做功 δW，摩擦耗功 δW_g；而与之相应的可逆过程，吸热 δQ_R，做功 δW_R，则

$$\delta W = \delta W_R - \delta W_g$$
$$\delta Q = \delta W + dU$$
$$\delta Q_R = \delta W_R + dU$$

联立以上三式得

$$\delta Q_R = \delta Q + \delta W_g$$

$$dS = \frac{\delta Q_R}{T} = \frac{\delta Q}{T} + \frac{\delta W_g}{T}$$

$$dS_g = dS - dS_f = dS - \frac{\delta Q}{T} = \frac{\delta W_g}{T} \tag{2-53}$$

这相当于摩擦耗功变成热，从而使系统的熵增加。熵产也可作为过程是否可能或是否可逆的判据。

2.9.4.2 温差传热引起的熵产

对于有温差传热的情况，热源温度 T 与工质温度 T' 不同。工质的熵变可按可逆过程计算，即认为工质与温度为 T' 的热源可逆传热，故过程的熵变为

$$dS = \frac{\delta Q}{T'}$$

而有温差传热时的熵流为

$$dS_f = \frac{\delta Q}{T}$$

所以

$$dS_g = dS - dS_f = \delta Q \left(\frac{1}{T'} - \frac{1}{T} \right) \tag{2-54}$$

2.9.5 熵方程

对一个敞开系统，在 $d\tau$ 时间内，进入系统的工质质量为 dm_1，它带入的熵为 $dS_1 = s_1 dm_1$；流出系统的工质质量为 dm_2，它带出系统的熵为 $dS_2 = s_2 dm_2$；系统从外界吸热 δQ，系统熵流为 dS_f；由不可逆因素引起的熵产为 dS_g；系统内储存熵的增量为 dS_v。这样可列出系统的熵平衡方程

$$dS_v = dS_f + dS_g + s_1 dm_1 - s_2 dm_2$$

或

$$dS_g = dS_v - dS_f - s_1 dm_1 + s_2 dm_2 \geqslant 0 \tag{2-55a}$$

有多股流体进、出系统时，$dS_g = dS_v - dS_f - \sum\limits_{in} s_i\, dm_i + \sum\limits_{out} s_i\, dm_i \geqslant 0 \tag{2-55b}$

（1）对稳定流动系统 $dS_v = 0$，$dm_1 = dm_2$ 则

单股流体
$$\Delta S_g = S_2 - S_1 - \Delta S_f \geqslant 0 \tag{2-56a}$$

多股流体
$$\Delta S_g = \sum\limits_{out} m_i s_i - \sum\limits_{in} m_i s_i - \Delta S_f \geqslant 0 \tag{2-56b}$$

（2）对绝热稳定流动系统 $dS_f = 0$，故

单股流体
$$\Delta S_g = S_2 - S_1 \geqslant 0 \tag{2-57a}$$

多股流体
$$\Delta S_g = \sum\limits_{out} m_i s_i - \sum\limits_{in} m_i s_i \geqslant 0 \tag{2-57b}$$

（3）对封闭系统 $dm_1 = dm_2 = 0$ $dS_v = dS$ 故
$$\Delta S_g = \Delta S - \Delta S_f \geqslant 0 \tag{2-58}$$

（4）对封闭绝热系统 $\Delta S_f = 0$ 故
$$\Delta S_g = \Delta S \geqslant 0 \tag{2-59}$$

例 2-7 某绝热刚性容器中盛有 1kg 空气，初温 $T_1 = 300\text{K}$。现用一搅拌器扰动气体，搅拌停止后，气体达到终态 $T_2 = 350\text{K}$。试问该过程是否可能？若可能是否为可逆过程？空气熵变计算式为 $\Delta s = 0.716\ln\dfrac{T_2}{T_1} + 0.287\ln\dfrac{v_2}{v_1}$。

解 判断一个过程能否实现，就是看它能否同时满足热力学第一定律和第二定律。本问题显然能满足热力学第一定律，只判断是否满足热力学第二定律即可。刚性容器容积不变，

$v_1 = v_2$；

$$\Delta s = 0.716 \ln \frac{350}{300} = 0.11 \ [\text{kJ/(kg·K)}]$$

绝热封闭系统，$\Delta s_g = \Delta s = 0.11 [\text{kJ/(kg·K)}] > 0$　故该过程能够实现，但为一不可逆过程。

例 2-8　某静设备进入空气量为 2kg/s，压力 $p_1 = 0.4\text{MPa}$，温度 $t_1 = 20℃$；流出气流分为两股，第一股流量为 0.8kg/s，压力 $p'_2 = 0.1\text{MPa}$，温度 $t'_2 = 50℃$；第二股流量为 1.2kg/s，压力 $p''_2 = 0.15\text{MPa}$，温度 $t''_2 = 0℃$。试判断该绝热稳定流动过程能否实现？空气熵变计算式为 $\Delta s = \ln \frac{T_2}{T_1} - 0.287 \ln \frac{p_2}{p_1}$ $[\text{kJ/(kg·K)}]$，焓变计算式为 $\Delta h = \Delta T$ kJ/kg，不计动能及位能变化。

解　静设备内无轴功，不计动能及位能变化，故 $w_t = 0$，依绝热稳定流动能量方程应有 $\Delta H = Q = 0$，即只要判断 ΔH 是否为零就判断出该过程是否满足热力学第一定律。

$$\begin{aligned}\Delta H &= q'_{m_2} h'_2 + q''_{m_2} h''_2 - q_{m_1} h_1 \\ &= q'_{m_2}(h'_2 - h_1) + q''_{m_2}(h''_2 - h_1) \\ &= 0.8 \times (50-20) + 1.2 \times (0-20) \\ &= 0\end{aligned}$$

可见本问题满足热力学第一定律，再判断是否满足热力学第二定律。

$$\Delta S_g = \Delta S = \sum_{out} m_i s_i - \sum_{in} m_i s_i = q'_{m_2}(s'_2 - s_1) + q''_{m_2}(s''_2 - s_1)$$

$$\begin{aligned}\Delta S_g &= q'_{m_2}\left(\ln \frac{T'_2}{T_1} - 0.287 \ln \frac{p'_2}{p_1}\right) + q''_{m_2}\left(\ln \frac{T''_2}{T_1} - 0.287 \ln \frac{p''_2}{p_1}\right) \\ &= 0.8\left(\ln \frac{273+50}{273+20} - 0.287 \ln \frac{0.1}{0.4}\right) + 1.2\left(\ln \frac{273+0}{273+20} - 0.287 \ln \frac{0.15}{0.4}\right) \\ &= 0.65 (\text{kJ/K}) > 0\end{aligned}$$

可见，该过程可以进行，是一个不可逆过程。

2.10　孤立系统熵增原理

判断过程的方向性或某个系统能否实现，就是看它是否同时满足热力学第一定律和热力学第二定律。热力学第一定律就是各条件下的能量方程，容易判断；而热力学第二定律比较抽象，其具体表述也较多，前面已介绍的有：任何循环的热效率小于 1、克劳修斯积分小于零、熵产大于零等。然而，这些方法都只是在某些具体条件下较简便，在另一些情况下却较复杂。本节介绍一种较通用的简便判断方法——孤立系统熵增原理。先看一个例子。

例 2-9　有人声称设计了一套热力设备，可将 65℃ 热水的 20% 变成 100℃ 的水，而其余的 80% 将热量传给 15℃ 的大气，最终水温为 15℃，试判断该设备是否可能。水的比热容为 $c = 4.186$ kJ/(kg·K)。

针对该问题，如果利用前面介绍的方法进行判断，显然比较复杂，因为它没给出具体过程。为此，应首先设计两个循环，一个为对外做功的循环，另一个为外界供给功而使水加热的循环，其示意图如图 2-16 所示。

本题中 T_1 的变化范围为 65～15℃，T_2 的范围为 65～100℃。如果 $W_1 \geqslant W_2$，则该设备可行，否则不可行。具体计算请读者自行完成。

一般情况下，在过程进行中，工质和与其相关的环境均会发生熵变化。如果能同时考虑这种变化，即把系统与环境合在一起，构成一个孤立系统，便可通过计算该孤立系统的熵变，清楚地看出过程进行的方向性和过程的不可逆性。

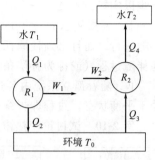

图 2-16 例 2-9 过程图

对于孤立系统，它与外界没有物质和能量交换，故其熵变为

$$dS_{iso} = dS_f + dS_g = dS_g \geqslant 0 \qquad (2\text{-}60)$$

$$\Delta S_{iso} \geqslant 0 \qquad (2\text{-}61)$$

式中，等号适用于可逆过程，大于号适用于不可逆过程。该式表明，孤立系统的熵变化只取决于系统内各过程的不可逆程度。式(2-60)和式(2-61)为孤立系统熵增原理的数学表达式，其文字表述为：孤立系统内所进行的一切实际过程（不可逆过程）都朝着使系统熵增加的方向进行；在极限情况下（可逆过程），系统的熵维持不变；任何使系统熵减小的过程都是不可能的。

利用孤立系统熵增原理，可比较简便地求解例 2-9。

取整个热力设备为系统，大气为环境，则热力设备与环境合起来构成一个孤立系统。若孤立系统的熵变 $\Delta S_{iso} \geqslant 0$，则从热力学原理出发，该设备就是可能的，否则是不可能的。

$$\Delta S_{iso} = \Delta S_{系} + \Delta S_{环}$$

$$\Delta S_{系} = \Delta S_1 + \Delta S_2$$

式中　ΔS_1——20％的水由 65℃变化到 100℃的熵变；

　　　ΔS_2——80％的水由 65℃变化到 15℃的熵变。

设水的总质量为 m，则

$$\Delta S_1 = 0.2m \int_{338}^{373} 4.186 \frac{dT}{T} = 0.0825\,m \ (\text{kJ/K})$$

$$\Delta S_2 = 0.8m \int_{338}^{288} 4.186 \frac{dT}{T} = -0.5361\,m \ (\text{kJ/K})$$

$$\Delta S_{环} = \frac{Q}{T_0}$$

式中　Q——水传给环境的热量；

　　　T_0——环境温度。

$$Q = 0.8m \times 4.186 \times (65-15) - 0.2m \times 4.186 \times (100-65) = 138.138m \ (\text{kJ/K})$$

$$\Delta S_{环} = \frac{Q}{T_0} = \frac{138.138m}{288} = 0.4796m \ (\text{kJ/K})$$

$$\Delta S_{iso} = \Delta S_1 + \Delta S_2 + \Delta S_{环}$$
$$= 0.0825m - 0.536m + 0.4796m$$
$$= 0.026m \ (\text{kJ/K}) > 0$$

所以该设备可以实现。

根据熵增原理，可以判断热力过程进行的方向、条件和限度。在应用时应注意理解以下几点。

ⅰ.熵增原理是对孤立系统而言的，系统内的某个物体可与系统内其他物体相互作用，其熵可增、可减、也可以维持不变。

ⅱ.ΔS_{iso} 是指孤立系统内各部分熵变的代数和。它可以用来判断过程进行的方向：若 $\Delta S_{iso} > 0$，则孤立系统内的过程可自发进行；若 $\Delta S_{iso} = 0$，理论上可实现可逆过程，但实际上难以实现；若 $\Delta S_{iso} < 0$，则孤立系统内的过程不能自发进行。

ⅲ. 要想使 $\Delta S_{iso} < 0$ 的过程得以实现，则必须寻找一个使熵增加的过程与原孤立系统伴随进行。而且必须使原孤立系统与该伴随过程所组成的新的孤立系统的熵变大于零。这就为伴随过程（或称为补偿条件）提出了明确的要求，也就提出了过程进行的条件。

ⅳ. 随着孤立系统内各过程的进行，系统的熵不断增大，当其达到某个最大值时，系统处于平衡状态，过程即告终止，也就是过程进行的限度。

例 2-10 试讨论使热由低温热源传至高热源的过程能否实现。

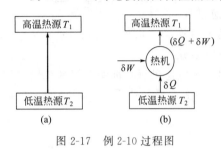

图 2-17　例 2-10 过程图

解 取高温热源和低温热源为孤立系统，如图 2-17(a) 所示，其总熵变为两个热源熵变的代数和。设低温热源放热 δQ，其熵变可按可逆过程计算，即

$$\mathrm{d}S_2 = -\frac{\delta Q}{T_2} \quad （负号表示系统放热）$$

高温热源吸热 δQ，其熵变为

$$\mathrm{d}S_1 = \frac{\delta Q}{T_1}$$

孤立系统熵变为

$$\mathrm{d}S_{iso} = \mathrm{d}S_1 + \mathrm{d}S_2 = \delta Q\left(\frac{1}{T_1} - \frac{1}{T_2}\right) < 0$$

根据熵增原理，该过程不能自发进行。

要使热量从低温热源传至高温热源，则需要补偿条件。现加一个制冷机，耗功 δW。取高温热源、低温热源和制冷机构成新的孤立系统，如图2-17 (b)所示，则

$$\mathrm{d}S_{iso} = \mathrm{d}S_1 + \mathrm{d}S_2 + \mathrm{d}S_r$$

低温热源放热 δQ，其熵变为

$$\mathrm{d}S_2 = -\frac{\delta Q}{T_2}$$

高温热源吸热 $\delta Q + \delta W$，其熵变为

$$\mathrm{d}S_1 = \frac{\delta Q + \delta W}{T_1}$$

由于制冷机中工质经历循环后，其熵变为零，即

$$\mathrm{d}S_r = 0$$

令 $\mathrm{d}S_{iso} = \delta Q\left(\frac{1}{T_1} - \frac{1}{T_2}\right) + \frac{\delta W}{T_1} \geqslant 0$，则过程可以实现，即

$$\delta W \geqslant \delta Q \frac{T_1 - T_2}{T_2}$$

这就是说，制冷机提供的功必须满足上式才能使过程得以进行。

小　结

（1）热力学第一定律的实质就是能量守恒与转换定律在热现象中的应用，即进入系统的能量减去离开系统的能量等于系统储存能量的增量，对封闭系统有

$$Q = \Delta U + W$$

对稳定流动系统有

$$Q = \Delta H + W_t = \Delta H + \frac{1}{2}m\Delta c^2 + mg\Delta z + W_s$$

广义机械能守恒式

$$v\mathrm{d}p + \frac{1}{2}\mathrm{d}c^2 + g\,\mathrm{d}z + w_s + w_F = 0$$

（2）焓是状态参数　　　　　　　$H = U + pV$

（3）功和热量是过程量。系统对外界做的体积功为

$$W = \int p_{ex}\,\mathrm{d}V$$

可逆过程的体积功为

$$W = \int p\,\mathrm{d}V$$

与功类比，可逆过程的热量为

$$Q = \int T\,\mathrm{d}S$$

（4）热力学第二定律的实质是：自发过程是不可逆的，要使非自发过程得以实现，必须伴随一个适当的自发过程作为补偿条件。

（5）卡诺定理：在相同的高温热源和相同的低温热源之间工作的热机中，一切可逆热机的热效率都相等，一切不可逆热机的热效率小于可逆热机的热效率，且与工质性质无关。

（6）多热源可逆热机的热效率小于同一温度界限内卡诺循环的热效率。

（7）熵流：系统与外界交换的热量与热源温度的比值。

$$\mathrm{d}S_f = \frac{\delta Q}{T}$$

（8）熵产：过程中不可逆因素引起的熵变，反映了过程的不可逆程度。

$$\mathrm{d}S_g = \mathrm{d}S - \mathrm{d}S_f \begin{cases} >0 & \text{不可逆过程} \\ =0 & \text{可逆过程} \\ <0 & \text{不可能的过程} \end{cases}$$

由摩擦引起的熵产为　　　　$\mathrm{d}S_g = \delta W_g / T$

由温差传热引起的熵产为　　$\mathrm{d}S_g = \delta Q\left(\dfrac{1}{T'} - \dfrac{1}{T}\right)$

（9）克劳修斯不等式

$$\oint \frac{\delta Q}{T} \begin{cases} <0 & \text{不可逆过程} \\ =0 & \text{可逆过程} \\ >0 & \text{不可能的过程} \end{cases}$$

（10）孤立系统熵增原理：孤立系统的熵只能增大（实际不可逆过程），或维持不变（可逆过程），不可能减小，要使孤立系统熵减小的过程得以实现，必须再增加适当的、使系统熵增加的过程。

$$\Delta S_{iso} \begin{cases} >0 & \text{不可逆过程} \\ =0 & \text{可逆过程} \\ <0 & \text{不可能的过程} \end{cases}$$

ΔS_{iso} 的计算方法有两种，一种是分别计算系统内各物体的熵变，再计算代数和；另一种是分别计算各不可逆因素引起的熵产，再求和。

总之，判断一个过程或循环是否可以进行，就是看它能否同时满足热力学第一定律和热

力学第二定律。前者就是看它是否满足能量方程，后者可用卡诺循环、克劳修斯不等式、熵产或孤立系统熵增原理进行判断。

思 考 题

1. 绝热刚性容器，中间用隔板分成 A、B 两部分，A 中有高压空气，B 中为高度真空。如果将隔板抽掉，容器中空气压力、温度、内能如何变化？

2. $\delta q = \mathrm{d}u + p\mathrm{d}v$ 与 $\delta q = \mathrm{d}u + \delta w$ 有何不同？

3. 膨胀功、流动功、技术功、轴功有何区别与联系？

4. 焓的物理意义是什么？静止工质是否也有焓这个参数？

5. $\delta q = \mathrm{d}u + p\mathrm{d}v$ 与 $\mathrm{d}h = \mathrm{d}u + \mathrm{d}(pv)$ 在形式上相似，为什么 q 不是状态参数而 h 是状态参数？

6. 如何用状态参数坐标图表示功量和热量？

7. 下列说法是否正确？

(1) 不可逆过程是无法恢复到初始状态的过程。

(2) 机械能可完全转化为热能，而热能却不能完全转化为机械能。

(3) 热机的热效率一定小于1。

(4) 循环功越大，热效率越高。

(5) 一切可逆热机的热效率都相等。

(6) 系统温度升高的过程一定是吸热过程。

(7) 系统经历不可逆过程后，熵一定增大。

(8) 系统吸热，其熵一定增大；系统放热，其熵一定减小。

(9) 熵产大于零的过程必为不可逆过程。

8. 正向循环中，降低冷源温度，可提高热效率。通常以江、河、湖、海或大气做低温热源，若用一台由该循环带动的制冷机造成一个温度比环境温度更低的冷源，是否可行？

9. 在绝热膨胀过程中，工质可对外做功，这是否违背热力学第一定律或热力学第二定律？

10. 循环热效率公式 $\eta = \dfrac{q_1 - q_2}{q_1}$ 和 $\eta = \dfrac{T_1 - T_2}{T_1}$ 是否完全相同？

11. 与大气温度相同的压缩空气可以膨胀做功，这是否违反热力学第二定律？

习 题

1. 某闭系中 8kg 理想气体经历了 4 个过程，如图 2-18 所示。1～2 和 3～4 为绝热过程，变化规律为 $pv^{1.4} = \mathrm{const}$，2～3 和 4～1 为定容过程。已知 $p_1 = 5\mathrm{MPa}$，$v_1 = 0.02\mathrm{m^3/kg}$，$p_2 = 2.5\mathrm{MPa}$，$p_3 = 0.8\mathrm{MPa}$。试计算各过程的体积功及全过程的净功。

2. 对第 1 题，已知 $u_1 = 250\mathrm{kJ/kg}$，$u_3 = 146\mathrm{kJ/kg}$，试计算 u_2、u_4 和 Q_{23}、Q_{41}。

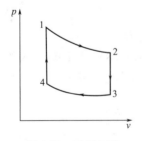

图 2-18 习题 1 图

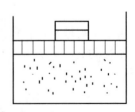

图 2-19 习题 3 图

3. 如图 2-19 所示的气缸，其内充以空气。气缸截面积为 $100\mathrm{cm^2}$，活塞及其上重物的总重为 200kg。活塞初始位置距底面 8cm。大气压力为 0.1MPa，温度为 25℃。气体与环境处于平衡状态。现把重物取走 100kg，活塞将突然上升，最后重新达到平衡。若忽略活塞与气缸间的摩擦，气体与外界可充分换热，试求活塞上升的距离和气体与外界的换热量。

4. 以压气机压缩空气。压缩前空气的参数是 $p_1 = 0.1\text{MPa}$，$v_1 = 0.85\text{m}^3/\text{kg}$；压缩后的参数是 $p_2 = 1\text{MPa}$，$v_2 = 0.2\text{m}^3/\text{kg}$。若压缩过程中 1kg 空气的内能增加 146kJ，同时向外放热 40kJ，空气流量为 15kg/min，求气体的压缩功、技术功及该压气机的功率。

5. 绝热密闭的缸体中储有不可压缩的水 1kg，挤压活塞使水的压力从0.2MPa 提高到 4MPa，试求：①外界对水所做的体积功；②水的内能变化；③水的焓变化。

6. 如图 2-20 所示，压缩机入口处空气焓 $h_1 = 280\text{kJ/kg}$，流量 25kg/s；经绝热压缩后，出口空气焓 $h_2 = 560\text{kJ/kg}$，然后进入燃烧室吸热 $q = 660\text{kJ/kg}$。燃料入口焓 $h_5 = 300\text{kJ/kg}$，燃烧每千克燃料放热 43960kJ/kg。燃烧室出口混合气焓 $h_3 = 1100\text{kJ/kg}$，之后进入燃气轮机绝热膨胀做功，出口气体流速 $c_4 = 600\text{m/s}$，焓 $h_4 = 450\text{kJ/kg}$，试计算：①压缩机功率；②燃料消耗量；③燃气轮机功率；④整套装置净功率（燃气轮机之前介质流速忽略不计）。

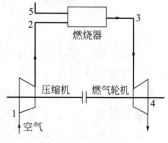

图 2-20　习题 6 图

7. 若落差为 100m 的瀑布与环境无能量交换，则 1kg 瀑布落下接近底部时的流速为多少？若河水流速为 3m/s，则 1kg 瀑布水进入河流时，其温度变化为多少？取水的比热容为 4.186kJ/(kg·K)。

8. 某热机工作在 $T_1 = 670\text{K}$ 和 $T_2 = 300\text{K}$ 的两恒温热源之间，其热效率为相应卡诺循环热效率的 80%。如果热机每分钟从高温热源吸热 100kJ，试计算热机的热效率和功率。

9. 某冰箱的设计功率为 100W，要使冷冻室内温度维持在 -10℃，则冰箱最多要从冷冻室移走多少热量放入 300K 的环境中去？

10. 有人声称设计了一台热机，从 540K 的热源吸热 1000kJ，同时向 300K 的热源放热，对外做功 480kJ，试判断该热机真实否？

11. 某热机工作于 1000K 和 400K 的两恒温热源之间，若每循环中工质从高温热源吸热 200kJ，试计算其最大循环功；如果工质吸热时与高温热源的温差为 150K，在放热时与低温热源的温差为 20K，则该热量中最多有多少可转变成功？如果循环过程中不仅存在温差传热，而且由于摩擦又使循环功减少 40kJ，该热机热效率又为多少？上述三种循环中的熵产各为多少？

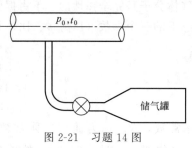

图 2-21　习题 14 图

12. 有两个物体质量相同，均为 m；比热容也相同，均为 c_p。物体甲初温 T_1，物体乙初温 T_2。现在两物体之间安排一可逆热机工作，直至两物体温度相同为止。试证明：①两物体最终达到的温度为 $T = \sqrt{T_1 T_2}$；②可逆热机做的总功为 $W = mc_p(T_1 + T_2 - 2\sqrt{T_1 T_2})$。

13. 将 100kg 温度为 20℃ 的水与 200kg 温度为 80℃ 的水绝热混合，求混合过程中的熵变化。设水的比热容为 4.186kJ/(kg·K)。

14. 由压缩空气管道向储气罐充气，如图 2-21 所示。管道内空气参数恒定不变，且储气罐壁是绝热的，试导出充气过程的能量方程。

3 气体与蒸气的热力性质

内容提要 热力学基本定律给出了热能与其他形式能之间的转换规律,但这种转换必须借助工质在热力设备中的状态变化实现热功转换。本章主要介绍理想气体、实际气体、蒸气和湿空气的热力性质,包括热容、内能、焓和熵的计算方法。

学习要求 ①掌握理想气体的状态方程;②熟悉定压热容、定容热容的定义及其相互关系以及内能和焓与热容间的关系式;③掌握理想气体及其混合物热容、内能、焓和熵的计算方法;④会用普遍化压缩因子和常用的状态方程计算实际气体的状态参数;⑤了解纯物质的 p-T-v 三维坐标图,会用二维坐标图分析物质的相变过程,能熟练运用液体与蒸气图表计算物质的热力参数;⑥熟悉湿空气的热力参数和焓-湿图。

3.1 理想气体及其状态方程

严格地说,自然界中实际存在的气体都是实际气体。实际气体各状态参数之间的关系较复杂。然而,大量实验表明,当压力较低或温度较高时,气体比体积较大,分子本身所占的体积以及分子之间的相互作用力(引力和斥力)可以忽略不计,这样的气体可作为理想气体处理。

所谓理想气体是一种经过科学抽象的假想气体,认为气体分子是完全弹性的、不占据体积的质点,分子之间不存在相互作用力。理想气体在平衡态下的三个参数(压力 p、比体积 v 和温度 T)之间存在着简单的关系

$$pv = RT \tag{3-1}$$

或

$$pV = mRT \tag{3-1a}$$

或

$$pV = nR_m T \tag{3-1b}$$

这三个式子均称为理想气体状态方程。式中 R 称为气体常数,R_m 称为通用气体常数。在中国法定单位中,压力 p 的单位为 kPa,比体积 v 的单位为 m^3/kg,温度 T 的单位为 K,体积 V 的单位为 m^3,质量 m 的单位为 kg,物质的量 n 的单位为 kmol,$R_m = 8.314$ kJ/(kmol·K),而

$$R = \frac{R_m}{M} = \frac{8.314}{M} \; [\text{kJ/(kg·K)}]$$

式中,M 为气体的分子量。

3.2 热容、内能和焓

3.2.1 热容和比热容

物质温度升高1℃(1K)所需的热量称为热容,以符号 C 表示,单位 J/K。

$$C = \frac{\delta Q}{dT} \tag{3-2}$$

1kg 物质温度升高 1℃所需的热量称为比热容，以符号 c 表示，单位为 kJ/(kg·K)。

$$c = \frac{\delta q}{dT} \tag{3-3}$$

1kmol 物质温度升高 1℃所需的热量称为千摩尔热容，以符号 C_m 表示，单位为 kJ/(kmol·K)。

$$C_m = Mc \tag{3-4}$$

1m³（标准立方米）气体温度升高 1℃所需的热量称为容积比热容，以符号 c' 表示，单位为 kJ/(m³·K)。

$$c' = \frac{C_m}{22.4} \tag{3-5}$$

3.2.2　比定容热容和比定压热容

由于热量是过程量，因此比热容与过程有关。在热力学中，常用的有定容过程和定压过程的比热容，分别称为比定容热容和比定压热容，并分别以 c_v 和 c_p 表示，即

$$c_v = \left(\frac{\delta q}{dT}\right)_v \tag{3-6}$$

$$c_p = \left(\frac{\delta q}{dT}\right)_p \tag{3-7}$$

可逆过程的热力学第一定律式为

$$\delta q = du + p\,dv \quad 或 \quad \delta q = dh - v\,dp$$

又 $u = f(T,v)$，du 为全微分，故

$$du = \left(\frac{\partial u}{\partial T}\right)_v dT + \left(\frac{\partial u}{\partial v}\right)_T dv \tag{3-8}$$

对定容过程 $dv = 0$，代入式(3-6)得

$$c_v = \left(\frac{\partial u}{\partial T}\right)_v \tag{3-9}$$

可见，比定容热容是在比体积不变的条件下，状态参数内能对温度的偏导数，因而它也是状态参数。

同理有
$$dh = \left(\frac{\partial h}{\partial T}\right)_p dT + \left(\frac{\partial h}{\partial p}\right)_T dp \tag{3-10}$$

$$c_p = \left(\frac{\partial h}{\partial T}\right)_p \tag{3-11}$$

可见，比定压热容是在压力不变的条件下，状态参数焓对温度的偏导数，因而也是状态参数。既然 c_v 和 c_p 是状态参数，则以式(3-9)和式(3-11)分别作为比定容热容和比定压热容的定义式将更为方便，因为在大多热工计算中更多地涉及内能和焓，而很少直接涉及定容过程和定压过程的热量。此外，c_v 和 c_p 的这种定义，不仅适用于可逆过程，而且适用于不可逆过程。例如，对于刚性密闭容器内的气体这个系统，如果可逆加热 100kJ，则由式(3-6)和式(3-9)计算的 c_v 相同；而如果对其不可逆做功（如搅拌）100kJ，则依式(3-6)计算的 c_v 值为零，不符合实际情况，而由式(3-11)计算的 c_v 与可逆加热时相同，也符合实际情况。

3.2.3　内能和焓

将式(3-9)代入式(3-8)得

$$du = c_v\, dT + \left(\frac{\partial u}{\partial v}\right)_T dv \tag{3-12}$$

将式(3-11)代入式(3-10)得

$$dh = c_p\, dT + \left(\frac{\partial h}{\partial p}\right)_T dp \tag{3-13}$$

式(3-6)～式(3-13)均是从定义出发而得到的,因而适用于一切工质。

3.3 理想气体内能、焓和比热容

3.3.1 理想气体内能和焓的特性

如2.2.3节所述,气体物理内能由内动能和内位能组成,前者是温度的函数,后者是比体积的函数,即 $u = f(v, T)$。

对理想气体,由于分子间没有相互作用力,当然也就不存在内位能,因此,理想气体的内能与比体积无关,仅是温度的单值函数,即

$$u = f(T)$$

故

$$\left(\frac{\partial u}{\partial v}\right)_T = 0$$

代入式(3-12)得

$$du = c_v\, dT \tag{3-14}$$

根据焓的定义, $h = u + pv = u + RT$,可见理想气体焓也是温度的单值函数,即

$$h = f(T)$$

$$\left(\frac{\partial h}{\partial p}\right)_T = 0$$

代入式(3-13)得

$$dh = c_p\, dT \tag{3-15}$$

式(3-14)和式(3-15)对实际气体仅分别适用于定容和定压过程,而对理想气体却适用于任何过程。这些结论在低压下与实验结果吻合较好。

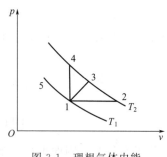

图 3-1 理想气体内能和焓的性质

由理想气体的这个特性可知,对一定的理想气体,凡是温度相同的状态,其内能(或焓)相等,如图 3-1 所示,虽然 2、3、4 点状态不同,但它们的内能相等,焓也相等;只要初态温度相同,终态温度也相同,则经历任何过程后,气体内能(或焓)的变化量应相同,即

$$\Delta u_{12} = \Delta u_{13} = \Delta u_{14} = \Delta u_{52} = \Delta u_{53} = \Delta u_{54}$$

$$\Delta h_{12} = \Delta h_{13} = \cdots \Delta h_{54}$$

3.3.2 理想气体的比热容

3.3.2.1 理想气体比定压热容与比定容热容之间的关系

由式(3-14)和式(3-15)得理想气体的比定容热容和比定压热容为

$$c_v = \frac{du}{dT} \tag{3-16}$$

$$c_p = \frac{dh}{dT} \tag{3-17}$$

应用焓的定义及理想气体状态方程,得 c_p 与 c_v 的关系为

$$c_p - c_v = R \tag{3-18}$$

相应地，千摩尔定压热容 $C_{p,m}$ 与千摩尔定容热容 $C_{v,m}$ 间关系为

$$C_{p,m}-C_{v,m}=R_m \tag{3-19}$$

比定压热容与比定容热容之比称为比热容比或绝热指数，以符号 k 表示，即

$$k=\frac{c_p}{c_v}=\frac{C_{p,m}}{C_{v,m}} \tag{3-20}$$

联立式(3-18) 和式(3-20) 得

$$c_p=\frac{kR}{k-1} \tag{3-21}$$

$$c_v=\frac{R}{k-1} \tag{3-22}$$

3.3.2.2 理想气体比热容与温度的关系

既然理想气体内能和焓只是温度的单值函数，那么理想气体的比定压热容和比定容热容也只是温度的单值函数。实验表明，理想气体比热容与温度的关系很复杂，而在工程应用中，通常采用千摩尔热容的经验公式进行计算。

$$C_{p,m}=a_0+a_1T+a_2T^2+a_3T^3 \tag{3-23}$$

$$C_{v,m}=a_0+a_1T+a_2T^2+a_3T^3-R_m \tag{3-24}$$

式中，a_0，a_1，a_2，a_3 为只与气体种类有关的常数，几种常见气体的这些常数列于附表2。

3.3.2.3 理想气体内能和焓的计算

在热力分析与计算中，只是涉及气体在不同状态之间的质量内能差和焓差，依式(3-14)和式(3-15) 有

$$\Delta u=\int_1^2 c_v\,\mathrm{d}T \tag{3-25}$$

$$\Delta h=\int_1^2 c_p\,\mathrm{d}T \tag{3-26}$$

根据这两个基本计算式，工程中主要采用四种方法计算 Δu 和 Δh，至于选用哪种方法，取决于所要求的计算精度、计算工具以及所采用的有关气体性质的资料。

(1) 按比定值热容计算 如果温度不高，温度变化范围较窄，对计算精度要求不高，则可将比热容近似地看作不随温度而变的定值，称为比定值热容。通常采用298K 时气体比热容的实验数据作为比定值热容。几种常见气体的比定值热容列于附表3。这样

$$\Delta u=c_v(T_2-T_1) \tag{3-27}$$

$$\Delta h=c_p(T_2-T_1) \tag{3-28}$$

如果温度较高，但温度变化范围较窄，也可将比热容视为定值。这时的比定值热容应取过程始末温度下比热容的算术平均值或过程始末温度平均值下的比热容。

(2) 按比热容经验公式积分计算

$$\Delta h=\int_1^2 c_p\,\mathrm{d}T=\frac{1}{M}\int_1^2(a_0+a_1T+a_2T^2+a_3T^3)\mathrm{d}T \tag{3-29}$$

$$\Delta u=\int_1^2(c_p-R)\mathrm{d}T=\Delta h-R(T_2-T_1) \tag{3-30}$$

(3) 利用平均比热容表计算 依式(3-26) 有

$$\Delta h=\int_{t_1}^{t_2}c_p\,\mathrm{d}t=\int_0^{t_2}c_p\,\mathrm{d}t-\int_0^{t_1}c_p\,\mathrm{d}t=t_2\frac{\int_0^{t_2}c_p\,\mathrm{d}t}{t_2}-t_1\frac{\int_0^{t_1}c_p\,\mathrm{d}t}{t_1}$$

令 $c_p\left.\right|_0^t=\dfrac{\displaystyle\int_0^t c_p\,\mathrm{d}t}{t}$ ，称为 $0\sim t\,℃$ 之间的平均比定压热容，并做成表，则

$$\Delta h = c_p\left.\right|_0^{t_2} t_2 - c_p\left.\right|_0^{t_1} t_1 \tag{3-31}$$

同理

$$\Delta u = c_v\left.\right|_0^{t_2} t_2 - c_v\left.\right|_0^{t_1} t_1 \tag{3-32}$$

几种常见气体的平均比定压热容列于附表 4，平均比定容热容列于附表 5。

（4）利用气体热力性质表中的 h、u 值计算   若能确定气体在各温度下的质量内能和焓值，即可方便地算得 Δu 和 Δh。但由于质量内能和焓的绝对值难于确定，而实际热力计算中只需要不同状态间的差值，因此可以相对某一基准点来确定 u 和 h 值，即选定一个基准温度 T_0，规定该温度下的质量内能值和焓值分别为 u_0 和 h_0，从而有

$$u = u_0 + \int_{T_0}^{T} c_v\,\mathrm{d}T = u_0 + u(T)$$

$$h = h_0 + \int_{T_0}^{T} c_p\,\mathrm{d}T = h_0 + h(T)$$

通常取 $T_0 = 0\,℃$ 或 $25\,℃$ 或 $0\,\mathrm{K}$，而 u_0 和 h_0 取为零，这样即可得到各温度下的 u 和 h 值。几种常见气体的 u、h 值列于附表 6~12。

例 3-1   空气在加热器中定压流动，流量为 $q_m = 0.5\,\mathrm{kg/s}$，入口温度 300K，要求出口温度 400K，试计算加热器提供给空气的热流率。

解   依热力学第一定律有，$\dot{Q} = \Delta\dot{H} + \dot{W}_t$；定压流动，$W_t = -\int_1^2 V\,\mathrm{d}p = 0$，故 $\dot{Q} = \Delta\dot{H}$。

（1）按比定值热容计算

由附表 3 查得空气的比定压热容 $c_p = 1.004\ \mathrm{kJ/(kg \cdot K)}$

$$\dot{Q} = \Delta\dot{H} = q_m c_p (T_2 - T_1) = 0.5 \times 1.004 \times (400 - 300) = 50.2\ (\mathrm{kJ/s})$$

（2）按比热容经验公式计算

查附表 2 知

$$C_{p,m} = 28.15 + 1.967 \times 10^{-3} T + 4.801 \times 10^{-6} T^2 - 1.966 \times 10^{-9} T^3$$

空气分子量 $M = 29$

$$\dot{Q} = \int_{300}^{400} q_m \frac{C_{p,m}}{M}\,\mathrm{d}T$$

$$= \int_{300}^{400} \frac{0.5}{29} \times (28.15 + 1.967 \times 10^{-3} T + 4.801 \times 10^{-6} T^2 - 1.966 \times 10^{-9} T^3)\,\mathrm{d}T = 50.65\ (\mathrm{kJ/s})$$

（3）按平均比热容计算

$$t_1 = 300 - 273 = 27\ (℃),\quad t_2 = 400 - 273 = 127\ (℃)$$

查附表 4

$$c_p\left.\right|_0^0 = 1.004\ \mathrm{kJ/(kg \cdot K)},\ c_p\left.\right|_0^{100} = 1.006\ \mathrm{kJ/(kg \cdot K)},\ c_p\left.\right|_0^{200} = 1.012\ \mathrm{kJ/(kg \cdot K)}$$

采用内插法

$$c_p\left.\right|_0^{27} = \frac{1.006 - 1.004}{100 - 0} \times (27 - 0) + 1.004 = 1.00454\ [\mathrm{kJ/(kg \cdot K)}]$$

$$c_p\left.\right|_0^{127} = \frac{1.012 - 1.006}{200 - 100} \times (127 - 100) + 1.006 = 1.00762\ [\mathrm{kJ/(kg \cdot K)}]$$

$$\dot{Q}=q_m\Delta h=q_m\left(c_p\Big|_0^{127}\cdot t_2-c_p\Big|_0^{27}\cdot t_1\right)$$
$$=0.5\times(1.00762\times127-1.00454\times27)$$
$$=50.4\ (kJ/s)$$

（4）利用气体性质表计算

查附表 6，$h_{300K}=300.19kJ/kg$，$h_{400K}=400.98kJ/kg$，

$$\dot{Q}=q_m(h_{400K}-h_{300K})=0.5\times(400.98-300.19)=50.4\ (kJ/s)$$

3.4　理想气体的熵

状态参数熵是通过热力学第二定律和卡诺循环得出的，它在热力学理论研究以及工程热力计算中有着重要的作用。本节主要解决理想气体熵的计算问题。

对可逆过程，根据熵的定义有 $ds=\dfrac{\delta q}{T}$，而依热力学第一定律有 $\delta q=du+pdv$，故

$$ds=\frac{du}{T}+\frac{p}{T}dv$$

对理想气体，$pv=RT$，$du=c_v dT$，代入上式有

$$ds=c_v\frac{dT}{T}+R\frac{dv}{v} \tag{3-33}$$

理想气体状态方程的微分形式为 $\dfrac{dp}{p}+\dfrac{dv}{v}=\dfrac{dT}{T}$，代入式（3-33）得

$$ds=c_p\frac{dT}{T}-R\frac{dp}{p} \tag{3-34}$$

$$ds=c_v\frac{dp}{p}+c_p\frac{dv}{v} \tag{3-35}$$

由于 c_p、c_v 是温度的函数，故与焓和内能的计算相类似，熵的计算有以下三种方法。

3.4.1　按比定值热容计算

$$\Delta s=c_v\ln\frac{T_2}{T_1}+R\ln\frac{v_2}{v_1} \tag{3-36}$$

或

$$\Delta s=c_p\ln\frac{T_2}{T_1}-R\ln\frac{p_2}{p_1} \tag{3-37}$$

或

$$\Delta s=c_v\ln\frac{p_2}{p_1}+c_p\ln\frac{v_2}{v_1} \tag{3-38}$$

3.4.2　按比热容经验公式计算

将 c_p、c_v 与温度的关系式（3-23）或式（3-24）代入式（3-33）～式（3-35），然后积分即可求出 Δs。

3.4.3　利用气体性质表计算

$$\Delta s=\int_1^2 c_p\frac{dT}{T}-R\int_1^2\frac{dp}{p}=\int_0^2 c_p\frac{dT}{T}-\int_0^1 c_p\frac{dT}{T}-R\ln\frac{p_2}{p_1}$$

令 $s_T^0=\int_0^T c_p\dfrac{dT}{T}$，并将各种气体不同温度下的 s_T^0 值算出，列成表，则 Δs 的计算即很方便。几种常见气体的 s_T^0 值列于附表6～附表12。这样，

$$\Delta s = s_{T_2}^0 - s_{T_1}^0 - R \ln \frac{p_2}{p_1} \qquad (3\text{-}39)$$

例 3-2 有 1kmol 理想气体，从状态 1 经不可逆过程变化到状态 2，已知 $V_2 = 3V_1$，$T_2 = T_1$，试计算熵变 ΔS。

解 熵是状态参数，与过程无关，若取 c_v 为定值，则按式(3-36)有

$$\Delta s = c_v \ln \frac{T_2}{T_1} + R \ln \frac{v_2}{v_1} = R \ln \frac{v_2}{v_1} = R \ln 3$$

$$\Delta S = m \Delta s = MR \ln 3 = R_m \ln 3$$

例 3-3 氮气在初态 $p_1 = 0.6\text{MPa}$，$t_1 = 21℃$ 状态下稳定地流入无运动部件的绝热容器。然后一半气体在 $p_2' = 0.1\text{MPa}$，$t_2' = 82℃$，而另一半在 $p_2'' = 0.1\text{MPa}$，$t_2'' = -40℃$ 状态下同时流出容器。若氮气为理想气体，且按比定值热容计算，忽略容器进出口气体动能和位能，试判断该过程能否实现。

解 若过程能同时满足热力学第一定律和热力学第二定律，则该过程即能实现，否则就不能实现。

(1) 判断是否满足热力学第一定律

该过程为一稳定流动过程，忽略动能和位能的变化，则其能量方程为

$$Q = \Delta H + W_s$$

由于流动过程中无运动部件，$W_s = 0$；绝热过程，$Q = 0$，故 $\Delta H = 0$，即若容器出口与入口处气体焓差为零，则满足热力学第一定律。

设容器内气体流量为 q_m (kg/s)，则两出口气体流量均为 $\frac{q_m}{2}$ (kg/s)，容器出入口气体焓差为

$$\Delta H = \frac{q_m}{2} c_p (T_2' - T_1) + \frac{q_m}{2} c_p (T_2'' - T_1)$$

$$= \frac{q_m}{2} c_p (T_2' + T_2'' - 2T_1)$$

$$= \frac{q_m}{2} c_p (82 - 40 - 2 \times 21) = 0$$

可见，该过程满足热力学第一定律。

(2) 判断是否满足热力学第二定律

由于是绝热过程，$\Delta S_f = 0$，按热力学第二定律，若有 $\Delta S_g = \Delta S \geqslant 0$，则该过程满足热力学第二定律

$$\Delta S = \frac{q_m}{2}(s_2' - s_1) + \frac{q_m}{2}(s_2'' - s_1)$$

$$= \frac{q_m}{2}\left[\left(c_p \ln \frac{T_2'}{T_1} - R \ln \frac{p_2'}{p_1}\right) + \left(c_p \ln \frac{T_2''}{T_1} - R \ln \frac{p_2''}{p_1}\right)\right]$$

$$= \frac{q_m}{2}\left(c_p \ln \frac{T_2' T_2''}{T_1^2} - R \ln \frac{p_2' p_2''}{p_1^2}\right)$$

查附表 3，$c_p = 1.038 \text{ kJ/(kg} \cdot \text{K)}$，$R = 0.297 \text{ kJ/(kg} \cdot \text{K)}$，代入上式

$$\Delta S = \frac{q_m}{2}\left(1.038 \ln \frac{355 \times 233}{294^2} - 0.297 \ln \frac{0.1 \times 0.1}{0.6^2}\right) = 0.51 q_m > 0$$

可见，该过程也满足热力学第二定律，故该过程可以实现，是一个不可逆过程。

3.5 理想气体的混合物

工程中应用的气体，特别是石油、化工生产中的原料气、合成气等都是由多种单一气体组成的混合气体，它们之间处于无化学反应的稳定态。组成混合气体的各单一气体称为组分。如果各组分都具有理想气体的性质，则这种由两种及两种以上理想气体组成的混合气体称为理想气体的混合物，该气体服从于道尔顿定律。本节主要讨论理想气体的混合物热力参数与各组分热力参数间的关系。

3.5.1 理想气体混合物的成分

各组分在混合气体中所占的数量比率称为混合气体的成分。基于所用物质单位的不同，有三种成分表示法，即质量成分、摩尔成分和容积成分。

3.5.1.1 质量成分

如果混合气体由几种气体组成，则依质量守恒定律，混合气体的总质量等于各组分质量之和，即

$$m = m_1 + m_2 + \cdots + m_n = \sum_{i=1}^{n} m_i$$

其中第 i 种组分的质量 m_i 与总质量 m 之比称为该组分的质量成分，以符号 x_i 表示

$$x_i = \frac{m_i}{m} = m_i \Big/ \sum_{i=1}^{n} m_i \tag{3-40}$$

$$\sum_{i=1}^{n} x_i = 1 \tag{3-41}$$

3.5.1.2 摩尔成分

根据摩尔的定义，1mol 任何物质都具有 6.02×10^{23} 个分子，故混合气体的总摩尔数 n 等于各组分摩尔数之和，即

$$n = n_1 + n_2 + \cdots + n_n = \sum_{i=1}^{n} n_i$$

其中第 i 种组分摩尔数与总摩尔数之比称为该组分的摩尔成分，以符号 y_i 表示

$$y_i = \frac{n_i}{n} = n_i \Big/ \sum_{i=1}^{n} n_i \tag{3-42}$$

$$\sum_{i=1}^{n} y_i = 1 \tag{3-43}$$

3.5.1.3 容积成分

各组分处于混合气体的压力 p、温度 T 条件下，单独占有的容积称为该组分的分容积，以符号 V_i 表示

$$pV_i = n_i R_m T \qquad (i=1,2,\cdots,n) \tag{3-44}$$

$$p \sum_{i=1}^{n} V_i = R_m T \sum_{i=1}^{n} n_i = n R_m T$$

又 $$pV = n R_m T \qquad (V \text{ 为混合气体的容积}) \tag{3-45}$$

故 $$V = V_1 + V_2 + \cdots + V_n = \sum_{i=1}^{n} V_i \tag{3-46}$$

式(3-46) 称为分容积定律或阿马伽（Amagat）定律。

各组分分容积 V_i 与总容积 V 之比称为该组分的容积成分，以符号 r_i 表示

$$r_i = \frac{V_i}{V} = V_i \Big/ \sum_{i=1}^{n} V_i \tag{3-47}$$

$$\sum_{i=1}^{n} r_i = 1 \tag{3-48}$$

3.5.1.4 三种成分之间的关系

由式(3-44) 和式(3-45) 得

$$r_i = \frac{V_i}{V} = \frac{n_i}{N} = y_i \tag{3-49}$$

气体质量 m_i 与其摩尔数间的关系为

$$m_i = n_i M_i \qquad (M_i \text{ 为第 } i \text{ 种组分的分子量}) \qquad 故$$

$$x_i = \frac{m_i}{m} = \frac{n_i M_i}{\sum_{i=1}^{n} (n_i M_i)} = \frac{(n_i/n)M_i}{\sum_{i=1}^{n} [(n_i/n)M_i]} = \frac{y_i M_i}{\sum_{i=1}^{n} (y_i M_i)} \tag{3-50a}$$

$$y_i = \frac{n_i}{n} = \frac{m_i/M_i}{\sum_{i=1}^{n} (m_i/M_i)} = \frac{(m_i/m)(1/M_i)}{\sum_{i=1}^{n} [(m_i/m)(\frac{1}{m_i})]} = \frac{x_i/M_i}{\sum_{i=1}^{n} (x_i/M_i)} \tag{3-50b}$$

3.5.2 道尔顿（Dalton）分压定律

各组分单独处于混合气体的温度 T、容积 V 下所呈现的压力称为该组分的分压力，以符号 p_i 表示。依理想气体状态方程有

$$p_i V = n_i R_m T \tag{3-51a}$$

$$V \sum_{i=1}^{n} p_i = R_m T \sum_{i=1}^{n} n_i = n R_m T \tag{3-51b}$$

又 $$pV = n R_m T$$

故 $$p = p_1 + p_2 + \cdots + p_n = \sum_{i=1}^{n} p_i \tag{3-52}$$

该结论称为道尔顿分压定律。

由式(3-44) 和式(3-51) 得

$$\frac{p_i}{p} = \frac{V_i}{V} = r_i = y_i \tag{3-53}$$

3.5.3 理想气体混合物的平均分子量和气体常数

混合气体由不同分子量的气体组成。从微观意义上讲，它不可能有确定的分子，当然也就不存在分子量。然而，由于气体分子的热运动，各组分处于均匀混合状态，混合气各部分的成分以及压力、温度等热力参数均匀一致。这样，就可把它视为一种假想的单一气体处理，其分子数（摩尔数）和质量均与实际混合气体相同，其质量与其摩尔数之比就定义为分子量，也就是混合气体的平均分子量或称为折合分子量

$$M = \frac{m}{n} = \frac{\sum_{i=1}^{n} (n_i M_i)}{n} = \sum_{i=1}^{n} (y_i M_i) = 1 \Big/ \sum_{i=1}^{n} (x_i/M_i) \tag{3-54}$$

这种假想气体的气体常数也就是混合气体的气体常数

$$R = \frac{R_m}{M} = \sum_{i=1}^{n}(x_i R_i) = 1 \Big/ \sum_{i=1}^{n}(y_i/R_i) \tag{3-55}$$

3.5.4 理想气体混合物的比热容、内能、焓和熵

3.5.4.1 比热容

根据比热容的定义，混合气体的比热容为 1kg 混合气体温度升高 1℃所需的热量。1kg 气体中有 x_i kg 的第 i 种组分，它温度升高 1℃所需的热量为 $x_i c_i$，各组分均升高 1℃所需热量的总和为混合气体的质量比热容

$$c = \sum_{i=1}^{n}(x_i c_i) \tag{3-56}$$

同理

$$c_m = \sum_{i=1}^{n}(y_i c_{mi}) \tag{3-57}$$

$$c' = \sum_{i=1}^{n}(y_i c_i') \tag{3-58}$$

3.5.4.2 内能、焓和熵

在压力 p、温度 T 状态下的理想气体混合物中，任一组分所处的状态，相当于它在分压 p_i、温度 T 状态条件下单独存在的状态。因而，可采用单一理想气体的关系式计算各组分在 p_i、T 状态下的各热力参数，而混合气体的广度参数等于各组分相应参数之和。

（1）内能　理想气体混合物的内能等于各组分内能之和，即

$$U = \sum_{i=1}^{n}U_i = \sum_{i=1}^{n}(m_i u_i) \tag{3-59}$$

$$\Delta U = \sum_{i=1}^{n}\Delta U_i = \sum_{i=1}^{n}(m_i \Delta u_i) \tag{3-59a}$$

$$u = \frac{U}{m} = \sum_{i}^{n}(x_i u_i) \tag{3-60}$$

$$\Delta u = \sum_{i=1}^{n}(x_i \Delta u_i) \tag{3-60a}$$

（2）焓　理想气体混合物的焓等于各组分焓之和，即

$$H = \sum_{i=1}^{n}H_i = \sum_{i=1}^{n}(m_i h_i) \tag{3-61}$$

$$\Delta H = \sum_{i=1}^{n}\Delta H_i = \sum_{i=1}^{n}(m_i \Delta h_i) \tag{3-61a}$$

$$h = \frac{H}{m} = \sum_{i}^{n}x_i h_i \tag{3-62}$$

$$\Delta h = \sum_{i=1}^{n}(x_i \Delta h_i) \tag{3-62a}$$

（3）熵　理想气体混合物的熵等于各组分熵之和，即

$$S = \sum_{i=1}^{n}S_i = \sum_{i=1}^{n}(m_i s_i) \tag{3-63}$$

$$\Delta S = \sum_{i=1}^{n}\Delta S_i = \sum_{i=1}^{n}(m_i \Delta s_i) \tag{3-63a}$$

$$s = \sum_{i=1}^{n}(x_i s_i) \tag{3-64}$$

$$\Delta s = \sum_{i=1}^{n}(x_i \Delta s_i) \tag{3-64a}$$

总之，理想气体混合物的内能、焓和熵等于其各组分相应参数的总和；混合气体的比热容、质量内能、比焓和比熵等于其各组分相应参数与质量分数乘积的总和；混合气体的千摩尔热容、千摩尔内能、千摩尔焓和千摩尔熵等于其各组分相应参数与摩尔分数乘积的总和。各组分的参数均按其分压 p_i 和混合气体温度 T 确定。

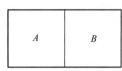

例 3-4 某绝热刚性容器，内有隔板分开（图 3-2），A 室内盛有氮气，压力 $p_{A1}=0.5$MPa，体积 $V_A=0.4$m^3，温度 $T_{A1}=15℃$；B 室内盛有二氧化碳气，压力 $p_{B1}=0.4$MPa，体积 $V_B=0.3$m^3，温度 $T_{B1}=60℃$。现将隔板抽掉，两种气体均匀混合并处于平衡状态。若按理想气体处理，并按比定值热容计算，求：

图 3-2 例 3-4 图

(1) 氮气和二氧化碳气的质量；

(2) 混合后气体的压力和温度；

(3) 混合气体中氮气和二氧化碳气的分压；

(4) 混合过程中熵的变化。

解 (1) 求氮气和二氧化碳气的质量

$$R_A = \frac{R_m}{M_A} = \frac{8.314}{28} = 0.297 \ [\text{kJ/(kg·K)}]$$

$$R_B = \frac{R_m}{M_B} = \frac{8.314}{44} = 0.189 \ [\text{kJ/(kg·K)}]$$

这两个值也可从附表 3 中查得。

$$m_A = \frac{p_{A1} V_A}{R_A T_{A1}} = \frac{500 \times 0.4}{0.297 \times 288} = 2.34 \ (\text{kg})$$

$$m_B = \frac{p_{B1} V_B}{R_B T_{B1}} = \frac{400 \times 0.3}{0.189 \times 333} = 1.91 \ (\text{kg})$$

(2) 混合后气体的压力和温度

取容器中两种气体为系统，则系统与外界无热量和功交换，依热力学第一定律有 $\Delta U=0$ 或 $U_1=U_2$

$$U_1 = U_{A1} + U_{B1} = m_A u_{A1} + m_B u_{B1} = m_A c_{vA} T_{A1} + m_B c_{vB} T_{B1}$$

$$U_2 = m_2 u_2 = m_2 c_{v2} T_2$$

$$m_2 = m_A + m_B$$

$$c_{v2} = x_A c_{vA} + x_B c_{vB}$$

所以 $\quad m_A c_{vA} T_{A1} + m_B c_{vB} T_{B1} = (m_A + m_B)(x_A c_{vA} + x_B c_{vB}) T_2$

$$T_2 = \frac{x_A c_{vA} T_{A1} + x_B c_{vB} T_{B1}}{x_A c_{vA} + x_B c_{vB}}$$

（该式也可由 $\Delta U = \Delta U_A + \Delta U_B$ 推得）

查附表 3，$c_{vA}=0.741$ kJ/(kg·K)，$c_{vB}=0.653$ kJ/(kg·K)

$$m = m_A + m_B = 2.34 + 1.91 = 4.25 \ (\text{kg})$$

$$x_A = \frac{m_A}{m} = \frac{2.34}{4.25} = 0.55$$

$$x_B = 1 - x_A = 0.45$$

$$T_2 = \frac{0.55 \times 0.741 \times (15+273) + 0.45 \times 0.653 \times (60+273)}{0.55 \times 0.741 + 0.45 \times 0.653} = 307 \text{（K）} = 34 \text{（℃）}$$

$$R = x_A R_A + x_B R_B = 0.55 \times 0.297 + 0.45 \times 0.189 = 0.2484 \text{［kJ/(kg · K)］}$$

$$V = V_A + V_B = 0.4 + 0.3 = 0.7 \text{（m}^3\text{）}$$

$$p_2 = \frac{mRT_2}{V} = \frac{4.25 \times 0.2484 \times 307}{0.7} = 463 \text{（kPa）} = 0.463 \text{（MPa）}$$

（3）混合气体中氮气和二氧化碳气的分压

分压可有多种方法计算，如 $p_i = \dfrac{n_i R_m T}{V}$，$p_i = \dfrac{m_i R_i T}{V}$，$p_i = y_i p_2$ 等

$$p_{A2} = \frac{m_A R_A T_2}{V} = \frac{2.34 \times 0.297 \times 307}{0.7} = 304.7 \text{（kPa）}$$

$$p_{B2} = \frac{m_B R_B T_2}{V} = \frac{1.91 \times 0.189 \times 307}{0.7} = 158.3 \text{（kPa）}$$

（4）混合过程中熵的变化

$$\Delta S = \Delta S_A + \Delta S_B$$

$$= m_A \left(c_{pA} \ln \frac{T_2}{T_{A1}} - R_A \ln \frac{p_{A2}}{p_{A1}} \right) + m_B \left(c_{pB} \ln \frac{T_2}{T_{B1}} - R_B \ln \frac{p_{B2}}{p_{B1}} \right)$$

$$= 2.34 \times \left(1.038 \ln \frac{307}{288} - 0.297 \ln \frac{304.7}{500} \right) + 1.91 \times \left(0.837 \ln \frac{307}{333} - 0.189 \ln \frac{158.3}{400} \right)$$

$$= 0.704 \text{（kJ/K）}$$

该过程虽为绝热过程，但熵是增加的，说明该过程为不可逆过程。

3.6 实际气体与理想气体的偏离

理想气体实质是实际气体在压力趋于零、比体积趋于无穷大时的极限状态，故对于压力较低、温度较高、距液态很远的气体，才可近似按理想气体处理。然而，工程实际中，工质常在特殊的状态下工作，如超高压聚乙烯装置中的介质压力达几百兆帕，在深冷工程中，介质温度只有几十开；再如蒸汽机的工作介质为水蒸气，冰箱中的工作介质为氟利昂或其替代物，冷库的工作介质为氨等。这些气态工质均不能再按理想气体处理，而需寻求新的处理方法。

实际气体与理想气体的这种偏离，通常用压缩因子 Z 来表示，即

$$Z = \frac{pv}{RT} = \frac{v}{RT/p} = \frac{v}{v_0} \qquad (3\text{-}65)$$

式中，v 为 1kg 实际气体在压力 p、温度 T 下所占的体积；v_0 为 1kg 理想气体在压力 p、温度 T 下所占的体积。因此，压缩因子可表述为在相同的温度、压力下，实际气体体积与理想气体体积之比。如果 $Z>1$，表示相同温度、压力下，实际气体体积大于理想气体的体积，即实际气体比理想气体难压缩；反之，如果 $Z<1$，则说明实际气体较容易压缩。可见，压缩因子 Z 的实质是反映了气体压缩性的大小。

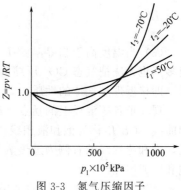

图 3-3 氮气压缩因子

压缩因子的大小不仅与物质种类有关，而且与物质所处的状态有关。图 3-3 是氮气在不同温度下的压缩因子 Z 随压力的变化曲线。

3.7 对比态定律与普遍化压缩因子

实际气体的种类繁多，要通过实验画出各种气体在不同温度下的 Z-p 图，其工作量难以想象，用起来也很不方便。因此，需要寻求一种具有普遍性的方法，这就是对比态参数法。

3.7.1 临界状态的概念

1896 年安德鲁斯（Andrews）曾对二氧化碳进行了实验研究。如果使二氧化碳等温压缩，并将各温度下的 p、v 值画在 p-v 图上，则可得如图 3-4 所示的实验曲线。这种等温线可分为三类。

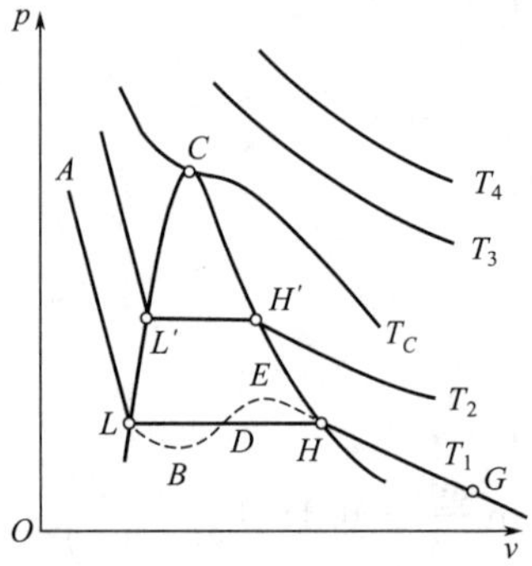

（1）当温度低于 31.1℃时 如在 T_1 下等温压缩二氧化碳，G 点为初始状态，随压力的升高，气体比体积减小。但当达到 H 点时，CO_2 容器内开始出现雾状；若比体积再减小，开始出现液滴，直到 L 点，容器内 CO_2 全部变为液态。这类等温线有 4 个特点。

① GH 段代表气态，随压力的升高，比体积减小，反映出气体压缩时的一般规律。

② LA 段代表液态，压力升高，比体积基本不变，故这段曲线很陡，反映出液体难以压缩的特征。

③ HL 段是一条水平线，温度不变，压力也不变，只是 CO_2 气体不断地转变为液体。该过程的特征是：气液两相共存，两相平衡；它既是定压过程，也是定温过程。该压力称为该温度下的饱和蒸气压，该温度称为该压力下的饱和温度；饱和压力和饱和温度是一一对应的。

④ 随温度的升高，水平段 LH 的长度逐渐缩短。

（2）当温度 $T=31.1$℃时 等温线上的水平线段已缩成一个点 C，整个等温线由原来的两个拐点（L、H）变为一个拐点 C。该点称为临界点，它所处的状态称为临界状态，与其相应的状态参数称为临界参数，如临界压力 p_c，临界温度 T_c，临界比体积 v_c 等。该点的数学关系为

$$\left(\frac{\partial p}{\partial v}\right)_{T_c}=0$$

$$\left(\frac{\partial^2 p}{\partial v^2}\right)_{T_c}=0$$

（3）当温度高于临界温度 T_c（31.1℃）时 如图 3-4 中的 T_3、T_4，无论气体的压力升至多高也无法把气态 CO_2 压缩为液态。随着温度的升高，这类等温线逐渐趋近于等轴双曲线，即接近理想气体的性质。

现在把各等温线上的拐点（$LL'CH'H$）连接起来，就得到了物质的相变界线，称为饱和曲线；$CL'L$ 称为饱和液相线；$CH'H$ 称为饱和蒸气线。饱和液相线的左侧是未饱和液体区，饱和蒸气线的右侧为过热蒸气区，饱和液相线和饱和蒸气线之间为气液共存区，或称为饱和区或湿蒸气区。

上述结果是 CO_2 的实验结果，实际上只是以它为例来说明实际气体的 p-v 图特征。自

图 3-4 CO_2 定温压缩过程

然界实际存在的各种物质都有相似的规律，只是各自的临界状态及其所对应的临界状态参数值不同而已。附表 3 列出了常见介质的临界状态参数值。

3.7.2 对比态定律

既然临界状态是各种物质的共性，就可将它作为描述物质热力状态的一个基准点，并构造出无因次状态参数——对比参数，如对比压力 p_r、对比温度 T_r、对比比体积 v_r，即

$$p_r = \frac{p}{p_c}, \qquad T_r = \frac{T}{T_c}, \qquad v_r = \frac{v}{v_c} \tag{3-66}$$

可见，对比参数反映了物质所处的状态偏离其临界状态的程度。

这样，如果用对比参数表示状态方程，就得到对比态方程

$$f(p_r, T_r, v_r) = 0 \tag{3-67}$$

可见，凡是遵循同一对比态方程的任何物质，如果它们的对比参数 p_r、T_r、v_r 中有两个对应相等，则另一个对比参数也一定相等，这些物质也就处于相同的对应状态，这就是对比态定律。凡是服从对比态定律，并能满足同一对比态方程的各种物质，称为热力学上相似的物质。

3.7.3 普遍化压缩因子

3.7.3.1 对比态双参数法

依对比态定律，可确定普遍化压缩因子 Z。

$$Z = \frac{pv}{RT} = \frac{p_c v_c}{RT_c} \frac{p_r v_r}{T_r} = Z_c \frac{p_r v_r}{T_r} = Z_c \varphi(p_r, T_r) \tag{3-68}$$

式中，Z_c 是实际气体的临界压缩因子。

实验表明，工程中很多实际气体，尤其是烃类物质，Z_c 值在 $0.26 \sim 0.28$ 之间，取 $Z_c = 0.27$。这样，只要已知 p_r 和 T_r，就可依据实验确定实际气体的压缩因子。图 3-5 给出了 Z-(p_r, T_r) 图。附图 1 给出了其放大图。这种确定压缩因子的方法称为双参数法。

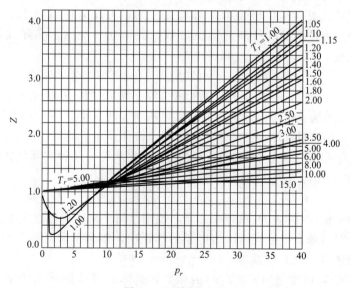

图 3-5 压缩因子图

有了压缩因子图，就可应用 $pv = ZRT$ 计算实际气体的状态参数。它既保留了理想气体状态方程形式简单的优点，又使计算有一定的精度，为实际气体的热力计算提供了一种简便

的通用方法，尤其是用于预测那些既缺乏足够的实验数据、又无相应可用的状态方程的气体性质，具有特殊的价值，因而在工程上得到广泛使用。

由压缩因子图可以看出：

① 当 $p_r \to 0$，任何温度下，各气体的 $Z \to 1$，即此时的气体接近理想气体；

② 当 $p_r = 1$，$T_r = 1$ 时，Z 值偏离 1 较远，即在临界点，各气体性质明显偏离理想气体；

③ 当 $T_r = 2.5$，$p_r < 5$ 时，Z 偏离 1 很小，气体的性质也接近理想气体的性质。

值得注意，氢、氖、氦的气体性质较特殊，在应用压缩因子图时应对对比参数进行修正，常取

$$p_r = \frac{p}{p_c + 810\text{kPa}} \tag{3-69}$$

$$T_r = \frac{T}{T_c + 8\text{K}} \tag{3-70}$$

3.7.3.2 对比态三参数法

对比态两参数法是把临界压缩因子 Z_c 视为定值来分析的，而实际上各种气体的 Z_c 并非如此，所以应用两参数法来确定实际气体压缩因子和其他的热力参数值时往往会造成一定的偏差。为了克服这一缺点，以便改进计算的精度，近 30 多年来，不少科学工作者对此已进行了大量的研究，其中最重要的改进之一就是在两独立对比参数（如 p_r 及 T_r）的基础上，增加采用了第三参数的对比态参数法。已提出的第三参数有不少，如临界压缩因子 Z_c、对比偶极矩、偏心因子 ω 等。其中比较成功的是皮查尔（Pitzer）等人提出的用偏心因子 ω 作为第三参数。

从分子微观结构的角度出发可知，实际气体的热力学行为与其分子间的作用力密切相关，而气体分子结构的特征又直接影响着这些分子力场中的性质。在各种分子结构中以范德华提出的对称弹性球气体模型（简称为简单对称球模型）最为简单。偏心因子 ω 就是以这一最简单的对称气体模型为基础而提出的，可作为用以修正其他复杂的非对称球气体分子模型热力性质的一种新的第三参数。根据这一性质，实际气体压缩因子的函数关系式可表示成

$$Z = Z(p_r, T_r, \omega) \tag{3-71}$$

皮查尔通过实验发现，一些分子量较大的单原子稀有气体（如 Ar，Kr，Xe）的 Z 值，计算时只要按两参数法就获得十分满意的结果，从而表明这类气体的偏心因子几乎等于零，并可认为这些分子都属对称球型结构，常称为简单流体。实验结果还表明，实际气体的偏心因子 ω 与其对比饱和蒸气压力 p_s^r 和对比温度 T_r 直接相关，几种实际气体的偏心因子 ω 值列于附表 3。这样，实际气体压缩因子为

$$Z = Z_0 + \omega Z_1 \tag{3-72}$$

式中　Z_0——简单流体（$\omega = 0$）的压缩因子，相当于简单流体对理想气体的偏差；

　　　　Z_1——非对称球型实际气体压缩因子的修正项，相当于非对称球型实际气体对简单流体（$\omega = 0$）的偏差。

Z_0 及 Z_1 都是对比参量（p_c，T_c）的函数，具体值可从附图 2 上查得。该方法对于 $v_r \leqslant 2$ 的情况计算精度较高。

例 3-5　试分别用理想气体状态方程、双参数压缩因子和三参数压缩因子法计算正丁烷在 460K、1.5MPa 下的比体积。已知实验值为 $0.0384\text{m}^3/\text{kg}$。

解 （1）按理想气体计算

$$v_0=\frac{RT}{p}=\frac{R_mT}{Mp}=\frac{8.314\times460}{58\times1500}=0.044\text{（m}^3/\text{kg）}$$

与实验值的偏差为 $\dfrac{0.044-0.0384}{0.0384}=14.6\%$。

（2）双参数压缩因子法

由附表 3 知 $p_c=3800\text{kPa}$，$T_c=425.2\text{K}$

$$p_r=\frac{p}{p_c}=\frac{1500}{3400}=0.395$$

$$T_r=\frac{T}{T_c}=\frac{460}{425.2}=1.08$$

查附图 1 得 $Z=0.895$

$$v=\frac{ZRT}{p}=\frac{8.314\times460\times0.895}{58\times1500}=0.0394\text{（m}^3/\text{kg）}$$

与实验值的偏差为 $\dfrac{0.0394-0.0384}{0.0384}=2.6\%$。

（3）三参数压缩因子法

由附表 3 查得偏心因子　　$\omega=0.193$

由附图 2 查得　　　　　　$Z_0=0.89$，$Z_1=0.06$

$$Z=Z_0+\omega Z_1=0.89+0.06\times0.193=0.9$$

$$v=\frac{ZRT}{p}=\frac{0.9\times8.314\times460}{58\times1500}=0.0396\text{（m}^3/\text{kg）}$$

与实验值的偏差为 $\dfrac{0.0396-0.0384}{0.0384}=3.1\%$。

3.8　实际气体的状态方程

实际气体状态方程是研究实际气体热力性质的基本方程，特别是随着当今科学技术的不断发展，新工艺、新工质、新技术不断出现，为了提高计算精度，人们不断努力来研究实际气体的状态方程，并已不断取得新的进展。

经过了百余年的努力，采用实验法、经验或半经验法以及理论法，已导出了很多实际气体的状态方程式，但都有一定的适用范围。到目前为止，尚未有适合于各种气体、各状态区域而且计算精度又高的状态方程。本节主要介绍唯一具有坚实理论基础的维里（Virial）方程和工程设计上使用较多的几个立方型方程，如范德华（Van der Waals）方程、瑞里奇-邝（Redlish-Kwong）方程、索夫-瑞里奇-邝（Soave-Redlish-Kwong）方程与彭-鲁宾逊（Peng-Robinson）方程等等。

3.8.1　维里方程

如上所述，气体的压缩因子 Z 是气体压力与温度的函数，在温度不变的条件下，它只是压力的函数。如果将这个函数展开成无穷幂级数，其表达式为

$$Z=1+B'p+C'p^2+D'p^3+\cdots \tag{3-73}$$

也可用比体积 v 代替压力 p 作自变量，写为

$$Z=1+\frac{B}{v}+\frac{C}{v^2}+\frac{D}{v^3}+\cdots \tag{3-74}$$

式(3-72)或式(3-73)称为维里方程。式中的系数 B 和 B'、C 和 C'、D 和 D' 等分别称为第二、第三、第四维里系数，都是与物质种类和温度有关的常数，可由实验确定。

维里方程可按统计力学方法导出，因而具有坚实的理论基础，维里系数也具有明确的物理意义。B 反映了两个分子之间的相互作用，C 反映了三个分子之间的相互作用……由于两个分子之间的相互作用力比三个分子之间的作用力大，而三个分子间的相互作用力又比四个分子间的作用力大……所以高次项对压缩因子 Z 的贡献应依次减小。在压力较低的情况下，一般取二、三项就有较高的精度，但在高压下，应取较多的项。目前已有一些第二维里系数的实验值，第三维里系数值已很缺乏，高次项就更难以获得。但是，随着分子运动理论的进步，将会从物质的分子结构出发精确计算维里系数，因此维里方程是很有前途的。

比较式(3-73)和式(3-74)得 $B'=\dfrac{B}{RT}$，从而对于可取维里方程前两项的情况有

$$Z=\frac{pv}{RT}\approx1+\frac{Bp}{RT} \tag{3-74a}$$

皮查尔（Pitzer）等人提出了一个第二维里系数的普遍化关联式

$$Z=1+(B_0+B_1\omega)\frac{p_r}{T_r} \tag{3-74b}$$

$$B_0=0.083-\frac{0.422}{T_r^{1.6}} \tag{3-74c}$$

$$B_1=0.139-\frac{0.172}{T_r^{4.2}} \tag{3-74d}$$

该方法对于 $v_r\geq2$ 的情况计算精度较高。

3.8.2 范德华方程

针对理想气体的两个假设，范德华根据分子运动论，在理想气体状态方程基础上，引入了两个修正项，提出了两参数立方型的范德华方程。

3.8.2.1 体积修正项

考虑到分子本身占据一定的体积，分子自由活动空间就相对缩小。对 1kg 气体来说，其自由活动空间由 v 变为实际气体的 $v-b$。从而导致在相同的温度下，实际气体的压力高于理想气体的压力，即

$$p=\frac{RT}{v-b} \tag{3-75}$$

3.8.2.2 分子引力修正项

考虑到分子之间存在着相互吸引力，分子撞击器壁的力就减小，从而气体的压力就减小。压力减小的数值，既与撞击壁的分子数成正比，也与吸引它们的分子数成正比，即与气体比体积的平方成反比。减小的数值可用 $\dfrac{a}{v^2}$ 来表示，称为内压力，即

$$p=\frac{RT}{v}-\frac{a}{v^2} \tag{3-76}$$

综合以上两个修正项得到范德华方程

$$p=\frac{RT}{v-b}-\frac{a}{v^2} \tag{3-77}$$

式中的 a、b 称为范德华常数，随气体的不同而异。

利用范德华方程可以定性地解释实际气体的性质。

（1）压缩因子 Z 实际气体所处的状态不同，分子引力和体积影响的效果也不一样。当分子体积的影响占主导地位，而分子引力的影响可以忽略时，由式（3-75）得

$$Z = \frac{pv}{RT} = 1 + \frac{bp}{RT}$$

可见 $Z > 1$，且 Z 随 p 的增大而增大，反映气体压缩性小的特性。

当分子引力的影响占主导地位，而分子体积影响可忽略时，由式（3-76）得

$$Z = \frac{pv}{RT} = 1 - \frac{a}{RTv}$$

可见 $Z < 1$，反映了气体压缩性大的特性。

（2）液体的不可压缩性 范德华方程考虑了分子的运动，故原则上既适用于气体也适用于液体。对于液体，v 很小，$\frac{a}{v^2}$ 很大，内压力远远大于外压力 p，因此外压力对液体体积的影响很小。

（3）实际气体的等温线 将范德华方程改写为

$$pv^3 - (bp + RT)v^2 + av - ab = 0$$

在等温过程中，它是比体积 v 的三次方程。随着 p、T 的不同，可以有三种不同的解：三个不等的实根、三个相等的实根、一个实根两个虚根。

若有三个不等的实根，则表示在一个压力下有三个不同的比体积。它相当于低温范围内的定温曲线，如图 3-4 中的 $ALHG$，不过 LH 段应为波浪线 $LBDE$，三个实根分别为 L、D、H 三点。但实际中，虚线波段极不稳定，通常实验中不会出现，而是一条水平直线。

若有三个相等的实根，则对应临界点，方程的解为 $v = v_c$。

若有一个实根两个虚根，即一个压力对应一个比体积，代表温度高于临界温度时的定温曲线。

总之，范德华方程在定性上较成功地反映了实际气体的基本性质，揭示了实际气体偏离理想气体的根本原因，为理论研究开辟了道路。但在定量上，对于离液态较近的气体，误差较大。所以，范德华方程在工程上不宜用于定量计算。

3.8.3 瑞里奇-邝（R-K）方程

由于范德华方程计算精度较差，故应对其进行改进。R-K 方程就是具有代表性的一种改进，方程形式为

$$p = \frac{RT}{v-b} - \frac{a}{T^{0.5}v(v+b)} \tag{3-78}$$

式中的 a 和 b 是与物质种类有关的常数，可直接由实验确定，也可用临界参数进行计算。在临界点处，压力 p 对比体积 v 的一阶导数和二阶导数均为零，解这两个方程得

$$a = \frac{0.42748R^2 T_c^{2.5}}{p_c} \tag{3-78a}$$

$$b = \frac{0.08664RT_c}{p_c} \tag{3-78b}$$

3.8.4 索夫-瑞里奇-邝（S-R-K）方程

R-K 方程较简便，适用于非极性和弱极性物质，已在工程中得到应用。然而计算精度还不够，用于强极性物质时或物质处于临界状态附近时计算偏差较大。索夫（Soave）对 R-K 方程进行了成功的改进，其表达式为

$$p = \frac{RT}{v-b} - \frac{a(T)}{v(v+b)} \tag{3-79}$$

式中
$$a(T)=0.42748\frac{R^2T_c{}^2}{p_c}[1+r(1-T_r{}^{0.5})]^2 \tag{3-79a}$$

$$r=0.48+1.574\omega-0.176\omega^2 \tag{3-79b}$$

b 仍按式(3-78b)计算。式(3-79)也称为 S-R-K 方程，它考虑了偏心因子 ω 的影响。S-R-K 方程的计算精度比 R-K 方程高，可用于汽-液平衡和剩余熵的计算。

3.8.5 彭-鲁宾逊（P-R）方程

P-R 方程是对范德华方程和 R-K 方程及 R-K-S 方程的进一步改进，其形式为

$$p=\frac{RT}{v-b}-\frac{a(T)}{v(v+b)+b(v-b)} \tag{3-80}$$

式中
$$a(T)=0.45724\frac{R^2T_c{}^2}{p_c}[1+r(1-T_r{}^{0.5})]^2 \tag{3-80a}$$

$$r=0.37464+1.54226\omega-0.26992\omega^2 \tag{3-80b}$$

$$b=0.0778\frac{RT_c}{p_c} \tag{3-80c}$$

P-R 方程是 20 世纪 70 年代提出的两参数、三常数方程，它不仅能计算汽相，也能计算液相，可用于烃类物质的汽-液平衡计算。但它对强极性气体及低温含氢系统的计算偏差仍然很大。

还有很多状态方程，但式中参数较多，计算也较复杂，这里不再介绍。

例 3-6 用维里方程、R-K 方程、R-K-S 方程和 P-R 方程计算正丁烷在 460K、1.5MPa 下的比体积（实测值为 $v=0.0384\ \mathrm{m^3/kg}$）。

解 （1）用维里方程取前两项进行计算

$$B_0=0.083-\frac{0.422}{T_r{}^{1.6}}=0.083-\frac{0.422}{1.08^{1.6}}=-0.29$$

$$B_1=0.139-\frac{0.127}{T_r{}^{4.2}}=0.139-\frac{0.127}{1.08^{4.2}}=0.047$$

$$Z=1+(B_0+B_1\omega)\frac{p_r}{T_r}=1+(-0.29+0.047\times0.193)\times\frac{0.395}{1.08}=0.897$$

$$v=\frac{ZRT}{p}=\frac{0.897\times8.314\times460}{58\times1500}=0.0394\ (\mathrm{m^3/kg})$$

与实验值偏差为 $\dfrac{0.0394-0.0384}{0.0384}=2.6\%$

（2）用 R-K 方程

$$a=\frac{0.42748R^2T_c{}^{2.5}}{p_c}=\frac{0.42748\times8.314^2\times425.2^{2.5}}{58^2\times3800}=8.617$$

$$b=\frac{0.08664RT_c}{p_c}=\frac{0.08664\times8.314\times425.2}{58\times3800}=1.39\times10^{-3}$$

$$p=\frac{RT}{v-b}-\frac{a}{T^{0.5}v(v+b)}$$

将 a、b 的值代入并经试差法或迭代法求得

$$v=0.039\mathrm{m^3/kg}$$

与实验值的偏差为 $\dfrac{0.039-0.0384}{0.0384}=1.6\%$。

（3）用 R-K-S 方程

$$r = 0.48 + 1.574\omega - 0.176\omega^2$$
$$= 0.48 + 1.574 \times 0.193 - 0.176 \times 0.193^2$$
$$= 0.777$$

$$a(T) = 0.42748 \frac{R^2 T_c^2}{p_c} [1 + r(1 - T_r^{0.5})]^2$$
$$= 0.42748 \times \frac{8.314^2 \times 425.2^2}{58^2 \times 3800} \times [1 + 0.777 \times (1 - 1.08^{0.5})]^2$$
$$= 0.392$$

$$p = \frac{RT}{v-b} - \frac{a(T)}{v(v+b)}$$

代入数值试差或迭代求得 $\quad v = 0.0391 \mathrm{m^3/kg}$

与实验值的偏差为 $\quad \dfrac{0.0391 - 0.0384}{0.0384} = 1.8\%$

（4）用 P-R 方程

$$b' = 0.0778 \frac{RT_c}{p_c} = 0.0778 \times \frac{8.314 \times 425.2}{58 \times 3800} = 1.248 \times 10^{-3}$$

$$r' = 0.37464 + 1.54226\omega - 0.26992\omega^2$$
$$= 0.37464 + 1.54226 \times 0.193 - 0.26992 \times 0.193^2$$
$$= 0.6622$$

$$a'(T) = 0.45727 \frac{R^2 T_c^2}{p_c} [1 + r'(1 - T_r^{0.5})]^2$$
$$= 0.45727 \times \frac{8.314^2 \times 425.2^2}{58^2 \times 3800} \times [1 + 0.6622 \times (1 - 1.08^{0.5})]^2$$
$$= 0.424$$

将各值代入式（3-79）试差或迭代得 $\quad v = 0.0385 \mathrm{m^3/kg}$

与实验值偏差为 $\quad \dfrac{0.0385 - 0.0384}{0.0384} = 0.3\%$

3.9 纯物质相变区的状态及参数坐标图

3.9.1 p-T-v 三维坐标图

纯物质的压力 p、温度 T 和比体积 v 之间的关系可表示在 p-T-v 三维坐标系中，如图 3-6 所示，图（a）为凝固时比体积增加的物质（如水）的 p-T-v 图，图（b）为凝固时比体积减小的物质（如二氧化碳）的 p-T-v 图。大多数物质凝固时比体积减小。

p-T-v 三维曲面图中有 6 个区：蒸气区、液体区和固体区是三个单相区；固-液、液-气和气-固为三个处于平衡态的两相共存区。单相区与两相共存区的分界线称为饱和线；液相区和液气共存区的分界线称为饱和液体线；气相区和液气共存区的分界线称为饱和蒸气线；固相区和固液共存区的分界线称为饱和固体线。饱和液体线和饱和蒸气线的交点是临界点，它表征此时液相和气相没有差别。临界温度是能发生气液相转变的最高温度，超过临界温度的气体，无论如何压缩都不能液化。图中还有一条表征固、液、气三相共存状态的线称为三相线。

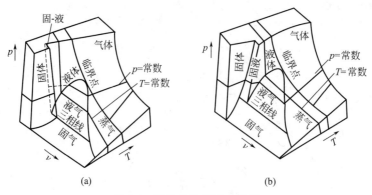

图 3-6　纯物质的三维坐标图

纯物质的 $p\text{-}T\text{-}v$ 三维坐标图能形象地表明纯物质的三态及其相变过程，但应用却不方便。因此，热力学分析中常用的是平面坐标图。

3.9.2　$p\text{-}T$ 图

将物质的 $p\text{-}T\text{-}v$ 曲面投影到 $p\text{-}T$ 面就得到 $p\text{-}T$ 图。如图 3-7 所示，图（a）为凝固时比体积减小的纯物质的 $p\text{-}T$ 图，图（b）为凝固时比体积增加的纯物质的 $p\text{-}T$ 图。

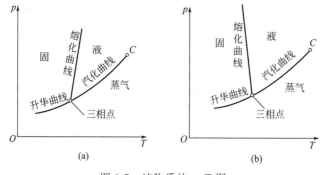

图 3-7　纯物质的 $p\text{-}T$ 图

在 $p\text{-}T$ 图上，饱和液体线和饱和蒸气线重合为一条汽化曲线，其最高点为临界点，它代表了整个液-气共存区；饱和固体线和饱和蒸气线重合为一条升华线，它代表了整个气-固共存区；液-固共存区投影为一条熔化曲线。这三条曲线把 $p\text{-}T$ 图分成三个不同的相区，它们的交点即为三相线在 $p\text{-}T$ 图上的投影，称为三相点。可见温度低于三相点温度时，直接发生蒸气与固体间的转变；温度介于三相点温度和临界温度之间时，可发生气、液、固三态转变；温度高于临界温度时，只有气体。

不同的物质，其三相点的参数不同。例如：水、氢、氧的三相点参数分别为

水　　　$p_{tp}=611.2\text{Pa}$　　　$T_{tp}=273.16\text{K}$

氢　　　$p_{tp}=7039\text{Pa}$　　　$T_{tp}=13.84\text{K}$

氧　　　$p_{tp}=152\text{Pa}$　　　$T_{tp}=54.35\text{K}$

由于升华过程只有在低于三相点温度 T_{tp} 时才会发生。因此，制造集成电路就在低温下将金属蒸气沉积在其他固体表面上，冬季北方挂在室外冻硬的湿衣服可以晾干就是由于冰升华为水蒸气的缘故。

3.9.3 p-v 图和 T-s 图

前面 3.7 节中通过 CO_2 的定温压缩实验已得到了其 p-v 图，其他物质的 p-v 图也是类似的。如果不是进行定温压缩，而是进行定压加热或冷却，也可得到同样的 p-v 图。现以水为例介绍水的定压汽化过程。

设汽缸中有 1kg 纯水，活塞对水施加一定的压力 p。当水温低于与 p 对应的饱和温度 t_s 时，水处于未饱和状态，称为未饱和水或过冷水，如图 3-8(a) 所示，对未饱和水加热，水温逐渐升高，水的比体积略有增加。当水温达到 t_s 时，水开始沸腾，称为饱和水，如图 3-8(b) 所示。图(a)～图(b) 段称为预热段。若继续加热，则水温仍保持 t_s 不变，而水却不断汽化为水蒸气，汽缸内为汽液共存状态，称为湿饱和蒸汽，如图 3-8(c) 所示。随着加热过程的进行，水逐渐减少，汽逐渐增多，直至水全部变化为蒸汽，此时的蒸汽称为干饱和蒸汽，如图 3-8(d) 所示。图(b)～图(d) 段称为汽化段。在这个过程中，随着蒸汽量的增多，比体积迅速增大，该过程所加入的热量称为汽化潜热。若再继续加热，蒸汽温度升高，比体积增大，此时的蒸汽称为过热蒸汽，如图 3-8(e) 所示。过热蒸汽的温度超过饱和温度之值，称为过热度。图(d)、图(e) 段称为过热段。将图 (a)、图 (b)、图 (d)、图 (e) 各点画于图上，如图 3-9 所示。

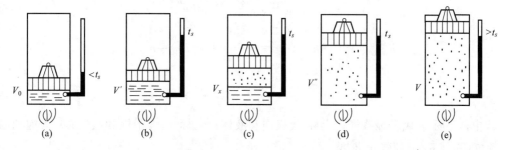

图 3-8 水的定压加热过程

改变压力 p，重复上述过程，可得到 $a'b'd'e'$，$a''b''d''e''$，…，连接 $bb'b''$、$d''d'd$ 就得到了如图 3-9 所示的 p-v 图。同样，在 T-s 图上将对应的各点表示并连接起来，如图 3-10 所示。

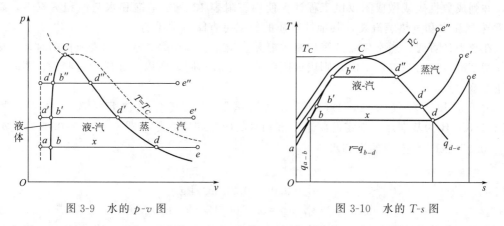

图 3-9 水的 p-v 图　　　　　　　图 3-10 水的 T-s 图

由图 3-9 和图 3-10 可知，随着压力的升高，汽化过程缩短，汽化热越小，饱和水与干饱和蒸汽参数差别越小，直至临界点时，两者的差别消失。在 p-v 图或 T-s 图上描述物质相变化规律，可概括为：一点（即临界点）、二线（即饱和液体线和干饱和蒸汽线）、三区（即位于饱和液体线左侧的未饱和液体区、位于干饱和蒸汽线右侧的蒸汽区和两条线之间的湿蒸汽区）、五态（即未饱和液态、饱和液态、湿蒸汽态、干饱和蒸汽态和过热蒸汽态）。

纯物质的饱和压力和饱和温度是一一对应的。通常压力越高，饱和温度也越高。例如，在海平面处，大气压力为 $p_{b1}=0.1\text{MPa}$，水的饱和温度约为 $t_{s1}=99.632℃$；在 6000m 高处，大气压力 $p_{b2}=0.05352\text{MPa}$，水的饱和温度约为 $t_{s2}=83℃$。水的饱和温度 t_s 与饱和压力 p_s 之间的关系可由下式进行近似估算

$$t_s=178.7\sqrt[4]{p_s}-0.6p_s$$

式中，t_s 的单位为℃；p_s 的单位为 MPa。

3.9.4 湿蒸气状态参数的确定

汽-液共存区的湿蒸气实质上是饱和液体和干饱和蒸气的混合物。湿蒸气的压力和温度是一一对应的，两者不再是相互独立的。因此，为了确定湿蒸气的状态，常引用湿蒸气的干度 x 作为补充参数。令

$$x=\frac{m_v}{m_v+m_l} \tag{3-81}$$

式中，m_v 为湿蒸气中所含干饱和蒸气的质量；m_l 为湿蒸气中所含饱和液体的质量。饱和液体的干度 $x=0$，干饱和蒸气的干度 $x=1$，湿蒸气的干度 x 介于 0~1 之间。这样，湿蒸气的状态参数就可按饱和液体和饱和蒸气所占比例组合，即杠杆规则来计算。

$$v_x=(1-x)v'+xv''=v'+x(v''-v') \tag{3-82}$$
$$u_x=(1-x)u'+xu''=u'+x(u''-u') \tag{3-83}$$
$$h_x=(1-x)h'+xh''=h'+x(h''-h')=h'+xr$$
$$=u_x+p_sv_x \tag{3-84}$$
$$s_x=(1-x)s'+xs''=s'+x(s''-s')=s'+x\frac{r}{T_s} \tag{3-85}$$

式中，下标 x 代表湿蒸气；上标 $'$ 代表饱和液体；上标 $''$ 代表干饱和蒸气；r 为饱和温度 T_s、饱和压力 p_s 下的气化潜热。

3.9.5 液体和蒸气图表

未饱和液体、饱和液体、干饱和蒸气和过热蒸气的状态参数可用实验或分析的方法求得，并列成数据表或做成图以供工程计算使用。附表 13、14 是饱和水与饱和蒸汽表，附表 15 是未饱和水和过热蒸汽表，其他纯物质的数据可查阅有关手册。

在热力计算时，通常仅需计算质量内能差、焓差、熵差等，故在列表或作图时，可规定一任意基准点。若基准点不同，则表或图中的数据就不同，所以，在应用这些表、图时，必须注意这一点。

关于水和水蒸气参数，1963 年第六届国际水蒸气会议决定，选取水的三相点 (273.16K) 作为基准点，规定此状态下液相水的内能和熵为零，即 $t_0=t_{tp}=0.01℃$，$p_0=p_{tp}=0.6112\text{kPa}$ 状态下的饱和水

$$u_0'=0 \qquad\qquad s_0'=0$$

此时
$$v_0'=0.00100022\ \text{m}^3/\text{kg}$$
$$h_0'=u_0'+p_0v_0'=0.0006112\ (\text{kJ/kg})\approx0$$

由于液体的可压缩性很小，比体积变化很小，所以，未饱和液体的 u、h、s 值近似于其同温下饱和液体的 u'、h'、s' 值。

除数据表外，工程计算中常用各种热力图。前面已介绍了 p-v 图和 T-s 图，它们常被用于热力循环分析。而在数值计算中，常用 h-s 图或 $\lg p$-h 图，其结构分别如图 3-11 和图 3-12 所示。

图中 C 为临界点，粗线为界限曲线，CM 为饱和液体线，CN 为干饱和蒸气线，图中有定压线束、定容线束、定温线束和定干度线束。附图 3 是水蒸气的 h-s 图，附图 4 是氨的 p-h 图。附图 5 是新型制冷剂 HFCl 134a 的 p-h 图。

例 3-7　试确定下列各点水或水蒸气的状态及其 u，h，s 值：

① $p = 1\text{MPa}$，$t = 150℃$；

② $p = 0.5\text{MPa}$，$v = 0.0011\text{m}^3/\text{kg}$；

③ $p = 0.03\text{MPa}$，$x = 0.8$；

④ $t = 200℃$，$v = 0.12714\text{m}^3/\text{kg}$

⑤ $p = 0.5\text{MPa}$，$v = 0.425\text{m}^3/\text{kg}$。

解　① 查附表 13 得 $t = 150℃$ 时饱和蒸汽压 $p_s = 0.476\text{MPa}$。

由于 $p > p_s$，故该状态为未饱和水（也可由附表 14 查得与 $p = 1\text{MPa}$ 对应的饱和温度 $t_s = 179.88℃$，由于 $t < t_s$，故为未饱和水）。

查附表 15 得 $v = 0.0010904\text{m}^3/\text{kg}$，$h = 632.5\text{kJ/kg}$，$s = 1.8410\text{ kJ/（kg·K）}$

$$u = h - pv = 632.5 - 1 \times 10^3 \times 0.0010904 = 631.41 \text{（kJ/kg）}$$

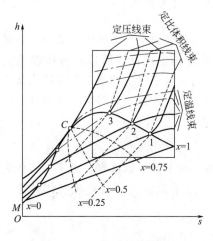

图 3-11　纯物质的焓-熵图

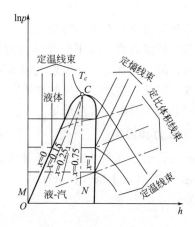

图 3-12　纯物质的压-焓图

② 查附表 14 得 $p = 0.5\text{MPa}$ 时 $v' = 0.0010928\text{m}^3/\text{kg} \approx v$，故该状态为饱和水。$h = h' = 640.12\text{kJ/kg}$，$s = s' = 1.8604\text{kJ/（kg·K）}$

$$u = h - pv = 640.12 - 0.5 \times 10^3 \times 0.0011 = 639.57 \text{（kJ/kg）}$$

③ 因 $0 < x < 1$，故该状态为湿蒸汽，查附表 14 得

$$v' = 0.0010223\text{m}^3/\text{kg}, \qquad v'' = 5.229\text{m}^3/\text{kg}$$
$$h' = 289.30\text{kJ/kg} \qquad h'' = 2625.4\text{kJ/kg}$$
$$s' = 0.9441\text{kJ/（kg·K）} \qquad s'' = 7.7695\text{kJ/（kg·K）}$$
$$v_x = v' + x\,(v'' - v') = 0.0010223 + 0.8 \times (5.229 - 0.0010223)$$
$$= 4.183 \text{（m}^3/\text{kg）}$$
$$h_x = h' + x\,(h'' - h') = 289.30 + 0.8 \times (2625.4 - 289.30)$$
$$= 2158.18 \text{（kJ/kg）}$$
$$u_x = h_x - pv_x = 2158.18 - 0.03 \times 10^3 \times 4.183 = 2032.69 \text{（kJ/kg）}$$
$$s_x = s' + x\,(s'' - s') = 0.9441 + 0.8 \times (7.7695 - 0.9441)$$

$$= 6.4044 \ [\mathrm{kJ/(kg \cdot K)}]$$

④ 查附表 13 得 $t = 200℃$ 时，$v'' = 0.1272 \mathrm{m}^3/\mathrm{kg} \approx v$，故该状态为干饱和蒸汽。由该表查得

$$h = h'' = 2790.9 \mathrm{kJ/kg}$$
$$p_s = 1.5549 \mathrm{MPa}$$
$$u = h - p_s v = 2790.9 - 1.5549 \times 10^3 \times 0.1272 = 2593.1 \ (\mathrm{kJ/kg})$$
$$s = s'' = 6.4278 \mathrm{kJ/(kg \cdot K)}$$

⑤ 查附表 14 得 $p = 0.5 \mathrm{MPa}$ 时，$v'' = 0.3747 \mathrm{m}^3/\mathrm{kg} < v$，故该状态为过热蒸汽。由附表 15 查得

$$h = 2855.1 \mathrm{kJ/kg}$$
$$u = h - pv = 2855.1 - 0.5 \times 10^3 \times 0.425 = 2642.6 \ (\mathrm{kJ/kg})$$
$$s = 7.0592 \mathrm{kJ/(kg \cdot K)}$$
$$t = 200℃$$

3.10　湿　空　气

湿空气是指含有水蒸气的空气，干空气是指不含水蒸气的空气。所以，湿空气就是干空气与水蒸气的混合物。由于空气压力较低，水蒸气的分压也较低，所以均可按理想气体处理。这样，湿空气就是一种理想气体的混合物，所不同的是空气中的水蒸气在适当条件下会发生相变。因此，描述湿空气的性质，除了压力、温度、比体积、焓等常用参数外，还需引入专用参数，如湿度、含湿量等。

3.10.1　压力和温度

湿空气、干空气和水蒸气的各种参数，均采用相应的下标加以区别。无下标者代表湿空气，下标"a"代表干空气，下标"st"代表水蒸气。由于湿空气可按理想气体处理，故符合分压定律。

$$p = p_a + p_{st} \tag{3-86}$$

式中，p 为总压；p_a 为干空气分压；p_{st} 为水蒸气分压。

由干空气和过热水蒸气所组成的湿空气称为未饱和湿空气。这时湿空气中水蒸气的分压 p_{st} 低于与湿空气温度 T 相对应的水蒸气饱和压力 p_s，如图 3-13 中的 a 点。

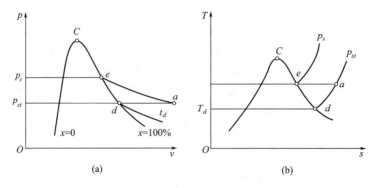

图 3-13　水蒸气的 p-v 图和 T-s 图

如果湿空气温度不变，而所含水蒸气的量增加，则水蒸气分压 p_{st} 也随之增加。当 p_{st} 等于与温度 T 对应的水蒸气饱和压力 p_s 时，水蒸气处于饱和状态，如图 3-13 中的 e 点。由干空气和饱和水蒸气组成的湿空气称为饱和湿空气。饱和湿空气中的水蒸气含量已达到极限值，超过这个极限值就会有水滴析出。夏季的大雾天，大气处于饱和湿空气状态，析出的水滴悬挂在大气中。

如果保持水蒸气的分压 p_{st} 不变，而降低湿空气的温度，则 p_s 随之降低。当 $p_s=p_{st}$ 时，湿空气温度 T 等于 p_{st} 所对应的饱和温度 T_s，水蒸气也处于饱和状态，如图 3-13 中的 d 点。这种通过定压降温达到饱和状态时的温度称为露点温度，简称露点，以 T_d 或 t_d 表示。如果再降低温度，也将有水滴析出。夏季的露水、水缸表面的水珠、玻璃窗上的水汽等的形成就是这个道理。

露点可用露点计测定。露点计中利用乙醚在金属容器中蒸发而使表面温度连续下降，容器外表面上开始出现第一颗露滴时的温度即为露点温度。由露点温度可以从饱和水蒸气表中查出相应的饱和压力，即为湿空气中水蒸气的分压。

3.10.2　湿度

3.10.2.1　绝对湿度

每立方米湿空气中含有水蒸气的质量，称为绝对湿度，其值等于湿空气中水蒸气的密度 ρ_{st}。由理想气体状态方程得

$$\rho_{st}=\frac{p_{st}}{R_{st}T}\tag{3-87}$$

绝对湿度只能说明湿空气在既定温度下所含水蒸气的数量，不能说明湿空气在该状态下的干湿程度，为此需引入相对湿度。

3.10.2.2　相对湿度

相对湿度是指湿空气中水蒸气的实际含量接近最大可能含量的程度，即湿空气中水蒸气的实际分压 p_{st} 与同温度下水蒸气饱和压力 p_s 之比，以 φ 表示

$$\varphi=\frac{p_{st}}{p_s}\tag{3-88}$$

显然，φ 值介于 0～1 之间。φ 值越小，空气越干燥，吸水能力越强；φ 值越大，空气越潮湿，吸水能力越弱；$\varphi=0$ 时即为干空气，$\varphi=1$ 时即为饱和湿空气。

空气的相对湿度可用干湿球温度计测定。干湿球温度计由两个温度计组成，如图3-14所示。一个是干球温度计，就是普通温度计，它所测得的温度就是湿空气的温度；另一个是湿球温度计，是一个在水银球上包有湿布的普通温度计。由于湿布向空气中蒸发水分，因而其温度低于空气温度。空气的相对湿度越小时，湿布上水分蒸发越快，湿球温度比干球温度低得越多。若湿空气已达到饱和，则湿布上的水分不蒸发，干湿球温度就相等。空气的相对湿度与干湿球温度有确定的关系，如图 3-15 所示。

3.10.2.3　含湿量

对定量湿空气而言，无论其状态如何变化，它所包含的干空气的质量是不变的。以每千克干空气为基准来讨论湿空气的湿度就引入了含湿量的概念。湿空气中所含水蒸气的质量与所含干空气质量之比称为含湿量，以 d 表示

$$d=\frac{m_{st}}{m_a}\times1000\mathrm{g/kg}\tag{3-89}$$

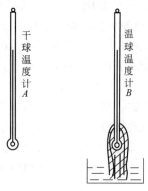

图 3-14　干湿球温度计

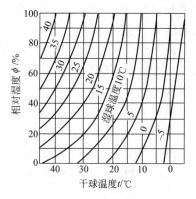

图 3-15　相对湿度与干湿球温度的关系

利用理想气体状态方程进行变换可得

$$d = 622 \frac{p_{st}}{p_a} = 622 \frac{p_{st}}{p - p_{st}} = 622 \frac{\varphi p_s}{p - \varphi p_s} \tag{3-90}$$

3.10.3　焓、熵、比体积

湿空气的焓 H 应包括干空气的焓 H_a 和水蒸气的焓 H_{st} 两部分，即

$$H = H_a + H_{st} = m_a h_a + m_{st} h_{st} \tag{3-91}$$

以 1kg 干空气为基准，则

$$h = \frac{H}{m_a} = h_a + 0.001 d h_{st} \text{ kJ/kg} \tag{3-92}$$

取 273K 时干空气和饱和水的焓值为零，且按比定压热容 $c_{pa} = 1.004 \text{kJ/(kg·K)}$、$c_{pst} = 1.859 \text{kJ/(kg·K)}$ 计算干空气和过热蒸汽的焓，则 273K 时饱和蒸汽焓由附表 13 查得为 2501.6kJ/kg，故

$$h_a = 1.004(T - 273) = 1.004t$$

$$h_{st} = 2501.6 + 1.859(T - 273) = 2501.6 + 1.859t$$

$$h = 1.004t + 0.001d(2501.6 + 1.859t) \tag{3-93}$$

同理，以 1kg 干空气为基准的熵为

$$s = s_a + 0.001 d s_{st} \tag{3-94}$$

取 273K、100kPa 下的熵值为零，且按比定值热容计算，则代入 273K 时的比热容和气体常数，得

$$s = (1.004 + 1.859 \times 10^{-3} d) \ln \frac{T}{273} - (0.287 + 0.4615 \times 10^{-3} d) \ln \frac{p}{100} \tag{3-95}$$

$$\Delta s = (1.004 + 1.859 \times 10^{-3} d) \ln \frac{T_2}{T_1} - (0.287 + 0.4615 \times 10^{-3} d) \ln \frac{p_2}{p_1} \tag{3-96}$$

以 1kg 干空气为基准的比体积为

$$v = \frac{V}{m_a} = \frac{m R_m T}{M p m_a}$$

又

$$\frac{p}{p_a} = \frac{n}{n_a} = \frac{m}{m_a} \frac{M_a}{M}$$

故

$$v = \frac{m_a R_m T}{p_a} = v_a \tag{3-97}$$

3.10.4 焓-湿图

为了工程上计算方便，绘制了各种湿空气图。把湿空气的焓、温度以及含湿量之间的关系作成图，称为焓-湿图或温-湿图。这种图是根据式(3-88)和式(3-91)绘制的。图中各物理量都是指湿空气中所含有的干空气为1kg而言，在焓-湿图上表示出湿空气的各主要参数φ、p_{st}的变化关系。

如图3-16所示，在焓-湿图上有以下线束。

(1) 定焓线束　定焓线是一组与横坐标d成135°角的相互平行的斜直线。

(2) 定含湿量线束　定d线是垂直于横坐标的直线。在一定大气压力下，含湿量d和露点温度t_d均由水蒸气分压p_{st}确定，故定d线也是定t_d线，同时也是定p_{st}线。但线上同一点所代表的各参数数值不同：d值由横坐标d上查出；t_d由过定d线与$\varphi=1$线交点的定温线读出；p_{st}由$p_{st}=f(d)$线上读出。

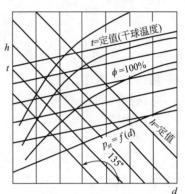

图3-16　湿空气的焓-湿图

(3) 定干球温度线束　由式(3-91)知，t一定时，h与d为线性关系，故定t线为一组斜直线。温度不同，斜率不同，故各定t线之间不平行。

(4) 定相对湿度线　定φ线是向上凸起的曲线。$\varphi=1$的定φ线位于其他定φ线的最下方，代表饱和湿空气。在该曲线以上，湿空气处于未饱和状态，而水蒸气处于过热状态；在该曲线以下为雾区，没有实际意义。$\varphi=0$的定φ线为纵坐标轴，表示干空气状态。

(5) 定热湿比线　过程的焓差与含湿量差之比为热湿比，以ε表示，即

$$\varepsilon=\frac{h_2-h_1}{d_2-d_1}=\frac{\Delta h}{\Delta d} \tag{3-98}$$

在h-d图中，任意一条直线都是定ε线，ε就是直线的斜率。ε值相同的定ε线是相互平行的。现在的空气焓-湿图中，通常在右下角画出了很多定ε线（见附图6）。这样，如果已知过程的初始状态和过程的ε值，则过初态点作一条平行于定ε线的直线即为过程线。如果再知道终态的某个参数，就能确定终了状态及其参数。

根据焓-湿图就可由湿空气的任何两个参数找出相应的状态点，并按该点查出其他参数值。

值得注意，焓-湿图是在一定压力下绘制的，不同的压力对应不同的焓-湿图。本书附图6所示的焓-湿图是在0.1MPa下绘制的。

例3-8　大气压力为0.1MPa，温度为30℃，相对温度为$\varphi=0.6$。试求湿空气的露点温度、绝对湿度、含湿量、水蒸气分压和焓。

解法一　查表计算法

根据空气温度30℃，查饱和蒸汽表得饱和压力$p_s=4.242$kPa，干饱和蒸汽密度$\rho''=0.03037$ kg/m³

(1) 水蒸气分压

$$p_{st}=\varphi p_s=0.6\times4.241=2.544\text{（kPa）}$$

(2) 露点温度为与p_{st}对应的饱和温度，查饱和水蒸气表得

$$2\text{kPa 时，}t_d=17.513℃$$
$$3\text{kPa 时，}t_d=24.100℃$$

内插法计算得

$$t_d=17.513+\frac{24.1-17.513}{3-2}\times(2.544-2)=21.1\text{（℃）}$$

（3）绝对湿度

$$\rho_{st}=\varphi\rho''=0.6\times0.03037=0.01822\ (kg/m^3)$$

（4）含湿量

$$d=622\frac{p_{st}}{p-p_{st}}=622\times\frac{2.544}{100-2.544}=16.2\ [g/kg(a)]$$

（5）焓

$$
\begin{aligned}
h&=1.004t+0.001d(2501.6+1.859t)\\
&=1.004\times30+0.001\times16.2\times(2501.6+1.859\times30)\\
&=71.55\ [kJ/kg(a)]
\end{aligned}
$$

解法二　查图计算法

查湿空气的焓-湿图。当 $t=30℃$，$\varphi=0.6$ 时得

露点温度　　　　　　　　$t_d=21.5℃$

含湿量　　　　　　　　　$d=16.2g/kg\ (a)$

水蒸气分压　　　　　　　$p_{st}=2.5kPa$

焓　　　　　　　　　　　$h=71.8kJ/kg\ (a)$

绝对湿度　　　　$\rho_{st}=\dfrac{p_{st}}{R_{st}T}=\dfrac{2.5}{\frac{8.314}{18}\times303}=0.0179\ (kg/m^3)$

小　　结

（1）理想气体状态方程　　　$pV=nR_mT=mRT$

使用时注意各参量的单位。

（2）热容、质量内能、焓

比定压热容　　　　$c_p=\left(\dfrac{\delta q}{dT}\right)_p=\left(\dfrac{\partial h}{\partial T}\right)_p$

比定容热容　　　　$c_v=\left(\dfrac{\delta q}{dT}\right)_v=\left(\dfrac{\partial u}{\partial T}\right)_v$

比焓　　　　　　　$dh=c_p dT+\left(\dfrac{\partial h}{\partial p}\right)_T dp$

质量内能　　　　　$du=c_v dT+\left(\dfrac{\partial u}{\partial v}\right)_T dv$

（3）理想气体比热容、质量内能和焓

$$c_p-c_v=\frac{dh}{dT}-\frac{du}{dT}=R$$

理想气体内能和焓是温度的单值函数。其计算方法有四种，即比定值热容法，经验公式法，平均值法，热力性质表。

（4）理想气体的熵

$$ds=c_v\frac{dT}{T}+R\frac{dv}{v}=c_p\frac{dT}{T}-R\frac{dp}{p}=c_v\frac{dp}{p}+c_p\frac{dv}{v}$$

对上式积分即可计算熵差。其计算方法有三种，即比定值热容法，比热容经验公式法，热力性质表法。

（5）理想气体的混合物

理想气体的混合物遵循分压定律和分容积定律

平均分子量 $\qquad M = \dfrac{m}{n} = \sum\limits_{i=1}^{n}(y_i M_i) = 1 \Big/ \sum\limits_{i=1}^{n}(x_i/M_i)$

气体常数 $\qquad R = R_m M = \sum\limits_{i=1}^{n}(x_i R_i) = 1 \Big/ \sum\limits_{i=1}^{n}(y_i/R_i)$

比热容 $\qquad c = \sum\limits_{i=1}^{n}(x_i c_i) = \dfrac{1}{m}\sum\limits_{i=1}^{n}(m_i c_i)$

摩尔热容 $\qquad C_m = \sum\limits_{i=1}^{n}(y_i C_{mi}) = \dfrac{1}{n}\sum\limits_{i=1}^{n}(n_i C_{mi})$

内能 $\qquad U = \sum\limits_{i=1}^{n}(m_i u_i) = m\sum\limits_{i=1}^{n}(x_i u_i)$

焓 $\qquad H = \sum\limits_{i=1}^{n}(m_i h_i) = m\sum\limits_{i=1}^{n}(x_i h_i)$

熵 $\qquad S = \sum\limits_{i=1}^{n}(m_i s_i) = m\sum\limits_{i=1}^{n}(x_i s_i)$

混合气体的比热容、质量内能、比焓和比熵等于其各组分相应参数与质量成分乘积的总和。混合气体的千摩尔热容、千摩尔内能、千摩尔焓和千摩尔熵等于其各组分相应参数与摩尔成分乘积的总和。混合气体的总热容、总内能、总焓和总熵等于其各组分相应参数的总和。各组分的参数均按其分压和混合气体温度确定。

(6) 压缩因子 $Z = \dfrac{pv}{RT} = \dfrac{v}{v_0}$ 代表实际气体比体积与理想气体比体积之比。

$Z < 1$　表示实际气体比理想气体容易压缩；

$Z > 1$　表示实际气体比理想气体难压缩；

根据对比态定律可获得普遍化压缩因子 $Z = Z(p_r, T_r)$。

工程中常用的实际气体状态方程有 R-K、R-K-S、P-R 方程等。

(7) 纯物质的三维坐标图形象地表明了纯物质的三态及其相变过程。

热力分析中常用 p-T 图、p-v 图和 T-s 图，而热力计算中常用 h-s 图（动力循环）和 $\lg p$-h 图（制冷循环）。

湿蒸气的比体积、内能、焓和熵等于饱和液体的相应参数与湿度之积和干饱和蒸气与干度之积的和。例如杠杆规则

$$h_x = (1-x)h' + xh'' = h' + x(h'' - h')$$

(8) 湿空气是理想气体的混合物，服从分压力定律和分容积定律。湿空气的绝对湿度反映了湿空气中水蒸气的绝对含量；相对湿度反映了水蒸气实际含量接近最大可能含量的程度——湿空气的吸水能力；含湿量是以每千克干空气为基准的水蒸气含量。

(9) 未饱和湿空气的干球温度高于湿球温度，更高于露点温度；而对于饱和湿空气，三者相等。

(10) 湿空气的焓等于干空气的焓与水蒸气的焓之和

$$H = m_a h_a + m_{st} h_{st}$$

以 1kg 干空气为基准，取 273K 时干空气和饱和水的焓值为零，且按定比值热容计算，则

$$h = 1.004t + 0.001d(2501.6 + 1.859t)$$

$$H = m_a h$$

(11) 湿空气的焓-湿图与空气的压力是一一对应的。图中的定 d 线也是定 t_d 线，同时

也是定 p_{st} 线。但 d 值由横坐标读出，t_d 值由 $\varphi = 1$ 线上读出，p_{st} 值由 $p_{st} = f(d)$ 线上读出。

思 考 题

1. 气体比热容 c_p、c_v、质量内能 u、比焓 h 与哪些因素有关? 由质量内能和温度两个状态参数能否确定气体的状态?

2. 如果比热容 c_p 只是温度的函数，当 $t_2 > t_1$ 时，平均比热容 $c_p \Big|_0^{t_1}$、$c_p \Big|_0^{t_2}$ 的大小关系如何?

3. 比热容与过程有关，为什么 c_p、c_v 都是状态参数?

4. 热力学第一定律可写为 $q = \Delta u + w$，也可写为 $q = c_v \Delta T + \int_1^2 p \mathrm{d}v$，两者有何不同?

5. 理想气体的内能的基准点是以压力还是温度或是两者同时为基准规定的?

6. 绝热容器内盛有一定气体，外界通过容器内叶轮向空气加入 w（kJ）的功。若气体视为理想气体，试分析气体内能、焓、温度、熵的变化。

7. 由 A、B 两种气体组成的混合气体，如果 $x_A > x_B$，是否必有 $y_A > y_B$?

8. 理想气体比热容差公式 $c_p - c_v = R$ 是否也适用于理想混合气体?

9. 理想气体状态方程、实际气体状态方程、压缩因子各有什么特点?

10. 压缩因子的物理意义是什么?

11. 对比态定律对处理实际气体有何作用?

12. 工质临界状态的性质是什么?

13. 水蒸气定温变化时，内能变化量是否为零? 水等压汽化时内能变化是否为零?

14. 冰刀在冰面上滑行时摩擦阻力较小，为什么?

15. $\mathrm{d}u = c_v \mathrm{d}T$ 和 $\mathrm{d}h = c_p \mathrm{d}T$ 的适用条件是什么?

16. 空气湿球温度、干球温度和露点温度之间的关系如何?

17. 下列说法对否?

① $\varphi = 0$ 时表示空气中不含水蒸气，$\varphi = 1$ 时表示湿空气中全是水蒸气;

② 空气相对湿度越大，含湿量越大;

③ 相对湿度一定时，空气温度越高，含湿量越大。

18. 如果等量的干空气与湿空气降低的温度相同，两者放出的热量是否相等?

习 题

1. 已知某气体的分子量为 29，求: ①气体常数; ②标准状态下的比体积及千摩尔容积; ③在 $p = 0.1\mathrm{MPa}$、$20℃$ 时的比体积及千摩尔容积。

2. 某锅炉需要的空气量为 $500\mathrm{m}^3$（标准立方米）/h，若鼓风机送入的空气温度为 $30℃$，其管道上压力表读数为 $0.3\mathrm{MPa}$，当时当地大气压力为 $0.1\mathrm{MPa}$，求实际送风量为多少?

3. 某储罐容器为 $3\mathrm{m}^3$，内有空气，压力表指示为 $0.3\mathrm{MPa}$，温度计读数为 $15℃$。现由压缩机每分钟从压力为 $0.1\mathrm{MPa}$、温度为 $12℃$ 的大气中吸入 $0.2\mathrm{m}^3$ 的空气，经压缩后送入储罐，问经过多长时间可使储气罐内气体压力提高到 $1\mathrm{MPa}$、温度升到 $50℃$?

4. 若将空气从 $27℃$ 定压加热到 $327℃$，试分别用下列各法计算对每千克空气所加入的热量，并进行比较。①比定值热容法; ②平均比热容法; ③比热容经验公式法; ④应用空气热力性质表。并利用比定值热容法计算空气内能和熵的变化。

5. 某绝热刚性容器被隔板分成 A 和 B 两个相等的部分。若 A 中装有 $1\mathrm{kg}$ 空气，压力为 $0.4\mathrm{MPa}$，温度为 $60℃$; B 中为全真空。当抽出隔板后，试计算气体压力、温度、内能和熵的变化量。

6. 两股压力相同的空气混合，一股温度 $400℃$，流量 $120\mathrm{kg/h}$; 另一股温度 $100℃$，流量 $150\mathrm{kg/h}$。若混合过程是绝热的，比热容取为定值，求混合气流的温度和混合过程气体熵的变化量。

7. 有 $30\mathrm{kg}$ 废气，其中二氧化碳气 $4.2\mathrm{kg}$，氧气 $1.8\mathrm{kg}$，氮气 $21\mathrm{kg}$，一氧化碳气 $3\mathrm{kg}$。试求其质量成

分、摩尔成分、容积成分、平均分子量及气体常数。

8. 一绝热刚性容器被隔板分成 A、B 两部分。A 中有压力为 0.3MPa、温度为 200℃的氮气，容积为 0.6m³；B 中有压力为 1MPa、温度为 20℃的氧气，容积 1.3m³。现抽去隔板，两种气体均匀混合。若比热容视为定值，求：①混合气体的温度；②混合气体的压力；③混合过程各气体的熵变和总熵变。

9. 容积为 20 升的氧气瓶中充入氧气后，压力为 11MPa，温度 15℃，试用理想气体状态方程计算钢瓶内氧气的质量，并用压缩因子图校正。

10. 用理想气体状态方程和压缩因子计算 CO_2 在 $t=100℃$、$v=0.012m³/kg$ 时的压力。

11. 现有一体积为 $0.3m³$ 的丙烷储罐，其承压能力为 2.8MPa。试计算在 125℃下能装入多少丙烷？

12. 分别用理想气体状态方程、双参数压缩因子、三参数压缩因子、维里方程、R-K 方程、R-K-S 方程和 P-R 方程计算氮气在压力为 10.2MPa、温度为 189.3K 时的比体积。

13. 利用水蒸气表填下表中的空白项

序号 \ 参数	p /MPa	t /℃	v /(m³/kg)	h /(kJ/kg)	s /[kJ/(kg·K)]	u /(kJ/kg)	$x=?$ 或是什么状态
1	0.1	180					
2	10.0	200					
3		500		3379			
4	0.005				6.7378		

14. 利用水蒸气 h-s 图求 $p=2MPa$、$t=300℃$ 时的焓、比体积和熵。

15. 利用水蒸气 h-s 图求 $p=0.1MPa$ 的干饱和蒸汽的焓。

16. 处于 -13℃、$x=0.2$ 状态下的氨蒸气压力为多少？若将 1kg 该种状态的氨等压气化为干饱和蒸气，需加入多少热量？

17. 某水蒸气锅炉的蒸发量为 2000kg/h，正常工作时锅炉内压力为 1.4MPa，进水温度为 20℃，输出的是干饱和蒸汽，试求加热速率为多少？若锅炉容积为 5m³，1.4MPa 时水占 4m³，此时堵死锅炉进出口，试计算经过多少时间可使锅炉达到其爆炸压力 4MPa？不计锅炉本身的吸热量。

18. 容积为 $1m³$ 的密闭容器内盛有压力为 0.4MPa 的干饱和水蒸气，问其质量为多少？若对蒸气冷却，当压力 $p=0.2MPa$ 时，其干度为多少？冷却过程中向外放热多少？

19. 若大气压力为 0.1MPa，空气温度为 30℃，湿球温度为 25℃，试分别利用计算法和焓湿图求：①水蒸气的分压力；②露点温度；③相对湿度；④干空气密度、湿空气密度和水蒸气密度；⑤湿空气焓。

20. 压力为 0.1MPa 的湿空气在 $t_1=10℃$、$\varphi=0.7$ 下进入加热器，在 $t_2=25℃$ 下离开，试计算对每 1kg 干空气加入的热量及加热器出口处湿空气的相对湿度。

4 气体与蒸气的热力过程

内容提要 热能与其他形式能之间的相互转换是通过工质的一系列状态变化过程实现的。因此，研究热力设备的各种热力过程，确定过程中工质状态变化的规律及能量转换规律，是热力分析的重要内容。本章主要讨论理想气体热力过程、蒸气的热力过程、绝热节流过程、往复式压气机的热力过程和往复式膨胀机的热力过程。

基本要求 ①掌握理想气体典型热力过程的分析方法；②熟悉定容过程、定压过程、定温过程、定熵过程的特点及能量转换规律；③了解变比热容定熵过程的计算方法；④掌握多变过程的特点及能量转换规律，弄清多变过程与定熵过程的区别和联系，熟悉多变指数的计算方法；⑤熟练利用焓-熵图、压-焓图和蒸气表计算蒸气的热力过程；⑥掌握湿空气热力过程的特点、能量转换规律，并熟练利用水蒸气图表和空气性质图表进行各热力过程的计算；⑦掌握绝热节流过程的特点，弄清微分节流效应与积分节流效应的概念；⑧了解压缩机的工作原理，弄清余隙容积对压缩过程的影响及气体分级压缩、中间冷却的必要性；⑨熟悉压气机功的计算方法；⑩了解往复式膨胀机的工作原理及计算方法；⑪弄清节流膨胀与定熵膨胀的关系。

4.1 理想气体的热力过程

实际的热力过程往往较复杂，其一是各过程都存在程度不同的不可逆性；其二是工质的各状态参数都在变化，难以找出规律。因此，严格的实际过程很难用热力学方法来分析。然而，仔细观察各过程又可发现，它们往往都具有某种简单的特征。例如，保温良好的设备内的过程可视为绝热过程；工质的燃烧过程进行得很快，也可视为绝热过程；大多化工设备内的压力变化很小，可近似视为定压过程；间歇操作的反应釜内的过程可视为定容过程等。总之，必须对实际过程进行抽象与简化，从而可以在理论上用比较简单的方法进行分析计算，然后借助某些经验进行修正。这样，既抓住了主要特征和主要影响因素，突出了主要矛盾，从而进行定性分析与评价，又可进行定量计算。研究热力过程的基本任务如下。

① 根据过程特征，确定过程中状态参数的变化规律，即过程方程；
② 根据已知初态参数，确定其他初态参数；
③ 根据过程方程及已知终态参数，确定其他终态参数；
④ 根据热力学基本定律及工质性质确定过程中的能量转换关系。

理想气体的典型热力过程有定容过程、定压过程、定温过程、绝热过程和多变过程。理想气体热力过程的分析主要采用计算法。分析这些热力过程时，热力学第一定律的表达式以及有关理想气体性质的计算式普遍适用。

4.1.1 定容过程

定容过程是工质容积保持不变的过程。通常为定量气体在容积不变的容器内进行的过程。

4.1.1.1　过程方程

$$dv = 0 \tag{4-1}$$

$$v = \text{const} \tag{4-1a}$$

$$V = \text{const} \tag{4-1b}$$

4.1.1.2　初终态状态参数之间的关系

依理想气体性质、状态方程及过程方程有

$$p_2/p_1 = T_2/T_1 \tag{4-2}$$

$$h_2 - h_1 = \int_1^2 c_p \, dT \tag{4-3}$$

$$u_2 - u_1 = \int_1^2 c_v \, dT \tag{4-4}$$

$$s_2 - s_1 = \int_1^2 c_v \, \frac{dT}{T} \tag{4-5}$$

定容过程的过程曲线如图 4-1 所示。

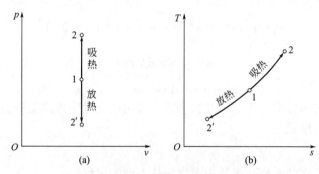

图 4-1　定容过程的 $p\text{-}v$ 图和 $T\text{-}s$ 图

4.1.1.3　能量转换

膨胀功
$$w = \int_1^2 p \, dv = 0 \tag{4-6}$$

热量
$$q = \Delta u + w = \Delta u = u_2 - u_1 \tag{4-7}$$

可见，定容过程中工质不做膨胀功，它吸收的热量全部用于增加其内能。

4.1.2　定压过程

定压过程是工质在状态变化过程中压力保持不变的过程。

4.1.2.1　过程方程

$$p = \text{const} \tag{4-8}$$

4.1.2.2　初终态状态参数之间的关系

$$v_2/v_1 = T_2/T_1 \tag{4-9}$$

$$h_2 - h_1 = \int_1^2 c_p \, dT \tag{4-3}$$

$$u_2 - u_1 = \int_1^2 c_v \, dT \tag{4-4}$$

$$s_2 - s_1 = \int_1^2 c_p \, \frac{dT}{T} \tag{4-10}$$

定压过程曲线如图 4-2 所示。

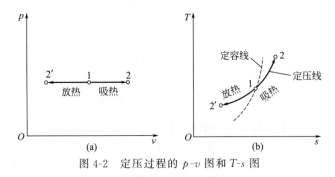

图 4-2　定压过程的 p-v 图和 T-s 图

在 T-s 图上，定压线和定容线均是对数曲线（c_p 为定值时），两者斜率分别为 $\left(\dfrac{\partial T}{\partial s}\right)_p = \dfrac{T}{c_p}$ 和 $\left(\dfrac{\partial T}{\partial s}\right)_v = \dfrac{T}{c_v}$。可见，定压线斜率小于定容线的斜率，于是从同一点出发的定压线较定容线平坦。

4.1.2.3　能量转换

膨胀功
$$w = \int_1^2 p\,\mathrm{d}v = p(v_2 - v_1) = R(T_2 - T_1) \tag{4-11}$$

技术功
$$w_t = \int_1^2 v\,\mathrm{d}p = 0 \tag{4-12}$$

热量
$$q = \Delta u + w = \Delta h + w_t = h_2 - h_1 \tag{4-13}$$

定压过程中，气体技术功为零；其膨胀功全部用以支付维持流动所必需的流动净功；它吸入的热量等于其焓增量。

4.1.3　定温过程

定温过程是工质在状态变化过程中温度保持不变的过程。

4.1.3.1　过程方程
$$T = \mathrm{const} \tag{4-14}$$

4.1.3.2　初终态状态参数间的关系
$$p_1 v_1 = p_2 v_2 \tag{4-15}$$

$$u_2 = u_1 \tag{4-16}$$

$$h_2 = h_1 \tag{4-17}$$

$$s_2 - s_1 = R\ln\frac{v_2}{v_1} = -R\ln\frac{p_2}{p_1} \tag{4-18}$$

定温过程线如图 4-3 所示。定温线在 p-v 图上是一条等轴双曲线；在 T-s 图上是一条水平线。

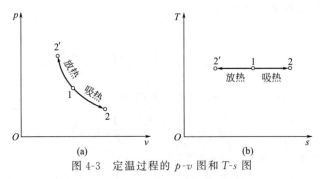

图 4-3　定温过程的 p-v 图和 T-s 图

4.1.3.3 能量转换

膨胀功

$$w = \int_1^2 p \, \mathrm{d}v = RT \ln \frac{v_2}{v_1} = RT \ln \frac{p_1}{p_2} \tag{4-19}$$

技术功

$$w_t = -\int_1^2 v \, \mathrm{d}p = RT \ln \frac{p_1}{p_2} = RT \ln \frac{v_2}{v_1} \tag{4-20}$$

热量

$$q = \Delta u + w = \Delta h + w_t = RT \ln \frac{p_1}{p_2} = RT \ln \frac{v_2}{v_1} \tag{4-21}$$

可见，定温过程中，气体吸入的热量全部转变为膨胀功，且全部是可资利用的技术功。

4.1.4 绝热过程

绝热过程是工质在与外界没有热量交换条件下所进行的状态变化过程。绝热过程不仅要求整个过程中总的热量交换为零，而且要求每个微元中工质与外界的热量交换为零。

4.1.4.1 过程方程

$$\delta q = 0 \tag{4-22a}$$
$$q = 0 \tag{4-22b}$$

对理想气体的绝热可逆过程，热力学第一定律可写为

$$\delta q = c_v \, \mathrm{d}T + p \, \mathrm{d}v = 0$$

将理想气体状态方程 $pv = RT$ 的微分形式代入并消去 $\mathrm{d}T$ 得

$$c_p \, p \, \mathrm{d}v + c_v \, v \, \mathrm{d}p = 0$$

即

$$k \frac{\mathrm{d}v}{v} + \frac{\mathrm{d}p}{p} = 0 \tag{4-23}$$

若取比热容比 k 为定值，则有

$$p_1 v_1^k = p_2 v_2^k \tag{4-24}$$
$$T_1 v_1^{k-1} = T_2 v_2^{k-1} \tag{4-25}$$
$$T_1 p_1^{\frac{1-k}{k}} = T_2 p_2^{\frac{1-k}{k}} \tag{4-26}$$

4.1.4.2 初终态状态参数间的关系

初终态压力、温度、比体积间关系可直接由式(4-24) ～式(4-26)求得。当气体绝热膨胀（$v_2 > v_1$）时，压力、温度均降低；反之，当气体受到绝热压缩（$v_2 < v_1$）时，压力、温度均升高。由式(4-3)、式(4-4)可知

$$h_2 - h_1 = \int_1^2 c_p \, \mathrm{d}T$$

$$u_2 - u_1 = \int_1^2 c_v \, \mathrm{d}T$$

$$s_2 - s_1 = \int_1^2 \frac{\delta q}{T} = 0 \tag{4-27}$$

可见，可逆绝热过程中，气体熵保持不变。因此，可逆的绝热过程也称为定熵过程。

绝热过程线如图 4-4 所示。在 $p\text{-}v$ 图上，绝热过程线是一条 k 次双曲线，其斜率为 $\left(\frac{\delta p}{\delta v} \right)_s = -k \frac{p}{v}$，而定温线斜率为 $\left(\frac{\delta p}{\delta v} \right)_T = -\frac{p}{v}$，故在相同的状态下，绝热线较定温线为陡。在 $T\text{-}s$ 图上，绝热线为一垂直线。

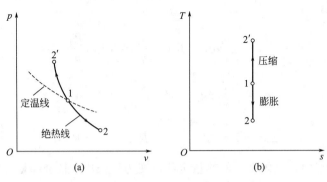

图 4-4　定熵过程的 p-v 图和 T-s 图

4.1.4.3　能量转换

热量
$$q = 0$$

体积功和内能
$$w = q - \Delta u = -\Delta u = -\int_1^2 c_v \, \mathrm{d}T \tag{4-28a}$$

若取比热容为定值，则

$$
\begin{aligned}
w &= c_v (T_1 - T_2) \\
&= \frac{1}{k-1}(p_1 v_1 - p_2 v_2) \\
&= \frac{RT_1}{k-1}\left[1 - \left(\frac{p_2}{p_1}\right)^{\frac{k-1}{k}}\right] \\
&= \frac{RT_1}{k-1}\left[1 - \left(\frac{v_1}{v_2}\right)^{k-1}\right]
\end{aligned} \tag{4-28b}
$$

上列各式也可由 $w = \int_1^2 p \, \mathrm{d}v$ 推导而得。

技术功和焓
$$w_t = q - \Delta h = -\Delta h = -\int_1^2 c_p \, \mathrm{d}T \tag{4-29a}$$

若取比热容为定值，则

$$
\begin{aligned}
w_t &= c_p (T_1 - T_2) \\
&= \frac{k}{k-1}(p_1 v_1 - p_2 v_2) \\
&= \frac{k}{k-1}RT_1\left[1 - \left(\frac{p_2}{p_1}\right)^{\frac{k-1}{k}}\right]
\end{aligned} \tag{4-29b}
$$

可见
$$w_t = kw \tag{4-30}$$

4.1.4.4　变值比热容绝热过程的计算

式(4-24)～式(4-26)、式(4-28a) 和式(4-29a) 是以 k 为定值（比定值热容）为基础的，它们一般仅适用于对过程进行定性分析或用于温度变化范围不大且计算精度要求不高的情况。因此，在通常的设计计算中，需采用变比热容计算。

(1) 按平均绝热指数计算　比热容随温度而变，绝热指数也随温度而变。为应用 $pv^k =$ const 这个简单形式，常将式中 k 以平均绝热指数 k_m 替换，即成为

$$pv^{k_m} = \text{const} \tag{4-31}$$

k_m 可按初终状态的平均比热容计算，即

$$k_m = \frac{c_p \Big|_{t_1}^{t_2}}{c_v \Big|_{t_1}^{t_2}} = \frac{c_p \Big|_0^{t_2} t_2 - c_p \Big|_0^{t_1} t_1}{c_v \Big|_0^{t_2} t_2 - c_v \Big|_0^{t_1} t_1} \tag{4-32}$$

也可取初终状态绝热指数 k_1 和 k_2 的算术平均值

$$k_m = \frac{k_1 + k_2}{2} \tag{4-33}$$

若已知 T_1 和 T_2，则这种方法较简单；但许多情况下，T_2 为待求量，则需通过试算法计算，较繁杂。这种方法的计算精度也不高，因此不常用。

（2）利用气体热力性质表计算　可逆绝热过程为定熵过程，故依式(3-39)有

$$s_2 - s_1 = s_{T_2}^0 - s_{T_1}^0 - R \ln \frac{p_2}{p_1} = 0 \tag{4-34}$$

s_T^0 仅是温度的函数，气体热力性质表中列有各温度下的 s_T^0 值。故式(4-34)实际上给出了绝热过程中 T_1、T_2、p_1、p_2 之间的关系，已知其中三个值，即可求出第四个参数值。

同理，也可由式(4-34)应用理想气体状态方程得到 T_1、T_2、v_1、v_2 之间的关系

$$s_{T_2}^0 - s_{T_1}^0 + R \ln \frac{v_2 T_1}{v_1 T_2} = 0 \tag{4-35}$$

对最常用的气体，如空气，还可对式(4-34)进行简化，即

$$\frac{p_2}{p_1} = \exp\left(\frac{s_{T_2}^0 - s_{T_1}^0}{R}\right) = \frac{\exp\left(\dfrac{s_{T_2}^0}{R}\right)}{\exp\left(\dfrac{s_{T_1}^0}{R}\right)}$$

令　　$p_R = \exp\left(\dfrac{s_T^0}{R}\right)$ 称为相对压力，则 p_R 也仅是温度的函数。空气的 p_R 值列于其性质表中，从而

$$\frac{p_2}{p_1} = \frac{p_{R2}}{p_{R1}} \tag{4-36}$$

同理

$$\frac{v_2}{v_1} = \frac{v_{R2}}{v_{R1}} \tag{4-37}$$

式中，$v_R = \dfrac{T}{p_R}$ 也只是温度的单值函数。空气的值 v_R 值列于其性质表中。

4.1.5　多变过程

4.1.5.1　过程方程

上述四种过程是气体的基本热力过程。然而，实际过程中，可能所有的状态参数都在变化，且也不绝热，因此，不能把它简化为某种基本热力过程。为此，提出了一种具有广泛代表性的热力过程，即多变过程，其过程方程为

$$pv^n = \text{const} \tag{4-38a}$$

式中，n 称为多变指数，其值可以是 $-\infty \sim +\infty$ 之间的任何实数。不同的 n 值代表不同的过程，但在同一过程中，n 为定值。对于很复杂的实际过程，可把它分作几段不同多变指数的多变过程来描述，每一段中 n 值保持不变。

当多变指数为某特定的值时，多变过程便表现为上述四种基本热力过程，即

$n = 0$ 时，$p = \text{const}$，为定压过程；

$n = 1$ 时，$pv = \text{const}$，为定温过程；

$n=k$ 时，$pv^k=\text{const}$，为绝热过程；

$n=\pm\infty$ 时，$p^{\frac{1}{n}}v=\text{const}$，$v=\text{const}$，为定容过程。

4.1.5.2 初终状态参数间的关系

由于多变过程方程与绝热过程方程类似，故有

$$p_1 v_1^n = p_2 v_2^n \tag{4-38b}$$

$$T_1 v_1^{n-1} = T_2 v_2^{n-1} \tag{4-39}$$

$$T_1 p_1^{\frac{1-n}{n}} = T_2 p_2^{\frac{1-n}{n}} \tag{4-40}$$

$$h_2 - h_1 = \int_1^2 c_p \,\mathrm{d}T \tag{4-3}$$

$$u_2 - u_1 = \int_1^2 c_v \,\mathrm{d}T \tag{4-4}$$

$$s_2 - s_1 = \int_1^2 \frac{\delta q}{T} \tag{4-41}$$

4.1.5.3 能量转换

功
$$w = \int_1^2 p \,\mathrm{d}v$$

若 $n\neq 0$，则将式(4-38)代入上式积分并利用式(4-39)、式(4-40)和状态方程变换得

$$w = \frac{1}{n-1}(p_1 v_1 - p_2 v_2)$$

$$= \frac{R}{n-1}(T_1 - T_2)$$

$$= \frac{1}{n-1}RT_1\left[1-\left(\frac{p_2}{p_1}\right)^{\frac{n-1}{n}}\right]$$

$$= \frac{1}{n-1}RT_1\left[1-\left(\frac{v_1}{v_2}\right)^{n-1}\right] \tag{4-42}$$

技术功
$$w_t = -\int_1^2 v \,\mathrm{d}p = n\,w \tag{4-43}$$

热量
$$q = \Delta u + w = \int_1^2 c_v \,\mathrm{d}T + \frac{R}{n-1}(T_1 - T_2) \tag{4-44}$$

若取比热容为定值，且 $n\neq 1$，则

$$q = c_v \frac{n-k}{n-1}(T_2 - T_1) \tag{4-45}$$

$$\frac{q}{w} = \frac{k-n}{k-1} \tag{4-46}$$

故
$$n = k - \left(\frac{q}{w}\right)(k-1) \tag{4-47}$$

可见，实际过程中，多变指数 n 与 k 和 q/w 有关。因此，除非实际过程的 q/w 保持恒定，多变指数是变化的。为便于对实际情况进行分析计算，常用一个与实际过程相近似的指数不变的多变过程来代替，该多变指数称为平均多变指数。

（1）等端点多变指数　已知过程线上两端点状态参数 $1(p_1,v_1)$ 和 $2(p_2,v_2)$，则依 $p_1 v_1^n = p_2 v_2^n$ 求得多变指数

$$n = -\frac{\ln(p_2/p_1)}{\ln(v_2/v_1)} \tag{4-48}$$

这种方法主要用于初、终状态参数计算。

（2）等功法多变指数　从过程始点假设一条多变过程线，使之与纵轴（p 轴）所围的面积与实际过程线与 p 轴所围成的面积相等，由此求出的多变指数称为等功法多变指数。这种方法主要用于功量计算。

（3）利用实际过程的 $\lg p$-$\lg v$ 坐标图计算　将实际过程中的多个点画在 $\lg p$-$\lg v$ 图上，然后用一条直线拟合为多变过程线。因 $pv^n = \text{const}$，故

$$\lg p + n\lg v = \text{const}$$

所以 n 就是这条直线的斜率。

（4）利用 p-v 图面积对比计算　实际过程线与 p 轴间围成的面积为技术功 w_t，与 v 轴围成的面积为膨胀功 w，依功量计算有

$$n = \frac{w_t}{w} \tag{4-49}$$

例 4-1　1kg 空气分别经过定温和绝热的可逆过程，从初态 $p_1 = 1\text{MPa}$、$t_1 = 300℃$ 膨胀到终态容积为初态容积的 5 倍。试分别计算两过程中空气的终态参数、功量和热量交换以及内能、焓和熵的变化量。

解　查空气比热容 $c_p = 1.004 \text{ kJ/(kg·K)}$，$c_v = 0.716 \text{ kJ/(kg·K)}$，绝热指数 $k = 1.4$，气体常数 $R = 0.287 \text{ kJ/(kg·K)}$。

选取空气为一封闭系统。

（1）按定温膨胀过程，终态基本状态参数为

$$p_2 = p_1\frac{v_1}{v_2} = 1 \times \frac{1}{5} = 0.2 \text{（MPa）}$$

$$v_1 = \frac{RT_1}{p_1} = \frac{0.287 \times (300+273)}{1000} = 0.164 \text{（m}^3\text{/kg）}$$

$$v_2 = 5v_1 = 5 \times 0.164 = 0.82 \text{（m}^3\text{/kg）}$$

$$T_2 = T_1 = 573\text{K} = 300℃$$

定温过程内能和焓的变化量为零，即 $\Delta u = \Delta h = 0$。

依热力学第一定律可知气体对外做的功等于其吸热量，即

$$q = w = p_1 v_1 \ln\frac{v_2}{v_1} = 1 \times 10^3 \times 0.164\ln 5 = 263.95 \text{（kJ/kg）}$$

熵变　$$\Delta s = \frac{q}{T} = \frac{263.95}{573} = 0.461 \text{[kJ/(kg·K)]}$$

（2）按绝热膨胀过程，终态基本状态参数为

$$p_2 = p_1\left(\frac{v_1}{v_2}\right)^k = 1 \times \left(\frac{1}{5}\right)^{1.4} = 0.105 \text{（MPa）}$$

$$v_1 = 0.164 \text{ kg/m}^3$$

$$v_2 = 0.82 \text{ kg/m}^3$$

$$T_2 = \frac{p_2 v_2}{R} = \frac{0.105 \times 10^3 \times 0.82}{0.287} = 300 \text{（K）}$$

$$q = 0$$

$$w = -\Delta u = -c_v(T_2 - T_1) = 0.716 \times (573 - 300) = 195.5 \text{（kJ/kg）}$$

$$\Delta h = c_p(T_2 - T_1) = 1.004 \times (300 - 573) = -274.1 \ (\text{kJ/kg})$$

$$\Delta s = 0$$

（读者可结合示功图和示热图比较两种情况下的能量交换特点及大小）。

例 4-2 5kg CO_2 气体在多变过程中吸取 1400kJ 的热量，使容积增大至原容积的 10 倍，而压力降低为原来压力的 1/6。求过程中 CO_2 气体的膨胀功、技术功及内能、焓和熵的变化量（按定值比热容计算）。

解

$$q = \frac{1400}{5} = 280 \ (\text{kJ/kg})$$

$$n = -\frac{\ln(p_2/p_1)}{\ln(v_2/v_1)} = -\frac{\ln(1/6)}{\ln 10} = 0.778$$

由气体性质表查得 $c_p = 0.85\text{kJ/(kg} \cdot \text{K)}$，$c_v = 0.661\text{kJ/(kg} \cdot \text{K)}$，$k = 1.285$，$R = 0.1889\text{kJ/(kg} \cdot \text{K)}$。利用理想气体状态方程得

$$\frac{T_2}{T_1} = \frac{p_2 v_2}{p_1 v_1} = \frac{10}{6}$$

$$q = c_v \frac{n-k}{n-1}(T_2 - T_1) = c_v \frac{n-k}{n-1}\left(\frac{10}{6} - 1\right)T_1$$

$$T_1 = \frac{q}{c_v}\frac{n-1}{n-k}\frac{3}{2} = \frac{280}{0.661}\frac{0.778-1}{0.778-1.285}\frac{3}{2} = 278.2 \ (\text{K})$$

$$W = mw = \frac{m}{n-1}RT_1\left[1 - \left(\frac{p_2}{p_1}\right)^{\frac{n-1}{n}}\right]$$

$$= \frac{5}{0.778-1} \times 0.1889 \times 278.2\left[1 - \left(\frac{1}{6}\right)^{\frac{0.778-1}{0.778}}\right]$$

$$= 790 \ (\text{kJ})$$

$$W_t = nW = 0.778 \times 790 = 614.6 \ (\text{kJ})$$

$$\Delta U = Q - W = 1400 - 790 = 610 \ (\text{kJ})$$

$$\Delta H = mc_p(T_2 - T_1)$$

$$= 5 \times 0.85 \times \left(\frac{10}{6} - 1\right) \times 278.2$$

$$= 788.2 \ (\text{kJ})$$

$$\Delta S = m\left(c_p \ln \frac{T_2}{T_1} - R \ln \frac{p_2}{p_1}\right)$$

$$= 5\left[0.85\ln\left(\frac{10}{6}\right) - 0.1889\ln\left(\frac{1}{6}\right)\right]$$

$$= 3.86 \ (\text{kJ/K})$$

4.2 蒸气的热力过程

分析理想气体的热力过程，主要采用公式计算法。而分析蒸气的热力过程时，很难找到适当而简单的状态方程，因而一般不用计算法。蒸气的比热容 c_p、c_v 以及焓 h、内能 u 均不是温度的单值函数，而是压力 p 或比体积 v 和温度 T 的复杂函数，通常从图或表中查出。应该指出，热力学第一定律和第二定律的基本原理和从它们直接推得的一般关系式是普遍适用于任何工质的，因而在此也适用。例如

$$q = \Delta u + w = \Delta h + w_t$$
$$h = u + pv$$

$$\left. \begin{aligned} w &= \int p\,\mathrm{d}v \\[4pt] w_t &= -\int v\,\mathrm{d}p \\[4pt] q &= \int T\,\mathrm{d}s \end{aligned} \right\} \ \text{适用于可逆过程}$$

分析蒸气的热力过程的步骤一般如下。

① 由初态的两个已知的独立参数，如（p,t）、（p,x）、（t,x）等从表或图上查得其他初态参数；

② 由初态、过程特征和终态的一个已知参数确定终态，并利用图或表查出其他参数；

③ 将查得的初、终态参数代入有关公式计算热量、功量等能量交换。

蒸气的热力过程也有定容、定压、定温和绝热四个基本热力过程。

定容过程

$$v = \text{const}$$
$$w = \int p\,\mathrm{d}v = 0$$
$$w_t = -\int v\,\mathrm{d}p = v(p_1 - p_2)$$
$$q = u_2 - u_1 = (h_2 - h_1) + w_t$$

定压过程

$$p = \text{const}$$
$$w = \int p\,\mathrm{d}v = p(v_2 - v_1)$$
$$w_t = -\int v\,\mathrm{d}p = 0$$
$$q = h_2 - h_1$$
$$\Delta u = q - w$$

定温过程

$$T = \text{const}$$
$$q = \int T\,\mathrm{d}s = T(s_2 - s_1)$$
$$\Delta u = \Delta h - \Delta(pv)$$
$$w = q - \Delta u$$
$$w_t = q - \Delta h$$

定熵（绝热可逆）过程

$$s = \text{const}$$
$$q = \int T\,\mathrm{d}s = 0$$
$$w_t = -\Delta h = h_1 - h_2$$
$$w = u_1 - u_2 = (h_1 - h_2) - (p_1 v_1 - p_2 v_2)$$

蒸气的绝热过程不能用 $pv^k = \text{const}$ 来表示，但有时需要绝热指数的数值，也写成 $pv^k = \text{const}$ 的形式。但必须注意，此式中的 k 已不再是比定压热容 c_p 与比定容热容 c_v 的比值，而是根据过程初、终态参数推算出来的，即

$$k = \frac{\ln(p_1/p_2)}{\ln(v_2/v_1)}$$

作为近似估算，对过热水蒸气可取 $k=1.3$；对干饱和水蒸气可取 $k=1.135$；对湿水蒸气可取 $k=1.035+0.1x$。这样的 k 值不能用来计算蒸汽的状态参数。

例 4-3 水蒸气在 1MPa、300℃下定熵膨胀到 0.3MPa，再定容放热至 0.24MPa，然后经冷凝器定压放热至 $x=0.7$。试计算 1kg 水蒸气所完成的功。

解 利用 $h\text{-}s$ 图求解。

整个过程分为定熵过程 1—2、定容过程 2—3 和定压过程 3—4。

(1) 初态参数

在 $h\text{-}s$ 图上找到 $p_1=1$MPa 定压线和 $t=300$℃定温线，两线交点即为初态 1。从而查出

$$h_1 = 3052\text{kJ/kg}$$
$$s_1 = 7.12\text{kJ/(kg} \cdot \text{K)}$$
$$v_1 = 0.26\text{m}^3/\text{kg}$$
$$u_1 = h_1 - p_1v_1 = 3052 - 1 \times 10^3 \times 0.26 = 2792 \text{ (kJ/kg)}$$

(2) 状态 2 的参数

从初态 1 开始，沿 $h\text{-}s$ 图中的定熵线向下与 $p_2=0.3$MPa 的定压线相交，得状态 2，查出

$$h_2 = 2784\text{kJ/kg}$$
$$v_2 = 0.66\text{m}^3/\text{kg}$$
$$t_2 = 160℃$$
$$u_2 = h_2 - p_2v_2 = 2784 - 0.3 \times 10^3 \times 0.66 = 2586 \text{ (kJ/kg)}$$

(3) 状态 3 的参数

从状态 2 开始沿定容线向左下与 $p_3=0.24$MPa 的定压线相交，得状态 3，查出

$$h_3 = 2400\text{kJ/kg}$$
$$t_3 = 128℃$$
$$x = 0.85$$
$$u_3 = h_3 - p_3v_3 = 2400 - 0.24 \times 10^3 \times 0.66 = 2241.6 \text{ (kJ/kg)}$$

(4) 状态 4 的参数

从状态 3 开始沿定压线向左下与 $x=0.7$ 定干度线相交得状态 4，查出

$$h_4 = 2039\text{kJ/kg}$$
$$v_4 = 0.52\text{m}^3/\text{kg}$$
$$t_4 = 128℃$$
$$u_4 = h_4 - p_4v_4 = 2039 - 0.24 \times 10^3 \times 0.52 = 1914.2 \text{ (kJ/kg)}$$

(5) 各段功量计算

1→2 段
$$w_{12} = -\Delta u = u_1 - u_2 = 2792 - 2586 = 206 \text{ (kJ/kg)}$$
$$w_{t12} = h_1 - h_2 = 3052 - 2784 = 268 \text{ (kJ/kg)}$$

2→3 段
$$w_{23} = 0$$
$$w_{t23} = v_2(p_2 - p_3) = 0.66 \times (0.3 - 0.24) \times 10^3 = 39.6 \text{ (kJ/kg)}$$

3→4 段
$$w_{34} = p(v_4 - v_3) = 0.24 \times 10^3(0.52 - 0.66) = -33.6 \text{ (kJ/kg)}$$
$$w_{t34} = 0$$

(6) 总功量计算

整个过程的总功量等于各段功量之和

$$w=w_{12}+w_{23}+w_{34}=206+0-33.6=172.4 \text{（kJ/kg）}$$

$$w_t=w_{t12}+w_{t23}+w_{t34}=268+39.6+0=307.6 \text{（kJ/kg）}$$

本题也可利用水蒸气表计算，但由于列表数据间隔较大，常需要采用内插法进行计算，较繁杂。读者可自行试解，并与图解法的结果相比较。

4.3　湿空气的热力过程

工程中常用的湿空气的热力过程有加热或冷却、绝热加湿、冷却去湿、增压冷凝过程等。在这些过程中，主要研究湿空气焓和含湿量的变化。计算过程主要应用焓-湿图、稳定流动能量方程和质量守恒方程。

4.3.1　加热或冷却过程

当湿空气单纯地被加热或冷却时，其重要特点是其含湿量保持不变，因而也常称为定湿加热或定湿冷却过程。如图 4-5 所示的湿空气加热过程，焓增加，温度升高，压力保持不变。若忽略空气的宏观动能和位能变化，则过程中含有每千克干空气的湿空气吸收的热量为

$$q=h_2-h_1 \text{［kJ/kg}(a)\text{］}$$

式中，h_1 和 h_2 为过程初、终状态下湿空气的焓。在焓-湿图上（图 4-6），$1-2$ 为加热过程，$1-2'$ 为冷却过程。

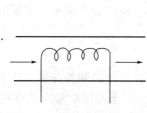

图 4-5　湿空气的加热过程

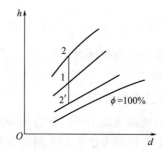

图 4-6　湿空气加热或冷却过程的计算

4.3.2　绝热加湿过程

在绝热条件下，向空气中喷水使空气含湿量增加的过程称为绝热加湿过程。其特点是，过程进行时蒸发水分所需的热量全部来自湿空气本身，因而其温度下降。依稳定流动能量方程，若忽略空气的宏观动能和位能变化，且不做功，则以每千克干空气为基准的湿空气焓变为

$$h_2-h_1=\frac{d_2-d_1}{1000}h_w$$

式中，h_1、h_2 分别为加湿前后含有每千克干空气的湿空气的焓值；d_2-d_1 为对每千克干空气加入的水分量（即含湿量的增量）；h_w 为水的焓值。由于 $h_w \ll h_1$ 或 h_2，故可忽略不计，从而有

$$h_1 \approx h_2$$

即绝热加湿过程可近似视为定焓过程。在焓-湿图中如图 4-7 所示的 $1\rightarrow2$ 过程。

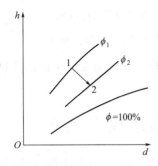

图 4-7 湿空气绝热加湿过程的计算

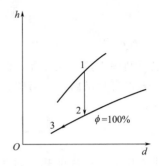

图 4-8 湿空气冷却去湿过程的计算

4.3.3 冷却去湿过程

如果把湿空气冷却到露点（饱和状态），然后继续冷却，则有蒸汽不断凝结析出水，含湿量降低，空气则保持处于饱和状态，如图 4-8 中 1→2→3 过程。若忽略空气的宏观动能和位能变化，过程中又无轴功，则

$$q=(h_3-h_1)-\frac{d_3-d_2}{1000}h_w=-\left[(h_1-h_3)-\frac{d_1-d_3}{1000}h_w\right]$$

4.3.4 增压冷凝过程

在化工生产中，经常要求把空气加压后进行冷却，如空气的压缩过程。若湿空气的初态为 p_1、t_1、φ_1，经压缩后，其压力达到 p_2，温度为 t_2，则水蒸气的分压也将从 $p_{st1}=\varphi_1 p_{s1}$ 增加到 $p_{st2}=\varphi_1 p_{s1}\dfrac{p_2}{p_1}$（按理想气体）。然后在该压力下使湿空气温度冷却到 t'_2，与之对应的水蒸气的饱和蒸汽压为 p'_{s2}。若 $p_{st2}>p'_{s2}$，则冷却过程中必有水蒸气被凝析；反之则不会有凝析。

4.3.5 绝热混合过程

将两股或两股以上不同状态的湿空气在绝热条件下混合，以得到符合要求的湿空气，是空调工程中常用的方法。如果两股分别处于状态 1 和状态 2，干空气质量流量分别为 q_{ma1} 和 q_{ma2} 的湿空气绝热混合，混合后的状态为 3，干空气质量流量为 q_{ma3}。则有质量守恒式

$$q_{ma1}+q_{ma2}=q_{ma3} \tag{4-50}$$
$$q_{ma1}d_1+q_{ma2}d_2=q_{ma3}d_3 \tag{4-51}$$

若忽略混合前后湿空气宏观动能和位能的变化，又无轴功，则稳定流动能量方程为

$$q_{ma1}h_1+q_{ma2}h_2=q_{ma3}h_3 \tag{4-52}$$

依据这三个方程，若已知混合前各股气流的状态和质量流量，即可解出混合后湿空气所处状态。

联立式(4-50)～式(4-52)可得

$$\frac{h_3-h_1}{h_2-h_3}=\frac{d_3-d_1}{d_2-d_3}=\frac{q_{ma2}}{q_{ma1}} \tag{4-53}$$

可见，混合后的状态点 3 将直线 12 分为两段（图 4-9），这两段的长度与参加混合的干空气质量流量成反比。因此，在 h-d 图上很容易找到混合后的状态点 3。

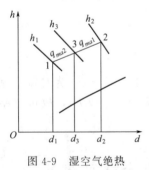

图 4-9 湿空气绝热混合过程的计算

例 4-4 烘干用空气的初态参数是 $t_1=25℃$，$\varphi_1=0.6$，$p_1=0.1MPa$。在加热器内被加热到 $50℃$ 之后再送入烘箱。从烘箱出来

时的温度是 40℃。求：①每蒸发 1kg 水分需供入多少空气；②加热器中应加入多少热量。

解 （1）确定初态参数

应用 h-d 图，$t_1=25℃$ 的定温线与 $\varphi_1=0.6$ 的定相对湿度线的交点即为初态 1，查得

$$d_1=12\text{g/kg}(a) \qquad t_{Dp}=16.8℃$$
$$h_1=55.5\text{kJ/kg}(a) \qquad p_{st}=1.9\text{kPa}$$
$$v_1=0.871\text{m}^3/\text{kg}$$

（2）确定加热器出口参数

空气在加热器内的加热过程为定湿过程，从状态 1 开始向上与 $t_2=50℃$ 的定温线相交，交点即为状态 2，查得

$$h_2=82\text{kJ/kg}(a) \qquad \varphi_2=15\%$$

（3）确定烘箱出口参数

空气在烘箱内进行的是绝热加湿过程，熵值近似不变，$h_3 \approx h_2$。从状态 2 开始沿定熵线向右下方与 $t_3=40℃$ 定温线相交，交点为状态 3，查出

$$d_3=16.3\text{g/kg}(a) \qquad \varphi_3=35\%$$
$$t_{Dp}=21.5℃ \qquad p_{st}=2.4\text{kPa}$$

（4）每千克干空气在加热器内吸收的热量

$$q=h_2-h_1=82-55.5=26.5 \ [\text{kJ/kg}(a)]$$

每千克干空气在烘箱内吸收的水分为

$$\Delta d=d_3-d_1=16.3-12=4.3 \ [\text{g/kg}(a)]$$

（5）蒸发 1kg 水分需要的空气量

$$m_a=\frac{10^3}{\Delta d}=\frac{10^3}{4.3}=232.6 \ [\text{kg}(a)]$$

蒸发 1kg 水分的加热器需提供的热量为

$$Q=m_a q=232.6\times26.5=6163.9 \ (\text{kJ})$$

例 4-5 某压气机吸气（湿空气）压力为 $p_1=0.1\text{MPa}$，温度 25℃，相对湿度 $\varphi=62\%$，若把它压缩至 $p_2=0.4\text{MPa}$，然后冷却为 35℃，问是否会出现凝析？

解 查饱和水蒸气表得 25℃时的饱和蒸汽压力 $p_{s1}=3.166\text{kPa}$，故吸气状态下水蒸气分压为

$$p_{st1}=\varphi p_{s1}=0.62\times3.166=1.963 \ (\text{kPa})$$

增压后水蒸气分压为

$$p_{st2}=p_{st1}\frac{p_2}{p_1}=1.963\times\frac{0.4}{0.1}=7.852 \ (\text{kPa})$$

冷却后，35℃时的饱和蒸汽压（查表）为

$$p_{s2}=5.622\text{kPa}$$

由于 $p_{st2}>p_{s2}$，故冷却时会出现凝析。

4.4　压气机中的热力过程

压气机是生产压缩气体的设备，是通过消耗机械能而使气体压力升高的一种工作机。按工作原理和构造，压气机可分为容积式压气机、速度式压气机和引射式压缩机。容积式压气机直接通过改变气体容积实现压缩过程，其典型代表是往复式（活塞式）压缩机（图 4-10）；速度式压气机是利用高速旋转的叶轮推动气体以很高的速度流动，然后通过扩压管使动能转化为压力能来实现压缩过程，其典型代表是离心式（叶轮式）压缩机（如图 4-11）。本节介绍活塞式

压气机和叶轮式压气机的热力过程分析方法，其他形式压气机热力过程的分析方法与之类似。

图 4-10　W 型活塞式压缩机

图 4-11　离心式压缩机

4.4.1　压气机的理想压气热力过程

压气机的工作过程中有气体的进出，即压气机为开系，对于活塞式压气机，尽管它的工作是周期性的，但由于转速相当高，通常为每分钟几千转以上，仅从进、出口气流来看，亦可视作稳定流动，根据开系能量方程

$$Q = \Delta H + W_t \tag{4-54}$$

一般情况下，进、出口气体的流速和高度的差别不大，动能差和重力位能差可忽略，由技术功 $W_t = \dfrac{1}{2} q_m \Delta c^2 + q_m g \Delta z + W_s$，有 $W_s \approx W_t$。故压气机消耗的功量可认为等于技术功。

根据不同的工作条件，压缩过程可能出现三种情况。

① 过程进行得很快，压缩机中的气体与外界来不及交换热量，可视为绝热过程（图 4-12 中的过程 1—2′）；

② 过程进行得很慢，气体及时向外散热，使气体的温度始终保持与初态温度相等，可视为定温度压缩过程（图 4-12 中的过程 1—2″）；

③ 一般的压缩过程，气体既向外散热，温度又有所升高，介于前面两者之间，为多变指数介于 1 和绝热指数 k 之间的多变压缩过程（图 4-12 中的过程 1—2）。

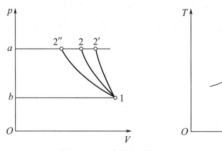
图 4-12　三种压缩过程 $p\text{-}V$ 和 $T\text{-}S$ 图

4.4.1.1　绝热压缩过程

压缩终了时气体温度升高

$$T_2' = T_1 \left(\frac{p_2}{p_1} \right)^{\frac{k-1}{k}} \tag{4-55}$$

绝热过程 $Q=0$，气体压缩耗功为

$$W_t' = \frac{k}{k-1} p_1 V_1 \left[1 - \left(\frac{p_2}{p_1} \right)^{\frac{k-1}{k}} \right] \tag{4-56}$$

4.4.1.2　定温压缩过程

压缩过程气体温度不变，即 $T_2 = T_1$，气体压缩耗功

$$W_t'' = q_m RT \ln \frac{p_1}{p_2} \tag{4-57}$$

压缩过程与外界交换热量为

$$Q'' = mRT \ln \frac{p_1}{p_2} \tag{4-58}$$

4.4.1.3　多变压缩

压缩终了时气体温度升高

$$T_2 = T_1 \left(\frac{p_2}{p_1} \right)^{\frac{n-1}{n}} \tag{4-59}$$

气体压缩耗功

$$W_t = \frac{n}{n-1} p_1 V_1 \left[1 - \left(\frac{p_2}{p_1} \right)^{\frac{n-1}{n}} \right] \tag{4-60}$$

压缩过程与外界交换热量为

$$Q = q_m \frac{n-k}{n-1} c_v (T_2 - T_1) \tag{4-61}$$

显然，定温压缩时，压气机的耗功量最少，压缩终了的气体温度最低；绝热压缩时，压气机的耗功量最大，压缩终了的气体温度最高；多变压缩介于两者之间，并随多变指数 n 的减小而减少。另外，压缩终了气体温度过高也会使润滑油过热变质，损坏压缩机，严重时还会引起爆炸。因此，在压缩过程中，应力求工质得到充分冷却，使之趋于定温压缩。所以工程上常采用对气缸进行冷却，如水夹套冷却、气缸周围加散热片等，起到一定的作用。但是，由于气缸散热面积有限，一次压缩的时间又很短，散热量是有限的，压缩过程的多变指数 n 更接近 k 而远离1。此外，对叶轮式压缩机，气缸冷却无法实现。为解决上述问题，工程上常采用多级压缩和级间冷却的方法。

4.4.2　活塞式压缩机

4.4.2.1　活塞式压缩机的工作原理

往复活塞式压缩机主要由汽缸、活塞、曲轴和连杆机构组成，曲轴由电动机带动旋转，并通过连杆使活塞在汽缸中作上下往复运动，压缩机每完成一次循环，曲轴旋转一周，依次进行一次吸气、压缩、排气和膨胀过程。图4-13为活塞式压缩机的结构图。

图 4-14 是单级活塞式压气机工作原理的示意图。曲柄连杆机构带动活塞在气缸中作往复运动。活塞左右两极限位置称为死点。两死点之间的距离 L 称为行程（或冲程）。一次行程活塞所扫过的体积 V_h 称为行程容积。活塞右行时，压力为 p_1 的低压气体通过单向吸气

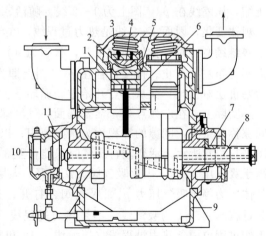

图 4-13　活塞式压缩机结构
1—活塞；2—排气阀；3—排气弹簧；4—阀座；
5—吸气阀；6—汽缸套；7—轴封；8—曲轴；
9—曲轴箱；10—油过滤器；11—齿轮

阀被吸入气缸中，活塞行至右死点时，吸气过程结束。活塞左行时，吸气阀关闭，气体因所占容积缩小而压力升高。当气缸内气体压力达到排气压力 p_2 时，排气阀被顶开，开始排气过程，直至活塞运行至左死点为止。

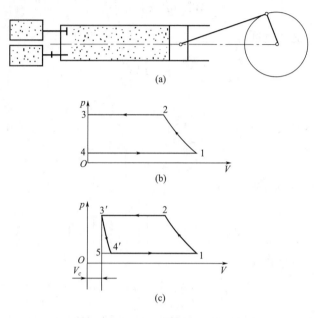

图 4-14　压气机工作原理的示意图

最理想的情况是在左死点处，活塞端面与气缸端面贴合而无间隙，工作过程的 p-V 图如图 4-14(b) 所示。活塞右行时，吸入（p_1，V_1，T_1）状态下的气体，吸入气量为 $V_e = V_1 = V_h$ 称为吸入状态体积。在 p-V 图上即为 $4-1$ 线，称为吸气线。应该指出，吸气线 $4-1$ 不是热力过程线，其体积增加是由于随活塞右行使进入气缸内气体质量不断增加的缘故。在整个 $4-1$ 线上，气体状态未发生变化，均为（p_1，V_1，T_1）。吸气过程结束后，活塞开始从右死点左行，吸气阀关闭。但气缸内压力小于排气压力 p_2，无法顶开排气阀，气缸内气体受到压缩，压缩线在 p-V 图上为 $1-2$ 线。随活塞的左行，气体容积减小，气体状态参数也按某一规律变化，因而 $1-2$ 线是热力过程线。在状态 2，缸内气体压力与排气压力 p_2 相等。当活塞继续右行时，排气阀被顶开，状态为（p_2，V_2，T_2）的气体就不断地被排出气缸，直至活塞行至左死点止。排气过程在 p-V 图上即为 $2-3$ 线。显然排气线也不是热力过程线。当活塞再次右行时，又从 4 点开始重新循环下去。

实际上，在左死点处，活塞端面与气缸端面之间留有适当的间隙，以防止两者相撞。该间隙称为余隙，间隙的容积称为余隙容积，以 V_c 表示。此时，压缩机工作过程的 p-V 图如图 4-14(c) 所示。活塞左行排气时只能行至 $3'$ 点。当活塞再次右行时，由于余隙内气体压力高于吸气压力 p_1，因此吸气阀无法打开。余隙内气体必须首先膨胀降压至 $4'$ 点，即余隙内气体压力等于吸气压力 p_1，吸气阀才打开，开始吸气。可见，$3'-4'$ 线是热力过程线（膨胀过程），$4'-1$ 为吸气线，不是热力过程线。吸入气量 $V_e = V_1 - V_{4'} < V_h$。实际压缩机的工作过程由两条热力过程线（压缩线 $1-2$ 和膨胀线 $3'-4'$）和两条非热力过程线（吸气线 $4'-1$ 和排气线 $2-3'$）组成。

多级压气机的工作过程由多个单级工作过程组成，只是每级的吸排气压力、温度不同而已。

4.4.2.2 压气功的计算

往复式压气机属连续工作的周期性动作的热力设备，可视为稳流过程。若忽略进出口的动能差和位能差，则其轴功即为技术功。气体的压缩及膨胀过程一般可视为多变过程。

压缩机在理想工作过程中，压缩气体所消耗的功为图 4-14（b）中 $1-2-3-4-1$ 所包围的面积，即多变过程 $1-2$ 的技术功，可按式（4-60）计算。

有余隙容积时，压缩气体所消耗的功为图 4-14（c）中 $1-2-3'-4'-1$ 所包围的面积，即压缩过程技术功与膨胀过程技术功之差，若压缩过程和膨胀过程的多变指数相同，则

$$W_t = \frac{n}{n-1} p_1 (V_1 - V_{4'}) \left[1 - \left(\frac{p_2}{p_1} \right)^{\frac{n-1}{n}} \right]$$

$$= \frac{n}{n-1} p_1 V_e \left[1 - \left(\frac{p_2}{p_1} \right)^{\frac{n-1}{n}} \right] \tag{4-62}$$

式中，$V_e = V_1 - V_{4'}$ 为压气机的有效吸气容积。

若吸入状态下的体积流量为 q_{V_e} m^3/s，则压缩机的功率为

$$N_t = \frac{n}{n-1} p_1 q_{V_e} \left[1 - \left(\frac{p_2}{p_1} \right)^{\frac{n-1}{n}} \right] \tag{4-63}$$

工程中为使运行安全可靠，常以 $n=k$ 来计算压气机的功率。当然，在选配电机时还要考虑摩擦、扰动等不可逆因素造成的功损失，通常以绝热效率和机械效率来表示。

4.4.2.3 容积效率

如图 4-14 所示，由于余隙的存在，不仅它本身起不到压气作用，而且使另一部分气缸容积（$V_{4'} - V_5$）也不起压气作用。因此，有效吸气容积 V_e 小于气缸的行程容积 V_h，两者之比称为容积效率，以 η_v 表示

$$\eta_v = \frac{V_e}{V_h} = \frac{V_h + V_c - V_{4'}}{V_h} = 1 - \frac{V_c}{V_h} \left[\left(\frac{p_2}{p_1} \right)^{\frac{1}{n}} - 1 \right] = 1 - \alpha \left[\left(\frac{p_2}{p_1} \right)^{\frac{1}{n}} - 1 \right] \tag{4-64}$$

式中，$\alpha = \frac{V_c}{V_h}$ 称为相对余隙容积。α 越大，η_v 越小。当 p_2/p_1 提高到某一值时，容积效率可为零。这意味着压缩过程的有效吸气容积为零，即 $4'$ 点与 1 点重合。可见，对相对余隙容积一定的压缩机来说，单级压缩的最大升压比为

$$\left(\frac{p_2}{p_1} \right)_{\max} = \left(1 + \frac{1}{\alpha} \right)^n \tag{4-65}$$

因此，依靠单级压缩往往难以达到工程实际中所要求的高压。

4.4.3 叶轮式压气机

4.4.3.1 叶轮式压气机工作原理

叶轮式压缩机有许多种，主要分为离心式和轴流式两类。它们的共同特点是气体连续不断地进入压缩机，在其中受到压缩，压力升高后不断流出压缩机，也就是说，气体的压缩是在连续流动的状况下进行的。现以离心式压气机为例，说明其工作原理。

离心压缩机主要可分为转子和定子两大部分，如图 4-15 所示。转子由主轴、叶轮、平衡盘、推力盘、联轴器等主要部件组成；定子由机壳、扩压器、弯道、回流器、轴承和蜗壳等组成。

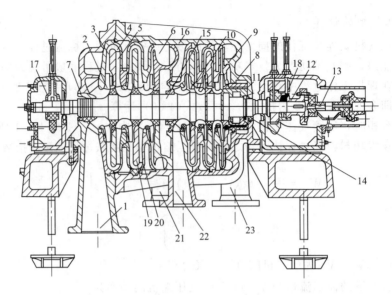

图 4-15　离心式压缩机

1—吸气室；2—叶轮；3—扩压器；4—弯道；5—回流器；6—涡室；7，8—前、后轴密封；9—隔板密封；
10—轮盖密封；11—平衡盘；12—推力盘；13—联轴节；14—卡环；15—主轴；16—机壳；17—轴承；
18—推力轴承；19—隔板；20—导流叶片；21——段排气管；22—二段排气管；23—二段吸气管

图 4-16 为单级离心式压缩机示意图，离心式压缩机是依靠动能的变化来提高气体的压力。气体由吸气口沿轴向进入吸气室，并在吸气室的导流作用引导下均匀地进入叶轮，高速旋转的叶轮使气体受离心力的作用加速，由叶轮出来的气体再进入截面积逐渐扩大的扩压器，将具有较高的流速气体的动能部分地转化为压力能，提高气体的压力。气流还可以引入下一级继续压缩。

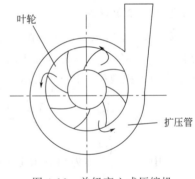

图 4-16　单级离心式压缩机

4.4.3.2　叶轮式压气机的热力过程

因大量的气体以极高的速度流经压气机，平均每千克气体在短暂的压缩过程中散发的热量是很少的，所以，一般把叶轮式压气机中的压缩过程视为绝热压缩。各种叶轮式压缩机热力过程分析基本相同，可按绝热压缩过程计算。在叶轮式压气机的实际工作过程中，由于气流以极高的速度流经各级工作叶片及导向叶片，因而不可避免地存在摩擦，这就导致机械能的损耗，所以，实际压缩过程还要考虑摩擦的影响。实际压缩过程为不可逆绝热过程，在图 4-17 所示的 p-V 和 p-S 图上，在相同的压缩比下，可逆过程与不可逆过程压缩终点分别为状态点 2 和 $2'$。

不可逆绝热压缩时，压气机耗功量仍可按式（4-54）计算，即

$$W'_t = -\Delta H = H_1 - H_{2'} \tag{4-66}$$

对理想气体而言，比热容为定值时，有

$$W'_t = q_m c_p (T_1 - T_{2'}) = m c_p T_1 \left(1 - \frac{T_{2'}}{T_1}\right) \tag{4-67a}$$

可逆绝热压缩时压气机耗功量为

$$W_t = -\Delta H = H_1 - H_2 = q_m c_p (T_1 - T_2) = q_m c_p T_1 \left(1 - \frac{T_2}{T_1}\right) \tag{4-67b}$$

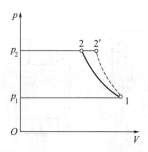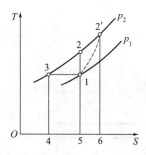

图 4-17　有摩擦的压缩过程

压气机中，把压缩前气体的状态相同、压缩后气体的压力也相同的情况中，气体进行可逆绝热压缩时的耗功量 W_t 与实际不可逆绝热压缩时耗功量 W_t' 的比值，称为压气机的绝热效率 η_t，即

$$\eta_t = \frac{W_t}{W_t'} = \frac{H_1 - H_2}{H_1 - H_{2'}} \tag{4-68a}$$

对于理想气体，比热容为定值时，可写作

$$\eta_{C,s} = \frac{H_2 - H_1}{H_{2'} - H_1} = \frac{q_m c_p (T_2 - T_1)}{q_m c_p (T_{2'} - T_1)} = \frac{T_2 - T_1}{T_{2'} - T_1} \tag{4-68b}$$

压气机的绝热效率是反映叶轮式压气机实际工作过程完善程度的指标，在现有的叶轮式压气机中，$\eta_t = 0.80 \sim 0.90$。实际压缩多耗的功为

$$W_t' - W_t = H_{2'} - H_2 \tag{4-69}$$

工程上作分析时，往往先给出压气机的增压比 ε 及绝热效率 η_t，从而可得到实际压缩过程的初态与终态参数之间的关系。

$$T_2 = T_1 \varepsilon^{\frac{k-1}{k}} \tag{4-70}$$

$$T_{2'} = \frac{T_2 - T_1(1 - \eta_t)}{\eta_t} \tag{4-71}$$

$$V_{2'} = \frac{T_{2'}}{T_2} V_2 = \frac{T_{2'}}{T_2} \left(\frac{p_1}{p_2}\right)^{\frac{1}{k}} V_1 \tag{4-72}$$

有了以上关系，分析压气机过程就非常方便了。

4.4.4　多级压缩和级间冷却

多级压缩、级间冷却是指气体逐级在不同气缸中被压缩，每经过一次压缩后，就在级间冷却器中被定压冷却至低温，然后进入下一级气缸继续压缩。由于被压缩气体中或多或少地带有一些水蒸气或油气，在高压下冷却都会析出水滴或油滴。因此，在级间冷却器后常设置油水分离器以防液滴被吸入下一级气缸造成冲击现象。图 4-18 是两级压缩、中间冷却的设备流程图，图 4-19 为其 $p\text{-}v$ 图和 $T\text{-}s$ 图。压力为 p_1、温度为 T_1 的气体在第一级气缸中增压至 p_a，温度升至 T_a；经级间冷却器定压冷却至 T_b 后进入第二级气缸。经第二级压缩后，压力升至 p_2，温度升至 T_2，然后排出机外。较理想的情况是使 $T_b = T_1$。

在 p_1 和 p_2 之间的压缩级数越多，压缩过程就越接近定温压缩。但级数越多，结构越复杂，且机械摩擦损失越多。从经济上讲，往往得不偿失。实际中，根据增压比 p_2/p_1 的大小，分成不同的级数，常用 2～4 级。

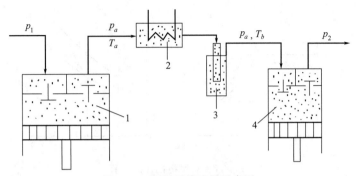

图 4-18 两级压缩流程示意图

1——级压缩；2—级间冷却器；3—油水分离器；4—二级压缩

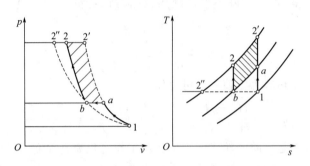

图 4-19 两级压缩过程的 p-v 图和 T-s 图

与单级压缩相比多级压缩有下列优点：①排气温度低，由于每一级的压力比较小，又有级间冷却器，因而每一级的排气温度都不会太高，这对于保证压缩机安全工作很有必要；②多级压缩较单级压缩省功，这可由图 4-12 看出；③多级压缩由于每一级压力比小，因而每一级的容积效率比单级压缩为高，气缸行程容积的有效利用率高；④多级压缩活塞上所受的最大气体力较小，这是由于高压级的气缸直径可以做得较小的缘故。

多级压缩的中间压力有其最佳值。在此最佳值下，各级压缩的总功耗为最小。现以完全回冷的两级压缩活塞式压缩机为例来分析。两级压缩的总技术功为两级技术功之和。设两级等功法多变指数相同，则

$$W_t = \frac{n}{n-1}mRT_1\left[1-\left(\frac{p_a}{p_1}\right)^{\frac{n-1}{n}}\right] + \frac{n}{n-1}mRT_b\left[1-\left(\frac{p_2}{p_a}\right)^{\frac{n-1}{n}}\right]$$

因为

$$T_1 = T_b, \qquad mRT_1 = mRT_b = p_1V_e$$

所以

$$W_t = \frac{n}{n-1}p_1V_e\left[2-\left(\frac{p_a}{p_1}\right)^{\frac{n-1}{n}}-\left(\frac{p_2}{p_a}\right)^{\frac{n-1}{n}}\right]$$

令 $\dfrac{\mathrm{d}W_t}{\mathrm{d}p_a}=0$，得每级的最佳压力比

$$\varepsilon = \frac{p_a}{p_1} = \frac{p_2}{p_a} = \sqrt{\frac{p_2}{p_1}}$$

同理，对 z 级压缩有

$$\varepsilon = \left(\frac{p_2}{p_1}\right)^{\frac{1}{z}} \tag{4-73}$$

每一级耗功为

$$W_i = \frac{n}{n-1} p_1 V_e \left[1 - \varepsilon^{\frac{n-1}{n}}\right] \tag{4-74}$$

z 级压缩消耗的总功为

$$W = zW_i = \frac{zn}{n-1} p_1 V_e \left(1 - \varepsilon^{\frac{n-1}{n}}\right) \tag{4-75}$$

例 4-6 一台三级压缩、中间冷却的活塞式压气机装置，其低压气缸直径 $D = 450\text{mm}$，活塞行程 $L = 300\text{mm}$，相对余隙容积 $\alpha = 0.05$。空气初态为 $p_1 = 0.1\text{MPa}$、$t_1 = 18℃$，经可逆多变压缩到 $p_4 = 1.5\text{MPa}$。各级多变指数 $n = 1.3$。试按最佳工作条件计算：①各中间压力；②低压气缸的有效进气容积；③压气机的排气温度和排气容积；④压气机所需的比功量；⑤初态相同的条件下，采用单级压气机一次压缩到 $p_4 = 1.5\text{MPa}$（$n = 1.3$ 时），所需的比功量和排气温度。

解 该压缩机工作的 p-v 图如图 4-20 所示。

① 按压气机耗功量最小的原理，其各级的增压比为

$$\varepsilon_1 = \varepsilon_2 = \varepsilon_3 = \sqrt[3]{\frac{p_4}{p_1}} = \sqrt[3]{\frac{1.5}{0.1}} = 2.466$$

即

$$\frac{p_2}{p_1} = \frac{p_3}{p_2} = \frac{p_4}{p_3} = 2.466$$

$$p_2 = 2.466 p_1 = 2.466 \times 0.1 = 0.2466 \text{（MPa）}$$

$$p_3 = 2.466 p_2 = 2.466 \times 0.2466 = 0.6081 \text{（MPa）}$$

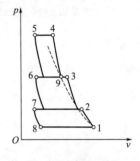

图 4-20 例 4-6 图

② 低压缸的有效进气容积 $V_e = V_1 - V_8$

低压缸的行程容积为

$$V_{h1} = V_1 - V_7 = \frac{\pi D^2}{4} L = \frac{\pi \times 0.45^2}{4} \times 0.3 = 0.0477 \text{（m}^3\text{）}$$

低压缸相对余隙容积

$$\alpha = \frac{V_7}{V_{h1}} = 0.05$$

$$V_7 = 0.05 V_{h1} = 0.05 \times 0.0477 = 0.00239 \text{（m}^3\text{）}$$

$$V_1 = V_{h1} + V_7 = 0.0477 + 0.00239 = 0.04909 \text{（m}^3\text{）}$$

按可逆多变膨胀过程 7→8 参数间关系，得

$$V_8 = V_7 \left(\frac{p_7}{p_8}\right)^{\frac{1}{n}} = 0.00239 \times \left(\frac{0.2466}{0.1}\right)^{\frac{1}{1.3}} = 0.00478 \text{（m}^3\text{）}$$

$$V_e = V_1 - V_8 = 0.04909 - 0.00478 = 0.04431 \text{（m}^3\text{）}$$

③ 按可逆多变压缩过程 9→4 参数间关系得压气机排气温度为

$$T_4 = T_9 \left(\frac{p_4}{p_9}\right)^{\frac{n-1}{n}}$$

在最佳工作条件下，$T_9 = T_1 = 291\text{K}$，又 $p_9 = p_3$，所以

$$T_4 = 291(2.466)^{\frac{1.3-1}{1.3}} = 358.5 \text{（K）}$$

$$t_4 = 85.5℃$$

按进、排气状态方程得

$$\frac{p_1(V_1 - V_8)}{T_1} = p_4\left(\frac{V_4 - V_5}{T_4}\right)$$

故排气容积为

$$V_d = V_4 - V_5 = \frac{p_1 T_4}{p_4 T_1}(V_1 - V_8) = \frac{0.1 \times 358.5}{1.5 \times 291} \times 0.004431$$

$$= 0.003639 \ (\text{m}^3)$$

④ 压气机所需的比功量

$$w_t = \frac{3n}{n-1}RT_1\left[1 - \left(\frac{p_2}{p_1}\right)^{\frac{n-1}{n}}\right]$$

$$= \frac{3 \times 1.3}{1.3 - 1} \times 0.287 \times 291\left[1 - (2.466)^{\frac{1.3-1}{1.3}}\right]$$

$$= -251.4 \ (\text{kJ/kg})$$

⑤ 单级可逆多变压缩时所需的比功量及排气温度

$$w'_t = \frac{n}{n-1}RT_1\left[1 - \left(\frac{p_4}{p_1}\right)^{\frac{n-1}{n}}\right]$$

$$= \frac{1.3}{1.3 - 1} \times 0.287 \times 291\left[1 - \left(\frac{1.5}{0.1}\right)^{\frac{1.3-1}{1.3}}\right]$$

$$= -314.2 \ (\text{kJ/kg})$$

$$T'_4 = T_1\left(\frac{p_4}{p_1}\right)^{\frac{n-1}{n}} = 291 \times \left(\frac{1.5}{0.1}\right)^{\frac{1.3-1}{1.3}} = 543.6 \ (\text{K})$$

$$t'_4 = 270.6\text{℃}$$

计算结果表明，单级压气机不仅比多级压气机耗功多，而且排气温度也高得多。

4.5 往复式膨胀机中的热力过程

4.5.1 工作过程分析

在制冷过程中，常要求使气体的温度大幅度地降低。膨胀机就是使气体在其内做功膨胀而使气体温度降低的机器。膨胀机还能回收部分压缩机压缩气体时所消耗的部分能量。

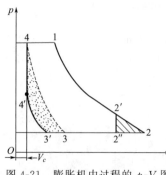

图 4-21 膨胀机中过程的 $p\text{-}V$ 图

往复式膨胀机的工作原理与往复式压缩机基本相同，只是作用相反。往复式膨胀机用配气机构控制高、低压气体进、出气缸。完全膨胀、完全压缩的理论示功图为图 4-21 中的 1—2—3—4—1。它与往复式压缩机的理论示功图形状基本相同，只是循环方向相反。但实际中膨胀机的膨胀比（进、出口压力之比）较大，要实现完全膨胀，则气缸尺寸过大。为减小膨胀机尺寸，常采用不完全膨胀。此外，为使一次循环能回收较多的功，压缩过程也采用不完全压缩。不完全膨胀、压缩的示功图为图 4-21 中的 1—2′—2″—3′—4′—4—1。在压缩终点 4′处，配气机构使气缸与高压管道连通，高压气体迅速充入余隙容积 V_c 中，压力由 p_4 迅速升至 $p_4 = p_1$，$4'-4$ 为定容无功吸气线。活塞右行时，压力为 p_1 的气体定压下充入气缸。在点 1 处，配气机构关闭，缸内气体推动活塞作功。$1-2'$ 为膨胀降温、降压过程。在 $2'$ 点，配气机构使气缸与低压管道连通，缸内气体压力由 $p_{2'}$ 迅速降为 $p_{2''} = p_2$。$2'-2''$ 是定容无功排气线。活塞左行时将低温低压气体排出气缸。在 $3'$ 点，配气机构关闭。活塞继续左行使气体进行不完全压缩至 $4'$ 点。以后又重复循环下去。可见，$4'-4-1$ 为吸气线，$2'-2''-3'$ 为排气线，$1-2'$ 为膨胀热力过程线，$3'-4'$ 为压缩热力过程线。

例 4-7 压力为 $p_1 = 2.0\text{MPa}$，温度为 $T_1 = 240\ \text{K}$ 的空气在往复式膨胀机中膨胀至 $p_{2'} = 0.15\text{MPa}$；排气压力 $p_{2''} = 0.1\text{MPa}$；压缩终压 $p_{4'} = 1.0\text{MPa}$；行程容积 $V_h = 0.02\text{m}^3$；相对余隙容积 $\alpha = 5\%$；各热力过程的多变指数 $n = 1.35$。试求比功及每循环的功，并与完全膨胀时对比。

解

$$T_{2'} = T_1 \left(\frac{p_{2'}}{p_1}\right)^{\frac{n-1}{n}} = 240 \times \left(\frac{0.15}{2.0}\right)^{\frac{1.35-1}{1.35}} = 122.6\ \text{(K)}$$

$$V_4 = V_c = \alpha V_h = 0.05 \times 0.02 = 0.001\ \text{(m}^3)$$

$$V_{2'} = V_c + V_h = 0.02 + 0.001 = 0.021\ \text{(m}^3)$$

$$V_1 = V_{2'} \left(\frac{p_{2'}}{p_1}\right)^{\frac{1}{n}} = 0.021 \times \left(\frac{0.15}{2.0}\right)^{\frac{1}{1.35}} = 0.00308\ \text{(m}^3)$$

等压充气体积为

$$V_p = V_1 - V_4 = 0.00308 - 0.001 = 0.00208\ \text{(m}^3)$$

等压充气的质量为

$$m_p = \frac{p_1 V_p}{R T_1} = \frac{2000 \times 0.00208}{0.287 \times 240} = 0.0604\ \text{(kg)}$$

$$V_{3'} = V_{4'} \left(\frac{p_{4'}}{p_{3'}}\right)^{\frac{1}{n}} = 0.001 \times \left(\frac{1.0}{0.1}\right)^{\frac{1}{1.35}} = 0.0055\ \text{(m}^3)$$

假设无功膨胀过程 $2' \rightarrow 2''$ 中气体温度不变，即 $T_{3'} = T_{2''} = T_{2'}$，则

$$T_{4'} = T_{3'} \left(\frac{p_{4'}}{p_{3'}}\right)^{\frac{n-1}{n}} = 122.6 \times \left(\frac{1.0}{0.1}\right)^{\frac{1.35-1}{1.35}} = 222.7\ \text{(K)}$$

等容积充气质量为

$$m_v = V_c \left(\frac{p_1}{R T_1} - \frac{p_{4'}}{R T_{4'}}\right) = 0.001 \times \left(\frac{2000}{0.287 \times 240} - \frac{1000}{0.287 \times 222.7}\right)$$
$$= 0.0134\ \text{(kg)}$$

完全膨胀时的体积为

$$V_2 = V_1 \left(\frac{p_1}{p_2}\right)^{\frac{1}{n}} = 0.00308 \times \left(\frac{2.0}{0.1}\right)^{\frac{1}{1.35}} = 0.0283\ \text{(m}^3)$$

比不完全膨胀的行程容积大

$$\Delta V_h = 0.0283 - 0.021 = 0.0073\ \text{(m}^3)$$

完全膨胀及完全压缩时，每次循环的功为

$$W_t' = \frac{n}{n-1} p_1 V_1 \left[1 - \left(\frac{p_2}{p_1}\right)^{\frac{n-1}{n}}\right] - \frac{n}{n-1} p_4 V_4 \left[1 - \left(\frac{p_3}{p_4}\right)^{\frac{n-1}{n}}\right]$$

$$= \frac{n}{n-1} p_1 (V_1 - V_c) \left[1 - \left(\frac{p_2}{p_1} \right)^{\frac{n-1}{n}} \right]$$

$$= \frac{1.35}{1.35-1} \times 2000 \times (0.00308 - 0.001) \times \left[1 - \left(\frac{0.1}{2.0} \right)^{\frac{1.35-1}{1.35}} \right]$$

$$= 8.666 \text{ (kJ)}$$

单位质量功
$$w_t' = \frac{8.666}{0.0604} = 143.5 \text{ (kJ/kg)}$$

不完全膨胀及压缩时每次循环的功为

$$W_t = \frac{n}{n-1} p_1 V_1 \left[1 - \left(\frac{p_{2'}}{p_1} \right)^{\frac{n-1}{n}} \right] + V_{2'}(p_{2'} - p_{2''}) - \frac{n}{n-1} p_{4'} V_{4'} \left[1 - \left(\frac{p_{3'}}{p_4} \right)^{\frac{n-1}{n}} \right] - V_4(p_4 - p_{4'})$$

$$= \frac{1.35}{1.35-1} \times 2000 \times 0.00308 \times \left[1 - \left(\frac{0.15}{2.0} \right)^{\frac{1.35-1}{1.35}} \right] + 0.021 \times (150 - 100)$$

$$- \frac{1.35}{1.35-1} \times 1000 \times 0.001 \times \left[1 - \left(\frac{0.1}{1.0} \right)^{\frac{1.35-1}{1.35}} \right] - 0.001 \times (2000 - 1000)$$

$$= 9.94 \text{ (kJ)}$$

不完全膨胀及不完全压缩时的单位质量功为

$$w_t = \frac{W_t}{m_p + m_v} = \frac{8.98}{0.0604 + 0.0134} = 121.7 (\text{kJ/kg}) < w_t'$$

可见，对每一个循环来说，不完全膨胀和不完全压缩比完全膨胀和完全压缩做功多；而对单位质量气体来说，不完全膨胀和不完全压缩比完全膨胀和完全压缩做功少。这是因为不完全压缩过程比完全压缩过程多进 m_v 的气体。所以，从热能利用的角度来说，不完全膨胀和不完全压缩均是功损失过程。

4.5.2　定熵膨胀与节流膨胀的关系

气体对外做功的绝热膨胀，一般都是通过膨胀机来实现的。如果气体做定熵膨胀时，压力的微小变化所引起的温度变化称之为微分定熵效应，用符号 μ_s 表示，即

$$\mu_s = \left(\frac{\partial T}{\partial p} \right)_s \tag{4-76}$$

应用热力学微分关系

$$dh = c_p \, dT + \left[v - T \left(\frac{\partial v}{\partial T} \right)_p \right] dp$$

代入热力学第一定律

$$\delta q = dh - v \, dp$$

有
$$\delta q = c_p \, dT - T \left(\frac{\partial v}{\partial T} \right)_p dp$$

再代入熵的定义式得

$$ds = \frac{\delta q}{T} = \frac{c_p \, dT}{T} - \left(\frac{\partial v}{\partial T} \right)_p dp \tag{4-77}$$

对于定熵膨胀过程，$ds = 0$，对上式进行变换得

$$\mu_s = \left(\frac{\partial T}{\partial p} \right)_s = \frac{1}{c_p} T \left(\frac{\partial v}{\partial T} \right)_p \tag{4-78}$$

关于节流部分内容见 5.5 节绝热节流。

因为 $c_p > 0$，$T > 0$，$\left(\dfrac{\partial v}{\partial T}\right)_p > 0$，所以 μ_s 必为正值，表明气体的定熵膨胀过程总是使温度降低，即产生冷效应。

依式(4-78)可得

$$\mu_s - \mu_J = \frac{v}{c_p}$$

$$\mu_s = \mu_J + \frac{v}{c_p} \tag{4-79}$$

所以
$$\mathrm{d}T_s = \mu_s \mathrm{d}p = \mu_J \mathrm{d}p + \frac{v}{c_p}\mathrm{d}p = \mathrm{d}T_J + \frac{v}{c_p}\mathrm{d}p \tag{4-80}$$

从式(4-79)及式(4-80)不难看出，微分定熵效应系数 μ_s 总是大于微分节流效应系数 μ_J，若初始状态和膨胀压力范围相同，定熵膨胀比节流膨胀的温降要大得多。

定熵膨胀的积分温度效应为

$$
\begin{aligned}
\Delta T_s &= \int_{T_1}^{T_2} \mathrm{d}T_s = \int_{p_1}^{p_2} \mu_J \,\mathrm{d}p + \int_{p_1}^{p_2} \frac{v}{c_p}\mathrm{d}p \\
&= \Delta T_J - \frac{w_t}{c_p} \\
&= \Delta T_J + \frac{(\Delta h)_s}{c_p} \tag{4-81}
\end{aligned}
$$

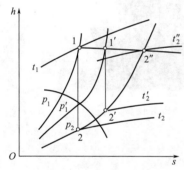

图 4-22 定熵过程与节流过程比较

对于有相变的情况也可得到类似的结论。如图 4-22 所示，若水蒸气从初态 1 定熵膨胀到 p_2，其温度为 t_2；若从状态 1 节流膨胀到 p_2，其温度为 t_2''；若从状态 1 节流膨胀到 p_1'，再定熵膨胀到 p_2，其温度为 t_2'。显然

$$t_1 - t_2 > t_1 - t_2' > t_1 - t_2''$$
$$h_1 - h_2 > h_1 - h_2' > h_1 - h_2'' = 0$$

即定熵膨胀做功最多，温降最大，而纯节流过程不做技术功，温降也最小。

由于节流过程是不可逆绝热过程，故气体熵一定增加，其做功能力也下降，因此节流在工程中常用来调节发动机功率。节流设备简单，故在小型制冷工程中也可利用节流实现降温，如冰箱中的毛细管即起节流作用。用于测量气体或流体流量的孔板流量计也是根据节流原理制作的。

应当指出，气体在膨胀机中的绝热膨胀过程并非可逆，所以实际的温降 ΔT 比定熵膨胀的温降 ΔT_s 要小，一般是介于节流膨胀温降 ΔT_J 与定熵膨胀的温降 ΔT_s 之间，即

$$\Delta T_s > \Delta T > \Delta T_J$$

显然，实际制冷量 q 也形成如下关系

$$q_s > q > q_J$$

当然，定熵膨胀不论从温降还是从制冷能力上，虽然都较节流膨胀为优，但由于前者所需的设备远较后者复杂，设备投资和操作费也较高，所以工业生产中要通过技术经济评价才能确定工艺方案。一般地，对于大、中型的液化工艺，可采用对外做功的绝热膨胀方式，对于小的生产装置，则多采用对外不做功的节流膨胀方式，也有时采取两者联合使用的方式。

4.6 锅炉生产蒸汽热力过程

4.6.1 概述

锅炉是产生蒸汽（或热水）重要的能源转换设备，图 4-23 为快装和散装两种类型的工业蒸汽锅炉。燃料通过在锅炉中燃烧，释放出潜在的化学能，并转化为高温烟气的热能。通过传热过程，将烟气的热能传递给工质（水），完成水的加热、蒸发及蒸汽的过热过程。产生一定温度、压力适合于某种用途的蒸汽。锅炉的燃料可以是煤、油或天然气等，相应地分别称为燃煤锅炉、燃油锅炉或燃气锅炉。按锅炉的用途分类有工业锅炉、船舶锅炉、核电站锅炉等。按锅炉的工作原理，根据锅炉中的汽水流动情况可分为自然循环锅炉、强制循环锅炉和直流锅炉。在自然循环锅炉中，汽水主要靠水和蒸汽的密度差产生的压头而循环流动。强制循环锅炉则主要借助于循环系统中的循环泵使汽水循环流动，由于循环不是单靠汽和水的密度差，可以达到比自然循环更高的工作压力。直流锅炉中的工质水、汽水混合物和蒸汽是靠给水泵的压力而一次经过全部受热面。这种锅炉对给水品质和自动控制要求较高，给水泵消耗功率较大，一般用于高压以上。当压力接近或超过临界压力时，前两种锅炉不容易或不可能分离汽水，只有采用直流锅炉。

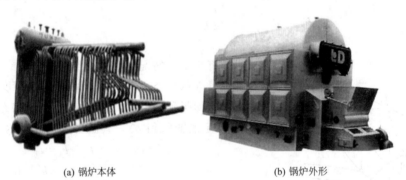

(a) 锅炉本体   (b) 锅炉外形

图 4-23 工业蒸汽锅炉

4.6.2 锅炉的构成与工作原理

4.6.2.1 锅炉的基本结构

图 4-24 示出了一台自然循环类型的双锅筒横置式链条炉。由图中可见，锅炉由汽锅和炉子两大部分组成。汽锅的基本构造包括上锅筒（又称汽包）、下锅筒、管束、水冷壁、集箱和下降管组成的一个封闭汽水系统。炉子包括煤斗、炉排、除渣板、送风装置等组成的燃料设备。除此之外，为了保证蒸汽锅炉的安全、正常工作，还装有安全阀、水位表、高低水位报警器、压力表、主流阀、排汽阀、止回阀、吹灰器等辅助设备。

锅炉工作时，燃料在炉子中燃烧，将燃料的化学能转变为热能并生成高温烟气，烟气通过汽锅传热面将热量传递给汽锅内温度较低的水，水被加热，进而沸腾汽化，产生蒸汽，再经蒸汽过热器进一步加热，变成过热蒸汽。因此，锅炉的工作包括三个同时进行着的过程：燃料的燃烧过程、烟气向水等工质传热的过程和水的受热升温、汽化与过热过程。

燃料在加煤斗中借自重落到炉排面上，炉排在电机的带动下将燃料带入炉内。燃料在炉排上一边燃烧，一边向后移动，燃料所需空气由风机送入炉仓，向上穿过炉排后与炉排上的燃料进行燃烧反应产生高温烟气。燃料最后烧尽成灰渣，在炉排末端被除渣板铲除于灰渣斗后排出。这就是燃料的燃烧过程。燃烧过程尽量使燃料燃烧完全，这是保证锅炉正常工作和锅炉效率的根本条件。

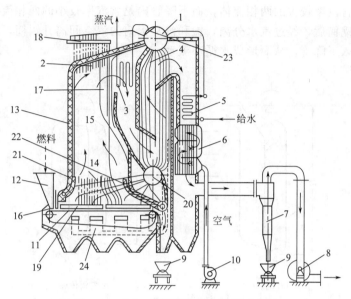

图 4-24　SHL 型锅炉构造和装置示意图

1—上锅筒；2—水冷壁；3—蒸汽过热器；4—蒸发束；5—省煤器；6—空气预热器；
7—除尘器；8—引风机；9—出渣小车；10—鼓风机；11—链条炉排；12—加煤斗；13—炉墙；
14—不受热下降管；15—炉膛；16—煤闸门；17—防渣管；18—上集箱；19—下集箱；20—下锅筒；
21—前拱；22—后拱；23—汽水分离器；24—风室

在炉膛的四周墙壁上，都布置有一排水管，称为水冷壁。燃料燃烧产生的高温烟气与水冷壁进行强烈的辐射换热，将热量传递给管内的水。继而烟气在引风机和烟囱的引力下向炉膛上方流动，先后流过蒸汽过热器和对流管束，分别使汽锅中产生的饱和蒸汽过热和以对流换热方式加热对流换热管束中的水。在尾部烟道，烟气与省煤器和空气预热器内的工质进行热交换后，以经济的较低烟气温度排出锅炉。这就是烟气向水（汽、空气等工质）的传热过程。

4.6.2.2　锅炉的水循环和汽水分离过程

蒸汽的生产过程，主要包括水循环和汽水分离过程。经过水处理的锅炉给水，经水泵加压先流经省煤器预热，然后进入上锅筒，上锅筒中的工质是处于饱和状态下的汽、水混合物。位于烟温较低区段的对流管束与位于烟温较高区域的水冷壁和对流管束，因受热弱强的差别，汽水工质的密度也有大、小的差别，从而密度大的工质向下流入下锅筒而密度小的向上升入上锅筒。工质在蒸发受热回路中，流动的动力是由于下降管内工质与上升管内工质的重力差引起的，这种循环称自然循环。

一根下降管（或几根几何结构基本相同的下降管）与一组结构特性相同的并行上升管连接而成的回路，称为简单回路，否则称为复杂回路，图 4-25 为简单循环回路。

自然循环原理可由图 4-25 表示的两种简单循环回路来说明。锅炉点火前，循环回路中的水是静止的。点火、升温升压后，因上升管受热、下降管不受热［图 4-25(a)］，或上升管受热强、下降管受热弱［图 4-25(b)］，使上升管内工质密度减小，而下降管内工质密度增大，下集箱（或下锅筒）内工质两侧受到不同的重力作用。在重力差的作用下，形成工质从下降管经过下集箱向上升管的定向流动。当锅炉燃烧稳定时，回路中流动工况也逐渐稳定。

图 4-25(a) 中，上升管内的工质是汽水混合物，而下降管内则是单相的水。图 4-25(b) 中，上升管内走含汽率较大的两相流体，而下降管内是含汽率较小的两相流体。汽水混合物由上升管进入上锅筒后，经过汽水分离，饱和汽从锅筒的汽空间离开锅筒，饱和水通过上锅筒的水空间再流入下降管，从而形成水循环流动。

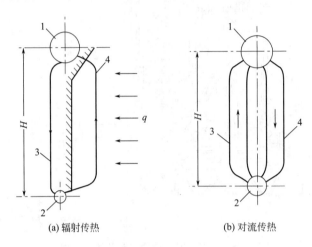

(a) 辐射传热　　　　　　　　(b) 对流传热

图 4-25　锅炉自然循环原理图

1—上锅筒；2—下集箱；3—下降管；4—上升管

自然循环的推动力称为运动压头，用 S_{yd} 表示。

$$S_{yd} = H\bar{\rho}_{xj}g - H\bar{\rho}_s g \quad (\text{Pa})$$

式中　H——循环管路高度，m；

　　　$\bar{\rho}_{xj}$——下降管中工质平均密度，kg/m^3；

　　　$\bar{\rho}_s$——上升管中工质平均密度，kg/m^3。

在稳定流动状态，循环回路的推动力，用来克服回路中的总阻力，设上升系统流动阻力为 Δp_s，下降系统流动阻力为 Δp_{xj}；则有

$$S_{yd} = H\bar{\rho}_{xj}g - H\bar{\rho}_s g = \Delta p_s - \Delta p_{xj} \quad (\text{Pa}) \tag{4-82}$$

式(4-82)是描述自然循环的基本方程式。

由基本方程式可看出：回路中循环推动力（运动压头）越大，所能克服的循环流动阻力越大；反之，回路中工质循环流动阻力越大，所需的运动压头也越大。

运动压头减去上升管阻力后，剩余值叫做有效压头，用符号 S_{yx} 表示，即

$$S_{yx} = S_{yd} - \Delta p_s = \Delta p_{xj} \quad (\text{Pa})$$

所以，有效压头是用来克服下降管系统阻力的那部分循环动力。

借助上锅筒内的汽水分离设备，分离汽水混合物，在上锅筒顶部引出蒸汽进入蒸汽过热器。汽锅中的水循环，保证了与高温烟气接触的金属受热面得以冷却而不会烧坏，是使锅炉能长期安全可靠稳定运行的必要条件。这就是水的受热和汽化过程。

4.6.3　水蒸气生产的热力过程

蒸汽锅炉产生水蒸气时，压力变化一般都不大，所以水蒸气的产生过程接近于一个定压加热过程。

现在来考察水在定压加热时的变化情况。将 1kg 过冷的水在定压 p 下加热，并在 p-v

图、$T\text{-}s$ 图上描述这一过程（如图 4-26）。起初，水的温度逐渐升高，比体积也稍有增加 [图 4-26(b) 中过程 $a \rightarrow b$]。但当温度升高到相应于 p 的饱和温度 T_s 而变成饱和水以后，继续加热，饱和水便逐渐变成饱和水蒸气（即所谓汽化），直到汽化完毕，整个汽化过程温度始终保持为饱和温度 T_s 不变。在汽化的过程中，由于饱和水蒸气的量不断增加，比体积一般增大很多（过程 $b \rightarrow d$）。再继续加热，温度又开始上升，比体积继续增大（过程 $d \rightarrow e$），饱和水蒸气变成了过热水蒸气（即温度高于当时压力所对应的饱和温度的水蒸气）。过程 $d \rightarrow e$ 和一般气体的定压加热过程没有什么区别。

如上所述，锅炉生产水蒸气的过程一般分为三个阶段：水的定压预热过程（从不饱和水到饱和水的过程）；饱和水的定压汽化过程（从饱和水到完全变为饱和水蒸气的过程）；水蒸气的定压过热过程（从饱和水蒸气到任意温度的过热水蒸气过程）。下面分别讨论这三个阶段。

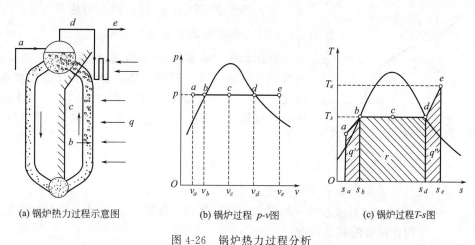

(a) 锅炉热力过程示意图　　　(b) 锅炉过程 $p\text{-}v$ 图　　　(c) 锅炉过程 $T\text{-}s$ 图

图 4-26　锅炉热力过程分析

4.6.3.1　水的定压预热过程

将 1kg、温度为 T_a 的过冷水，在锅炉中定压加热到该压力 p 下的饱和温度 T_s 所需的热量 q'，称为水的显热 [图 4-26(c) 中过程 $a \rightarrow b$ 传递的热量]。水的显热可以通过比热容和温度变化计算。

$$q' = \int_{T_a}^{T_s} c'_p \, \mathrm{d}t \tag{4-83}$$

式中　c'_p——压力为 p 时水的比定压热容，它随温度而变。

水在定压预热过程中不做技术功，即 $w_t = 0$，依据开系统热力学第一定律，$q' = \Delta h + w_t$，则该过程所吸收的热量 q' 等于焓的增量。

$$q' = h_b - h_a \tag{4-84}$$

式中　h_b——压力为 p 时饱和水的焓；

h_a——压力为 p、温度为 T_a（$T_a < T_s$）时水的焓。

4.6.3.2　饱和水的定压汽化过程

当水定压预热到饱和温度 t_s 以后，随着水在锅炉上升管中的向上流动，继续吸收热量，饱和水便开始汽化。这个定压汽化过程，同时又是在定温下进行的。使 1kg 饱和水在一定压力下完全变为相同温度的饱和水蒸气所需加入的热量称为水的汽化潜热，用符号 r 表示。在温-熵图中，定压汽化过程（同时也是定温过程）为一水平线段 [图 4-26(c) 中过程 $b \rightarrow d$]，

而汽化潜热则相当于水平线段下的矩形面积。则水的汽化潜热为

$$r = T_s(s_d - s_b) \tag{4-85}$$

式中 s_d——压力为 p 时饱和水蒸气的熵；

s_b——压力为 p 时饱和水的熵。

与定压预热过程相同，汽化过程技术功也为零，汽化潜热也等于定压汽化过程中焓的增加。

$$r = h_d - h_b \tag{4-86}$$

式中 h_d——压力为 p 时饱和水蒸气的焓。

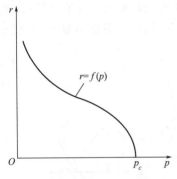

图 4-27   汽化潜热随压力的变化曲线

水的汽化潜热可由实验测定。在不同的压力下，汽化潜热的数值也不相同。图 4-27 为汽化潜热随压力的变化曲线，从图中可以看出，汽化潜热随压力增加而减小，而当压力达到临界压力 p_c 时，汽化潜热变为零。

4.6.3.3　水蒸气的定压过热过程

饱和水蒸气在锅炉的蒸汽过热器中继续定压加热，便得到过热水蒸气。假定过热过程终了时过热水蒸气的温度为 T_e [如图 4-26(b) 中过程 $d \rightarrow e$]，那么在这个定压过热过程中，每千克水蒸气吸收的热量，即过热热量 q'' 为

$$q'' = \int_{T_s}^{T_e} c_p \, dt = \bar{c}_p \int_{T_s}^{T_e} (T_e - T_s) \, dt = \bar{c}_p \int_{T_s}^{T_e} D \, dt \tag{4-87}$$

式中 c_p——压力为 p 时过热水蒸气的比定压热容，它随温度而变；

$\bar{c}_p$——压力为 p 时过热水蒸气的平均比定压热容，以压力 p 所对应的饱和温度 T_s 为平均比热容的起点温度；

D——过热水蒸气的过热度，表示过热水蒸气的温度超出该压力下饱和温度的度数。

蒸汽的过热度表明过热水蒸气离开饱和状态的远近温度。水蒸气在定压过热过程吸收的热量也等于焓的增加。

$$q'' = h_e - h_d \tag{4-88}$$

式中 h_e——压力为 p、温度为 T_e 时过热水蒸气的焓。

4.6.3.4　定压加热过程总热量

将水蒸气产生过程的三个阶段串连起来，从压力为 p、温度为 T_a 的不饱和水，变为压力为 p、温度为 T_e 的过热水蒸气，在这整个定压加热过程中所吸收的总热量为

$$\begin{aligned}
q &= q' + r + q'' \\
&= (h_b - h_a) + (h_d - h_b) + (h_e - h_d) \\
&= h_e - h_a
\end{aligned} \tag{4-89}$$

即锅炉生产蒸汽的三个阶段吸收的总热量为锅炉出口过热蒸汽与入口过冷水的焓差。

4.6.4　锅炉的热平衡与效率

从热力学第一定律的原理出发，进入锅炉的热量等于锅炉的有效利用热与各项热损失之和，这就是锅炉的热平衡。相应于 1kg 燃料，可列出锅炉的热平衡方程式如下

$$q_r = q_1 + q_2 + q_3 + q_4 + q_5 + q_6 \quad \text{(kJ/kg)} \tag{4-90}$$

式中 q_r——每千克燃料带入锅炉的热量，kJ/kg；

q_1——锅炉有效利用热量，kJ/kg；

q_2——排烟热损失，kJ/kg；

q_3——气体未完全燃烧热损失，kJ/kg；

q_4——固体未完全燃烧热损失，kJ/kg；

q_5——锅炉的散热损失，kJ/kg；

q_6——灰渣的物理热损失，kJ/kg。

从而，锅炉的热效率为

$$\eta = \frac{\text{工质质吸收的热}}{\text{燃料带料带入的}} = \frac{q_1}{q_r} \times 100\%$$
$$= [1-(l_{q_1}+l_{q_2}+l_{q_3}+l_{q_4}+l_{q_5}+l_{q_6})] \times 100\% \qquad (4\text{-}91)$$

式中，l_{q_1}、l_{q_2}、l_{q_3}、l_{q_4}、l_{q_5}、l_{q_6} 分别表示锅炉有效利用热量和各项热损失占送入锅炉热量的百分比。

锅炉中的燃烧过程可以用一个能流图来描述。图 4-28 表示来自燃料的输入热量，是如何转化为各种有用的能量流以及热与能的损失流的。箭头的宽度表示相应的能量流中的能量总量。

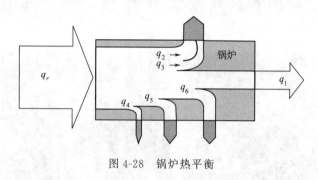

图 4-28　锅炉热平衡

4.7　蒸汽轮机中工质膨胀热力过程

4.7.1　概述

蒸汽汽轮机简称汽轮机，是一种以蒸汽为工质、将高温高压蒸汽的热能转变成机械功的高速旋转式原动机。蒸汽汽轮机是连续回转的没有往复运动部件的动力机械，蒸汽在汽轮机中做连续流动。在汽轮机内，具有一定温度和压力的蒸汽经由主汽阀和调节阀进入前汽室，依次经过一系列环形配置的喷嘴（或静叶栅）和动叶栅而膨胀做功，将蒸汽热能转换成推动汽轮机旋转的机械功，从而通过联轴器驱动其他机械，图 4-29 为工业蒸汽轮机及叶轮。

按工作原理汽轮机分为冲动式、反动式和冲动反动混合式三类。冲动式汽轮机一级中蒸汽的压降全部在喷嘴和静叶中降落，动叶的受力完全由从喷嘴出来的高速汽流在动叶中拐弯（或冲击）造成的。反动式汽轮机一级中蒸汽的压降不完全在静叶中降落，在动叶中也有相当的压降，动叶除了受汽流的冲击外，还受到由汽流加速而产生的反作用力。反动式和冲动反动混合式汽轮机在汽轮中即有冲动级又有反动级组成。

按热力过程特性汽轮机分为凝汽式、背压式、抽汽背压式和抽汽凝汽式四类主要型式。凝汽式汽轮机即指在汽轮机中做功后的蒸汽，在低于大气压下全部进入冷凝器，蒸汽在其中凝结成水。由于相变的作用，冷凝器内保持一定的真空度。背压式工业汽轮机则是新蒸汽在汽轮机内做功后，排气在一定压力下全部进入供热装置，由于排气参数要根据热用户的需要确定，有一定排气压力要求，故而称为背压式。抽汽背压式工业汽轮机内的蒸汽在高压部分膨胀做功后，分成两股，抽出一股供给热用户，另一股进入低压部分继续膨胀做功后，进入另一热用户。若后一股蒸汽在低压部分膨胀做功后进入冷凝器冷凝，则属抽汽凝汽式工业汽轮机。

汽轮机具有单机功率大、效率较高、运转平稳和使用寿命长等优点。在热电厂或核电厂中，常以汽轮机作为原动机组成汽轮发电机组。汽轮机由于能变速运行，还常用它驱动各种泵、风机、压气机和船舶的螺旋桨等。

(a) 工业汽轮机组

(b) 汽轮机内部结构

(c) 汽轮机叶轮

图 4-29　工业蒸汽轮机及叶轮

4.7.2　蒸汽汽轮机的基本结构与工作原理

4.7.2.1　汽轮机的基本结构

汽轮机的本体主要由静子和转子两大部分构成。图 4-30(a)、(b) 分别示出了多级冲动式和多级反动式汽轮机的基本结构。静子包括汽缸、隔板和静叶栅（反动式汽轮机不用隔板，而用静叶持环或称导叶）、进排汽部分、轴端汽封、轴承和轴承座等。转子包括主轴、叶轮和动叶片（或直接装有动叶片的鼓形转子）、联轴器等。为了保证汽轮机的安全有效工作，还常配装调解保安系统、汽水系统、油系统、盘车装置及各种辅助设备等。

工业汽轮机由于利用热能的特点和作为驱动机械的一些优点，必将得到越来越广泛的应用。从热经济性方面，汽轮机提供了热电联合生产及废热利用的手段，是企业节能降耗的好方法。从驱动特性来看，汽轮机与电动机相比有许多优点。如启动扭矩大、运转平稳、转速高，无需增速机构、转速调节范围大、不会突然停车、更易防火防爆等。

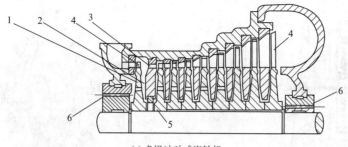

(a) 多级冲动式汽轮机

1—叶轮；2—隔板；3—喷嘴；4—动叶；5—轴封片；6—端部轴封

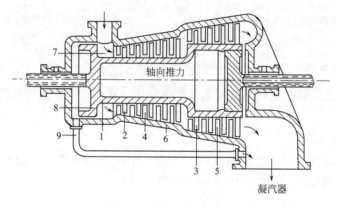

(b) 多级反动式汽轮机

1—转鼓；2、3—动叶；4、5—导叶；6—汽缸；7—新汽汽室；8—平衡活塞；9—蒸汽通管

图 4-30 汽轮机本体的基本结构

4.7.2.2 汽轮机工作机理简介

汽轮机做功的基本单元是由喷嘴（或静叶栅）及与它相配的动叶栅组成，每一个配合称为汽轮机级。若干在同一轴上的汽轮机级串联组合成多级汽轮机。因而汽轮机级的工作过程在一定程度上代表着整个汽轮机的工作过程。

汽轮机级依靠具有热能（即一定压力和温度）的蒸汽流经动叶栅时，发生动量变化，该叶栅产生周向冲力，推动叶轮旋转而对外做出机械功。按照蒸汽由级的进口到出口总的流动方向的不同，可以将汽轮机分为轴流式和辐流式两种。由于绝大多数汽轮机都采用轴流式，本章仅介绍这种级。按照蒸汽在级内的喷嘴（或静叶栅）中和动叶栅中能量转换具体情况的不同，又可将轴流式汽轮机级分为冲动级、反动级两大类。

图 4-31 是单级冲动式汽轮机。在冲动级中，蒸汽通过时将可能放出的热能在它流经喷管时全部放出，并转换成蒸汽的动能；而在高速蒸汽流经动叶栅时，只有蒸汽动能到汽轮机机械功的转换过程，不再有热能减小。在反动级中，蒸汽的热能释放大体上是在喷嘴（即静叶）中完成一半，另一半在动叶中膨胀放出，此时蒸汽加速，给动叶栅一个由加速度产生的冲动力。

汽轮机是一种旋转式的流体动力机械，在以上所述蒸汽工作过程中，主要包括三个方面的主要问题：首先是蒸汽在流通部分中的能量转换及流通能力的问题，其次是流动效率问题，再次是变工况时汽轮机的特性问题。这三个问题就是研究汽轮机工作原理时应主要研究

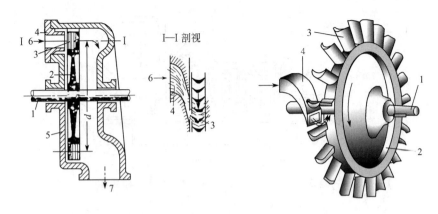

(a) 单级冲动式汽轮机断面简图　　　　(b) 冲动式汽轮机工作原理示意图

图 4-31　单级冲动式汽轮机

1—主轴；2—叶轮；3—叶片；4—喷嘴；5—汽缸；6—进气口；7—排气口

的问题，它们之间有密切的联系，不应完全孤立地看待。它们属于有关汽轮机专业课程的任务，在此不详述。

4.7.3　汽轮机的热力过程

为了清楚地说明问题，先讨论高压蒸汽在汽轮机中可逆绝热膨胀做功的理想过程。图 4-32 示出了汽轮机的模型图及理想过程的 p-v 图和 T-S 图。

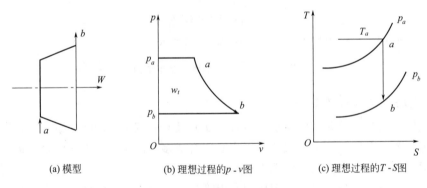

(a) 模型　　　　(b) 理想过程的 p-v 图　　　　(c) 理想过程的 T-S 图

图 4-32　汽轮机的理想过程

根据稳定流动能量方程

$$Q = \Delta U + W = \Delta H + W_t$$

对汽轮机中的可逆绝热过程，$Q=0$，故而完成一个循环蒸汽所做的技术功为

$$W_t = -\Delta H = H_a - H_b$$

或对单位质量的工质

$$w_t = w_{ab} = h_a - h_b = -\int_a^b v\,\mathrm{d}p \tag{4-92}$$

式(4-92) 表明，汽轮机内蒸汽绝热可逆膨胀，完成的技术功为进、出口蒸汽的焓差，这部分功称为汽轮机的理论功，该部分技术功在 p-v 图上为图形 $a-b-p_a-p_b-a$ 围成的面积。

4.7.4　工业汽轮机的效率

　　汽轮机实际的热力过程必伴有不可逆因素。图 4-33 为汽轮机实际过程的 $T\text{-}S$ 图。考虑蒸汽在汽轮机内膨胀有摩擦、热耗损等不可逆损失时，图 4-33 中的虚线表示了实际的膨胀过程。实际过程偏离理想过程的程度，可由汽轮机内部相对效率（或绝热效率）η_i 表示，即汽轮机内蒸汽实际完成的功 w_{ti} 与蒸汽绝热可逆理论功之比。

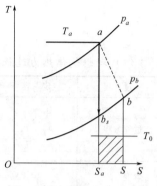

图 4-33　汽轮机的实际过程

$$\eta_i = \frac{W_{ti}}{W_t} = \frac{h_a - h_b}{h_a - h_{bs}} \qquad (4\text{-}93)$$

　　由热力学第一定律知，汽轮机轴功为

$$W_s = W_{ti} - \left(\frac{1}{2}\Delta c^2 + g\Delta z \right)$$

　　忽略进、出口蒸汽流动的速度差和高度差都可，$\Delta c = \Delta z = 0$，故而

$$W_s = W_{ti}$$

　　若考虑汽轮机的机械损失，包括轴承摩擦损耗功以及传动装置主轴油泵、高速器等耗功。用 W_e 表示汽轮机输出的有效功，则机械效率为

$$\eta_m = \frac{W_e}{W_s} \approx \frac{W_e}{W_{ti}} = \frac{N_e}{N_i} \qquad (4\text{-}94)$$

式中　N_e——汽轮机的有效功率，W；$N_e = \dfrac{W_e}{3600}$。

　　图 4-34 描述了蒸汽经汽轮机膨胀的热力过程的能量平衡与各种功之间的关系，图中箭头宽度表示相应的能量流中的能量总量。图中可以看出汽轮机级内不可逆引起的能量损失以热的形式耗散于蒸汽内，随蒸汽进入冷凝器。值得注意的是图中动能变化量为负值。

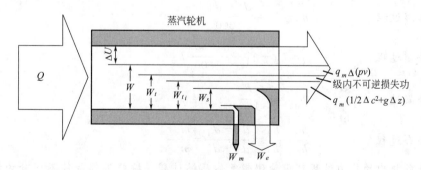

图 4-34　汽轮机的能量平衡图

　　根据长期运行的经验，一般汽轮机的绝热效率的数值范围在 $0.85 \sim 0.92$ 之间。设计计算时，可根据给定的初态及终态的数值，经验选定 η_i 值后，应用上面各式，就可估算出汽轮机的出口温度 T_b 及实际出口焓值。

小　结

（1）理想气体热力过程特点及能量转换关系

过程	定　容	定　压	定　温	定　熵[①]	多　变[①]
过程方程	$v_1=v_2$ $\dfrac{p_2}{p_1}=\dfrac{T_2}{T_1}$	$p_1=p_2$ $\dfrac{v_2}{v_1}=\dfrac{T_2}{T_1}$	$T_1=T_2$ $\dfrac{p_2}{p_1}=\dfrac{v_1}{v_2}$	$\dfrac{p_2}{p_1}=\left(\dfrac{v_1}{v_2}\right)^k$ $\dfrac{T_2}{T_1}=\left(\dfrac{v_1}{v_2}\right)^{k-1}$	$\dfrac{p_2}{p_1}=\left(\dfrac{v_1}{v_2}\right)^n$ $\dfrac{T_2}{T_1}=\left(\dfrac{v_1}{v_2}\right)^{n-1}$
焓变	$\Delta h=\int c_p\,\mathrm{d}T$		0		$\Delta h=c_p\Delta T$
质量内能变	$\Delta u=\int c_v\,\mathrm{d}T$		0		$\Delta u=c_v\Delta T$
体积功	0	$p\Delta v$	$RT\ln\dfrac{p_1}{p_2}$ $=RT\ln\dfrac{v_2}{v_1}$	$\dfrac{R\Delta(pv)}{1-k}$	$\dfrac{R\Delta(pv)}{1-n}$
技术功	$v\Delta p$	0		$\dfrac{k\Delta R(pv)}{1-k}$	$\dfrac{nR\Delta(pv)}{1-n}$
换热量[①]	$c_v\Delta T$	$c_p\Delta T$		0	$\dfrac{n-k}{n-1}c_v\Delta T$

① 按比定值热容考虑。

（2）理想气体热力过程的分析主要采用公式计算。由于蒸气的热力性质无法用公式计算，所以蒸气热力过程的分析主要利用各种图表。定性分析通常用 $p\text{-}v$ 图、$T\text{-}s$ 图、$p\text{-}T$ 图等，定量计算则通常用 $h\text{-}s$ 图、$\lg p\text{-}h$ 图等。

（3）湿空气本来可以按理想气体计算，但由于其中的水蒸气会发生相变化，所以有其特殊性。此外，根据湿空气的应用场所，又对其典型热力过程进行了分析。对湿空气的分析，主要有两种方法：一种是利用焓-湿图，另一种是利用水蒸气表和理想气体方程进行综合计算。典型湿空气热力过程的方程如下

加热或冷却过程 $\qquad q=h_2-h_1$

绝热加湿过程 $\qquad h_2-h_1=\dfrac{d_2-d_1}{1000}h_w\approx0$

冷却去湿过程 $\qquad q=h_3-h_1-\dfrac{d_3-d_1}{1000}h_w$

增压冷凝过程 $\qquad p_{st2}=p_{st1}\dfrac{p_2}{p_1}$

绝热混合过程 $\qquad \dfrac{h_3-h_1}{h_2-h_1}=\dfrac{d_3-d_1}{d_2-d_3}=\dfrac{m_{a2}}{m_{a1}}$

（4）压气机中的热力过程可视为理想气体压缩过程。按照工作条件不同分为绝热压缩，等温压缩和多变压缩过程。往复式压气机通常为多变过程，由于气缸余隙的存在，使实际吸气量减少，耗功增大，单机压缩的升压值受到限制。采用多级压缩、级间冷却可有效降低排气温度、减小功耗、提高容积利用率、减小活塞受力等。多级压缩消耗的总功为

$$W=\frac{zn}{n-1}p_1V_e\left(1-\varepsilon^{\frac{n-1}{n}}\right)$$

叶轮式压气机热力过程中，气体在短暂的压缩过程中散发的热量很少，一般视为绝热压缩。叶轮式压气机的压缩功为

$$W=\frac{k}{k-1}p_1V_1\left(1-\varepsilon^{\frac{k-1}{k}}\right)$$

（5）微分定熵系数与微分节流系数的关系为

$$\mu_s-\mu_J=\frac{v}{c_p}$$

若初始状态和膨胀压力范围相同，则定熵膨胀比节流膨胀温降大。

$$\Delta T_s-\Delta T_J=\frac{\Delta h_s}{c_p}$$

（6）蒸汽锅炉生产水蒸气过程可近视为定压加热过程，一般分为水的定压预热过程、定压汽化过程和定压过热过程三个阶段。三个阶段传递的热量分别为

定压预热过程 $\quad q'=\int_{T_a}^{T_s}c'_p\,\mathrm{d}t=h_b-h$

定压汽化过程 $\quad r=T_s(s_d-s_b)=h_d-h_b$

定压过热过程 $\quad q''=\bar{c}_p\int_{T_s}^{Te}D\,\mathrm{d}t=h_e-h_d$

锅炉生产蒸汽的总热量为锅炉出口过热蒸汽与入口过冷水的焓差。即

$$q=q'+r+q''=h_e-h_a$$

锅炉的热效率为

$$\eta=\frac{工质质吸收的热}{燃料带料带入的}=\frac{q_1}{q_r}\times100\%$$
$$=[1-(l_{q_2}+l_{q3}+l_{q_4}+l_{q_5}+l_{q_6})]\times100\%$$

（7）汽轮机是将蒸汽的热能转变为机械功的高速旋转机械，蒸汽的焓与所转变的机械功的关系可由热力学第一定律和热力学第二定律得出，汽轮机绝热可逆功为

$$w_t=w_{ab}=h_a-h_b=-\int_a^b v\,\mathrm{d}p$$

实际汽轮机过程存在有一定的不可逆因素，汽轮机内部相对效率为

$$\eta_i=\frac{W_{ti}}{W_t}=\frac{h_a-h_b}{h_a-h_{bs}}$$

汽轮机机械效率为

$$\eta_m=\frac{W_e}{W_s}\approx\frac{W_e}{W_{ti}}=\frac{N_e}{N_i}$$

思 考 题

1. 说明下列各式的应用条件。

$w=u_1-u_2$ $\qquad$ $w=c_v(T_1-T_2)$

$w=\frac{1}{k-1}R(T_1-T_2)$ $\qquad$ $w=\frac{1}{k-1}(p_1v_1-p_2v_2)$

$q=u_2-u_1$ $\qquad$ $q=\int_1^2 c_v\mathrm{d}T$

$q=h_2-h_1$ $\qquad$ $\Delta u=c_v(T_2-T_1)$

2. 利用 $w=\int_1^2 p\,\mathrm{d}v$ 和 $w_t=\int_1^2-v\,\mathrm{d}p$ 导出绝热可逆过程中膨胀功和技术功的计算式。

3. 有两个任意过程 a-b 和 a-c，如图 4-35 所示。若 b、c 两点在同一条绝热线上，比较 Δu_{ab} 和 Δu_{ac} 的大小。若 b、c 两点在同一条定温线上，结果又如何？

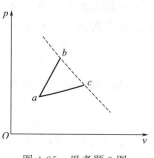

图 4-35　思考题 3 图

4. 绝热过程，工质温度是否变化？定温过程，系统是否与外界交换热量？如果变化，变化方向如何？

5. 理想气体从同一初态膨胀到同一终态比体积，定温膨胀与绝热膨胀相比，哪个过程做功多？若为压缩过程，结果又如何？

6. 水蒸气定温过程中内能和焓的变化是否为零？

7. 用不同来源的某纯物质的蒸气表或图查得的 h 或 s 值有时相差很多，为什么？能否交叉使用这些图表求解蒸气的热力过程？

8. 饱和液体在定压下吸热气化时温度不变，气化潜热哪去了？

9. 常见湿空气的热力过程有哪些？各有什么特点？

10. 冬季室内供暖时，为什么会感到空气干燥？

11. 如果等量的干空气与湿空气降低的温度相同，两者放出的热量相等吗？为什么？

12. 对能实现定温压缩的压气机，是否还需要采用多级压缩？多级压缩有哪些优缺点？

13. 往复式压缩机的气缸是否要采取保温措施？

14. 压缩机的级数越多越好吗？

15. 膨胀机通常采用不完全压缩和不完全膨胀，为什么？

习　题

1. 在刚性封闭的气缸内，温度为 25℃ 的空气被加热到 100℃。若气缸容积为 $1 m^3$，空气质量为 3kg，气缸壁保温很好，求气体的吸热量、内能变化量和终了状态的压力。

2. 初始状态为 $p_1 = 1MPa$、$T_1 = 300K$ 的 2kmol N_2 绝热膨胀到原容积的 2 倍。试分别按下列过程计算气体终温、焓变、对外做功量和熵变化量。

① 可逆膨胀。

② 向保持恒外压 $p_2 = 0.1MPa$ 的气缸膨胀。

③ 向真空进行自由膨胀。

3. 有一刚性容器，其容积为 $0.1 m^3$，容器内氢气压力为 0.1MPa，温度为 15℃。若由外界向氢气加热 20 kJ，试求其终了温度、终了压力以及氢气熵的变化。

4. 如图 4-36 所示，气缸和活塞均由刚性理想绝热材料制成。活塞与气缸间无摩擦。初始状态时活塞两侧各有 5 kg 空气，压力均为 0.3MPa，温度均为 20℃。现对 A 加热至 B 中气体压力为 0.6MPa。试计算：

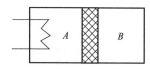

图 4-36　习题 4 图

① 过程中 B 内气体接受的功量；

② 过程终了时 A、B 中气体的温度；

③ 过程中 A 内气体吸收的热量。

5. 水蒸气压力 $p_1 = 1MPa$，$v_1 = 0.2 m^3/kg$，质量流量 $q_m = 5 kg/s$，若定温放出热量 $6 \times 10^6 kJ/h$，求终态参数及做功量。

6. 蒸汽由初态 $p_1 = 3MPa$，$t_1 = 300℃$ 可逆膨胀到 $p_2 = 0.1MPa$，$x_2 = 0.9$ 的终态。若膨胀过程在 T-s 图上为直线，求膨胀过程中每千克蒸汽与外界交换的热量和功量。

7. 压力为 $p_1 = 1.5MPa$，温度为 $t_1 = 250℃$，质量流量 $q_m = 3kg/s$ 的水蒸气经节流阀绝热节流至 $p_2 = 0.7MPa$，求节流后水蒸气的状态。

8. 压力为 0.1MPa 的湿空气在 $t_1 = 5℃$、相对湿度 $\varphi_1 = 0.6$ 下进入加热器，在 $t_2 = 20℃$ 下离开，试确定：①在定压过程中空气吸收的热量；②离开加热器时湿空气的相对湿度。

9. 现有一压缩机吸入湿空气的压力为 0.1MPa，温度为 25℃，相对湿度为 0.6。若压缩机出口空气压力为 0.4MPa，然后冷却到 30℃。试计算该过程中是否有水滴出现。

10. 烘干物体时所用空气的参数为 $t_1 = 20℃$，$\varphi_1 = 0.3$。在加热器中加热到 $t_2 = 85℃$ 后送入烘干箱中，

出来时 $t_3=35℃$。试计算从被烘干物体中吸收 1kg 水分所消耗的干空气质量和热量。

11. 在两级压缩活塞式压气机中，空气由初态 $p_1=0.1MPa$，$t_1=20℃$ 压缩到 $p_2=1.6MPa$。压气机向外的供气量为 $6m^3/s$（排气状态）。两气缸的相对余隙容积均为 $\alpha=0.05$，压气机转速为 600r/min。若取多变指数 $n=1.2$，求：

① 各气缸出口气体温度和容积；

② 压气机的总功率；

③ 气体散热量；

④ 与单级压缩进行比较。

12. 某两级空气压缩机吸气体积流量 $V_1=40m^3/min$；吸气压力 $p_1=0.1MPa$，温度 $T_1=293K$；排气压力 $p_2=0.9MPa$。等功法多变指数 $n=1.35$；等端点法多变指数 $n'=1.25$；回冷完全。试问：

① 中间压力为多少？

② 压缩机功率为多少？

③ 排气温度为多少？

④ 中间冷却器的散热量为多少？

13. 某两级丙烷压缩机活塞行程 $L=120mm$，相对余隙容积为 0.05，转速为 680 r/min。一级缸直径 $D_1=260mm$，吸气压力 $p_1=0.1MPa$，温度 $T_1=293K$；排气压力 $p_2=1.8MPa$，等端点法及等功法多变指数均取 $n=1.1$。试求：

① 中间压力为多少？

② 不计泄漏等因素的影响，此机的吸气流量 V_e 为多少？

③ 回冷完全时第二级缸径为多少？

④ 排气温度为多少

⑤ 理论最小功率为多少？

⑥ 中间冷却器的散热量为多少？

14. 压力为 2MPa、温度为 490℃ 的水蒸气，经节流阀降为 1MPa，然后定熵膨胀至 0.4MPa，求绝热节流后水蒸气温度为多少？熵变为多少？整个过程的技术功为多少？

5 气体与蒸气的流动

内容提要　气体与蒸气在流经一些形状特殊的管道（如喷管、节流阀）时，能量会发生转换，气体状态和流速也会发生变化，欲使这些变化和能量转换按预期规律实现，就要讨论这类流动中的热力学问题。本章主要介绍气体和蒸气在喷管稳定流动过程中热力状态参数、流动速度与管道截面变化之间的关系，以及能量转化与传递问题。

基本要求　①掌握气体和蒸气在管内流动的基本方程式；②了解工质参数变化及喷管截面变化对流动的影响；③熟练掌握渐缩、缩放喷管的选型和出口参数、流量等的计算；④了解喷管设计及校核计算的方法，理解当背压变化时流体在管内流动过程；⑤会应用有摩阻的流动计算公式，进行喷管的热力计算；⑥掌握绝热节流过程的特点，弄清微分节流效应与积分节流效应的概念。

5.1　稳定流动的基本方程

工程中常见的工质流动都是稳定流动或接近稳定流动的，如气轮机在稳定工况下运行，即是稳定流动。但是，由于受到摩擦、传热等因素的影响，导致流道内同一截面不同点的工质的参数也不相同，为便于研究，将某参数在同一截面上的平均值作为该参数在截面上各点的参数值。也就是说，在同一截面上，工质的各参数只沿流动方向变化。这样就将问题简化为一维稳定流动问题。

5.1.1　连续性方程

连续性方程是依据质量守恒定律建立起来的。稳定流动是指在流动过程中，系统内任一点处，工质的热力参数和运动参数都不随时间而变化。如图 5-1 所示，任意截面 1—1 和 2—2 的流通面积分别为 A_1、A_2，两截面对应的流速为 c_1、c_2，比体积为 v_1、v_2，在稳定流动过程中，流经两截面的质量流量不变，即

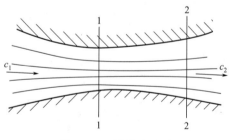

图 5-1　一维稳定流动

$$q_{m1}=q_{m2}=\frac{A_1 c_1}{v_1}=\frac{A_2 c_2}{v_2}=\frac{Ac}{v}=q_m=常数 \tag{5-1a}$$

将上式写成微分形式为

$$\mathrm{d}q_m=\mathrm{d}\left(\frac{Ac}{v}\right)=0$$

整理上式，得到

$$\frac{\mathrm{d}v}{v}=\frac{\mathrm{d}A}{A}+\frac{\mathrm{d}c}{c} \tag{5-1b}$$

式（5-1）为稳定流动的连续性方程。指出了流道截面积增加的速率与流体流速增加速率之和等于流体比体积增加的速率。由于连续性方程仅依据质量守恒原理，因此适应用于任何流体的稳定流动，无需考虑流动过程是否可逆。

5.1.2　稳定流动能量方程

稳定流动能量方程是根据能量守恒定律得出的（在 2.5 节中已做过详细讨论）。式（2-25）

$$q = (h_2 - h_1) + \frac{1}{2}(c_2^2 - c_1^2) + g(z_2 - z_1) + w_s$$

通常，管道内流动的位能可以忽略。如在流动过程中，工质不对外做轴功，则上式可简化为

$$q = (h_2 - h_1) + \frac{1}{2}(c_2^2 - c_1^2)$$

若工质流速较大，流经喷管或扩压管这类设备的时间很短，且热力管道外一般都有隔热保温材料，故与外界的换热量很小，可近似看成是绝热流动，即 $q = 0$。则上式进一步简化为

$$h_2 - h_1 = \frac{1}{2}c_1^2 - \frac{1}{2}c_2^2 \tag{5-2a}$$

写成微分形式

$$dh + d\left(\frac{c^2}{2}\right) = 0 \tag{5-2b}$$

式（5-2）为稳定绝热流动能量方程。指出了工质在绝热、不做轴功的稳定流动过程中，任一截面上的焓与动能之和为常数。即工质动能的增加是以焓值的减少为代价的。上述能量方程与工质的性质和过程是否可逆无关。

5.1.3　过程方程

工质在流道内的流动，其能量转换特性与流体所经历的流动过程有关。描写流道内每一个截面上工质状态参数之间关系的方程即为过程方程。若工质在稳定流动过程中，流经相邻两截面时各个参数是连续变化的，其与外界没有热量交换，也没有摩擦与扰动，则流动为可逆绝热流动，即定熵流动。则过程方程为

$$p_1 v_1^k = p_2 v_2^k = 常数$$

写成微分形式

$$\frac{dp}{p} + k\frac{dv}{v} = 0 \tag{5-3}$$

式（5-3）为稳定流动过程方程。指出了绝热可逆的稳定流动中压力与比体积的变化关系。该式适用于理想气体定比热容可逆绝热流动，此时 $k = \frac{c_p}{c_v}$；也可适用于理想气体变比热容可逆绝热流动，此时 k 为过程内的平均值；当工质为水蒸气时，k 是一个纯经验数据，且是一个变数，不具有绝热指数的含义。对于不同状态的水蒸气，k 值分别为

过热水蒸气　　　　　　　　$k = 1.30$
干饱和水蒸气　　　　　　　$k = 1.135$
湿蒸汽（$x > 0.7$）　　　　　$k = 1.035 + 0.1x$

上述三个基本方程式（5-1）～式（5-3）完善地描述了气体与蒸气在管内稳定流动过程中状态参数变化和管道截面变化之间的规律性。从数学角度来说，三个方程可求解 c，v，p 或 A 中的三个未知量，余下的一个量则由所讨论的具体流动问题的给定条件所确定。例如，对给定的管道，可算出管内工质参数的变化；或对所要求的特定流动，设计相应的管道形状。可见，以上三个基本方程对于流动问题的求解，给出了充分和必要的条件。

5.1.4　声速与马赫数

在研究工质流动，特别是高速气体流动时，声速和马赫数具有非常重要的意义。声速，

即声音的传播速度，是微弱扰动在连续介质中所产生的压力波的传播速度。由于声音的传播速度很快，其传播过程可近似认为是绝热的。又由于声音的传播是微弱扰动，传播过程中的内摩擦可忽略不计，所以声音的传播过程可认为是可逆过程。综上，声音的传播可视为绝热可逆过程。声音在流体中的传播速度用 a 表示，即

$$a = \sqrt{\left(\frac{\partial p}{\partial \rho}\right)_s} = \sqrt{-v^2 \left(\frac{\partial p}{\partial v}\right)_s} \tag{5-4}$$

式中，p、ρ、v 分别是流体的压力、密度、比体积。对于定熵过程，由式（5-3）可得

$$\left(\frac{\partial p}{\partial v}\right)_s = -k \frac{p}{v}$$

将其代入（5-4）式得

$$a = \sqrt{kpv} \tag{5-5a}$$

将理想气体状态方程 $pv = RT$ 代入（5-5a）式，得

$$a = \sqrt{kRT} \tag{5-5b}$$

由式（5-4）、式（5-5）可以看出，声速与流体的性质与状态有关。对于给定的理想气体，k、R 值不变，声速只与温度有关，即与 $\sqrt{T}$ 成正比；对于不同的理想气体，由于 k、R 值不同，声速也不相同；对于实际气体，声速与流体的状态参数（p、v）有关。正是由于流体中的声速与流体的状态相关，所以流体状态不同，声速也不同。为了区分不同状态下的声速，引入"当地声速"的概念。所谓当地声速是指：流道内流体所处某一状态（p、v 或 T）下的声速。当流体状态发生变化时，当地声速也随之而变。

在研究流体流动时，常以声速作为流体速度的比较标准，将流体速度与当地声速之比 c/a 作为反映流体流动特性的一个重要参数，称其为马赫数，以 Ma 表示，即

$$Ma = \frac{c}{a} \tag{5-6}$$

当 $Ma < 1$ 时，即流速小于声速，称为亚声速流动；当 $Ma > 1$ 时，即流速大于声速，称为超声速流动。

5.2 管内流动的基本特征

工程上常会遇到重要的管内流动的情况，如工质流经喷管的流动。若工质流经管道时流速较大，所需时间较短，工质与外界交换的热量可以忽略，因此可近似认为是绝热流动；若再忽略流动中的摩擦等不可逆因素，则可近似认为是可逆绝热流动。根据上节所讲的基本方程可建立工质在管内流动时的流速、压力、管道截面积等物理量间的关系式。

5.2.1 工质参数变化

由稳定绝热流动方程式（5-2）

$$h_2 - h_1 = \frac{c_1^2 - c_2^2}{2}$$

由稳定流动能量方程式（2-31）$q = \Delta h + w_t$ 知，对于可逆绝热过程有

$$h_2 - h_1 = -w_t = \int_1^2 v \mathrm{d}p$$

将上式代入式（5-2），得

$$\frac{c_2^2 - c_1^2}{2} = -\int_1^2 v \mathrm{d}p$$

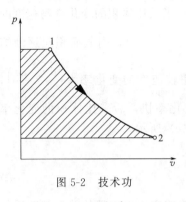

图 5-2 技术功

上式表明，工质动能的增加相当于工质所做的技术功。这是因为工质在管内流动时，由于压力降低而膨胀所产生的机械能（膨胀功 $\int_1^2 p\,\mathrm{d}v$ 和流进、流出的流动净功 $p_2v_2-p_1v_1$ 之和）并未对机器做功，而全部转变为工质的动能，如图 5-2 所示。

将上式写成微分形式，即

$$\frac{\mathrm{d}c^2}{2}=-v\mathrm{d}p \tag{a}$$

或

$$c\,\mathrm{d}c=-v\mathrm{d}p \tag{b}$$

式（b）两边各乘以 $\frac{1}{c^2}$，等式右边分子分母再乘以 k、p，得

$$\frac{\mathrm{d}c}{c}=-\frac{kpv}{kc^2}\frac{\mathrm{d}p}{p} \tag{c}$$

将上节声速方程式 $a=\sqrt{kpv}$ 代入式（c），并用马赫数来表示，得

$$\frac{\mathrm{d}c}{c}=-\frac{1}{kMa^2}\frac{\mathrm{d}p}{p} \tag{5-7}$$

从上式可见，$\mathrm{d}c$ 与 $\mathrm{d}p$ 的符号始终是相反的。说明工质在流动中，如压力降低（工质膨胀），则流速增加；如压力升高（工质被压缩），则流速必降低。这是由于压力降低时技术功是正的，故工质动能增加，即速度增加；压力升高时技术功是负的，故工质动能减少，即速度降低。反之，如要使工质的速度增加，必须使工质有机会在适当条件下膨胀以减低其压力，火箭的尾喷管、气轮机的喷管就是使气流膨胀以获得高速流动的设备。反之，如要获得高压气流，则必须使高速流动的工质在适当条件下降低其流速。叶轮式压气机、涡轮喷气式发动机和引射式压缩器的扩压管，均是使高速气流降低速度而获得高压气体的设备。

同时，由于工质绝热膨胀，使压力降低，温度必随之降低；反之，工质被绝热压缩时，压力增高，温度也必随之升高。

对于可逆绝热流动中压力与比体积的变化关系，可由式（5-3）得出如下关系

$$k\frac{\mathrm{d}v}{v}=-\frac{\mathrm{d}p}{p}$$

可见 $\mathrm{d}p$ 与 $\mathrm{d}v$ 的符号是相反的。

综上所述，可得出工质在管内作可逆绝热流动时参数变化关系如下。

（1）$\mathrm{d}c>0,\mathrm{d}p<0,\mathrm{d}v>0,\mathrm{d}T<0$ 这说明工质作绝热膨胀流动时，速度增加，压力降低，比体积增加，温度降低。这种使工质压力降低，速度增大的管道通常称其为喷管。蒸汽轮机及燃气轮机中都装有喷管，以获得高速气流推动轮机叶片而做功。

（2）$\mathrm{d}c<0,\mathrm{d}p>0,\mathrm{d}v<0,\mathrm{d}T>0$ 这说明工质在绝热压缩流动时，速度降低，压力增加，比体积减小，温度升高。这种使工质压力增加，速度降低的管道通常称其为扩压管。叶轮式压气机中，就是利用扩压管使高速气流降速增压以获得高压气体。

5.2.2 工质流动截面变化规律

由连续性方程（5-1b）式变化得到

$$\frac{\mathrm{d}A}{A}=\frac{\mathrm{d}v}{v}-\frac{\mathrm{d}c}{c}$$

由上式可以看出，当流速变化时，气流截面面积的变化规律与工质比体积的变化率与速度的变化率之差有关，如工质速度的变化率较比体积的变化率大$\left(\dfrac{dc}{c}>\dfrac{dv}{v}\right)$，则截面积应逐渐缩小$\left(\dfrac{dA}{A}<0\right)$，如图 5-3（a）所示。反之，如比体积的变化率较速度的变化率大$\left(\dfrac{dv}{v}>\dfrac{dc}{c}\right)$，则截面应渐扩，如图 5-3（b）所示。如流动时，先是速度变化率快，后来比体积的变化率又超过了速度的变化率，则截面应先渐缩再渐扩，如图 5-3（c）所示。

将式（5-3）代入式（5-7）可得

$$\frac{dv}{v}=Ma^2\frac{dc}{c} \tag{5-8}$$

式（5-8）表明，在绝热可逆流动中，气体比体积的变化率和流速变化率之间的关系与工质的马赫数有关。在亚声速流动范围内，由于 $Ma<1$，所以 $dv/v<dc/c$，此时 $dA<0$，截面渐缩，如图 5-3（a）所示；在超声速流动范围内，由于 $Ma>1$，所以 $dv/v>dc/c$，则 $dA>0$，此时截面渐扩，如图 5-3（b）所示。可见，管道内亚声速流动和超声速流动的特性是不同的。

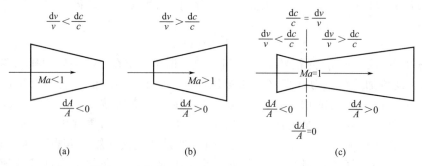

图 5-3　喷管截面变化（$dc>0$，$dp<0$，$dv>0$）

将式（5-8）代入连续性方程式（5-1a），整理可得

$$\frac{dA}{A}=(Ma^2-1)\frac{dc}{c} \tag{5-9}$$

若工质通过喷管，$dc>0$，$dp<0$，$dv>0$，即气体因绝热膨胀，压力降低、流速增加，由式（5-9）可得出截面的变化规律是：

$Ma<1$，亚声速流动，$\dfrac{dv}{v}<\dfrac{dc}{c}$，则 $\dfrac{dA}{A}<0$，气流截面收缩；

$Ma=1$，声速流动，$\dfrac{dv}{v}=\dfrac{dc}{c}$，则 $\dfrac{dA}{A}=0$，气流截面缩至最小；

$Ma>1$，超声速流动，$\dfrac{dv}{v}>\dfrac{dc}{c}$，则 $\dfrac{dA}{A}>0$，气流截面扩张。

在工程应用中选择喷管的原则是：当工质进入喷管的速度低于当地声速时，欲使流速增加，应采用渐缩喷管$\left(\dfrac{dA}{A}<0\right)$。出喷管的速度，一般比当地声速小（$Ma<1$），最多等于当地声速（$Ma=1$），绝不会超过当地声速（因为 $Ma>1$ 时必须 $\dfrac{dA}{A}>0$，而渐缩喷管是 $\dfrac{dA}{A}<0$，即喷管截面已由渐缩转变为渐扩了）。而当工质进入喷管的速度等于或高于当地声速（$Ma\geqslant1$）时，欲使流速增加，应采用渐扩喷管$\left(\dfrac{dA}{A}>0\right)$。如工质进入喷管的速度低于当地声速

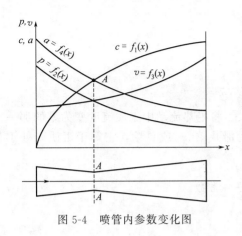

图 5-4 喷管内参数变化图

（$Ma<1$），而要求出口速度高于当地声速（$Ma>1$）时，则应采用拉伐尔喷管，即渐缩渐扩喷管。在渐缩部分速度增至当地声速（$Ma=1$），再经渐放部分速度继续增加，超过当地声速（$Ma>1$）。在工质速度等于当地声速（$Ma=1$）处，就是喷管通道形状的转折处（最小截面）$\dfrac{\mathrm{d}A}{A}=0$。气体流经喷管作充分膨胀时，状态参数 p 和 v、速度 c、声速 a 的变化关系如图 5-4 所示

若工质通过扩压管：$\mathrm{d}c<0$，$\mathrm{d}p>0$，$\mathrm{d}v<0$，即气体因绝热压缩，压力升高、流速降低，由式（5-9）可得出气流截面的变化规律是：

$Ma<1$，亚声速流动，$\dfrac{\mathrm{d}v}{v}<\dfrac{\mathrm{d}c}{c}$，则 $\dfrac{\mathrm{d}A}{A}>0$，气流截面扩张；

$Ma=1$，声速流动，$\dfrac{\mathrm{d}v}{v}=\dfrac{\mathrm{d}c}{c}$，则 $\dfrac{\mathrm{d}A}{A}=0$，气流截面缩至最小；

$Ma>1$，超声速流动，$\dfrac{\mathrm{d}v}{v}>\dfrac{\mathrm{d}c}{c}$，则 $\dfrac{\mathrm{d}A}{A}<0$，气流截面收缩。

可见，超声速工质在扩压管中流动，欲使流速降低，压力升高，则应采用渐缩形喷管 $\left(\dfrac{\mathrm{d}A}{A}<0\right)$。如工质以亚声速流动，欲使流速降低，压力升高，则应采用渐扩形喷管 $\left(\dfrac{\mathrm{d}A}{A}>0\right)$。如超声速工质进入扩压管，要求出口流速为亚声速，则应采用渐缩渐扩形（即拉伐尔喷管），也称缩放形喷管。拉伐尔喷管的最小截面处称为喉部，喉部处工质流速即是声速 $\left(\dfrac{\mathrm{d}A}{A}=0\right)$。要确定一管道是喷管还是扩压管，不决定于管道形状，而取决于管道中工质状态的变化，见表 5-1。

表 5- 1　喷管与扩压管示意图

管形 种类	流动状态	$Ma<1$	$Ma>1$
喷管　$\mathrm{d}c>0$　$\mathrm{d}p<0$		$\dfrac{\mathrm{d}A}{A}<0$	$\dfrac{\mathrm{d}A}{A}>0$
扩压管　$\mathrm{d}c<0$　$\mathrm{d}p>0$		$\dfrac{\mathrm{d}A}{A}>0$	$\dfrac{\mathrm{d}A}{A}<0$

5.3　喷管的计算

喷管的计算通常有设计和校核两种类型，其中设计是指根据已知的流动条件（如流量、工质初态参数及喷管出口截面的工作压力等），进行喷管的设计计算，目的是选择喷管形状和确定其尺寸。校核是指对已有的喷管进行校核计算，此时喷管形状和尺寸已定，要确定在不同流动条件下的流量和出口流速。在这两种喷管的计算中，流速和流量的计算是必不可少的。

5.3.1 流速计算

由式（5-2）
$$h_2 - h_1 = \frac{1}{2}c_1^2 - \frac{1}{2}c_2^2$$

得
$$h_1 + \frac{1}{2}c_1^2 = h_2 + \frac{1}{2}c_2^2 = h + \frac{1}{2}c^2 = 常数$$

由上式可见，流速趋近于零处的焓值将增至最大。将绝热流动中工质流度变为零的那一点称为滞止点。工质在滞止点处（$c=0$）的焓值称为滞止焓 h_0 或总焓，它等于工质未处于滞止时的焓与动能的总和，即

$$h_0 = h_1 + \frac{c_1^2}{2} = h_2 + \frac{c_2^2}{2} = 常数 \tag{5-10}$$

式中　c_1，c_2——喷管进、出口截面上的流速，m/s；

　　　h_1，h_2——进、出口截面上的焓值，kJ/kg。

同理，滞止点的压力、温度和比体积分别称为滞止压力 p_0、滞止温度 T_0 及滞止比体积 v_0。

由式（5-10）可知工在喷管中绝热流动时任一截面上的流速 c 可由下式计算。

$$c = \sqrt{2(h_0 - h)} \tag{5-11}$$

出口截面上流速 c_2

$$c_2 = \sqrt{2(h_0 - h_2)} = \sqrt{2(h_1 - h_2) + c_1^2} \tag{5-12a}$$

通常情况下，入口速度 c_1 较小时，可忽略不计，则由式（5-12a）可得

$$c_2 \approx \sqrt{2(h_1 - h_2)} \tag{5-12b}$$

式（5-12）适用于一切工质，而与过程是否可逆无关。对于蒸汽，初、终两态的焓值可由初、终两态的压力、温度在 h-s 图上准确地确定。

如工质为理想气体，若取比热容为定值（或平均值），因 $h = c_p T$ 且 $c_p = \dfrac{kR}{k-1}$，代入式（5-12a），则得

$$c_2 = \sqrt{2(h_0 - h_2)} = \sqrt{2c_p(T_0 - T_2)}$$

即
$$c_2 = \sqrt{2\frac{kR}{k-1}(T_0 - T_2)} = \sqrt{2\frac{kRT_0}{k-1}\left[1 - \left(\frac{p_2}{p_0}\right)^{\frac{k-1}{k}}\right]} \tag{5-13a}$$

或
$$c_2 = \sqrt{2\frac{kp_0 v_0}{k-1}\left[1 - \left(\frac{p_2}{p_0}\right)^{\frac{k-1}{k}}\right]} \tag{5-13b}$$

因为工质在流动过程中按 $pv^k =$ 常数的定熵变化规律，再利用公式 $\dfrac{c_2^2 - c_1^2}{2} = -\int_1^2 v\,\mathrm{d}p$，

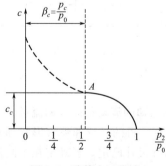

图 5-5　喷管出口流速

也可导得与上式相同的公式。此式只适用于理想气体定熵流动。由于滞止参数取决于进口截面上气体的参数，故出口截面的流速 c_2 决定于气体在喷管进、出口截面上的参数。当初态一定时，流速依出口截面上的压力 p_2 与滞止压力 p_0 之比而变，如图 5-5 所示。当入口速度 c_1 较小时，可用进口截面上的压力 p_1 代替滞止压力 p_0。从图中可以看出，当 $p_2/p_0 = 1$ 时，即出口截面压力等于滞止压力时，出口速度 $c_2 = 0$，气体不会流动；当 p_2/p_0 逐渐减小时，出口速度 c_2 逐渐增加，初期增加较快，以后逐渐减慢。当出口压力 p_2

趋向于零时，出口流速趋于最大值。此时，$c_{2,\max} = \sqrt{2\dfrac{k}{k-1}p_0 v_0} = \sqrt{2\dfrac{k}{k-1}RT_0}$。此速度实际上不可能达到，因压力趋于零时比体积趋于无穷大，即要求出口截面面积无穷大，这显然是不可能的。

式（5-13）这一结论近似地对蒸汽也可适用，但 k 是纯经验数字，$k \neq \dfrac{c_p}{c_v}$，不再具有绝热指数的意义。

5.3.2 临界参数及临界压力比

由图 5-4 可见，工质在喷管中从亚声速变为超声速（或在扩压管中从超声速变为亚声速）发生在通道形状转折处，即最小截面处 A—A。此时工质的速度等于当地声速（曲线 c 与曲线 a 相交点）。这时工质的状态称为临界状态，相应的参数称为临界参数，如临界压力 p_c、临界比体积 v_c、临界速度 c_c。喷管最小截面处的速度，即临界速度，仍可用式（5-13）求得，但此时 $p_2 = p_c$，将其代入式（5-13b）可得

$$c_2 = \sqrt{2\frac{k}{k-1}p_0 v_0 \left[1 - \left(\frac{p_c}{p_0}\right)^{\frac{k-1}{k}}\right]}$$

由于此处流速等于当地声速，即 $c_2 = \sqrt{k p_c v_c}$，即

$$2\frac{k}{k-1}p_0 v_0 \left[1 - \left(\frac{p_c}{p_0}\right)^{\frac{k-1}{k}}\right] = k p_c v_c$$

因为 $v_c = v_0 \left(\dfrac{p_0}{p_c}\right)^{\frac{1}{k}}$，代入上式

$$2\frac{k}{k-1}p_0 v_0 \left[1 - \left(\frac{p_c}{p_0}\right)^{\frac{k-1}{k}}\right] = k p_c v_0 \left(\frac{p_c}{p_0}\right)^{\frac{k-1}{k}}$$

$$\frac{2}{k-1}\left[1 - \left(\frac{p_c}{p_0}\right)^{\frac{k-1}{k}}\right] = \left(\frac{p_c}{p_0}\right)^{\frac{k-1}{k}} \tag{5-14}$$

将临界压力与滞止压力之比 $\dfrac{p_c}{p_0}$ 用 β_c 表示，称为临界压力比。得

$$\beta_c = \frac{p_c}{p_0} = \left(\frac{2}{k+1}\right)^{\frac{k}{k-1}} \tag{5-15}$$

由上式可见，临界压力比 β_c 只是绝热指数 $k = \dfrac{c_p}{c_v}$ 的函数，而与工质的初态参数无关。临界压力比是分析管内流动的一个非常重要的数值，利用它可以计算出当压力降低多少时，流速可达当地声速。在喷管设计中，可以作为喷管选形的准则。由式（5-15）可以看出，临界压力比仅取决于流体的性质，当流体性质一定时，临界压力比就是一个定值。

对于理想气体，如取定值比热容，则有

单原子理想气体　　　$k = 1.67$，$\beta_c = 0.487$

双原子理想气体　　　$k = 1.4$，$\beta_c = 0.528$

多原子理想气体　　　$k = 1.3$，$\beta_c = 0.546$

对于水蒸气，k 为纯经验数值，其值与水蒸气的状态有关，如

干饱和蒸汽 $\qquad k=1.135$，$\beta_c=0.577$

过热水蒸气 $\qquad k=1.30$，$\beta_c=0.546$

将临界压力比公式（5-15）代入式（5-13b），此时 $p_2=p_c$ 得

$$c_c=\sqrt{2\frac{k}{k+1}p_0v_0} \tag{5-16}$$

对于理想气体

$$c_c=\sqrt{2\frac{k}{k+1}RT_0} \tag{5-16a}$$

由于滞止参数由工质进口的初态参数确定，故而临界流速只取决于工质进口截面上的初态参数，对于理想气体则仅取决于滞止温度。

5.3.3 流量计算

根据连续性方程式（5-1）

$$q_{m1}=q_{m2}=\frac{A_1c_1}{v_1}=\frac{A_2c_2}{v_2}=Ac=q_m=常数$$

可知，当管道任意截面的面积 A、流速 c 及比体积 v 已知时，即可求出流量 q_m。或者，当 q_m、c、v 已知时可确定管道截面积 A。对于渐缩喷管通常取出口截面为 A_2，则

$$\frac{A_2c_2}{v_2}=\frac{Ac}{v}=q_m$$

将式（5-13b）和 $v_2=v_0\left(\dfrac{p_0}{p_2}\right)^{\frac{1}{k}}$ 代入上式，得

$$q_m=A_2\sqrt{2\frac{k}{k-1}\frac{p_0}{v_0}\left[\left(\frac{p_2}{p_0}\right)^{\frac{2}{k}}-\left(\frac{p_2}{p_0}\right)^{\frac{k+1}{k}}\right]} \tag{5-17}$$

式（5-17）表明，工质的流量随喷管的出口截面积、工质入口截面的初态参数（当入口速度可忽略时，可将入口状态近似认为是滞止状态）以及出口截面处的压力而定。当进口截面参数保持不变（此时滞止参数不变），且渐缩喷管出口截面 A_2 一定时，流量仅随出口截面压力与滞止压力之比 $\left(即\dfrac{p_2}{p_0}\right)$ 而变，如图 5-6 所示。当 $\dfrac{p_2}{p_0}$ 减小时，即出口压力 p_2 逐渐降低时，流量则逐渐增大（按 ac 曲线变化）。p_2 降至某一压力时，流量达最大值。若 p_2 再降低，则流量将沿虚线 $c0$ 而减小，以后将看到，虚线部分实际上并不出现。这是因为，在临界点 c 点之后，若气流继续膨胀，则气流的速度要增至超声速，气流的截面要逐渐扩大，而渐缩喷管不能提供气流展开所需的空间，故气流在渐缩喷管中只能膨胀到 $p_2=p_c$ 为止，出口截面上的流速也只能达到当地声速 $c_2=c_c=\sqrt{2\dfrac{k}{k+1}p_0v_0}$，故而流量 q_m 维持达临界时的值不变。将此时之压力比，即临界压力比代入式（5-17），即得

$$q_{m,max}=A_2\sqrt{2\frac{k}{k+1}\left(\frac{2}{k+1}\right)^{\frac{2}{k-1}}\frac{p_0}{v_0}} \tag{5-18}$$

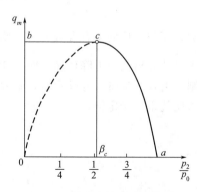

图 5-6 渐缩喷管流量变化图

流量达最大值时的出口压力，可由式（5-17）中方括号

内的式子 $\left(\dfrac{p_2}{p_0}\right)^{\frac{2}{k}} - \left(\dfrac{p_2}{p_0}\right)^{\frac{k+1}{k}}$ 为最大值来确定。现将该式对 $\dfrac{p_2}{p_0}$ 求导数，并使它等于零，即

$$\dfrac{\mathrm{d}\left[\left(\dfrac{p_2}{p_0}\right)^{\frac{2}{k}} - \left(\dfrac{p_2}{p_0}\right)^{\frac{k+1}{k}}\right]}{\mathrm{d}\left(\dfrac{p_2}{p_0}\right)} = 0$$

$$\dfrac{2}{k}\left(\dfrac{p_2}{p_0}\right)^{\frac{2-k}{k}} - \dfrac{k+1}{k}\left(\dfrac{p_2}{p_0}\right)^{\frac{1}{k}} = 0$$

则

$$\dfrac{p_2}{p_0} = \left(\dfrac{2}{k+1}\right)^{\frac{k}{k+1}} = \dfrac{p_c}{p_0} = \beta_c$$

可见，流量达最大值时，出口压力和滞止压力之比就等于临界压力比 β_c，出口压力等于临界压力 $p_c = \beta_c p_0$。

实验证明，当渐缩喷管出口外的压力（称为背压）p_b 降到临界压力 p_c 以前，即 $p_b > p_c$ 时，流量按照 ac 曲线变化；当背压 p_b 降低到等于临界压力 p_c，即 $p_b = p_c$ 时，流量为最大值；如背压 p_b 继续下降至低于临界压力 p_c，即 $p_b < p_c$，则实际流量一直保持最大值不变，故实际过程中流量按 acb 曲线变化。

实验结果与式（5-17）的分析之间的矛盾在哪里？现讨论如下：流体的某部分受到一个微弱扰动时，这个扰动产生的纵波，以声速传到流体的其他部分。因此可认为，喷管出口处的工质压力（背压 p_b）的变化也是一个局部扰动，这个扰动以声速传向工质上游而影响喷管出口处的工质参数。所以当喷管出口速度低于当地声速（$c < a$）时，则背压变化所产生的扰动波就以声速向上游传播，使喷管出口处工质的参数随之改变；当喷管出口速度达到声速后，背压变化所产生的扰动波不能再向上游传播，此时喷管出口处的压力 p_2 等于背压 p_b，且等于临界压力 p_c。这犹如逆水行舟，若船的航速等于水速，则船就在原处不动，只有船速超过水速时，才能逆水而进。因此，如背压 $p_b < p_c$，则喷管出口处压力 p_2 将不受背压变化的影响而一直等于临界压力 p_c，不再改变，所以流量也一直保持为最大流量。

若喷管为缩放喷管，流量的计算仍可用式（5-17），式中 A_2 为喉部面积，而 $\dfrac{p_2}{p_0}$ 相应的变为 $\dfrac{p_c}{p_0}$。

例 5-1　空气由输气管送来，管端接一出口截面面积 $A_2 = 10\,\mathrm{cm}^2$ 的渐缩喷管，进入喷管前空气的压力 $p_1 = 2.5\,\mathrm{MPa}$，温度 $T_1 = 353\,\mathrm{K}$，速度 $c_1 = 35\,\mathrm{m/s}$。已知喷管出口处背压 $p_b = 1.5\,\mathrm{MPa}$。若空气可作为理想气体，比热容取定值，且 $c_p = 1.004\,\mathrm{kJ/(kg \cdot K)}$，$k = 1.4$。试确定空气经喷管射出的速度、流量以及出口截面上空气的比体积 v_2 和温度 T_2。

解　先求滞止参数。因空气作为理想气体且比热容为定值，由式（5-10）$h_0 = h_1 + \dfrac{c_1^2}{2}$ 得

$$T_0 = T_1 + \dfrac{c_1^2}{2c_p} = 353 + \dfrac{35^2}{2 \times 1.004} = 353.8\,(\mathrm{K})$$

管内流动为绝热流动，故

$$p_0 = p_1 \left(\frac{T_0}{T_1}\right)^{\frac{k}{k-1}} = 2.5 \times 10^6 \times \left(\frac{353.8}{353}\right)^{\frac{1.4}{1.4-1}} = 2.515 \times 10^6 \,(\text{Pa})$$

由理想气体状态方程可得

$$v_0 = \frac{RT_0}{p_0} = \frac{0.287 \times 353.8}{2515} = 0.0404 \,(\text{m}^3/\text{kg})$$

计算临界压力。由式（5-15）得

$$\beta_c = \left(\frac{2}{k+1}\right)^{\frac{k}{k-1}} = 0.528$$

故

$$p_c = \beta_c p_0 = 0.528 \times 2.51 \times 10^6 = 1.328 \times 10^6 \,(\text{Pa})$$

因为 $p_b > p_c$，所以空气在喷管内只能膨胀到 $p_2 = p_b$，即 $p_2 = 1.5$（MPa）。

计算出口截面状态参数

$$v_2 = v_0 \left(\frac{p_0}{p_2}\right) = 0.404 \times \left(\frac{2.515}{1.5}\right)^{1/1.4} = 0.0584 \,(\text{m}^3/\text{kg})$$

$$T_2 = \frac{p_2 v_2}{R} = \frac{1.5 \times 10^6 \times 0.0584}{287} = 305.2 \,(\text{K})$$

计算出口截面上的流速和喷管流量

$$c_2 = \sqrt{2(h_0 - h_1)} = \sqrt{2c_p(T_0 - T_2)} = \sqrt{2 \times 1004 \times (353.8 - 305.2)} = 312.2 \,(\text{m/s})$$

$$q_m = \frac{A_2 c_2}{v_2} = \frac{10 \times 10^{-4} \times 312.2}{0.0584} = 5.35 \,(\text{kg/s})$$

由上例中可以看出，喷管的进口速度较小，与出口速度相比可以忽略，为计算简便，可以用进口的初态参数代替滞止参数进行计算，其结果相差不大，读者可就例 5-1 自行验证。

5.3.4 喷管设计

喷管的设计主要包括两方面内容，首先是根据所给的已知条件（一般是喷管进口处工质参数 p_1、t_1、背压 p_b 以及流量），确定喷管形状。然后再根据给定的流量计算喷管的主要尺寸。

（1）确定喷管形状　要求所选择的喷管形状（渐缩形或缩放形）要满足工质作定熵膨胀所需要的形状，以保证工质在喷管中获得最充分的膨胀，使工质从进口处的压力 p_1 充分膨胀至给定的背压值 p_b，达到使技术功全部转换成动能的目的。如果选形不当，会阻碍能量的充分转换，从而引起能量的损失。由前面的讨论可知，喷管形状应根据背压与临界压力的关系而定，现归纳如表 5-2 所示。

表 5-2　喷管形状的选择原则

背压 p_b 与临界压力 p_c 的关系	应选择的喷管形状	出口速度 c_2 与声速 a 的关系
$p_b > p_c$	渐缩	$c_2 < a$
$p_b = p_c$	渐缩	$c_2 = a$
$p_b < p_c$	缩放（先渐缩再渐扩）	$c_2 > a$

（2）喷管主要尺寸计算　在正确选择了喷管的形状后，为满足给定的流动要求，还要确定喷管的截面尺寸。喷管进口截面的大小，在一定的流量下，只影响进口速度 c_1，与喷管内的流动规律无关。实际上对进口截面并不计算，只要使它大于出口截面（渐缩喷管）或喉部截面（缩放喷管），保证应有的管形就可以了。至于出口截面，则不论哪种形式的喷管都必需计算，如是缩放喷管，除了出口截面外，还要计算喉部（即最小）截面，及渐扩段的长度。介于进口、喉部以及出口间的其他截面，由于从给定的初态经可逆绝热膨胀到一定的终压，其过程中各点的 p、v、c 都有确定的数值，各点的截面也就相应可确定。这些截面的大小稍有出入会影响到流动的不可逆性的大小，但是在工程实践中常考虑加工方便，一般对中间截面不作严格的要求而取直线形。

对于渐缩喷管，主要尺寸计算是求出口截面面积，计算方法主要有如下两种。

① 当流量及出口流速已知时，可由连续性方程计算如下

$$A_2 = \frac{q_m v_2}{c_2} \tag{5-19}$$

② 当流量及进口参数和背压（此时应等于气流出口截面压力 p_2）给定时，在进口速度可以忽略的前提下，由下式计算出口截面面积

$$A_2 = \frac{q_m}{\sqrt{2 \dfrac{k}{k-1} \dfrac{p_1}{v_1} \left[\left(\dfrac{p_2}{p_1} \right)^{\frac{2}{k}} - \left(\dfrac{p_2}{p_1} \right)^{\frac{k+1}{k}} \right]}} \tag{5-20}$$

式（5-20）是在忽略进口速度的前提下推导得出，可参照式（5-17）的推导过程，请读者自行推导。

对于缩放喷管，主要尺寸计算需求得喉部截面面积 $A_{\min}$、出口截面面积 A_2 及扩展部分长度 l。

出口截面面积 A_2 的计算方法同式（5-19）及式（5-20）。

喉部截面面积 $A_{\min}$ 的计算，由于工质在喉部处于临界状态，速度为临界速度，故而流量应为最大值。喉部截面面积 $A_{\min}$ 可按下式求得

$$A_{\min} = \frac{q_{m,\max}}{\sqrt{2 \dfrac{k}{k+1} \left(\dfrac{2}{k+1} \right)^{\frac{2}{k-1}} \dfrac{p_0}{v_0}}} \tag{5-21}$$

若临界点的参数已知，也可由连续性方程计算如下

$$A_{\min} = \frac{q_m v_c}{c_c} \tag{5-22}$$

扩展部分长度 l 无一定标准，依经验而定。如管道过长，则由摩擦引起的不可逆损失增大；管道若过短，则导致管道截面积扩张过大，使气流与管壁分离，产生涡流，同样会引起能量损失，不利于能量转换。根据经验，通常取顶锥角（图 5-7） θ 在 $8° \sim 12°$ 之间，并有

$$l = \frac{d_2 - d_{\min}}{2 \tan \dfrac{\theta}{2}} \tag{5-23}$$

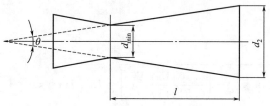

图 5-7　缩放喷管

例 5-2　已知某喷管进口截面上的空气状态参数为 $p_1 = 0.5\text{MPa}$，$T_1 = 773\text{K}$，$c_1 =$

111.46m/s，出口截面参数：压力 $p_2 = 0.1042$ MPa，质量流量 $q_m = 1.5$ kg/s。取比定压热容 $c_p = 1.004$ kJ/(kg·K)，$k = 1.4$。试设计此喷管。

解 （1）求滞止参数

由式（5-10）可得

$$T_0 = T_1 + \frac{c_1^2}{2c_p} = 773 + \frac{111.46^2}{2 \times 1.004 \times 10^3} = 779.19 (\text{K})$$

设管内流动为定熵流动，故

$$p_0 = p_1 \left(\frac{T_0}{T_1}\right)^{\frac{k}{k-1}} = 0.5 \times \left(\frac{779.19}{773}\right)^{\frac{1.4}{1.4-1}} = 0.51415 (\text{MPa})$$

由理想气体状态方程可得

$$v_0 = \frac{RT_0}{p_0} = \frac{0.287 \times 779.19}{514.15} = 0.4349 (\text{m}^3/\text{kg})$$

（2）选择喷管形状

比较背压 p_b 与临界压力 p_c 的大小选择管形。由式（5-15）得

$$\beta_c = \left(\frac{2}{k+1}\right)^{\frac{k}{k-1}} = 0.528$$

故
$$p_c = \beta_c p_0 = 0.528 \times 0.51415 = 0.27147 (\text{MPa})$$

由题意知：$p_b = p_2 = 0.1042$ MPa，所以 $p_b < p_c$，由表 5-1 可知选择缩放喷管。

（3）喷管参数计算

喉部气体状态参数

临界比体积
$$v_c = v_0 \frac{p_0}{p_c} = 0.4349 \times \frac{0.51415}{0.27147} = 0.6862 (\text{m}^3/\text{kg})$$

临界温度
$$T_c = \frac{p_c v_c}{R} = \frac{271.47 \times 0.6862}{0.287} = 649.1 (\text{K})$$

出口截面上气体状态参数

出口截面气体温度
$$T_2 = T_0 \left(\frac{p_2}{p_0}\right)^{\frac{k-1}{k}} = 779.19 \times \left(\frac{0.1042}{0.51415}\right)^{\frac{1.4-1}{1.4}} = 494.4 (\text{K})$$

出口截面上气体比体积
$$v_2 = \frac{RT_2}{p_2} = \frac{0.287 \times 494.4}{104.2} = 1.362 (\text{m}^3/\text{kg})$$

临界流速由式（5-16a）得

$$c_c = \sqrt{2 \frac{k}{k+1} RT_0} = \sqrt{2 \times \frac{1.4}{1.4+1} \times 287 \times 779.19} = 510.8 (\text{m/s})$$

临界流速也可由式 $c_c = \sqrt{2c_p(T_0 - T_c)}$ 计算得出。

出口截面气体流速：由式（5-14b）得

$$c_2 = \sqrt{2 \frac{k}{k-1} p_0 v_0 \left[1 - \left(\frac{p_2}{p_0}\right)^{\frac{k-1}{k}}\right]}$$

$$= \sqrt{2 \times \frac{1.4}{1.4-1} \times 0.51415 \times 10^6 \times 0.4349 \times \left[1 - \left(\frac{0.10415}{0.51415}\right)^{\frac{1.4-1}{1.4}}\right]} = 757.7 (\text{m/s})$$

此速度也可由式（5-14a）$c_2 = \sqrt{2(h_0 - h_2)} = \sqrt{2c_p(T_0 - T_2)}$ 求得。

（4）喷管尺寸计算

喉部截面积：由连续性方程得

$$A_{\min}=A_c=\frac{q_m v_c}{c_c}=\frac{1.5\times 0.6862}{510.8}=20.15(\mathrm{cm}^2)$$

出口截面积

$$A_2=\frac{q_m v_2}{c_2}=\frac{1.5\times 1.362}{757.5}=26.97(\mathrm{cm}^2)$$

喉部截面积与出口截面积也可由式（5-20）推得。

渐扩段长度：取锥顶角为10°计算渐扩段长度 l

$$l=\frac{d_2-d_{\min}}{2\tan\frac{\theta}{2}}=\frac{\sqrt{\frac{4A_2}{\pi}}-\sqrt{\frac{4A_{\min}}{\pi}}}{2\tan\frac{\theta}{2}}=\frac{\sqrt{\frac{4\times 26.97}{3.14}}-\sqrt{\frac{4\times 20.15}{3.14}}}{2\times\tan 5°}=4.51(\mathrm{cm})$$

5.4　摩阻对绝热流动的影响

前面讨论了工质在喷管内的可逆绝热流动，这是一种理想的流动状态。实际上，在喷管内流动过程中，工质内部以及工质与管壁之间不可避免地存在着摩擦。要克服摩擦必然会引起部分动能损失。损失的这部分动能又转化成热能被工质吸收，所以喷管内的实际流动过程是不可逆的。损失的那部分动能的大小决定于气体或蒸汽的黏性、管道形状、流速的大小以及管壁的粗糙度等。忽略与外界的热交换，则过程中熵流为零。由于摩擦引起的熵产大于零，因而过程中熵变大于零。

由于动能减少，有摩擦的流动较之相同压降范围内的可逆流动，出口速度 c_2' 要小。稳定流动能量方程式（5-2）仅要求过程绝热和不做功，对过程是否可逆及工质性质无任何限制，故也可用于气体的不可逆绝热流动，此时式（5-2）可写成

$$h_0=h_1+\frac{c_1^2}{2}=h_2+\frac{c_2^2}{2}=h_2'+\frac{c_2'^2}{2}$$

式中　h_2'——出口截面上工质的实际焓值，kJ/kg；

　　　c_2'——出口截面上工质的实际速度值，m/s。

由此求得

$$c_2'=\sqrt{2(h_0-h_2')} \tag{5-24}$$

如图5-8所示气体的绝热过程图所示，如果流动过程是可逆绝热的，则该过程可在 h-s 图和 T-s 图上以02线段表示，在具有摩擦的绝热流动中，由于工质熵的增加，从同一初态出发的实际过程线02'总是位于可逆过程线02的右边，此时 $s_2'>s_2$。在相同压力降 $\Delta p=p_0-p_2$ 下，具有摩擦流动的工质终态焓值为 h_2'、终温为 T_2'，由于在 h-s 图上定压线具有正的斜率，所以 $h_2'>h_2$；至于终温 T_2'，则 $T_2'>T_2$；若工质为蒸汽，则 $T_2'\geqslant T_2$，决定于终点位于过热区还是湿饱和区。

工程中常用速度系数 φ 或能量损失系数 ξ 来表示实际喷管在工作时的不可逆程度。速度系数的定义为喷管的实际出口速度与理想出口速度之比，用 φ 表示，即

$$\varphi = \frac{c_2'}{c_2} \tag{5-25}$$

式中 c_2'——气流在喷管出口截面上的实际流速，m/s；

c_2——理想可逆流动时的流速，m/s。

速度系数为一经验值，由气体黏度、喷管形状及加工精度决定。一般取值为 0.92～0.98。渐缩喷管的速度系数较大，缩放喷管则较小（因缩放喷管相对较长，且超声速气流的摩擦损耗较大）。

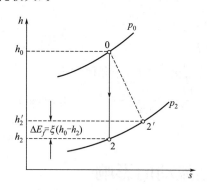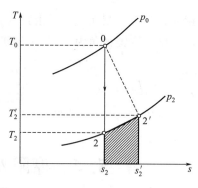

图 5-8 气体的绝热过程图

当工质在喷管内的流动存在摩擦时，使部分动能不可逆地转变为摩擦热，并被工质吸收。吸收的摩擦热中的一部分在流动过程中重新转变为工质的动能，摩擦热中未转变为动能的剩余部分才是流动中动能的损失，用 ΔE_f 表示，即

$$\Delta E_f = \frac{c_2^2 - c_2'^2}{2} \tag{5-26}$$

将式（5-25）代入上式可得

$$\Delta E_f = \frac{c_2^2 - \varphi^2 c_2^2}{2} = (1 - \varphi^2)\frac{c_2^2}{2}$$

能量损失系数定义为喷管中损失的动能与理想动能之比，用 ξ 表示，即

$$\xi = \frac{\Delta E_f}{c_2^2/2} = 1 - \varphi^2 \tag{5-27}$$

在喷管计算中，如考虑到摩擦引起的不可逆损失，计算喷管出口流速 c_2' 时，可先算出相同压力降内可逆流动时的流速 c_2，再乘以速度系数 φ 来修正不可逆损失，按式（5-25）即可求得出口流速。

5.5 绝热节流

气体或蒸气在管道中流动时，流经截面突然缩小的闸门、孔口、多孔塞等装置后，又进入截面和原来相同或相近的管道。这种由于截面突变，气流局部受阻，造成压力降低的现象称为节流。若节流过程中，气流与外界既无热量交换又无功量交换，则称为绝热节流。

5.5.1 焦耳-汤姆逊效应

1852 年，焦耳和汤姆逊进行了一项实验。如图 5-9 所示，在一个圆形绝热筒的中部，放置一个多孔塞，且使多孔塞的两边维持一定的压力差。使压力恒为 p_1、温度恒为 t_1 的某

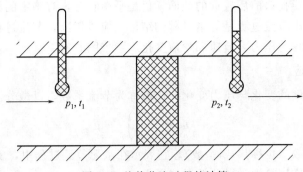

图 5-9　绝热节流过程的计算

种气体，连续地流过多孔塞，并保持多孔塞右侧的压力恒为 p_2，测出温度 t_2。一般情况下，$t_2 \neq t_1$。这种气流温度在节流前后发生变化的现象称为焦-汤效应。

设某定量气体在 p_1、t_1 状态所占体积为 V_1，节流后，在 p_2、t_2 状态下所占体积为 V_2，则气体在左侧得到功 $p_1 V_1$，在右侧对外做功 $p_2 V_2$，净功为

$$W = p_2 V_2 - p_1 V_1$$

由于过程是绝热的，$Q = 0$，故依热力学第一定律有

$$U_2 - U_1 = -W = p_1 V_1 - p_2 V_2$$
$$H_2 = H_1$$

可见，在绝热节流过程前后，气体焓值不变，故绝热节流也称为等焓节流。

气流温度在节流前后的变化因工质的性质而异。对理想气体，因焓是温度的单值函数，故节流前后温度不变。对实际气体，由于焓是温度和压力的函数，所以节流前后虽焓值不变，温度却会发生变化。

工程中常见的节流过程属敞开稳定流动系统，如图 5-10 所示。因流道截面突然缩小，使气流在孔口前后形成涡流，产生强烈摩擦，运动也不规则，因此对孔口前后难以用热力学

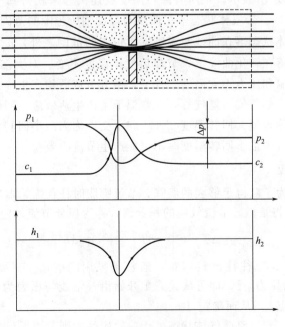

图 5-10　绝热节流过程的计算

方法进行研究。但在距孔口前后较远的截面，仍是平衡状态，有确定的状态参数值，依气体动力学理论，也可得出节流过程是等焓过程的结论。应该指出，节流过程是等焓过程，但不是定焓过程。节流过程的压力、流速和焓值变化示意于图 5-10。

5.5.2 微分节流效应

节流前后气流温度的变化与压力变化的比值称为节流系数，以微分形式表示为

$$\mu_J = \left(\frac{\partial T}{\partial p}\right)_h \tag{5-28}$$

称为微分节流系数（也称焦-汤系数）。它表示在微元节流过程中，实际气体温度随压力降低而变化的关系。应用热力学微分关系式可得

$$dh = c_p \, dT + \left[v - T\left(\frac{\partial v}{\partial T}\right)_p\right]dp \tag{5-29}$$

$$\mu_J = \frac{1}{c_p}\left[T\left(\frac{\partial v}{\partial T}\right)_p - v\right] \tag{5-30}$$

显然，微分节流系数 μ_J 可正、可负，也可为零，取决于工质的状态方程和节流前气体所处状态。

当 $T\left(\frac{\partial v}{\partial T}\right)_p > v'$ 时，$\mu_J = \left(\frac{\partial T}{\partial p}\right)_h > 0$，表明节流后气体温度降低；

当 $T\left(\frac{\partial v}{\partial T}\right)_p < v$ 时，$\mu_J = \left(\frac{\partial T}{\partial p}\right)_h < 0$，表明节流后气体温度升高；

当 $T\left(\frac{\partial v}{\partial T}\right)_p = v$ 时，$\mu_J = \left(\frac{\partial T}{\partial p}\right)_h = 0$，表明节流后气体温度不变。

在 $T\text{-}p$ 图上，任何一条等焓线都代表一种初始状态下的节流过程线。焦-汤系数 μ_J 就是等焓线上任一点的斜率值（图 5-11）。$\mu_J = 0$ 的点相应于该等焓线上的最高点，这时气流的温度称为回转温度，以 T_i 表示。把所有回转温度点连接起来就得到一条回转曲线。回转曲线把 $T\text{-}p$ 图分成两个区：若气体状态落在曲线与温度轴所包围的范围内，$\mu_J > 0$，气体节流后产生冷效应；若气体状态落在曲线与温度轴所包围的范围之外，$\mu_J < 0$，气体节流后产生热效应；若气体状态落在转化曲线上，节流后气体温度不变。对大多数实际气体，如空气、氮气、氧气等，在常温和压力不太高的条件下，微分节流后均产生冷效应，但在高压下会产生热效应。少数气体，如氢气、氦气等，在常温下也产生热效应。回转曲线与温度轴有两个交点，上交点的温度称为最大回转温度 $T_{i,\max}$，下交点称为最小回转温度 $T_{i,\min}$，气体温度高于最大回转温度或低于最小回转温度时不可能产生节流冷效应。

5.5.3 积分节流效应

在生产实践上，为了获得足够大的温降，节流膨胀时往往需采取较大的压力降，这时所产生的温度变化 ΔT_J 将是微分节流效应的积分值，称为积分节流效应，即

$$\Delta T_J = \int_{T_1}^{T_2} dT_J = \int_{p_1}^{p_2} \mu_J \, dp \tag{5-31}$$

按上式直接积分求解 ΔT_J 往往比较困难，通常是采用图解法。只要已知节流前的状态 1（p_1，t_1）和节流后的压力 p_2，即可从状态 1 开始沿等焓线与压力为 p_2 的定压线相交，交点即为节流后的状态点 2，从而确定 T_2。

对积分节流效应，若节流前气体状态处于冷效应区，则节流后温度一定降低；若节流前气体状态处于热效应区，如图 5-11 中的 a 点，则当压降较小时（节流后压力 $p_2 > p_d$），产

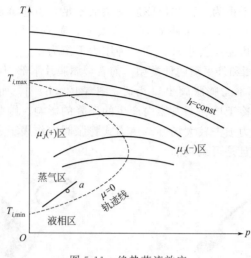

图 5-11　绝热节流效应

生热效应；而当压降较大时（节流后压力 $p_2 < p_d$ ），产生冷效应。可见，节流的微分效应和积分效应不尽相同。

5.5.4　节流装置

5.5.4.1　节流装置的类型

节流装置主要用于制冷系统中，承担由冷凝器的高压到蒸发器的低压过程的减压作用，是保持冷凝器和蒸发器之间的压力差及制冷工质合理循环量的重要部件。常用的节流装置有手动节流阀（膨胀阀）、浮球式节流阀，热力式膨胀阀及毛细管等，新型的电力式膨胀阀也已进入实际使用阶段。

手动膨胀阀是最简单的节流阀，它适用于制冷系统手动控制的场合。它实际是一种可以调节的针阀，手动调节阀的开启度。浮球式节流阀多用于满液式蒸发器，阀的开度靠液位高低抵动浮球，带动的杠杆来调节。热力式膨胀阀是一种自动调节膨胀阀，广泛用于制冷和空调设备上。阀的开度靠弹性金属膜片两侧的压力差作用，使膜片带动的阀杆产生位移来调节。热力式膨胀阀有一个感温包，内充与制冷工质相同的液体或气体。感温包通过一根毛细管与膨胀阀金属膜片的上部相通，感温包扎缚在蒸发器出口附近的吸气管上，制冷系统运行时，热力膨胀阀的感温包对吸气管上所在点的吸气温度起响应，通过改变作用在膜片上的压力，自动调节阀的开启度。毛细管节流装置主要用于小型制冷系统，如家用冰箱、空调等。

5.5.4.2　热力式膨胀阀的原理

热力式膨胀阀的结构原理如图 5-12 所示，它是利用密封在元件内制冷剂饱和压力的变化来控制流经阀孔的制冷剂量。热力式膨胀阀的动作基本上取决于以下 3 个主要压力：

感温包压力——它作用在使阀趋向开启的膜片一侧；

蒸发压力——它作用在膜片的另一侧，可使阀趋向于关闭；

阀杆底座的弹簧力——它通过阀杆传递到膜片的蒸发压力侧，帮助关闭阀孔。

热力式膨胀阀感温包压力被蒸发压力和弹簧力所平衡，安装在吸气管路上的感温包元件使用的介质与制冷系统的制冷剂相同时，它们的温度压力特性是一致的。蒸发器中液体制冷剂蒸发，吸气被过热，温度升高。感温包内压力就比蒸发压力高，该压力作用在膨胀阀的膜片顶部，当它大于蒸发压力与弹簧力之和时，会引起阀芯移离阀座，开大通流阀孔，直到感温包压力同蒸发压力与之平衡为止。如果膨胀阀供液不足，引起蒸发压力下降或蒸发器出口过热度上升，使阀开大。反之，如果膨胀阀供液太多，蒸发器压力上升或者感温包温度下降。弹簧力和蒸发压力都可使阀关小，直到三种压力平衡为止。

热力式膨胀阀分内平衡和外平衡两种类型。前者金属膜片下部与膨胀阀出口相通［图 5-12（a）］，后者金属膜片下部不与膨胀阀出口相通［图 5-12（b）］，而是通过一根细管与蒸发器出口相通，从而消除制冷工质在蒸发器内产生的压降的影响。因此，外平衡式膨胀阀适用于蒸发器内制冷工质的压力损失较大场合。热力式膨胀阀内作用于金属膜片的弹簧作用应是与过热度相当的压力，并且是可调整的。

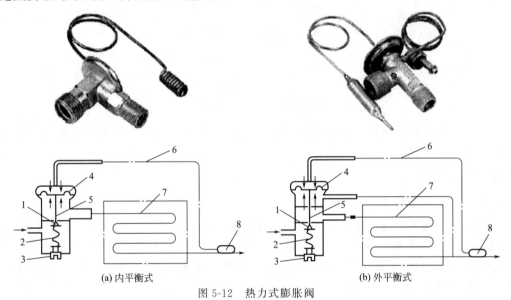

(a) 内平衡式　　　　　　　　　　　　　　(b) 外平衡式

图 5-12　热力式膨胀阀

1—针阀；2—弹簧；3—调节螺钉；4—膜片；5—推杆；6—毛细管；7—蒸发器；8—感温包

小　结

（1）稳定流动的基本方程

连续性方程：
$$q_{m1}=q_{m2}=\frac{A_1c_1}{v_1}=\frac{A_2c_2}{v_2}=\frac{Ac}{v}=q_m=常数$$

适应用于任何流体的稳定流动过程。

能量方程：
$$h_2-h_1=\frac{1}{2}c_1^2-\frac{1}{2}c_2^2$$

适用于绝热、无轴功的稳定流动过程，与工质的性质和过程是否可逆无关。

过程方程：
$$p_1v_1^k=p_2v_2^k=常数$$

适用于理想气体定比热容可逆绝热流动。

这三个基本方程可求解 c，v，p 或 A 中的三个未知量，余下的一个量则由所讨论的具体流动问题的给定条件所确定。

（2）声速与马赫数

声速方程：
$$a=\sqrt{\left(\frac{\partial p}{\partial \rho}\right)_s}=\sqrt{-v^2\left(\frac{\partial p}{\partial v}\right)_s}$$

定熵过程声速方程：
$$a=\sqrt{kpv}$$

理想气体定熵过程声速方程： $a=\sqrt{kRT}$

当地声速是指：流道内流体所处某一状态（p、v 或 T）下的声速。当流体状态发生变化时，当地声速也随之而变。

马赫数：$Ma=\dfrac{c}{a}$；当 $Ma<1$ 时，称为亚声速流动；当 $Ma>1$ 时，称为超声速流动。

（3）管内流动的基本特征

工质在喷管内流动过程可近似认为是绝热可逆的。由三个基本方程可建立工质在管内流动时的流速、压力、管道截面积等物理量间的关系式。

速度与压力的变化关系式： $\dfrac{\mathrm{d}c}{c}=-\dfrac{1}{kMa^2}\dfrac{\mathrm{d}p}{p}$

压力与比体积的变化关系式 $\dfrac{\mathrm{d}p}{p}+k\dfrac{\mathrm{d}v}{v}=0$

可得出如下结论：喷管①$\mathrm{d}c>0$，$\mathrm{d}p<0$，$\mathrm{d}v>0$，$\mathrm{d}T<0$；扩压管②$\mathrm{d}c<0$，$\mathrm{d}p>0$，$\mathrm{d}v<0$，$\mathrm{d}T>0$

截面的变化规律关系式：$\dfrac{\mathrm{d}A}{A}=(Ma^2-1)\dfrac{\mathrm{d}c}{c}$

若工质通过喷管，截面的变化规律是：

$Ma<1$，亚声速流动，$\dfrac{\mathrm{d}A}{A}<0$，气流截面收缩；

$Ma=1$，声速流动，$\dfrac{\mathrm{d}A}{A}=0$，气流截面缩至最小；

$Ma>1$，超声速流动，$\dfrac{\mathrm{d}A}{A}>0$，气流截面扩张。

若工质通过扩压管，截面的变化规律是：

$Ma<1$，亚声速流动，$\dfrac{\mathrm{d}A}{A}>0$，气流截面扩张；

$Ma=1$，声速流动，$\dfrac{\mathrm{d}A}{A}=0$，气流截面缩至最小；

$Ma>1$，超声速流动，$\dfrac{\mathrm{d}A}{A}<0$，气流截面收缩。

（4）喷管的计算

根据已知的流动条件，如流量、工质初态参数及喷管出口截面的工作压力等，进行喷管的设计计算，或是对已有的喷管进行校核计算。

流速计算：

任一截面上的流速计算 $c=\sqrt{2(h_0-h)}$

出口截面上流速计算 $c_2=\sqrt{2(h_0-h_2)}=\sqrt{2(h_1-h_2)+c_1^2}$

入口速度忽略不计时，出口截面速度 $c_2\approx\sqrt{2(h_1-h_2)}$

如工质为理想气体，按比热容为定值（或平均值）计算，出口截面速度

$$c_2=\sqrt{2\frac{kp_0v_0}{k-1}\left[1-\left(\frac{p_2}{p_0}\right)^{\frac{k-1}{k}}\right]}$$

临界压力比 $\beta_c=\dfrac{p_c}{p_0}=\left(\dfrac{2}{k+1}\right)^{\frac{k}{k-1}}$

$$临界速度 \quad c_c = \sqrt{2\frac{k}{k+1}p_0 v_0}$$

$$流量计算 \quad q_m = A_2 \sqrt{2\frac{k}{k-1}\frac{p_0}{v_0}\left[\left(\frac{p_2}{p_0}\right)^{\frac{2}{k}} - \left(\frac{p_2}{p_0}\right)^{\frac{k+1}{k}}\right]}$$

$$q_{m,\max} = A_2 \sqrt{2\frac{k}{k+1}\left(\frac{2}{k+1}\right)^{\frac{2}{k-1}}\frac{p_0}{V_0}}$$

当流量达最大值时，出口压力等于临界压力 $p_c = \beta_c p_0$。

喷管设计：

首先是根据所给的已知条件，确定喷管形状。然后再根据给定的流量计算喷管的主要尺寸。

① 喷管形状设计　根据背压与临界压力的关系而定，见表 5-2。

② 主要尺寸计算　对于渐缩喷管，主要尺寸计算是求出口截面面积 A_2

$$A_2 = \frac{q_m v_2}{c_2}, \text{或} \ A_2 = \frac{q_m}{\sqrt{2\frac{k}{k-1}\frac{p_1}{v_1}\left[\left(\frac{p_2}{p_1}\right)^{\frac{2}{k}} - \left(\frac{p_2}{p_1}\right)^{\frac{k+1}{k}}\right]}}$$

对于缩放喷管，主要尺寸计算除按渐缩喷管求得出口截面面积 A_2 外，不需求出喉部截面面积 $A_{\min}$、及扩展部分长度 l

$$A_{\min} = \frac{q_m v_c}{c_c}, \text{或} \ A_{\min} = \frac{q_{m,\max}}{\sqrt{2\frac{k}{k+1}\left(\frac{2}{k+1}\right)^{\frac{2}{k-1}}\frac{p_0}{v_0}}}$$

$$l = \frac{d_2 - d_{\min}}{2\tan\frac{\theta}{2}}$$

（5）摩阻对绝热流动的影响

喷管内的实际流动是不可逆的。工程中常用速度系数 φ 或能量损失系数 ξ 来表示实际喷管在工作时的不可逆程度。

实际速度值 $\qquad\qquad\qquad c_2' = \sqrt{2(h_0 - h_2')}$

速度系数 φ $\qquad\qquad\qquad\qquad \varphi = \dfrac{c_2'}{c_2}$

能量损失系数 ξ $\qquad\qquad\qquad \xi = 1 - \varphi^2$

（6）绝热节流的特点

绝热节流过程前后，气体焓值不变。压力下降，熵值增加。温度的变化取决于气体的性质和它所处的状态。需要指出的是，微分节流效应与积分节流效应并不完全一致。

思 考 题

1. 研究气体与蒸汽流动时应掌握哪些基本方程式？

2. 喷管和扩压管有何区别？

3. 促进流体流经喷管时流速增大的条件是什么？

4. 如何根据气体流动的基本规律来分析喷管和扩压管截面的变化情况？在什么条件下用渐缩喷管？在什么条件下用渐放喷管？在什么条件下用缩放喷管？

5. 声速随哪些因素变化？

6. 为什么在渐缩喷管中气体的流速不可能超过当地的声速？

7. 什么叫临界压力、临界流量和最大流量？它们是如何确定的？为什么气体在渐缩喷管中只能膨胀到临界压力？

8. 为什么在缩放喷管中，当外界压力低于临界压力时，它的实际流量总是保持最大值，而且不再变化？

9. 说明有摩阻损失时喷管出口的流速、流量、焓、比体积、温度、熵与理想情况（无摩阻时）有何区别（假定压力降相同）？

10. 什么叫滞止温度和滞止焓？

11. 绝热节流过程中，工质的熵、焓、压力、温度等各参数如何变化？

12. 微分节流效应与积分节流效应有何不同？

习　题

1. 空气自储气筒经喷管射出，筒中压力维持 78.46×10^5 Pa，温度为 15℃，外界压力为 0.9807×10^5 Pa。若喷管的最小截面积为 20mm²，试求空气自喷管射出的最大流量。若在上述条件下，采用渐缩喷管或缩放喷管其结果有何不同？

2. 水蒸气由初参数 15.69×10^5 Pa，400℃，经渐缩喷管外射，喷管的出口截面积为 200mm²。若流动是定熵的，且初速可略去不计，试求：

(1) 外界压力为 11.79×10^5 Pa 时，蒸汽的喷射速度及流量；

(2) 外界压力降为 0.9807×10^5 Pa 时，喷射速度及流量；

(3) 将此渐缩喷管的出口处再接一段渐放管，而外界压力仍为 0.9807×10^5 Pa 时，喷管出口速度和流量以及渐放管出口截面积。

3. 活塞式压气机吸入压力为 0.9807×10^5 Pa、温度为 27℃ 的空气，经定温压缩至 7.846×10^5 Pa 后输入一储气筒，再经一渐缩喷管射入大气，已知喷管出口处直径为 36.6mm，求压气机每小时吸入的自由空气容积。若此压气机的效率为 65 %，则拖动此压气机所需的功率为多少千瓦？

4. 空气的压力为 5.884×10^5 Pa，温度为 27℃，经渐缩喷管向外射出。若流动是可逆绝热的，且进口速度可略去不计，试求：

(1) 外界压力 3.923×10^5 Pa 时的出口流速；

(2) 外界压力降为 0.9807×10^5 Pa 时的出口流速。

(3) 在（2）的情况下，气流能否获得完全膨胀？若欲获得完全膨胀须采取何种措施？

(4) 若空气流量为 0.5kg/s，(1)、(2) 两情况下喷管出口截面积为多少？

(5) 在（2）的情况下，若采用缩放喷管，出口流速及截面积又为多少？

5. 在 25mm 内径的管子中装一个 10mm 直径的喷管来测量空气的流量，上游空气压力为 1.96×10^5 Pa，温度为 17℃，经喷管后的压力为 1.86×10^5 Pa。若流动是定熵的，且比热容可视为定值。试求：

(1) 空气的流量（kg/s）；

(2) 喷管出口处气流的温度及远离喷管处的气流温度；

(3) 喷管进、出口截面间气流的熵增量；

(4) 喷管上、下游空气的熵增。

6. 水蒸气由初态 9.807×10^5 Pa，300℃，经渐缩喷管射入压力为 5.884×10^5 Pa 的空间。若喷管的出口截面为 30cm² 流动为定熵，初速略去不计。试求：

(1) 喷管出口处水蒸气的温度、流速以及流量；

(2) 外界空间压力降为 0.9807×10^5 Pa 时，喷管出口处水蒸气的温度、流速以及流量；

(3) 若流动过程中有摩阻损失，出口处水蒸气温度、流速以及流量有何变化？与（1）相比是增加还是减少了？

(4) 若速度系数 $\varphi = 0.95$，(3) 中的动能损失及熵增为多少？计算时，须在 $h-s$ 图上画出相应的过程。

7. 滞止压力为 0.65MPa、滞止温度为 350K 的空气可逆绝热流经一收缩喷管，在截面面积为 2.6×10^{-3} m² 处气流的马赫数为 0.6。若喷管背压力为 0.28MPa，试求喷管出口截面面积。

8. 空气等熵流经一缩放喷管，进口截面上的压力和温度分别为 0.58 MPa、440K，出口截面上的压力

$p_2 = 0.14$ MPa。已知喷管进口截面面积为 $2.6 \times 10^{-3} \mathrm{m}^2$，空气的质量流量为 1.5kg/s，试求喷管喉部及出口截面的面积和出口流速。空气的比热容 $c_p = 1.005$ kJ/(kg·K)。

9. 参数为 10MPa，500℃的水蒸气经一喷管射入压力为 0.2MPa 的空间。若蒸汽流量为 3kg/s，试求出口流速及喷管出口截面积。计算时考虑摩阻损失，令能量损失系数为 0.1。

10. 空气流经一渐缩喷管。在喷管内某点处，压力为 3.43×10^5 Pa，温度为 540℃，速度为 180m/s，截面积为 $0.003 \mathrm{m}^2$。试求：

（1）该点处的滞止温度及滞止压力；

（2）该点处的声速及马赫数；

（3）喷管出口处的马赫数等于 1 时的出口截面积、出口压力、温度及速度。

11. 天空中空气的压力为 1.01×10^5 Pa，温度为 10℃时，装在飞机机翼前的测压管测得滞止压力为 1.33×10^5 Pa，求此飞机的速度。

12. 空气以 150m/s 的速度在管道内流动，今用水银温度计测量空气的温度，若温度计上的读数为 70℃，求空气的实际温度。

13. 试证明理想气体绝热节流系数 $\mu_J = 0$。

6 㶲分析基础

内容提要 对热力过程的节能分析就是揭示能量的转换、传递和使用过程中能量消耗的大小、原因和部位，为合理用能和节能指明方向。㶲分析方法以热力学第一、第二定律为基础，综合分析了能量在数量和质量两方面的利用情况。本章主要介绍㶲、㶲损失、㶲效率的计算方法和㶲方程在节能分析中的应用。

基本要求 ①弄清㶲和㶲的基本概念；②掌握功源㶲、热量㶲、冷量㶲、工质内能㶲和工质焓㶲的计算方法；③会分析和计算过程中各不可逆因素引起的㶲损失；④会利用㶲方程对热力过程进行节能分析；⑤掌握㶲效率的概念与计算方法；⑥了解热经济学分析方法。

6.1 㶲和㶲的基本概念

热力学第一定律是能量平衡的基础，它确定了能量转换过程中的数量关系。但是，考察一个过程的能量是否合理，仅用热力学第一定律进行能量衡算，确定能量在数量上的利用率，不能全面地评价能量的利用情况。事实上，能量不仅有数量，还有品质。热力学第二定律已揭示了能量转换的方向、条件与限度。数量相同而形式不同的能量，有用程度是不同的。例如，机械能和电能在理论上可以百分之百地转化为其他任何形式的能，它们的质和量是完全统一的，这种能称为"高级能"；而热能和内能则不能无偿地完全转化为机械能或电能，这类能称为"低级能"；环境介质的内能也具有相当的数量，但却无法把它转化为可用的机械能，它们的质为零，这类能称之为"无效能"。

为了度量能量的可用程度，应以能量的做功能力为评判指标，这就是"㶲"的概念，也有些资料中称为"有效能"、"可用能"，在英文中也有 Exergy、Availability、Availableenergy 等词表示这一概念。㶲作为一种评价能量价值的物理量，从量和质的结合上评价了能量的价值，为合理用能指明了方向。

不同形式、不同状态下的能量做功能力是不同的。如果以做功能力为尺度就可评价能量的优劣。但是，为了确定能量的做功能力，必须附加三个约束条件：

① 以给定的环境为基准，在该环境状态下㶲值为零；

② 做功过程是完全可逆过程，这样才能获得理论功；

③ 过程中，除环境外，无其他热源或功源参与作用，这样才能使获得的功全部是由给定状态下物质的能量转换而来的。

总之，㶲是系统由任一状态经可逆过程变化到与给定环境状态相平衡时所做的最大理论功。与㶲的概念相反，凡一切不能转换为㶲的能量称为㶲（Anergy）。物质的㶲常以 E_x 表示，单位为 J，而单位物质的㶲（即比㶲）以 e_x 表示；㶲以 A_n 表示，比㶲以 a_n 表示。这样，物质的能量 E 由㶲和㶲两部分组成，即

$$E = E_x + A_n \tag{6-1}$$

$$e = e_x + a_n \tag{6-2}$$

由此可见，在能量转换过程中，㶲和㶲的总和恒定不变，这是能量守恒原理的又一种表述。对可逆过程，熵产 $\mathrm{d}s_g = 0$。由第 2 章知，这种过程没有功损失，因而能量不贬值，即㶲的总量保持守恒。对不可逆过程，熵产 $\mathrm{d}s_g > 0$，必然出现功损失，不可避免地发生能量贬值，㶲的总量将不断减少，而㶲的总量不断增加，即不可逆过程必伴随㶲损失。

联系到孤立系统熵增原理，可以得出孤立系统㶲减㶲增原理，即在能量的转换过程中，孤立系统的㶲值不会增加，㶲值不会减少。因此，与熵一样，㶲也可作为过程进行方向的判据。且㶲比熵更直观，物理意义更明确。

6.2 㶲值的计算

㶲的基本含义是表示系统的理论做功能力。系统之所以具有做功能力，是由于系统与环境之间存在着某种不平衡势。自然界和工程上的不平衡势是多种多样的，因而与之相应的㶲也有若干种，其大致分类如下。

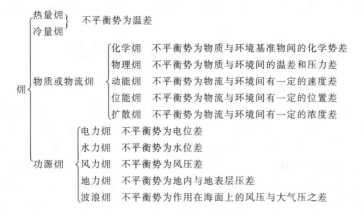

6.2.1 功源㶲

电能、机械能、水力能、风能等功源可以百分之百地被用以完成功，都可以直接转化为机械能，因此，理论上功源㶲值与功源总能量相等。

6.2.2 热量㶲

系统与外界由于存在温差而传递的热量，不能完全转换为有用功，即热量中只有一部分是㶲，另一部分为㶲。所谓热量㶲是指温度高于环境温度的系统与外界传递的热量所能做出的最大有用功，以 E_{xQ} 表示。

把温度高于环境温度的系统视为高温热源，温度为 T，与外界交换热量 Q；环境为低温热源，温度为 T_0，一般 T_0 变化不大，可视为常数。依热力学第二定律，热量 Q 所能转变成的最大理论功为工作于这两个热源之间的卡诺循环 [图 6-1(a)] 的循环净功，也就是热量 Q 的㶲值。图 6-1(b) 为热量㶲流图。

$$\delta E_{xQ} = \left(1 - \frac{T_0}{T}\right)\delta Q \tag{6-3}$$

$$E_{xQ} = Q - T_0 \int \frac{\delta Q}{T} = Q - T_0 \Delta S \tag{6-4}$$

热量 Q 的㶲值为

$$A_{nQ} = Q - E_{xQ} = T_0 \Delta S \tag{6-5}$$

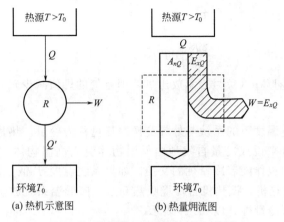

(a) 热机示意图　　(b) 热量㶲流图

图 6-1　卡诺热机工作原理与㶲流图

若系统温度恒定不变，则

$$E_{xQ}=Q\left(1-\frac{T_0}{T}\right) \tag{6-6}$$

$$A_{nQ}=\frac{T_0}{T}Q \tag{6-7}$$

热量 Q 的㶲值和㶲值可在 $T\text{-}s$ 图上以相应的面积来表示。如图 6-2 所示，$1-2-3-4-1$ 所包围的面积为㶲值；$3-4-5-6-3$ 包围的面积为**㶲值**；$1-2-6-5-1$ 包围的面积为 Q 值。

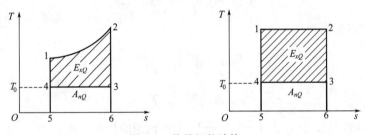

图 6-2　热量㶲的计算

由以上各式可见，热量㶲是热量 Q 所能转换的最大有用功，其值取决于热量 Q 的大小、传热时的温度和环境温度。当环境状态一定时，单位热量的㶲值只是温度 T 的单值函数。T 越高，㶲值越大；T 越低，㶲值越小；当 $T=T_0$ 时，㶲值为零。这说明高温下的热能较低温下的热能具有更大的可用性，可完成更多的有用功。热量㶲除与 T_0 有关外，还与 ΔS 有关。系统吸热时，Q 为正值，依式（6-3）知 δE_{xQ} 也为正值，表示系统也吸收了㶲（外界消耗功），反之，系统放热时，也放出了㶲（外界得到功）。

例 6-1　空气由 200℃ 经冷却器定压冷却到 40℃，试计算空气放出的热量㶲。设空气的比热容 $c_p=1.004\ \text{kJ/(kg·K)}$。环境温度为 $T_0=25℃$。

解　空气放出的热量为

$$\delta q=c_p\mathrm{d}T$$

热量㶲 $$e_{xq} = \int_{T_1}^{T_2}\left(1-\frac{T_0}{T}\right)c_p\,\mathrm{d}T$$

$$= \int_{473}^{313} 1.004\times\left(1-\frac{298}{T}\right)\mathrm{d}T$$

$$\approx -37\mathrm{kJ/kg}\text{(负号表示放出㶲，即空气的㶲值减少)}$$

6.2.3 冷量㶲

工程上把低于环境温度下的系统与外界交换的热量称为冷量。热量自发地由高温物体流入低温物体，可以反过来说成冷量自发地由低温物体流入高温物体，即冷流与热流方向相反。在冷量交换过程中也伴随着冷量㶲的交换。如果系统温度 T 低于环境温度 T_0，则可在 T_0 与 T 之间设置可逆热机，该热机自环境吸热 δQ_0，向低温系统放热 $\delta Q'$，它向外输出的最大有用功 $\delta W_{\max}$ 即为冷量㶲，以 $\delta E_{xQ'}$ 表示。

$$\delta E_{xQ'} = \delta W_{\max} = \left(1-\frac{T}{T_0}\right)\delta Q_0 \tag{6-8}$$

依能量守恒有

$$\delta Q_0 = \delta W_{\max} + \delta Q' \tag{6-9}$$

由式(6-8) 和式(6-9) 得

$$\delta E_{xQ'} = \left(\frac{T_0}{T}-1\right)\delta Q' \tag{6-10}$$

$$E_{xQ'} = \int\left(\frac{T_0}{T}-1\right)\delta Q' = T_0\Delta S - Q' \tag{6-11}$$

冷量 Q' 的㶲值为

$$A_{nQ'} = \int\frac{T_0}{T}\delta Q' = T_0\Delta S \tag{6-12}$$

若系统温度恒定不变，则

$$E_{xQ'} = \left(\frac{T_0}{T}-1\right)Q' \tag{6-13}$$

$$A_{nQ'} = \frac{T_0}{T}Q' \tag{6-14}$$

在 T-s 图（图 6-3）上，$E_{xQ'}$ 为 $1-2-3-4-1$ 所包围的面积，$A_{nQ'}$ 为 $3-4-5-6-3$ 包围的面积，Q' 为 $1-2-6-5-1$ 包围的面积。

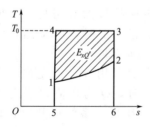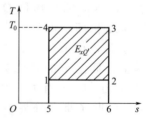

图 6-3 冷量㶲的计算

与热量㶲相类似，冷量㶲与 Q'、T 和 T_0 有关。T_0 一定时，单位冷量的㶲值只是 T 的单值函数。T 越低，㶲值越大，$T\to 0$ K 时，$E_{xQ'}\to\infty$；T 越高，㶲值越小，$T=T_0$ 时，$E_{xQ'}=0$。系统吸入热量，即放出冷量时，$\delta Q'$ 为正，冷量㶲 $\delta E_{xQ'}$ 也为正，表示系统放出了冷量㶲。反之，系统放出热量，即吸入冷量时，$\delta Q'$ 为负，冷量㶲 $\delta E_{xQ'}$ 也为负，表示系统吸入了㶲。

冷量㶲与热量㶲的不同之处在于：系统放出热量 Q 的同时，也放出热量㶲，且㶲值 $|E_{xQ}|$ 总是小于 $|Q|$；而系统在吸收热量 Q' 的同时，却放出了冷量㶲，且当 $T < \dfrac{T_0}{2}$ 时㶲值 $|E_{xQ'}|$ 大于 $|Q'|$。冷量㶲 $E_{xQ'}$ 的方向总是与热流 Q' 的方向相反，而热量㶲 E_{xQ} 与热量 Q 的方向总是一致。

例 6-2 某轻烃回收装置，用低温冷气冷却原料气。冷气由 $-45℃$ 升高到 $-5℃$，试计算冷量㶲。设冷气的比热容为 $c_p = 0.9\ \text{kJ/(kg·K)}$，环境温度为 $T_0 = 20℃$。

解 冷气换冷量为

$$q' = \int c_p \mathrm{d}T = 0.9 \times (-5+45) = 36\ \text{kJ/kg}\quad(\text{表示吸入热量，放出冷量})$$

冷量㶲为

$$
\begin{aligned}
e_{xq'} &= \int_{T_1}^{T_2}\left(\frac{T_0}{T}-1\right)\delta q'\\
&= c_p\int_{T_1}^{T_2}\left(\frac{T_0}{T}-1\right)\mathrm{d}T\\
&= c_p\left[T_0\ln\frac{T_2}{T_1}-(T_2-T_1)\right]\\
&= 0.9\times\left[293\ln\frac{268}{228}-(-5+45)\right]\\
&= 6.6\ (\text{kJ/kg})\quad(\text{表示放出冷量㶲})
\end{aligned}
$$

6.2.4 物质或物流㶲

物质或物流㶲包括物质的化学㶲、扩散㶲、动能㶲、位能㶲和物理㶲。由于动能和位能本身就是机械能，因而可全部转变为功，即动能㶲值与动能值相等，位能㶲值与位能值相等。物质的化学㶲和扩散㶲的计算较复杂，其计算请参阅有关文献[4，16]，这里不予讨论。本节主要讨论物理㶲。

6.2.4.1 闭系工质物理㶲

若闭系中工质压力 p 和温度 T 与环境压力 p_0 和温度 T_0 不平衡，则系统就有向与环境相平衡状态过渡的趋势。如果能实现这种过渡，则系统就对外做功。如果过渡过程是可逆过程，则系统对外做最大功，这种最大功中的有用功就是工质的物理㶲，也称为内能㶲。

现以由封闭系统和环境组成的孤立系统进行分析。设系统状态为 $A(p,T,v,s,h,u)$，环境状态为 $O(p_0,T_0,v_0,s_0,h_0,u_0)$。由于环境是唯一的热源，所以，为保证系统由 A 过渡到 O 的过程为可逆过程，需使系统先经历一个可逆的绝热过程 $A \rightarrow B(p_B,T_B,v_B,s_B,h_B,u_B)$，该过程不需要热源，使 $T_B = T_0$，然后再经历一个可逆的定温过程 $B \rightarrow O$（该过程中系统与环境交换热量），如图 6-4 所示。此时，系统与环境相平衡。

对过程 $A \rightarrow B \rightarrow O$ 应用热力学第一定律

$$q = u_0 - u + w$$

又

$$q = q_{A \rightarrow B} + q_{B \rightarrow O} = 0 + T_0(s_0 - s)$$

故

$$w = (u - u_0) - T_0(s - s_0)$$

由于系统处在压力为 p_0 的环境中，因此，它在膨胀过程中必须向外推挤环境介质而做功 $p_0(v_0 - v)$，而这部分功是不可用功。这样，在 $A \rightarrow B \rightarrow O$ 过程中，系统完成的最大有用

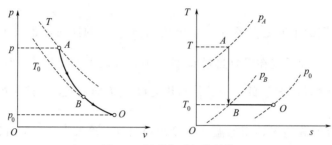

图 6-4　闭系物质烟的计算

功，即㶲为

$$e_x = (u - u_0) - T_0(s - s_0) + p_0(v - v_0) \tag{6-15}$$

对 $m(\text{kg})$ 工质

$$E_x = (U - U_0) - T_0(S - S_0) + p_0(V - V_0) \tag{6-16}$$

由此可知，闭系工质由一个状态（状态1）过渡到另一个状态（状态2）所能完成的最大有用功为

$$w_{1-2\max} = e_{x1} - e_{x2} = (u_1 - u_2) - T_0(s_1 - s_2) + p_0(v_1 - v_2) \tag{6-17}$$

例 6-3　试计算处于 1MPa、50℃ 状态下的空气的内能㶲，设环境压力 $p_0 = 0.1\text{MPa}$，温度 $T_0 = 25℃$，空气的比热容为 $c_v = 0.716\ \text{kJ/(kg·K)}$。

解
$$e_x = (u - u_0) - T_0(s - s_0) + p_0(v - v_0)$$

$$= c_v(T - T_0) - T_0\left(c_v \ln \frac{T}{T_0} + R \ln \frac{v}{v_0}\right) + p_0(v - v_0)$$

$$v = \frac{RT}{p} = \frac{0.287 \times 323}{1000} = 0.927\ (\text{m}^3/\text{kg})$$

$$v_0 = \frac{RT_0}{p_0} = \frac{0.287 \times 298}{100} = 0.855\ (\text{m}^3/\text{kg})$$

$$e_x = 0.716 \times (50 - 25) - 298 \times \left(0.716 \ln \frac{323}{298} + 0.287 \ln \frac{0.0927}{0.855}\right) +$$

$$100 \times (0.0927 - 0.855)$$

$$= 114.5\ (\text{kJ/kg})$$

6.2.4.2　开系工质物理㶲

对稳流系统，若不计动能和位能的变化，仍取系统和环境组成孤立系统，则系统由状态 $A(p, T, v, s, h)$ 可逆过渡到环境状态 $O(p_0, T_0, v_0, s_0, h_0)$ 所能完成的最大技术功即为开系工质的物理㶲，也称为焓㶲。同样，使系统先经历一可逆绝热过程，再经历一可逆定温过程，则依热力学第一定律有

$$q = h_0 - h + w_t$$

$$q = 0 + T_0(s_0 - s)$$

$$e_x = w_{t\max} = (h - h_0) - T_0(s - s_0) \tag{6-18}$$

对 $m(\text{kg})$ 工质

$$E_x = (H - H_0) - T_0(S - S_0) \tag{6-19}$$

工质由状态 1 变化到状态 2 所能完成的最大技术功为

$$w_{t\max} = e_{x1} - e_{x2} = (h_1 - h_2) - T_0(s_1 - s_2) \tag{6-20}$$

可见，工质的物理㶲是状态参数，取决于工质的状态和环境状态。当环境状态一定时，仅取决于工质本身的状态。当系统与环境相平衡时，工质的物理㶲为零。若除环境外无其他热源，则工质始、终状态的㶲差即为这一过程中所能提供的最大有用功。

例6-4 试比较0.5MPa和5MPa两种饱和水蒸气的焓㶲值。环境状态为$p_0=0.1$MPa，$T_0=20$℃。

解 查未饱和水表得 $h_0=84$kJ/kg，$s_0=0.2963$ kJ/(kg·K)

查饱和水蒸气表得 $h_1=2747.5$kJ/kg，$s_1=6.8192$ kJ/(kg·K)

$$h_2=2794.2\text{kJ/kg}，s_2=5.9735\text{ kJ/(kg·K)}$$

$$e_{x1}=(h_1-h_0)-T_0(s_1-s_0)$$
$$=(2747.5-84)-293\times(6.8192-0.2963)$$
$$=752.3\text{ (kJ/kg)}$$
$$e_{x2}=(h_2-h_0)-T_0(s_2-s_0)$$
$$=(2791.2-84)-293\times(5.9735-0.2963)$$
$$=1046.8\text{ (kJ/kg)}$$

可见，5MPa水蒸气比0.5MPa水蒸气更有用。

6.3 㶲损失

㶲的基本含义是以环境为基准时系统的理论做功能力，它不是实际过程中系统做出的最大功，也不是系统由初态变化到与环境平衡状态实际完成的有用功，即㶲与实际过程功无关。如果实际过程所完成的功量小于系统所提供的㶲值，就意味着过程中有㶲损失。事实上，任何实际过程都存在不可逆因素，因而也必然存在㶲损失。

实际过程中的不可逆因素主要是温差传热和摩擦，下面分别给予讨论。

6.3.1 温差传热引起的㶲损失

设在温度为T_0的环境中，有温度为T_A的高温热源。在温度T_A和T_0之间设置一可逆热机，热机从高温热源吸热Q，则热量Q的㶲值为

$$E_{xQA}=Q\left(1-\frac{T_0}{T_A}\right)$$

这样，整个过程是可逆过程，熵产为零，没有㶲损失。

现令热量Q先由温度为T_A的热源传递到温度为T_B（$T_B<T_A$）的热源，而可逆热机工作于T_B和T_0之间［图6-5(a)］，热机吸热量仍为Q，则热量Q的㶲值为

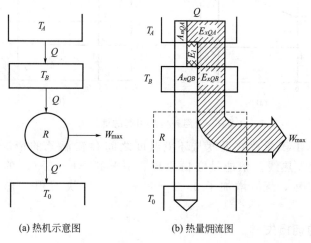

(a) 热机示意图 (b) 热量㶲流图

图6-5 热机工作原理与㶲流图

$$E_{xQB} = Q\left(1 - \frac{T_0}{T_B}\right)$$

显然㶲损失为

$$E_l = E_{xQA} - E_{xQB} = QT_0\left(\frac{1}{T_B} - \frac{1}{T_A}\right) \tag{6-21}$$

由于热机为可逆热机，故整个过程中只有热量 Q 由 T_A 传到 T_B 这一个温差传热过程不可逆，即这些㶲损失完全是由温差传热引起的。由式（2-54）知，该温差传热过程的熵产为

$$\Delta S_{g1} = Q\left(\frac{1}{T_B} - \frac{1}{T_A}\right)$$

故 $$E_{l1} = T_0 \Delta S_{g1} \tag{6-22}$$

同理，若热机放热温度 T_0' 高于环境温度 T_0，则放热温差引起的熵产为

$$\Delta S_{g2} = Q_0\left(\frac{1}{T_0} - \frac{1}{T_0'}\right)$$

式中，Q_0 为在温度 T_0' 下放给环境的热量。

㶲损失为

$$E_{l2} = T_0 \Delta S_{g2} \tag{6-23}$$

这表明，由温差传热引起的㶲损失与熵产成正比。

图 6-5（b）表示了过程的㶲流。这种㶲损失在 T-S 图中可清晰地表示出来。图 6-6（a）表示出高温热源与工质间存在传热温差的情况。$1-2$ 为热源放热线，$1'-2'$ 为工质吸热线。依能量守恒原理（热源放出的热量应等于工质吸收的热量），两条线与横轴围成的面积相等，即 $1-2-5-6-1$ 的面积等于 $1'-2'-8-6-1'$ 的面积。可见，㶲值增加了 $3-7-8-5-3$ 这块面积，它等于 $T_0 \Delta S_{g1} = T_0(S_8 - S_5)$。

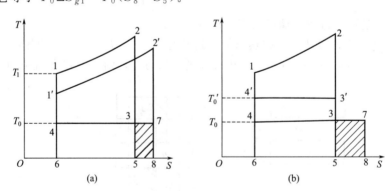

图 6-6 温差传热引起的㶲损失

图 6-6（b）表示出工质放热温度与环境温度之间存在温差的情况。$3'-4'$ 为工质放热线，$4-3$ 为环境吸热线。依能量守恒原理，$3'-4'-6-5-3'$ 的面积等于 $4-7-8-6-4$ 的面积，显然，㶲值增加了 $3-7-8-5-3$ 这块面积，它等于 $T_0 \Delta S_{g2} = T_0(S_8 - S_5)$。

6.3.2 摩擦引起的㶲损失

设在温度为 T 的高温热源与温度为 T_0 的环境之间有一循环工作的热机。循环 $1-2-$

$3-4-1$ 为可逆循环。假设绝热膨胀过程中有摩擦，则如图 6-7 所示，工质经历不可逆循环 $1-2-3'-4-1$。

对比两个循环可看出，两循环吸热量 Q 相同，但循环 $1-2-3'-4-1$ 比循环 $1-2-3-4-1$ 多放出了热量 ΔQ，少做了功 W_l（摩擦功），其值等于 $3-3'-7-6-3$ 的面积，这也是循环中增加的妩值，也就是㶲损失。

由于循环中只有 $2-3'$ 为不可逆过程，整个循环的熵产为

$$\Delta S_g = \frac{W_l}{T_0} = S_7 - S_6$$

故
$$E_l = T_0(S_7 - S_6) = T_0 \Delta S_g \qquad (6-24)$$

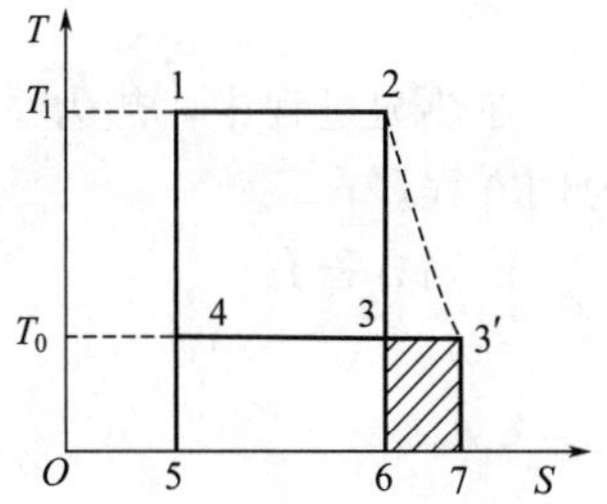

图 6-7 摩擦引起的㶲损失

这表明，由于摩擦引起的㶲损失与熵产成正比。

综合式（6-22）～式（6-24）有

$$E_l = \sum_i E_{li} = \sum_i (T_0 \Delta S_{gi}) = T_0 \Delta S_g \qquad (6-25)$$

式中，ΔS_{gi}、E_{li} 为第 i 个不可逆因素引起的熵产和㶲损失；E_l 为总㶲损失；ΔS_g 为总熵产。图 6-8 和图 6-9 分别为可逆循环和有摩擦循环的㶲流图。

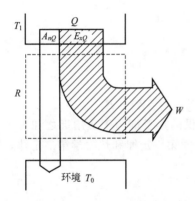

图 6-8 可逆循环的㶲流图

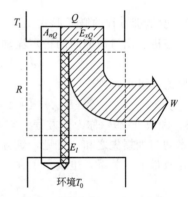

图 6-9 有摩擦循环的㶲流图

6.3.3 能级与能量贬值原理

通过以上分析可知，能量不仅有量，而且有质。机械能和电能等具有最高的品质，它们可以百分之百地被利用。热能和内能等若不能无偿地被百分之百利用，它们的品质就低。不同温度下的热能也具有不同的㶲值，即它们的可利用程度也不同。为了衡量能量的可利用性，提出了能级的概念。其定义为能量㶲值与能量数量的比值，常以 Ω 表示。显然，机械能和电能的能级 $\Omega = 1$。对热能

$$\Omega = \frac{E_{xQ}}{Q} = 1 - \frac{T_0}{T} \qquad (6-26)$$

能级越高，能量的可利用程度越大，能级越小，能量的可利用性越小。

能级分析在大系统能量匹配中很有用。若供能的能级与用户用能的能级差较小，则匹配较合理，否则就不合理。

在不可逆过程中，能量的数量虽然不变，但㶲减小了，能级降低了，做功能力下降了，即能量的品质下降了，这就是能量贬值原理。

6.4 㶲 方 程

在热力过程中，热力系统的能量保持守恒，系统的㶲值也应保持平衡，其平衡方程式称为㶲方程。

依熵方程有

$$ds = ds_f + ds_g$$

$$ds_f = \frac{\delta q}{T}$$

故

$$\frac{T_0}{T} \delta q = T_0 ds - T_0 ds_g$$

又依热力学第一定律有

$$\delta q = dh + \delta w_t$$

两式相减得

$$\left(1 - \frac{T_0}{T}\right) \delta q = d(h - T_0 s) + \delta w_t + T_0 ds_g \qquad (6\text{-}27)$$

式(6-27) 就是㶲方程的微元形式。

对于在进、出口截面间的稳定流动系统有

$$e_{xq} + (e_{x1} - e_{x2}) = w_t + e_l \qquad (6\text{-}28)$$

若有多股流体进出，则

$$\sum (E_{xQ})_i + [\sum (E_{x1})_i - \sum (E_{x2})_i] = W_t + E_l \qquad (6\text{-}29)$$

式(6-28) 和式(6-29) 称为㶲方程。它表明，系统提供的热量㶲与工质焓㶲之和等于系统完成的技术功与㶲损失之和。可见，㶲方程综合了热力学第一定律和热力学第二定律，既体现了能量在数量上的关系，也表示了在质量上的关系。

6.5 㶲效率与热效率

效率就是收益量与支出量之比。㶲效率也就是㶲的收益量与㶲的支出量之比，常用 η_{ex} 表示。它表明了系统中可用能的利用程度。㶲效率高，表示系统中不可逆因素所引起的㶲损失小。对可逆过程，㶲效率为 $\eta_{ex} = 1$。由于对收益和支出的理解不同，㶲效率的含义也有所不同。目前已提出的㶲效率表达式主要有

(1)
$$\eta_{ex} = \frac{\text{离开系统的各㶲值之和}}{\text{进入系统的各㶲值之和}}$$

$$= \frac{(E_x)_{out}}{(E_x)_{in}} = 1 - \frac{E_l}{(E_x)_{in}}$$

(2)
$$\eta_{ex} = \frac{\text{实际利用㶲值之和}}{\text{提供的㶲值之和}}$$

$$= \frac{(E_x)_a}{(E_x)_{th}}$$

例如对换热器的分析中，热流体㶲值之差即为提供的㶲值，而冷流体的㶲值之差即为实际利用的㶲值。利用这种㶲效率更直观、更方便。

热力循环的热量㶲效率为

$$\eta_{exQ} = \frac{W}{E_{xQ}} \tag{6-30}$$

式中，W 为实际完成的功。

在热力装置中，常用到热效率。它是指实际完成的功与所提供热量之比值，以 η_t 表示

$$\eta_t = \frac{W}{Q} \tag{6-31}$$

卡诺循环的热效率最大，以 η_c 表示

$$\eta_c = 1 - \frac{T_0}{T} = \frac{E_{xQ}}{Q} \tag{6-32}$$

联立式(6-30)～式(6-32)得

$$\eta_{exQ} = \frac{\eta_t}{\eta_c} \tag{6-33}$$

可见，㶲效率是一种相对效率，它反映了实际过程偏离理想可逆过程的程度。它从质量上说明了应该转变成的可用能中有多少被实际利用了，而热效率只从数量上说明了有多少热能转变成了功。

例 6-5 设高温热源温度 $T_H = 1800\text{K}$，低温热源温度为环境温度 $T_0 = 290\text{K}$，热机吸热温度为 $T_1 = 900\text{K}$，排热温度为 $T_2 = 320\text{K}$，热机热效率为相应卡诺循环热效率的70%。若每千克工质从高温热源吸热100kJ，试计算：

(1) 热机的实际循环功；

(2) 各温度下的热量㶲；

(3) 各不可逆过程的熵产和㶲损失；

(4) 孤立系统的熵增和总㶲损失。

解 (1) 热机的实际循环功

$q_H = q_1 = 100\text{kJ}$，热机各过程如图 6-10 所示。

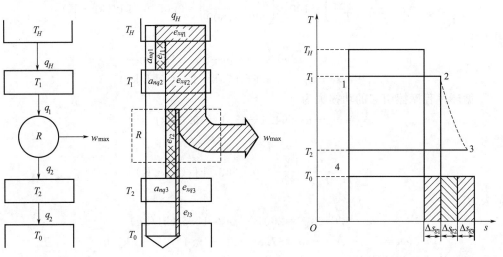

图 6-10 例 6-5 循环分析

由于工质吸热时与高温热源间有温差，放热时与环境也有温差，所以热机相当于工作于 T_1 与 T_2 之间。

工作于 T_1 与 T_2 之间的卡诺热机的热效率为

$$\eta_c = 1 - \frac{T_2}{T_1} = 1 - \frac{320}{900} = 0.644$$

循环功为

$$w_c = \eta_c q_1 = 0.644 \times 100 = 64.4 \ (\text{kJ/kg})$$

实际热机的热效率为

$$\eta_t = 0.7\eta_c = 0.451$$

循环功为

$$w = \eta_t q_1 = 0.451 \times 100 = 45.1 \ (\text{kJ/kg})$$

热机放出热量为

$$q_2 = q_1 - w = 100 - 45.1 = 54.9 \ (\text{kJ/kg})$$

（2）各温度下的热量㶲

① 1800K 下的热量㶲为

$$e_{xq1} = q_H\left(1 - \frac{T_0}{T_H}\right) = 100 \times \left(1 - \frac{290}{1800}\right) = 83.9 \ (\text{kJ/kg})$$

② 900K 下的热量㶲为

$$e_{xq2} = q_1\left(1 - \frac{T_0}{T_1}\right) = 100 \times \left(1 - \frac{290}{900}\right) = 67.8 \ (\text{kJ/kg})$$

③ 320K 下的热量㶲为

$$e_{xq3} = q_2\left(1 - \frac{T_0}{T_2}\right) = 54.9 \times \left(1 - \frac{290}{320}\right) = 5.2 \ (\text{kJ/kg})$$

④ 290K 下的热量㶲为

$$e_{xq4} = 0$$

（3）各不可逆过程的熵产和㶲损失

① 温差吸热过程的熵产为

$$\Delta s_{g1} = q_1\left(\frac{1}{T_1} - \frac{1}{T_H}\right) = 100 \times \left(\frac{1}{900} - \frac{1}{1800}\right) = 0.0556 \ [\text{kJ/(kg} \cdot \text{K)}]$$

㶲损失为

$$e_{l1} = T_0 s_{g1} = 290 \times 0.0556 = 16.1 \ (\text{kJ/kg})$$

或

$$e_{l1} = e_{xq1} - e_{xq2} = 83.9 - 67.8 = 16.1 \ (\text{kJ/kg})$$

② 循环过程摩擦引起的功损失为

$$w_l = w_c - w = 64.4 - 45.1 = 19.3 \ (\text{kJ/kg})$$

熵产为

$$\Delta s_{g2} = \frac{w_l}{T_2} = \frac{19.3}{320} = 0.0603 \ [\text{kJ/(kg} \cdot \text{K)}]$$

㶲损失为

$$e_{l2} = T_0 \Delta s_{g2} = 290 \times 0.06 = 17.5 \ (\text{kJ/kg})$$

或

$$e_{l2} = e_{xq2} - e_{xq3} - w = 67.8 - 5.2 - 45.1 = 17.5 \ (\text{kJ/kg})$$

③ 温差放热引起的熵产为

$$\Delta s_{g3}=q_2\left(\frac{1}{T_0}-\frac{1}{T_2}\right)=54.9\times\left(\frac{1}{290}-\frac{1}{320}\right)=0.0177\ [\text{kJ/(kg}\cdot\text{K)}]$$

㶲损失为

$$e_{l3}=T_0\Delta s_{g3}=290\times0.0177=5.2\ (\text{kJ/kg})$$

或

$$e_{l3}=e_{xq3}-e_{xq4}=5.2\ (\text{kJ/kg})$$

（4）孤立系统熵增为

$$\Delta s_{iso}=\Delta s_{g1}+\Delta s_{g2}+\Delta s_{g3}=0.556+0.0603+0.0177=0.134\ [\text{kJ/(kg}\cdot\text{K)}]$$

或

$$\Delta S_{iso}=-\frac{q_1}{T_H}+0+\frac{q_2}{T_0}=-\frac{100}{1800}+\frac{54.9}{290}=0.134\ [\text{kJ/(kg}\cdot\text{K)}]$$

总㶲损失为

$$e_l=e_{l1}+e_{l2}+e_{l3}=16.1+17.5+5.2=38.8\ (\text{kJ/kg})$$

或

$$e_l=T_0\Delta s_{iso}=290\times0.134=38.8\ (\text{kJ/kg})$$

（5）结果分析

① 热量㶲平衡

$$e_{xq1}=e_l+w=83.9\ (\text{kJ/kg})$$

② 各不可逆因素引起㶲损失占总损失的比例

温差吸热	16.1/38.8＝41.5%
摩擦	17.5/38.8＝45.1%
温差放热	5.2/38.8＝13.4%

可见，改善吸热温差和摩擦是提高循环效率的有效措施。

③ 在过程2-3中，摩擦引起的功损失为19.3kJ/kg，而㶲损失为17.5kJ/kg，两者不等，为什么？请读者自行分析。

例 6-6 高温转化气由 $T_1=1273\text{K}$，$h_1=1336\text{kJ/kg}$，$s_1=1.617\ \text{kJ/(kg}\cdot\text{K)}$ 被等压冷却到 $T_2=653\text{K}$，$h_2=686\text{kJ/kg}$，$s_2=0.916\ \text{kJ/(kg}\cdot\text{K)}$。其放热量用来使300℃的水，等压汽化为300℃的蒸汽，汽化速度为 $q_{mw}=100\text{t/h}$。环境温度为 $T_0=293\text{K}$。试计算：

（1）热流的最大热量㶲；

（2）不可逆传热造成的热量㶲损失；

（3）蒸汽得到的㶲。

解 查饱和水和水蒸气表得300℃下水和水蒸气的参数为 $h'=1345\ \text{kJ/kg}$，$h''=2751\text{kJ/kg}$，$s'=3.2552\ \text{kJ/(kg}\cdot\text{K)}$，$s''=5.708\text{kJ/(kg}\cdot\text{K)}$。

（1）转化气的放热量等于水得到的热量，即

$$\dot{Q}_1=q_{mw}(h''-h')=10^5\times(2751-1345)=1.406\times10^8\ (\text{kJ/h})$$

转化气的质量流量为

$$q_{mg}=\frac{\dot{Q}_1}{h_1-h_2}=\frac{1.406\times10^8}{1366-686}=2.068\times10^5\ (\text{kg/h})$$

转化气的熵变为

$$\Delta\dot{S}_1=q_{mg}(s_2-s_1)=2.068\times10^5\times(0.916-1.617)=1.45\times10^5\ [\text{kJ/(K}\cdot\text{h)}]$$

转化气的热量㶲为

$$E_{xQ1}=\dot{Q}_1-T_0|\Delta\dot{S}_1|=1.406\times10^8-293\times1.45\times10^5$$
$$=9.8115\times10^7\ [\text{kJ/(K}\cdot\text{h)}]$$

（2）水蒸气的熵变为

$$\Delta\dot{S}_2=q_{mw}(s''-s')=10^5\times(5.7081-3.2552)=2.4529\times10^5\ [\text{kJ/(K}\cdot\text{h)}]$$

不可逆传热引起的熵产为

$$\Delta S_g = \Delta \dot{S}_1 + \Delta \dot{S}_2 = -1.45 \times 10^5 + 2.4529 \times 10^5$$
$$= 1.0029 \times 10^5 [\text{kJ/(K} \cdot \text{h)}]$$

不可逆传热引起的㶲损失为

$$\dot{E}_l = T_0 \Delta \dot{S}_g = 293 \times 1.0029 \times 10^5 = 2.9385 \times 10^7 \, \text{kJ/h}$$

（3）蒸汽得到的热量㶲为

$$\dot{E}_{xQ2} = \dot{E}_{xQ1} - \dot{E}_l = 9.8115 \times 10^7 - 2.9385 \times 10^7 = 6.87 \times 10^7 \, \text{kJ/h}$$

或

$$\dot{E}_{xQ2} = \dot{Q}_1 \left(1 - \frac{293}{573}\right) = 6.87 \times 10^7 \, \text{kJ/h}$$

例 6-7 气轮机入口气体参数为 $T_1 = 900\text{℃}$，压力为 $p_1 = 0.85\text{MPa}$，流速 $c_1 = 120\text{m/s}$。经气轮机绝热膨胀做功后，变成温度 $T_2 = 477\text{℃}$，压力 $p_2 = 0.1\text{MPa}$，流速 $c_2 = 70\text{m/s}$ 的废气。取气体比热容 $c_p = 1.1 \, \text{kJ/(kg} \cdot \text{K)}$，气体常数 $R = 0.28 \, \text{kJ/(kg} \cdot \text{K)}$，大气温度 $t_0 = 25\text{℃}$，大气压力 $p_0 = 0.1\text{MPa}$。若气体视为理想气体，试计算：

（1）过程中完成的轴功；

（2）气轮机入口和出口气体的㶲值；

（3）过程中理论上能完成的最大轴功；

（4）过程中的㶲损失。

解 （1）依稳定流动系统能量方程有

$$q = \Delta h + \frac{\Delta c^2}{2} + g \Delta z + w_s$$

气体位能差可忽略不计，过程为绝热，故

$$w_s = h_1 - h_2 + \frac{1}{2}(c_1^2 - c_2^2)$$
$$= c_p(T_1 - T_2) + \frac{1}{2}(c_1^2 - c_2^2)$$
$$= 1.1 \times (900 - 477) + \frac{1}{2}\left(\frac{120^2 - 70^2}{10^3}\right)$$
$$= 470.05 \, (\text{kJ/kg})$$

（2）入口气㶲值为

$$e_{x1} = (h_1 - h_0) - T_0(s_1 - s_0)$$
$$= c_p(T_1 - T_0) - T_0\left(c_p \ln \frac{T_1}{T_0} - R \ln \frac{p_1}{p_0}\right)$$
$$= 1.1 \times (1173 - 298) - 298 \times \left(1.1 \ln \frac{1173}{298} - 0.28 \ln \frac{0.85}{0.1}\right)$$
$$= 691.91 \, (\text{kJ/kg})$$

出口气㶲值为

$$e_{x2} = c_p(T_2 - T_0) - T_0\left(c_p \ln \frac{T_2}{T_0} - R \ln \frac{p_2}{p_0}\right)$$
$$= 1.1 \times (750 - 298) - 298 \times \left(1.1 \ln \frac{750}{298} - 0.28 \ln \frac{0.1}{0.1}\right)$$
$$= 194.65 \, (\text{kJ/kg})$$

（3）过程中理论上能完成的最大技术功为

$$w_{t\max}=e_{x1}-e_{x2}+e_{xq}$$

因过程绝热，$q=0$，$e_{xq}=0$，故

$$w_{t\max}=691.91-194.65=497.26\ (\text{kJ/kg})$$

$$w_{s\max}=w_{t\max}-\frac{\Delta c^2}{2}=497.26+\frac{1}{2}\times(120^2-70^2)\times10^{-3}=502.01\ (\text{kJ/kg})$$

（4）过程中的㶲损失为

$$e_l=w_{s\max}-w_s=502.01-470.05=31.96\text{kJ/kg}$$

或

$$\begin{aligned}e_l&=T_0(s_2-s_1)\\&=T_0\left(c_p\ln\frac{T_2}{T_1}-R\ln\frac{p_2}{p_1}\right)\\&=298\times\left(1.1\ln\frac{750}{1173}-0.28\ln\frac{0.1}{0.85}\right)\\&=31.96\ (\text{kJ/kg})\end{aligned}$$

6.6 热经济学思想简介

与以热力学第一定律为基础的焓分析方法相比，㶲分析方法对用能过程进行了较全面的技术分析。然而，从工程角度出发，㶲分析方法得出的结论不能作为投资决策的依据，而只能作为指导性建议。这是因为㶲分析方法还存在很多不足之处：第一，㶲分析方法属于纯技术分析，技术只能是获取经济利益的工具，只有与经济分析相结合，达到技术与经济的统一之后，才能获得工程应用；第二，㶲效率的高低与过程的可逆程度有关，而可逆过程都是推动力无限小的过程，速度极慢，产量极低；第三，㶲值相同的物质在价值上并不等价，如1kJ 电、1kJ 煤、1kJ 蒸汽的价格是不等的。热经济学就是一种集技术与经济于一体的分析方法。热经济学的研究内容是：㶲单价与能量品质之间的关系；通过建立数学模型及求解，确定产品成本最低的条件，进而做出投资决策。

对一个系统来说，输入系统的价值有：

① 供给能的价值 C_{in}＝供给能的㶲单价 c_{in}×供给能的㶲值 $(E_x)_{in}$；

② 设备投资费用 C_{eq}；

③ 经营管理费用 C_{ad}；

输出系统的产品成本 C_{out}＝单位产品能的㶲成本×产品能的㶲值 $(E_x)_{out}$。

输入系统的价值应等于输出产品的成本，即

$$c_{out}\times(E_x)_{out}=c_{in}\times(E_x)_{in}+C_{eq}+C_{ad} \tag{6-34}$$

式（6-34）是㶲经济方程的基本形式，也叫成本方程。下面以锅炉为例说明成本方程的应用。

锅炉的供给㶲是燃料的化学㶲 E_{xf}，㶲单价为 c_f，由式（6-34）得到

$$c_{out}=c_f\frac{E_{xf}}{(E_x)_{out}}+\frac{C_{eq}}{(E_x)_{out}}+\frac{C_{ad}}{(E_x)_{out}}=\frac{c_f}{\eta_{ex}}+c_{eq}+c_{ad} \tag{6-35}$$

式中，η_{ex} 是㶲效率；c_{eq} 是锅炉的比投资，即输出 1kJ 㶲所需要的投资费用；c_{ad} 是比管理费用，即输出 1kJ 㶲所需的管理费用。η_{ex}、c_{eq}、c_{ad} 都与生产过程及生产条件密切相关，如果能确定它们之间的函数关系，就可对式（6-35）求极值，从而确定㶲成本最小的生产条件。当然也可以针对某几种生产条件计算产品的㶲成本，确定较好的生产条件。

热经济学分析法还可应用于工艺设备、生产单元、生产大系统、甚至国家经济问题的分析，有些情况需要求解非线性方程组，解决工艺优化和经济决策问题。

热经济学是一门只有几十年发展历史的新兴学科，目前尚不成熟，评价指标和计算方法还未统一。但这方面的研究已取得令人瞩目的成果，并且开始应用于工程实际。热经济学分析与优化已引起学术界和工程界的广泛关注，在不远的将来，它将给能量系统的设计和改进带来新的活力与希望。

小　结

（1）能量不仅有量，而且有质。㶲从两方面衡量了能的有用程度。它的基本含义是以环境为基准态时能量的做功能力。㶲的本质是系统与环境之间存在着不平衡势。

（2）功源㶲等于功源的总能量。

（3）热量㶲的计算式为

$$E_{xQ} = \left(1 - \frac{T_0}{T}\right)Q$$

热量㶲是热量的理论做功能力，因此它与热量一样也是过程量。热量㶲的方向与热流的方向是一致的。

（4）冷量㶲的计算式为

$$E_{x\dot{Q}} = \left(\frac{T_0}{T} - 1\right)\dot{Q}$$

冷量㶲也是过程量，不过它的方向与热流的方向相反。

（5）工质内能㶲的计算式为

$$E_x = (U - U_0) - T_0(S - S_0) + p_0(V - V_0)$$

内能㶲是状态参数，当环境状态一定时，其值仅取决于工质本身所处的状态，封闭系统从一个状态变化到另一个状态过程中所能提供的最大有用功等于这两个状态的内能㶲之差。

（6）工质焓㶲的计算式为

$$E_x = (H - H_0) - T_0(S - S_0)$$

焓㶲是状态参数，当环境状态一定时，其值仅取决于工质的流动状态。稳定流动系统从一个状态变化到另一个状态过程中所能提供的最大有用功等于这两个状态的焓㶲之差。

（7）㶲方程　　　　　　　$E_{xQ} + E_{x1} - E_{x2} = W_t + E_l$

方程左边是系统供给的总㶲，W_t 是系统实际完成的技术功，E_l 是总㶲损失。

（8）能级是能量㶲值与能量数量的比值，即 $\Omega = \dfrac{E_x}{E}$。

（9）㶲损失的通用计算式为

$$E_l = T_0 \Delta S_g$$

即只要过程中有熵产，就有㶲损失，能级就下降，能量就贬值。当然㶲损失也可由㶲方程求得。

（10）㶲分析法仍存在着不足之处，热经济学有可能解决这些问题。㶲经济方程为

$$c_{out} \times (E_x)_{out} = c_{in} \times (E_x)_{in} + C_{eq} + C_{ad}$$

思 考 题

1. 什么是㶲？㶲定义的基准是什么？
2. 热量㶲和工质㶲有何不同？它们都是状态参数吗？
3. 说明㶲损失与熵产之间的关系。
4. 㶲方程的物理意义是什么？
5. 㶲效率与热效率有何不同？

习 题

1. 比较 1000kJ 的功与从温度为 300℃ 热源放出 2000kJ 热量的价值。设环境温度为 25℃。

2. 容器内盛有 1kg 空气，在定容下向环境放热，由初态 $t_1=200℃$ 变化到 $t_2=55℃$。若环境温度为 15℃，试计算放热过程的㶲损失。

3. 空气按多变过程由 $p_1=0.1MPa$，$t_1=17℃$ 压缩至 $p_2=0.5MPa$，$t_2=120℃$。环境状态为 $p_0=0.1MPa$，$t_0=17℃$。试计算：①过程中的技术功；②压缩所需的最小技术功；③㶲损失；④㶲效率。

4. 压力 $p_1=0.8MPa$，温度 $t_1=320℃$ 的空气，流经一段管路后变为 $p_2=0.7MPa$，温度 $t_2=280℃$。设环境压力 $p_0=0.1MPa$，温度 $t_0=20℃$，试计算该过程的㶲损失。

5. 有一台燃气轮机，进口燃气温度为 850℃，压力为 0.55MPa。经绝热膨胀做功后，出口废气压力为 0.1MPa，温度为 500℃。燃气 $c_p=1.1 kJ/(kg·K)$，$R=0.287kJ/(kg·K)$。试计算：①1kg 燃气所做的轴功；②该过程理论上能完成的最大轴功；③过程的㶲损失。忽略燃气的动能和位能变化，环境温度为 20℃。

6. 某绝热容器，由一不导热的隔板分为 L 和 R 两部分，L 边盛有 3kg 40℃ 的空气，R 边盛有 5kg 70℃ 的氮气。当移去隔板时两边的气体定压混合，经过一段时间后，整个容器中气体的状态一致。环境的温度为 $T_0=15℃$。求：

① 混合后系统的熵增量；
② 混合过程的㶲损失。

7. 某锅炉用空气预热器吸收排出烟气中的热量来加热进入燃烧室的空气。若烟气的流量为 50000kg/h，经空气预热器后由 315℃ 降到 205℃；空气的流量为 40000kg/h，初始温度为 27℃。假定烟气和空气均视为理想气体，压力均为环境压力，比热容均为定值，且 $c_{p烟气}=1.088 kJ/(kg·K)$，$c_{p空气}=1.004kJ/(kg·K)$。环境状态为 $p_0=0.1MPa$，$t_0=27℃$。求：

① 烟气的初、终状态㶲参数；
② 该传热过程中气体的㶲损失；
③ 假定从烟气向外传热是通过可逆热机实现的，空气的终温和热机发出的功率。

7 热力循环

内容提要　热能与其他形式的能之间的相互转换是通过热机（热力循环）实现的。将工程中的各种实际热力循环抽象为相应的理想热力循环，并利用热力学第一和第二定律分析能量的转换效率是工程热力学的重要内容之一。本章主要讨论蒸汽动力循环、空气压缩制冷循环、蒸气压缩制冷循环、吸收式制冷循环、蒸汽喷射制冷循环和气体液化循环及热泵循环。

基本要求　①了解热力循环的分类；②掌握蒸汽卡诺循环向朗肯循环的演变及回热循环、再热循环对朗肯循环的改进，会利用蒸汽图表对循环进行热力分析与计算；③熟悉热电联供循环；④熟悉空气压缩制冷循环及其热力分析；⑤掌握蒸气压缩制冷循环及其热力分析；⑥了解制冷剂的性质；⑦了解吸收式制冷循环、蒸汽喷射制冷循环和气体液化循环的原理及特点，熟悉热泵循环与制冷循环的异同，了解热泵循环类型。

　　为满足工业部门对各种能量的需求，实际工程中总是通过特定的热力循环把一种形式的能转换成另一种形式。把热能转换为机械能的循环称为动力循环，而通过消耗机械能把热量由低温物体传向高温物体的循环称为广义热泵循环。动力循环是正向循环，广义热泵循环则为逆向循环。如果逆向循环的目的是为了维持低温热源的低温，则该循环称为制冷循环；而如果逆向循环的目的是为了维持高温热源的高温，则该循环称为热泵循环或供暖循环。根据工质种类的不同，热力循环可分为蒸汽循环和气体循环。气体循环是指在循环中工质只发生状态变化而不发生相变，蒸汽循环是指在循环中工质发生相变。由于动力循环中的热能往往来自燃料的燃烧放热，所以按燃料的燃烧方式可分为内燃式和外燃式两种循环。内燃式循环，其燃料在系统内部燃烧，燃气本身就是工质，外燃式循环，其燃料在系统外部燃烧，燃烧放出的热量通过间壁传给工质。

7.1　蒸汽动力循环

　　蒸汽动力循环是以蒸汽为工质，通过在一系列的动力装置中经历热力循环来实现的，在蒸汽动力循环过程中，燃料的化学能在锅炉中转化为水蒸气的热能，然后蒸汽在汽轮机中将热能转化为机械能。这类动力装置采用蒸汽轮机作为原动机，广泛应用于火力发电、石油化工及船舶等领域。近代火力发电中绝大部分采用蒸汽动力循环。图 7-1 为合成氨工业蒸汽轮机驱动的二氧化碳压缩机组，图 7-2 和图 7-3 为一火力发电厂的全景图及生产流程图。

7.1.1　蒸汽卡诺循环

　　热力循环通常由多个子过程组成，每个子过程都是在特定的工业设备中完成的。用于循环的工质不同，各子过程及其设备也有很大差别。第 2 章曾介绍过卡诺循环的构成及效率，指出卡诺循环是相同条件下效率最高的循环。然而，如果以远离液态的气体作工质，则定温吸热和定温放热两个过程实际上难以实现。此外，在 $p\text{-}v$ 图上，气体定温线与绝热线的斜率相差不太大，所以每循环完成的功较小。

图 7-1　合成氨工业蒸汽轮机驱动的二氧化碳压缩机组

图 7-2　火力发电厂全景图

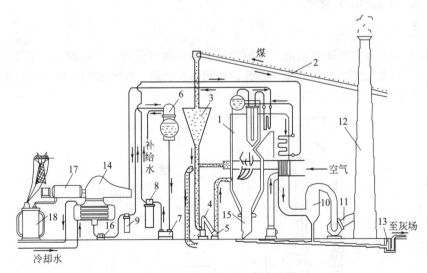

图 7-3　火力发电厂生产流程图

1—锅炉；2—传送带；3—煤斗；4—磨煤机；5—排粉风机；6—除氧器；7—给水泵；8—高压加热器；

9—低压加热器；10—机除尘器；11—引风机；12—烟囱；13—灰渣泵；

14—汽轮机；15—渣斗；16—凝结水泵；17—发电机；18—主变压器

如果以蒸汽为工质，则可以克服上述两个缺点。在湿蒸气区，工质的定压过程就是定温过程，例如水可以在锅炉内定温定压吸热汽化为水蒸气，经气轮机膨胀后水蒸气又可在冷凝器内定温定压放热而冷凝为水。这样便可以实现卡诺循环。其 p-v 图和 T-s 图如图 7-4 中的 $1-2-c-5$ 所示。可见定温线为水平线，与绝热线斜率相差较大，每循环获得的功较多。

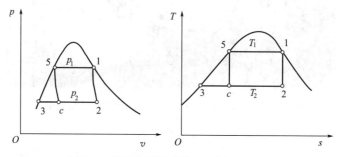

图 7-4　蒸汽卡诺循环的 p-v 图和 T-s 图

然而，实际生产中不采用蒸汽卡诺循环。

① 若采用卡诺循环，定温吸热过程可以在锅炉内近似实现，定温放热过程可以在冷凝器内近似实现，定熵膨胀过程可以在汽轮机或蒸汽机中近似实现，但绝热压缩过程却难以实现，原因为缺少压缩水汽混合物的合适设备，一般压缩机压缩汽水混合物时工作极不稳定，易出事故；

② 定熵膨胀末期，蒸汽湿度较大，对汽轮机工作不利；

③ 蒸汽比体积比水大上千倍，压缩时设备庞大，耗功也大；

④ 蒸汽卡诺循环仅限于湿蒸汽区，上限温度 T 受制于临界温度，因此热效率不高，每循环完成的功也不大。

7.1.2　朗肯（Rankine）循环

7.1.2.1　工作原理

为了克服蒸汽卡诺循环的缺陷，工程实际中采用朗肯循环，朗肯循环系统是由锅炉、汽轮机、冷凝器和水泵组成的动力循环系统，如图 7-5 所示。理想的朗肯循环及设备流程示意图如图 7-6 所示，其 p-v 图和 T-s 图如图 7-7 所示。

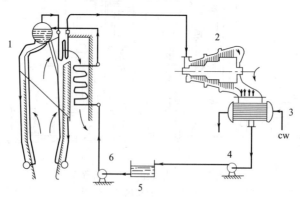

图 7-5　朗肯热力循环系统组成
1—锅炉；2—汽轮机；3—冷凝器；4—冷凝水泵；
5—水箱；6—锅炉给水泵

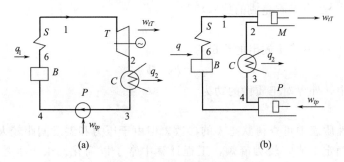

图 7-6 朗肯循环流程示意图

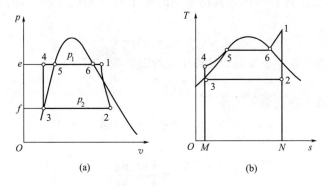

图 7-7 朗肯循环的 p-v 图和 T-s 图

图 7-6(a) 是汽轮机动力装置，图 7-6(b) 是蒸汽机动力装置。图中 B 为锅炉，燃料在锅炉中燃烧，放出的热量通过间壁传给汽锅中的水汽。过冷水经定压吸热转变为饱和水的过程为图 7-7 中的 4→5 段，饱和水经定温定压吸热汽化为饱和蒸汽的过程为图 7-7 中的 5→6 段。S 为蒸汽过热器，饱和蒸汽在其中定压吸热变为过热蒸汽。在图 7-7 中为 6→1 段。T 为汽轮机，过热蒸汽通过汽轮机推动叶轮膨胀做功；M 为蒸汽机，过热蒸汽在蒸汽机中推动活塞膨胀做功；两者作用原理完全相同，只是做功方式不同，在图 7-7 中为 1→2 段。C 为冷凝器，从动力机排出的乏汽在其中通过间壁向冷却水定温定压放出热量后而凝结为水，在图 7-7 中为 2→3 段。P 为给水泵，将冷凝水升压后进入锅炉的汽锅内，在图 7-7 中为 3→4 段。

朗肯循环与水蒸气卡诺循环的不同之处在于：

① 乏汽的凝结是完全的，即放热过程线不是图 7-4 中的 2→c 而是 2→3；

② 冷凝水由水泵泵入锅炉，简化了设备，但增加了水的定压加热过程 4→5，降低了平均吸热温度，从而使热效率降低；

③ 增加了过热器，蒸汽在过热器中的吸热过程 6→1 也是定压过程而不是定温过程。该过程提高了平均吸热温度，而且提高了乏汽的干度，提高了循环效率，也改善了汽轮机的工作条件。

7.1.2.2 朗肯循环的热效率

循环中各点的状态参数由已知条件在水和水蒸气热力性质图或表中查得后，即可进行各过程的能量转换计算。在正常工作时，工质处于稳定流动过程。若以每千克工质为基准，则在定压吸热过程 4→5→6→1 中工质吸入的热量为

$$q_1 = h_1 - h_4$$

在定熵膨胀过程 1→2 中工质完成的技术功为

$$w_{tT}=h_1-h_2$$

在定压放热过程 2→3 中工质放出的热量为

$$q_2=h_2-h_3$$

在定熵压缩过程中，外界对工质做的功为

$$w_{tp}=h_4-h_3$$

虽然在未饱和水性质表中可查得状态 4 的参数，但由于压力和温度间距较大，往往需要经过多次内插法才能确定下来，较为麻烦，工程计算中常予以简化。由于水是压缩性极小的物质，尤其是在低温下，把压力提高到几十兆帕并不会使水的比体积产生明显的变化。例如，把 20℃ 下的饱和水加压到 20MPa，其比体积的变化小于 1%。因此水的压缩过程可视为定容过程，即

$$w_{tp}=v(p_4-p_3)$$

水泵功与汽轮机功相比很小，在近似计算中常可以忽略，即

$$h_4≈h_3$$

整个循环中工质完成的净功为

$$w_0=w_{tT}-w_{tp}=q_1-q_2≈(h_1-h_2)$$

循环热效率为

$$\eta_t=\frac{w_0}{q_1}≈\frac{h_1-h_2}{h_1-h_3} \tag{7-1}$$

再考虑工质动能及位能的变化，可将技术功 w_0 转换为轴功 w_s。循环的热效率也可用平均吸热温度 $\overline{T}_1$ 和平均放热温度 $\overline{T}_2$ 表示。对任意循环，平均吸热温度 $\overline{T}_1$ 是吸热量 Q_1 与吸热过程熵变 ΔS_1 的比值，平均放热温度是放热量 Q_2 与放热过程熵变 ΔS_2 的比值。这样，该循环与在温度 $\overline{T}_1$ 和 $\overline{T}_2$ 之间工作的卡诺循环相当，即吸热量、放热量及完成的功均相等，热效率也就相等。所以任何循环的热效率可以表示为

$$\eta_t=1-\frac{\overline{T}_2}{\overline{T}_1} \tag{7-2}$$

式(7-2)用于比较各循环的热效率时非常方便。

蒸汽动力装置输出 1kW·h（3600kJ）功量所消耗的蒸汽量称为汽耗率，常以符号 d 表示

$$d=\frac{3600}{w_0}≈\frac{3600}{h_1-h_2}$$

在功率一定的条件下，汽耗率反映了循环中各设备尺寸的大小。汽耗率大，各设备尺寸大，投资大，效率低。可见，汽耗率是动力装置的经济指标之一。

7.1.2.3 蒸汽参数对循环热效率的影响

由式(7-1)可以看出，朗肯循环的热效率取决于：汽轮机入口蒸汽焓 h_1、汽轮机出口乏汽焓 h_2 和冷凝水的焓 h_3。而 h_1 又由 p_1 和 t_1 决定，h_2 和 h_3 由 p_2 决定，因此 p_1、t_1 和 p_2 是影响朗肯循环热效率的三个参数。

(1) 蒸汽初压 p_1 对热效率的影响 如果保持蒸汽初温 t_1 和乏汽压力 p_2 不变，而将蒸汽压力由 p_1 提高到 p_1'，则在 T-s 图上可得到两个循环 1→2→3→4→5→6→1 和 1'→2'→3→4→5'→6'→1'，如图7-8所示。可见，这两个循环的平均放热温度 $\overline{T}_2$ 相同，而后者的平

均吸热温度$\overline{T}'_1$高于前者的平均吸热温度$\overline{T}_1$。所以，随着蒸汽初压p_1的升高，循环的热效率提高。

提高蒸汽初压p_1，虽然可以提高循环的热效率，但是同时也带来了一些其他问题。如图7-8所示，初压p_1升高后，汽轮机出口蒸汽干度下降。如果降低得过多，就会侵蚀汽轮机最后几级叶片，对汽轮机的运行安全构成威胁，同时也降低了汽轮机后部的工作效果。工程实际中，一般要求乏汽干度不低于90%。另外，提高初压p_1，对设备强度要求高，设备投资也增大。

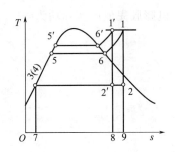

图7-8　初压对朗肯循环的影响

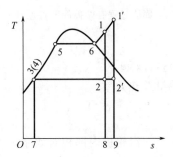

图7-9　初温对朗肯循环的影响

(2) 蒸汽初始温度t_1对热效率的影响　如果保持蒸汽初始压力p_1和终了压力p_2不变，使初温t_1升高到t'_1，则在T-s图上也得到两个循环$1\to2\to3\to4\to5\to6\to1$和$1'\to2'\to3\to4\to5\to6\to1'$，如图7-9所示。可见，后者的平均吸热温度$\overline{T}'_1$大于前者的平均吸热温度$\overline{T}_1$，而放热平均温度相同，即提高初温可使循环热效率提高。

此外，提高初温还可使汽轮机出口乏汽干度提高，对汽轮机运行有利。

蒸汽的初始温度受制于锅炉过热器的材料和汽轮机前几级叶片材料。耐热材料价格昂贵，设备投资太大。目前所用蒸汽的最高温度一般不超过600℃。

(3) 乏汽压力p_2对热效率的影响　如果保持初压p_1和初温t_1不变，使乏汽压力由p_2降低到p'_2，则在T-s图上也得到两个循环$1\to2\to3\to4\to5\to6\to1$和$1'\to2'\to3'\to4'\to5\to6\to1$，如图7-10所示。可见，两者的平均吸热温度相同，而后者的平均放热温度$\overline{T}'_2$小于前者的平均放热温度$\overline{T}_2$，所以降低乏汽压力p_2可提高循环热效率。

乏汽压力p_2的选取依赖于冷凝器冷源的温度。一般大型蒸汽动力装置的p_2介于0.003～0.005MPa

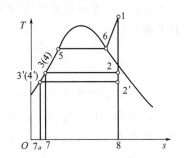

图7-10　乏汽压力对朗肯循环的影响

之间，对应的饱和温度介于24～33℃之间，这仅略高于冷却水的温度。因此，降低p_2已经没有多少潜力。另外，降低p_2，乏汽干度下降，对汽轮机工作也不利。

7.1.2.4　实际循环

上述的朗肯循环是理想的可逆循环。实际上，蒸汽在动力装置中的各个过程都是不可逆过程。例如，流体流动必产生阻力降，所谓定压过程并不严格；工质加热或放热过程必存在温差传热；蒸汽流经各管道时对外散热；蒸汽经过汽轮机时的绝热膨胀过程，由于汽流速度高，摩擦阻力很大等。所以，实际循环与理想循环存在着很大的差别。对实际蒸汽动力循环

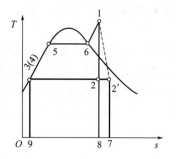

图 7-11　膨胀过程有摩擦的朗肯循环

进行分析时，可先按理想循环考虑，然后再依具体不可逆情况进行修正。锅炉内的损失以锅炉效率表示，管道损失以管道效率表示，汽轮机内的损失以汽轮机效率表示等。下面以汽轮机内有摩擦损耗的情况为例进行分析。

绝热膨胀过程有摩擦时，其 $T\text{-}s$ 图如图 7-11 所示。图中 1→2 代表可逆过程，1→2′ 则为有摩擦的不可逆过程。

蒸汽经汽轮机膨胀完成的实际功为

$$w'_{tT} = h_1 - h'_2$$

因 $h'_2 > h_2$，故 $w'_{tT} < w_{tT}$。

汽轮机总热效率

$$\eta_T = \eta_i \eta_m$$

式中　η_i——汽轮机内部相对效率，$\eta_i = \dfrac{w'_{tT}}{w_{tT}} = \dfrac{h_1 - h'_1}{h_1 - h_2}$；

η_m——汽轮机机械效率，$\eta_m = \dfrac{w_e}{w'_{tT}}$；

w'_{tT}——汽轮机实际完成的功率；

w_e——汽轮机输出的有效功。

则汽轮机输出的有效功

$$w_e = \eta_T w_{tT}$$

有效功率

$$N_e = \eta_T N_{tT} \tag{7-3}$$

式中　N_{tT}——汽轮机理想循环功率。

锅炉热效率

$$\eta_B = \frac{q_1}{q_f} \tag{7-4}$$

式中　q_f——燃料放出的热量。

其他热效率，包括管道、冷凝器、水泵等设备的热效率。

整个热力循环系统的效率由上面各环节决定，动力装置效率用 η 表示

$$\eta = \frac{w_0}{q_f} \tag{7-5}$$

式中　w_0——装置输出的净功，$w_0 = w_e - w_{tp}$。

整个装置的能量转化可用图 7-12 能量平衡图描述。

例 7-1　某蒸汽动力循环如图 7-13 所示。锅炉过热器出口蒸汽压力 $p'_1 = 14\text{MPa}$，温度 $t'_1 = 560℃$；汽轮机进口压力 $p_1 = 13.5\text{MPa}$，温度 $t_1 = 550℃$；汽轮机出口乏汽压力 $p'_2 = 0.004\text{MPa}$。已知锅炉效率 $\eta_B = 0.9$，汽轮机内部相对效率 $\eta_i = 0.85$。试计算：①汽轮机输出的功；②水泵功；③循环热效率；④装置效率；⑤各部分热损失的大小及所占比例；⑥各部分的㶲损失及所占比例。设大气压力 $p_0 = 0.1\text{MPa}$，温度 $t_0 = 20℃$，燃烧温度 $T_f = 1700\text{K}$。

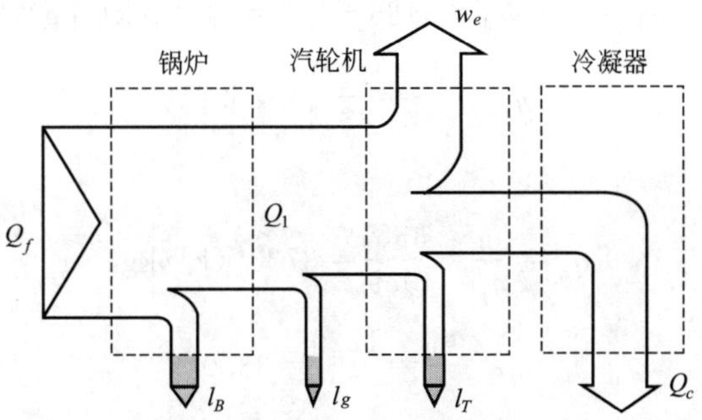

图 7-12 朗肯循环热量平衡图

l_B—锅炉损失；l_g—蒸汽管路系统损失；l_T—汽轮机损失；

Q_c—冷凝移走热量

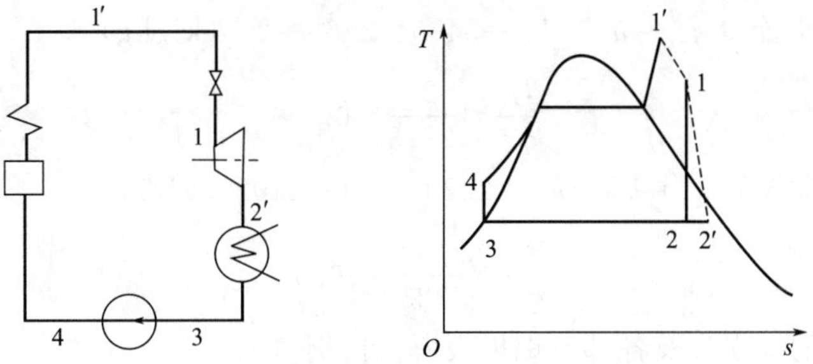

图 7-13 例 6-1 的动力循环

解 首先从水及蒸汽表或水蒸气焓-熵图中查出各点的状态参数。

1′点 $p_1'=14\text{MPa}$，$t_1'=560℃$，$h_1'=3486\text{kJ/kg}$，$s_1'=6.60\text{kJ/(kg}\cdot\text{K)}$

1 点 $p_1=13.5\text{MPa}$，$t_1=550℃$，$h_1=3466\text{kJ/kg}$，$s_1=6.58\text{kJ/(kg}\cdot\text{K)}$

2 点 $p_2=0.004\text{MPa}$，$s_2=s_1=6.58\text{kJ/(kg}\cdot\text{K)}$，$h_2=2004\text{kJ/kg}$，$x_2=0.765$

2′点 $p_2'=0.004\text{MPa}$，汽轮机效率 $\eta_i=0.85$ 故

$$h_2'=h_1-\eta_i(h_1-h_2)=3466-0.85\times(3466-2004)$$
$$=2223(\text{kJ/kg})$$
$$s_2'=7.32\text{kJ/(kg}\cdot\text{K)}$$

3 点 $p_3=p_2'=0.004\ \text{MPa}$，$h_3=121\text{kJ/kg}$，$v_3=0.001\ \text{m}^3\text{/kg}$

$s_3=0.422\text{kJ/(kg}\cdot\text{K)}$

4 点 $p_4=p_1'=14\ \text{MPa}$，

$$h_4=h_3+(p_4-p_3)v_3=121+(14000-4)\times0.001$$
$$=135(\text{kJ/kg})$$
$$s_4=0.424\text{kJ/(kg}\cdot\text{K)}$$

① 汽轮机输出的功

$$w_{tT}'=h_1-h_2'=3466-2223=1243\ (\text{kJ/kg})$$

② 水泵功

$$w_{tp}=h_4-h_3=135-121=14\ (\text{kJ/kg})$$

③ 循环热效率

循环净功 $w_0=w_{tT}'-w_{tp}=1243-14=1229\ (\text{kJ/kg})$

循环中工质吸热 $\quad q_1 = h'_1 - h_4 = 3486 - 135 = 3351$（kJ/kg）

循环效率 $\qquad \eta_t = \dfrac{w_0}{q_1} = \dfrac{1229}{3351} = 36.7\%$

④ 装置效率

燃料放出热量 $\qquad q_f = \dfrac{q_1}{\eta_B} = \dfrac{3351}{0.9} = 3723$（kJ/kg）

装置效率 $\qquad \eta = \dfrac{w_0}{q_f} = \dfrac{1229}{3723} = 33.0\%$

⑤ 各部分热损失大小及所占比例

锅炉损失能量 $\quad q_{lB} = q_f - q_1 = 3723 - 3351 = 372$（kJ/kg）

所占比例 $\qquad \dfrac{q_{lB}}{q_f} = \dfrac{372}{3723} = 10\%$

管道、阀门损失能量 $q_{lv} = h'_1 - h_1 = 3486 - 3466 = 20$（kJ/kg）

所占比例 $\qquad \dfrac{q_{lv}}{q_f} = \dfrac{20}{3723} = 0.5\%$

冷凝器放出热量 $\quad q_2 = h'_2 - h_3 = 2223 - 121 = 2102$（kJ/kg）

所占比例 $\qquad \dfrac{q_2}{q_f} = \dfrac{2102}{3723} = 56.5\%$

（6）整个装置的㶲损失及各部分㶲损失所占比例

① 环境状态参数为 $p_0 = 0.1\text{MPa}$，$T_0 = 293\text{K}$，查水和水蒸气表可知

$$h_0 = 84\text{kJ/kg}, \qquad s_0 = 0.296\text{kJ/(kg·K)}$$

② 各状态下的㶲

燃料放出的热量为 $q_f = 3723\text{kJ/kg}$，其㶲为

$$e_{xqf} = q_f\left(1 - \frac{T_0}{T_f}\right) = 3723 \times \left(1 - \frac{293}{1700}\right) = 3081 \text{（kJ/kg）}$$

因锅炉向外散热，使得传给工质的热量为 $q_1 = \eta_B q_f$，所以传给工质热量的㶲为

$$e_{xq} = e_{xqf}\eta_B = 3081 \times 0.9 = 2773 \text{（kJ/kg）}$$

点 1' 状态下工质的㶲为

$$\begin{aligned} e'_{x1} &= (h_1 - h_0) - T_0(s'_1 - s_0) \\ &= (3486 - 84) - 293 \times (6.6 - 0.296) = 1555 \text{（kJ/kg）} \end{aligned}$$

点 1 状态下工质的㶲为

$$\begin{aligned} e_{x1} &= (h_1 - h_0) - T_0(s_1 - s_0) \\ &= (3466 - 84) - 293 \times (6.58 - 0.296) = 1541 \text{（kJ/kg）} \end{aligned}$$

点 2' 状态下工质的㶲为

$$\begin{aligned} e'_{x2} &= (h'_2 - h_0) - T_0(s'_2 - s_0) \\ &= (2223 - 84) - 293 \times (7.32 - 0.296) = 81 \text{（kJ/kg）} \end{aligned}$$

点 3 状态下工质的㶲为

$$\begin{aligned} e_{x3} &= (h_3 - h_0) - T_0(s_3 - s_0) \\ &= (121 - 84) - 293 \times (0.422 - 0.296) = 0.1 \text{（kJ/kg）} \end{aligned}$$

点 4 状态下工质的㶲为

$$\begin{aligned} e_{x4} &= (h_4 - h_0) - T_0(s_4 - s_0) \\ &= (135 - 84) - 293(0.424 - 0.296) = 14 \text{（kJ/kg）} \end{aligned}$$

③ 各过程的㶲损失及所占比例

锅炉排烟、散热等引起的㶲损失为

$$e_{lB1} = e_{xqf} - e_{xq} = 3081 - 2773 = 308 (kJ/kg)$$

锅炉温差传热引起的㶲损失为

$$e_{lB2} = e_{xq} + e_{x4} - e'_{x1} = 2773 + 14 - 1555 = 1232 (kJ/kg)$$

锅炉内㶲损失为

$$e_{lB} = e_{lB1} + e_{lB2} = 308 + 1232 = 1540 (kJ/kg)$$

所占比例为

$$\frac{e_{lB}}{e_{xqf}} = \frac{1540}{3081} = 50\%$$

管道及阀门引起的㶲损失为

$$e_{lv} = e'_{x1} - e_{x1} = 1555 - 1541 = 14 (kJ/kg)$$

所占比例为

$$\frac{e_{lv}}{e_{xqf}} = \frac{14}{3081} = 0.5\%$$

汽轮机摩擦引起的㶲损失为

$$e_{lT} = e_{x1} - e'_{x2} - w'_{tT} = 1541 - 81 - 1243 = 217 (kJ/kg)$$

所占比例为

$$\frac{e_{lT}}{e_{xqf}} = \frac{217}{3081} = 7\%$$

冷凝器内的㶲损失为

$$e_{lc} = e'_{x2} - e_{x3} = 81 - 0.1 = 80.9 (kJ/kg)$$

所占比例为

$$\frac{e_{lc}}{e_{xqf}} = \frac{80.9}{3081} = 2.5\%$$

循环的㶲效率为

$$\frac{w_0}{e_{lqf}} = \frac{1229}{3081} = 40\%$$

（7）两种方法比较

将两种分析法所得结果汇总后列于表 7-1。并用图 7-14 和图 7-15 分别描述循环过程的热流平衡和㶲流平衡图。

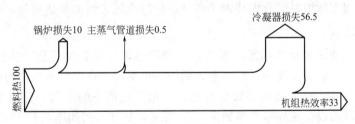

图 7-14　热力循环热流图

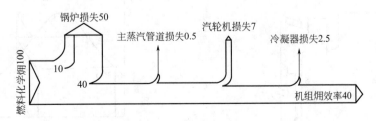

图 7-15　热力循环㶲流图

显然，两种分析方法所得出的结论不尽相同。依热效率分析法，冷凝器中损失的能量最多，应是改进的重点；温差传热没有能量损失，无需改善。而㶲分析法，冷凝器中损失的热量很大，但因其内工质状态接近于环境状态，㶲值却很小，所以几乎没有进行改进的余地；相反，温差传热过程虽从量上没有能量损失，但因温差传热是不可逆过程，㶲损失却很大，是需改进的重点。另一方面汽轮机不可逆膨胀引起的损失在热流图上无法显示，因为这一损失又以热的形式存在于蒸汽中，随着蒸汽进入冷凝器向冷却水放热，在冷源中一起反应出来。由此可见提高汽轮机的相对内效率可减少㶲损失。这两种方法所得结果之所以存在差异，是因为两种方法中"损失"的含义有本质的区别。热效率以热力学第一定律为基础，只考虑"量"上的损失；而㶲分析法以热力学第一定律和热学第二定律为基础，既考虑了"量"，也考虑了"质"，从量与质相统一的角度考虑㶲损失的大小，因此，㶲分析法是合理利用能源的正确分析方法。

表 7-1　热效率分析法与㶲分析法结果比较

项　　目			占供入的份额/%	
			热效率分析法	㶲分析法
损失	锅炉	排烟散热	10	10
		温差传热	0	40
		合计	10	50
	管道		0.5	0.5
	汽轮机		0	7
	冷凝器		56.5	2.5
	合计		67	60
输出功			33	40
总计			100	100

7.1.3　朗肯循环的改进

根据上节的分析，朗肯循环存在两个温差吸热（即图 7-7 中的 4→5 和 6→1）过程，而且这种温差传热是造成朗肯循环效率低的主要因素；另外，虽然提高初始压力 p_1 可提高朗肯循环的热效率，但是由于 x_2 减小，对汽轮机的运行会产生不利后果，为了克服朗肯循环的这些缺点，工程实际中对朗肯循环做了多种多样的改进，例如回热循环、再热循环等。

7.1.3.1　回热循环

朗肯循环中由液体水加热到饱和水的过程是吸热温度最低的一段，传热温差较大。因此，预热锅炉给水，使其温度升高后再进入锅炉，可提高水在锅炉内的平均吸热温度，减小水与高温热源的温差，对提高循环效率有利。利用汽轮机中的蒸汽预热锅炉给水，称为回热，理想回热循环的设备流程示意图如图 7-16 所示，其 T-s 图如图 7-17 所示。

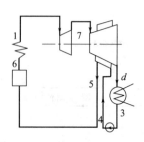

图 7-16　回热循环流程示意图

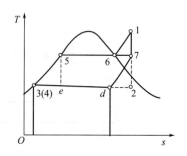

图 7-17　回热循环的 T-s 图

蒸汽自状态 1 绝热膨胀至状态 7，然后边膨胀边加热锅炉给水，使过程线 3→5 与过程线 7→d 平行。这样，过程 7→d 放出的热量正好等于过程 3→5 吸收的热量。循环 1→7→d→3→4→5→6→1 称为回热循环。由于循环 3→4→5→7→d→3（称为概括性卡诺循环）和循环 5→7→2→e→5（卡诺循环）的效率相同，所以回热循环的热效率高于朗肯循环的热效率。

这种理想的回热循环实际上难以实现。首先，使锅炉给水在汽轮机中被加热到沸点难以控制；其次，膨胀终点 d 处工质干度太小，对汽轮机工作不利。工程实际中常采用抽汽回热循环。图 7-18 是一次抽汽循环的设备流程示意图，图 7-19 是其 T-s 图。

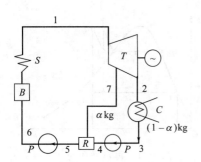

图 7-18　一次抽汽回热循环流程示意图

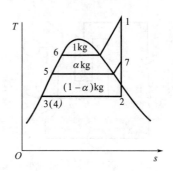

图 7-19　抽汽回热循环的 T-s 图

每千克处于状态 1 的蒸汽经汽轮机膨胀至某一压力 p_7 时，抽出 α(kg) 蒸汽，引入回热器 R，并在定压下与冷凝水混合，使蒸汽放热冷凝，而冷凝水吸热升温，最终两者均成为状态 5 的饱和水。剩余的 $(1-\alpha)$（kg）蒸汽，继续绝热膨胀到状态 2，进入冷凝器冷凝为状态 3 的水，经给水泵进入回热器吸热。其余过程与朗肯循环相同。

依据能量平衡，抽汽量 α 应满足

$$\alpha(h_7-h_5)=(1-\alpha)(h_5-h_4) \tag{7-6}$$

$$\alpha=\frac{h_5-h_4}{h_7-h_4} \tag{7-7}$$

循环功为

$$w_0=(h_1-h_7)+(1-\alpha)(h_7-h_2)-w_{tp}$$

循环吸热量为

$$q_1=h_1-h_5$$

循环热效率为

$$\eta_t=\frac{w_0}{q_1}$$

若忽略水泵功，并经整理得

$$\eta_t=1-\frac{h_2-h_3}{(h_1-h_3)+\dfrac{\alpha}{1-\alpha}(h_1-h_7)} \tag{7-8}$$

因 $\dfrac{\alpha}{1-\alpha}(h_1-h_7)>0$，故抽汽循环热效率大于朗肯循环热效率。

一次抽汽回热循环也可看作由两个循环 1→7→5→6→1 和 1→2→3→6→1 组成。前者只吸热做功，而不向外放热，它所放出的热量全部被工质吸收，故其热效率可认为是 100%；后者是朗肯循环，其热效率与朗肯循环相同。所以，这两部分之和的热效率必大于朗肯循环

的热效率。

工程实际中还常有采用二次或多次抽汽回热循环，其工作原理和分析方法与上述相同。读者可将例 7-1 改为一次抽汽回热循环后（设抽汽压力 $p_7 = 3\text{MPa}$）后再进行计算，并将结果加以比较。

7.1.3.2 再热循环

前已述及，提高蒸汽初压 p_1，循环效率提高，却使乏汽干度下降。为解决这一问题，提出了再热循环。图 7-20 示出了一次再热循环的设备流程，图 7-21 示出了其 $T\text{-}s$ 图。

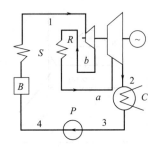

图 7-20　一次再热循环流程示意图

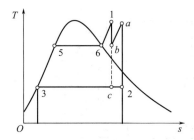

图 7-21　再热循环的 $T\text{-}s$ 图

处于状态 1 的蒸汽经汽轮机绝热膨胀到某一压力 p_b 时全部引出，进入锅炉中特设的再热器 R 中使之再加热。温度升高后再全部引入汽轮机继续膨胀做功至状态 2。显然，再热循环的乏汽干度较朗肯循环大。

若忽略水泵功，则再热循环的热效率为

$$\eta_t = \frac{w_0}{q_1} = \frac{(h_1 - h_b) + (h_a - h_2)}{(h_1 - h_3) + (h_a - h_b)} \tag{7-9}$$

可见，再热循环热效率的高低与中间压力 p_b 有关。若最高温度相同，提高中间压力，可使热效率提高。但若中间压力过高，则对 x_2 的改善程度较小。选取中间压力时，既要提高乏汽干度，又要尽可能达到提高循环热效率的目的。为此，最佳压力的数值需根据给定的循环条件进行全面的技术经济分析来确定。目前用的中间压力为初始压力的 20% ~ 30%。此时循环效率可提高 2% ~ 5%。再热循环也可采用多次再热循环，经济技术上合理即可。

7.1.4　热电联供循环

在现代蒸汽动力循环中，尽管采用了高温高压蒸汽、回热和再热等措施，循环的热效率仍低于 50%。这就是说，燃料热能的一半以上在冷凝器中白白地放给了环境。这部分能量虽数量很多，但由于乏汽压力和温度低，可用能很少，无法得到充分利用。与此同时，生产和生活中又需要耗费大量燃料以产生大量温度不太高的热能。因此，两方面均存在巨大的浪费。为了解决这种问题，可以将两者结合起来，一方面产生动力，另一方面提供低品位热能。这种两者结合构成的循环称为热电联供循环。

最简单的热电联供循环是采用背压式汽轮机，其设备流程与朗肯循环相同，只是将乏汽压力提高至与所要求的温度相适应。这样，动力循环的废热正好是热用户的热负荷。虽然排汽压力提高，使动力循环的热效率下降，但原来需要用另外的蒸汽锅炉提供的热蒸汽则由汽轮机乏汽所代替。由此节约的能量比因动力循环效率下降而损失的能量多，综合节能效果是非常显著的。

背压式热电联供循环要求机械功与热负荷保持一定的比例才能正常工作，这在实际中难以满足要求。为此，工程实际中常采用抽汽式热电联供循环，即从汽轮机中抽出部分一定压力的蒸汽供给热用户，而其余蒸汽继续膨胀做功。其设备流程示意图和 T-s 图分别见图 7-22 和图 7-23。具体计算读者可自行完成。

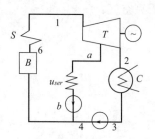

图 7-22　热电联供循环流程示意图

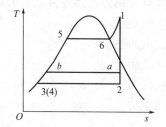

图 7-23　热电联供循环的 T-s 图

7.2　制　冷　循　环

制冷循环是通过制冷工质（也称制冷剂）将热量从低温物体（如冷库等）移向高温物体（如大气环境）的循环过程，从而将物体冷却到低于环境温度，并维持此低温，这一过程是利用制冷装置来实现的。由热力学第二定律可知，热量从低温物体移向高温物体不可能自动地、无补偿地进行，必需消耗外部的有用能，通常是通过消耗机械功或其他高温热源提供的热能来实现制冷过程。

7.2.1　压缩空气制冷循环

制冷循环是逆向循环。逆向卡诺循环是相同温度界限之间工作的最理想的制冷循环，其制冷系数为

$$\varepsilon_c = \frac{q_2}{w_0} = \frac{q_2}{q_1 - q_2} = \frac{T_2}{T_1 - T_2}$$

式中，T_1 为高温热源的温度；通常为环境温度；T_2 为冷库中需要保持的低温；q_2 为从冷库中取出的热量；q_1 为向环境排出的热量；w_0 为消耗的机械功。可见，在一定的环境温度下，T_2 越高，制冷系数越大，耗功越小。依卡诺定理，实际中若能实现逆向卡诺循环，则所消耗的功最小。然而，由于空气的定温吸热和定温放热过程不易实现，所以不能按逆向卡诺循环运行，而是用两个定压过程代替这两个定温过程。压缩空气制冷循环的设备流程示于图 7-24，其 p-v 图和 T-s 图示于图 7-25。

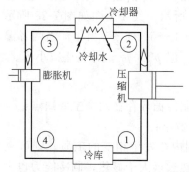

图 7-24　空气制冷循环流程示意图

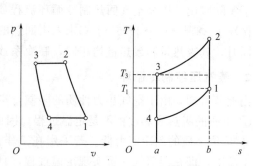

图 7-25　空气制冷循环的 p-v 图和 T-s 图

正常工作时，从冷库出来的空气处于状态 1，温度为 $T_1 = T_c$（T_c 为冷库温度），经压缩机绝热压缩后，温度升至 $T_2 > T_0$（T_0 为环境温度），压力升至 p_2。然后进入冷却器，在定压下向冷却水放热后，温度降至 $T_3 = T_0$，再经膨胀机绝热膨胀后，压力下降至 p_4，温度进一步下降到 $T_4 < T_c$。最后进入冷库，在定压下吸热，温度升至 T_1，完成了一个循环。

如果将空气视为比热容为定值的理想气体，则对每千克空气：

自冷库吸取的热量　　$q_2 = h_1 - h_4 = c_p(T_1 - T_4)$

向冷却器放出的热量　$q_1 = h_2 - h_3 = c_p(T_2 - T_3)$

压缩机消耗的功　　　$w_c = h_2 - h_1 = c_p(T_2 - T_1)$

膨胀机回收的功　　　$w_e = h_3 - h_4 = c_p(T_3 - T_4)$

循环消耗的净功　　　$w_0 = w_c - w_e = q_1 - q_2 = c_p(T_2 - T_3) - c_p(T_1 - T_4)$

循环的制冷系数为　　$\varepsilon = \dfrac{q_2}{w_0} = \dfrac{T_1 - T_4}{(T_2 - T_3) - (T_1 - T_4)}$

因过程 1→2 和 3→4 均为定熵过程，而过程 2→3 和 4→1 为定压过程，故

$$\frac{T_2}{T_1} = \left(\frac{p_2}{p_1}\right)^{\frac{k-1}{k}} = \left(\frac{p_3}{p_4}\right)^{\frac{k-1}{k}} = \frac{T_3}{T_4}$$

于是，制冷系数为

$$\varepsilon = \frac{T_4}{T_3 - T_4} = \frac{T_1}{T_2 - T_1} = \frac{1}{\left(\dfrac{p_2}{p_1}\right)^{\frac{k-1}{k}} - 1} \tag{7-10}$$

相同温度界限（$T_1 = T_c$，$T_3 = T_0$）内的卡诺循环的制冷系数为

$$\varepsilon_c = \frac{T_1}{T_3 - T_1} > \varepsilon$$

可见，压缩空气制冷循环的制冷系数较同温限内卡诺循环的制冷系数小。若要提高其制冷系数，由式（6-10）可知，需减小 p_2/p_1 之值。但若该压比过小，由图 7-26 可见，循环中单位工质的制冷量就很小。

由于空气的比热容较小，所以，压缩空气制冷循环的制冷能力通常较小。此外，压缩空气制冷循环也难以达到很低的制冷温度，因为那需要很大的压缩比、膨胀比及质量流量，一般的压缩机和膨胀机难以满足要求。

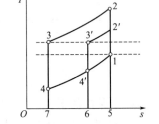

图 7-26　压比对制冷量的影响

近年来，随着大流量叶轮式机械的发展，再加上采用回热等措施，使压缩空气制冷循环得到了实际应用。压缩空气回热制冷循环流程如图 7-27 所示，其 $T\text{-}s$ 图如图 7-28 所示。将回热循环 1→2→3→4→5→6→1 和未采用回热的循环 1→3′→5′→6→1 相比，当两者温度界限相同时，其吸热量和放热量均相同，制冷系数也相同，但 $p_3′ > p_3$，即压比减小了。

7.2.2　蒸气压缩制冷循环

由上节可知，由于空气热力性质的限制，空气压缩制冷循环存在两个主要缺点：

① 工质的吸热放热过程不是定温过程，因而制冷系数小；

② 单位工质的制冷能力低。若采用在工作温度范围内会发生相变的工质，则可克服以上两个缺陷，即在湿蒸气区可实现定温过程，且相变潜热远远大于显热，制冷能力也大。因此蒸汽压缩制冷循环在工业中得到了广泛应用。图 7-29 为蒸汽压缩制冷机组。

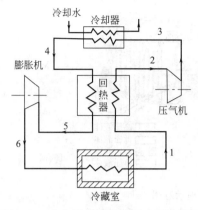

图 7-27 空气回热制冷循环流程示意图

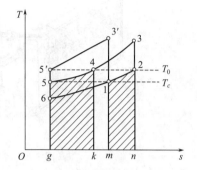

图 7-28 空气回热制冷循环的 $T\text{-}s$ 图

(a) 水冷式

(b) 风冷式

图 7-29 蒸汽压缩制冷机组

相同温度界限内最经济的制冷循环是蒸气逆向卡诺循环，其 $T\text{-}s$ 图如图 7-30 所示，其制冷系数为

$$\varepsilon_c = \frac{q_2}{w_0} = \frac{T_1}{T_2 - T_1}$$

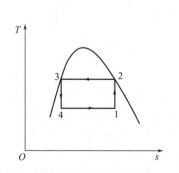

图 7-30 蒸气逆和向卡诺循环的 $T\text{-}s$ 图

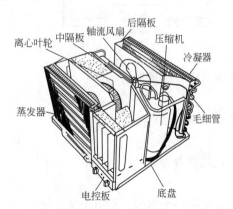

图 7-31 窗式空调结构图

然而工程实际中难以实现逆向卡诺循环，因为：

① 状态 1 下工质的湿度太大，对压缩机的安全可靠运行构成威胁；

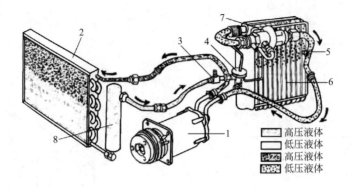

图 7-32　窗式空调工作原理示意图

1—压缩机；2—冷凝器；3—高压维修阀；4—节流阀；5—低压维修阀；
6—蒸发器；7—吸气调节阀；8—储液罐

② 状态 4 下工质的湿度也大，对膨胀机工作也不利；

③ 膨胀机成本高，且液体在膨胀机内膨胀，做功量很小。

为解决这些问题，实际中对卡诺循环进行了调整。下面以单级蒸气压缩制冷循环为例说明其工作原理及热力分析方法。

图 7-31、图 7-32 分别为单级蒸气压缩制冷窗式空调结构与工作原理图。

蒸气压缩制冷循环的设备流程如图 7-33 所示，其 T-s 图如图 7-34 所示。

工质在冷库中的蒸发器内定温定压吸热气化为干饱和蒸气，然后进入压缩机被绝热压缩成为过热蒸气，再经冷凝器在定压下放热冷凝为饱和液体，最后经节流阀绝热节流降压降温成为湿蒸气。

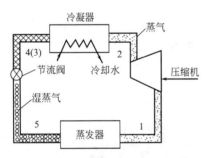

图 7-33　蒸气压缩制冷循环流程示意图

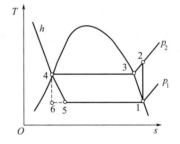

图 7-34　蒸气压缩制冷循环的 T-s 图

循环中工质吸热量为

$$q_2 = h_1 - h_5$$

循环中工质放热量为

$$q_1 = h_2 - h_4$$

压缩机耗功为

$$w_0 = h_2 - h_1$$

工质经节流阀不做功，焓值不变，即 $h_4 = h_5$。

循环的制冷系数为

$$\varepsilon = \frac{q_2}{w_0} = \frac{h_1 - h_5}{h_2 - h_1} \tag{7-11}$$

因过程 4→5 是不可逆过程，过程 2→3 是温差传热过程，所以与逆向卡诺循环相比，制冷系数较小。从图7-34中也可看出，若用膨胀机代替节流阀，则膨胀过程应为 4→6，从而可回收这部分膨胀功 h_4-h_6，制冷量也增加了相应的数值，在图中为 6→5 线与横轴围成的面积。

由于损失的这部分膨胀功是由于度较小的工质膨胀完成的，其数值不大，且实施难度大，所以工程上常采用节流阀而不用膨胀机。另一方面，采用节流阀代替结构复杂的膨胀机，简化了设备，节省了投资，而且还可利用节流阀方便地调节下游工质的压力，从而调节冷库的温度。

为提高制冷能力，可采用过冷措施，即将冷凝器中处于状态 4 的饱和液体进一步冷却为未饱和液体，然后再经节流膨胀，可使制冷量增加。回热制冷循环就是其中一种，其设备流程示意图如图 7-35 所示，其 T-s 图如图7-36所示。

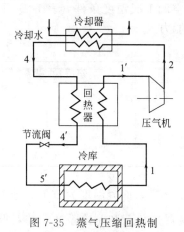

图 7-35 蒸气压缩回热制
冷循环流程示意图

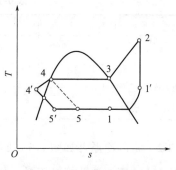

图 7-36 蒸气压缩回热制
冷循环的 T-s 图

可见，回热具有以下优点：

① 制冷量增加；

② 制冷系数提高；

③ 压缩机吸入的工质为过热蒸气，可防止液击现象。回热循环应满足的条件为

$$\left.\begin{array}{l} h_1'-h_1=h_4-h_4' \\ t_4>t_1' \end{array}\right\} \tag{7-12}$$

在制冷计算中，常采用 $\lg p$-h 图。蒸气压缩制冷循环的 $\lg p$-h 图如图7-37所示。只要知道蒸发温度和冷凝温度，即可从图中查出计算所需的各参数。

根据所要求的制冷量，可求得所需制冷剂的质量流量为

$$q_m=\frac{\dot{Q}_2}{h_1-h_5} \tag{7-13}$$

压缩机吸入状态下的体积流量为

$$q_V=q_m v_1'' \tag{7-14}$$

压缩机的定熵功率为

$$N=q_m w \tag{7-15}$$

若考虑压缩机绝热压缩过程的不可逆性，则压缩终了状态为 $2'$ 而不是 2。绝热压缩效率常以 η_{ad} 表示，

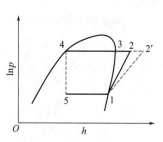

图 7-37 蒸气制冷循环
的 $\lg p$-h 图

$$\eta_{ad}=\frac{h_2-h_1}{h'_2-h_1} \tag{7-16}$$

压缩机实际功耗为

$$w'=h'_2-h_1=\frac{w}{\eta_{ad}} \tag{7-17}$$

实际循环制冷系数为

$$\varepsilon'=\varepsilon\eta_{ad} \tag{7-18}$$

应当指出，制冷机的制冷能力是随工作条件不同而变化的。当蒸发温度降低或冷凝温度升高时，制冷能力下降（读者可自行根据 T-s 图或 $\lg p$-h 图分析）。同时，压缩机压比增大，容积效率下降，耗功增加。总之，工作条件不同，同一台制冷机的制冷量就不同。因此，给出制冷能力时，必须指明相应的工作条件。制冷机铭牌上给出的制冷能力是指标准温度条件（表 7-2）下的制冷能力。空调机铭牌上的制冷量是指空调工况温度条件（表 7-2）下的制冷能力。制冷机样本上通常给出各种温度条件下的制冷能力。

表 7-2　温度条件

项　　目	标准温度条件	空调工况温度条件
蒸发温度/℃	−15	5
冷凝温度/℃	30	40
节流阀前温度/℃	25	35
压缩机吸入蒸气状态	干饱和蒸气	干饱和蒸气

例 7-2　氨制冷循环如图 7-38 所示，蒸发温度为 −20℃，冷凝温度为 20℃。若要求制冷量为 $\dot{Q}_2=300\text{kW}$，试计算氨流量、压缩机功率、冷凝器热负荷和制冷系数，并对循环进行㶲分析。设环境温度为 20℃，压力为 0.1MPa；冷库温度为 $T_c=-16℃$。

解　（1）先由氨的 $\lg p$-h 图确定各点的参数

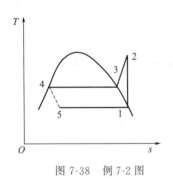

图 7-38　例 7-2 图

状态 1　$t_1=-20℃$，$h_1=1435\ \text{kJ/kg}$，$s_1=5.9\ \text{kJ/(kg·K)}$，$p_1=0.19\text{MPa}$

状态 2　$s_2=s_1=5.9\text{kJ/kg·K}$，$p_2=0.89\text{MPa}$，$h_2=1650\text{kJ/kg}$，$t_2=85℃$

状态 3　$t_3=20℃$，$p_3=0.89\text{MPa}$，$h_3=1471\ \text{kg/(kg·K)}$，$s_3=5.3\ \text{kJ/(kg·K)}$

状态 4　$t_4=20℃$，$p_4=0.89\text{MPa}$，$h_4=295\ \text{kg/(kg·K)}$，$s_4=1.3\text{kJ/(kg·K)}$

状态 5　$t_5=-20℃$，$p_5=0.19\text{MPa}$，$h_5=295\ \text{kg/(kg·K)}$，$s_5=1.38\text{kJ/(kg·K)}$

（2）氨流量

$$q_m=\frac{\dot{Q}_2}{h_1-h_5}=\frac{300}{1435-295}=0.26\ (\text{kg/s})$$

（3）压缩机功率

$$N=q_m w_s=q_m(h_2-h_1)=0.26\times(1650-1435)=55.9\ (\text{kW})$$

（4）冷凝器热负荷

$$Q_1=q_m(h_2-h_4)=0.26\times(1650-295)=352.3\ (\text{kW})$$

（5）制冷系数

$$\varepsilon = \frac{\dot{Q}_2}{N} = \frac{300}{55.9} = 5.37$$

（6）㶲分析

各状态下的㶲数值如下：

环境状态 0　　$h_0 = 1536\text{kJ/kg}, s_0 = 7.7\text{kJ/(kg·K)}, e_{x0} = 0$

状态 1　　$e_{x1} = (h_1 - h_0) - T_0(s_1 - s_0)$
$$= (1435 - 1536) - 293 \times (5.9 - 7.7) = 426.4 \ (\text{kJ/kg})$$
$$\dot{E}_{x1} = q_m e_{x1} = 0.26 \times 426.4 = 110.9 (\text{kJ/s})$$

状态 2　　$e_{x2} = (h_2 - h_0) - T_0(s_2 - s_0)$
$$= (1650 - 1536) - 293 \times (5.9 - 7.7) = 641.4 \ (\text{kJ/kg})$$
$$\dot{E}_{x2} = q_m e_{x2} = 0.26 \times 641.4 = 166.8 (\text{kJ/s})$$

状态 4　　$e_{x4} = (h_4 - h_0) - T_0(s_4 - s_0)$
$$= (295 - 1536) - 293 \times (1.3 - 7.7) = 634.2 \ (\text{kJ/kg})$$
$$\dot{E}_{x4} = q_m e_{x4} = 0.26 \times 634.2 = 164.9 \ (\text{kJ/s})$$

状态 5　　$e_{x5} = (h_5 - h_0) - T_0(s_5 - s_0)$
$$= (295 - 1536) - 293 \times (1.38 - 7.7) = 609.9 \ (\text{kJ/kg})$$
$$\dot{E}_{x5} = q_m e_{x5} = 0.26 \times 609.9 = 158.3 \ (\text{kJ/s})$$

冷藏室中的冷量㶲为

冷藏室放出热流（吸入冷流）$\dot{Q}_2$，故冷量㶲为

$$\dot{E}_{xQ} = -\dot{Q}_2 \left(\frac{T_0}{T_c} - 1\right) = 300 \times \left(\frac{293}{259} - 1\right) = -42 \ (\text{kJ/s})$$

压缩过程 1→2 的㶲方程为

$$N = \dot{E}_{x2} - \dot{E}_{x1} + \dot{E}_{l12}$$
$$\dot{E}_{l12} = N - \dot{E}_{x2} + \dot{E}_{x1} = 55.9 - 166.8 + 110.9 = 0$$

即压缩过程消耗的功全部用于增加工质的㶲。这是因为假设压缩过程为绝热可逆过程，否则就会有㶲损失。

冷凝过程 2→4 的㶲方程为

$$\dot{E}_{l24} = \dot{E}_{x2} - \dot{E}_{x4} = 166.8 - 164.9 = 1.9 \ (\text{kJ/s})$$

这部分损失是冷凝器内外损失之和。内部损失是由工质与冷却剂间的温差传热引起的；外部损失是冷却剂吸收的热量未再利用而导致的㶲损失。若能充分利用冷却剂吸收的热量，则理想情况下外部损失可为零。

节流过程 4→5 的㶲方程为

$$\dot{E}_{l45} = \dot{E}_{x4} - \dot{E}_{x5} = 164.9 - 159.3 = 6.6 \ (\text{kJ/s})$$

这部分损失是由节流过程不可逆引起的。

蒸发过程 5→1 的㶲方程为

$$\dot{E}_{l51} = \dot{E}_{x5} - \dot{E}_{x1} - \dot{E}_{xQ} = 158.3 - 110.9 - 42 = 5.4 \ (\text{kJ/s})$$

这部分损失是蒸发器（冷库）内的温差传热造成的。若为完全可逆过程，则㶲损失为零。

总㶲损失为

$$\dot{E}_l = \dot{E}_{l12} + \dot{E}_{l24} + \dot{E}_{l45} + \dot{E}_{l51} = 0 + 1.9 + 6.6 + 5.4 = 13.9 \ (\text{kJ/s})$$

烟效率为

$$\eta_{ex} = \frac{\dot{E}_{xQ}}{N} = \frac{42}{55.9} = 75.1\%$$

或

$$\eta_{ex} = 1 - \frac{\dot{E}_l}{N} = 1 - \frac{13.9}{55.9} = 75.1\%$$

循环过程烟流如图 7-39 所示。

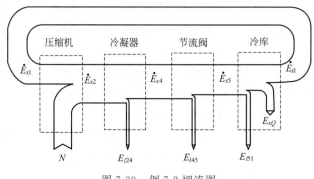

图 7-39　例 7-2 烟流图

7.2.3　制冷剂

制冷系统中，循环流动并与外界发生能量交换，从而实现制冷的工作介质称为制冷剂。蒸气压缩制冷循环中的制冷剂，在低温下气化，从冷库中吸收热量，再在高温下凝结放出热量。可以作为制冷剂的物质很多，工业中常用的有十余种，如氨、二氧化碳、水、氟利昂、烷烃、烯烃以及新研制开发的绿色制冷剂等。由于蒸气压缩制冷循环的性能与制冷剂的性质有关，所以制冷剂需满足一定的要求。

7.2.3.1　热力学要求

为了能实现制冷且运行比较经济，制冷剂需满足以下要求。

① 临界温度应远远高于环境温度，以便在常温下使蒸气冷凝液化，同时也使循环运行于具有较大气化潜热的范围之内，而且可使吸热和放热过程更接近定温过程。

② 凝固温度应低于蒸发温度，以免在低温下凝固后堵塞管路。

③ 在工作温度范围内，气化潜热要大，以便有较大的制冷能力。

④ 在工作温度范围内，饱和压力应适中。若蒸发时真空度过高，则密封困难；若有空气渗入系统，则会影响制冷剂的性质，甚至引起燃烧、爆炸或其他不良后果；若冷凝时压力过高，则对设备的耐压和密封要求高，且设备笨重。冷凝压力与蒸发压力之比也不宜过大，否则压缩终了时工质温度过高或输气系数过低。

⑤ 黏度小，比热容小，绝热指数小，有利于减小流动阻力，降低功耗和节流损失。

⑥ 化学性质稳定，无腐蚀性，非易燃易爆，无毒，有较好的吸水性等。

⑦ 价格低廉，来源广泛。

当然，完全达到理想要求的制冷剂是不存在的。每种制冷剂都有其长处，也有其缺点。制冷工况和条件不同，对制冷剂的要求重点就不同，应按主要要求选择制冷剂。

7.2.3.2　环境保护与劳动安全方面的要求

乙醚类物质是最早使用的制冷剂，但因蒸发压力低，且易燃易爆，逐渐被取代。二氧化硫也曾是重要的制冷剂，但因其毒性大，也被淘汰。二氧化碳作为制冷剂，在历史上发挥了重要的作用，其缺点是冷凝压力过高。氨作为制冷剂，在工业中占有非常重要的地位。氨具有气化潜热大、价格低等优点，自19世纪70年代至今，大型制冷机中广泛采用氨制冷剂，其压-焓图见附图4。但其缺点是有毒，且对铜有腐蚀性。从20世纪中叶，氟利昂（饱和碳氢化合物的氟、氯、溴衍生物的总称）作为制冷剂，由于其优异的使用性能和安全性，应用十分广泛。然而，由于氟利昂能进入大气的同温层，在紫外线照射下，会产生游离的氯离子Cl^-。而Cl^-又与氧发生反应，对臭氧层造成严重破坏，导致地球表面紫外线强度增大，破坏生态平衡。另一方面，地球上空存在大量氟利昂物质，也加剧了温室效应。因此，氟利昂物质将被完全禁止生产和使用。目前各国正在加速开发氟利昂的替代物，用HFC134a替代CFC12的技术已经成熟。HFC134a是一种含氢的氟代烃物质，分子式为$CH_2F—CF_3$。它不含氯，可满足环保要求，其压-焓图见附图5。

7.2.4 吸收式制冷循环

前面介绍的压缩制冷循环是以消耗高品位的能量——机械能或电能为补偿条件而使热量由低温冷库传至高温环境的。而吸收式制冷则是以直接利用热能作为补偿条件的。

吸收式制冷循环需用两种工质，易挥发的工质称为制冷剂，不易挥发的工质称为吸收剂。目前常用的吸收式制冷有两种：一种是氨-水制冷，氨为制冷剂，水为吸收剂，其制冷温度为$-45\sim1$℃；另一种是水-溴化锂制冷，水为制冷剂，溴化锂为吸收剂，其制冷温度在1℃以上。

吸收式制冷循环是利用吸收剂在吸收制冷过程形成真空，真空条件下制冷剂在较低的温度下蒸发吸收环境热量实现制冷。以溴化锂-水吸收制冷为例说明吸收制冷原理。溴化锂(LiBr)是一种吸水性极强的盐类物质，可以连续不断地将周围的水蒸气吸收过来，维持容器中的真空度。在低于大气压力（真空）环境下，水可以在温度很低时沸腾蒸发，比如在密闭的容器里制造6毫米汞柱的真空条件水沸腾的温度只有4℃，水蒸发时从周围取得热量从而实现制冷。

吸收制冷循环根据输入热量形式不同分为直燃型和蒸汽加热型两种类型，图7-40为两种不同加热形式的工业溴化锂制冷机组。

(a) 直燃型　　　　　　　　　　　　(b) 蒸汽加热型

图7-40　溴化锂制冷机组

吸收式制冷设备流程示意图见图7-41。

自蒸发器（冷库）出来的制冷剂蒸气进入吸收器，并被吸收剂吸收，成为较浓的制冷剂-吸收剂溶液。该溶液由泵送入蒸气发生器，并被加热使制冷剂蒸发形成具有较高温度和较高压力的蒸气。制冷剂蒸气经冷凝器冷凝成饱和液体后，又经节流阀降压降温，成为低干度的湿蒸气，然后进入蒸发器吸热气化成为饱和蒸气，再进入吸收器，完成一个循环。与此

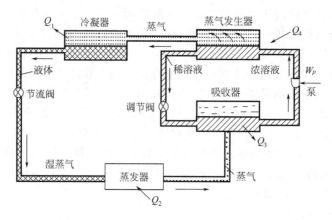

图 7-41　吸收式制冷循环流程示意图

同时，蒸气发生器中蒸发出制冷剂后的吸收剂液体（实际上是含少量制冷剂的稀溶液）经减压阀降压后进入吸收器重新吸收制冷剂蒸气。

在循环中，从蒸发器中出来的制冷剂蒸气之所以能自动流入吸收器，是因为吸收器中的吸收剂-制冷剂溶液的蒸气压低于蒸发器中制冷剂的蒸气压。而吸收器中溶液的蒸气压取决于吸收剂的特性。吸收剂温度越低，制冷剂在吸收剂中的溶解度越大，则溶液的蒸气压越低，蒸发温度也就越低。

由于吸收过程通常是放热过程，所以必须用冷却剂将吸收热移走，以维持吸收器内溶液的温度和蒸气压。

吸收式制冷循环中的能量交换为：工质在蒸发器内吸入热量 Q_2，在吸收器中放出热量 Q_3，在蒸气发生器中吸收热量 Q_4，在冷凝器中放出热量 Q_1，经过泵时得到功 W_p。依热力学第一定律有

$$Q_2 + Q_4 + W_p = Q_1 + Q_3 \tag{7-19}$$

其热量利用系数为

$$\xi = \frac{Q_2}{Q_4 + W_p} \tag{7-20}$$

由于泵的功耗 W_p 较小，常被略去不计。

与蒸气压缩制冷循环相比，吸收式制冷循环中的蒸发、冷凝和节流三个过程是完全相同的，因此，图 7-41 中的其余过程的综合作用恰好相当于蒸气压缩制冷循环中的压缩机。

吸收式制冷循环的优点是，只消耗少量机械能或电能，可利用工厂废汽、热水等余能来实现制冷；无复杂的转动设备，操作简单。其缺点是热能利用系数低。

7.2.5　蒸汽喷射制冷循环

蒸汽喷射制冷循环也是一种耗热制冷循环，其设备流程示意图如图 7-42 所示，其 $T\text{-}s$ 图见图 7-43。

由锅炉出来的工作蒸汽，流经喷射器喷管，由状态 $1'$ 膨胀增速至状态 $2'$，在喷管出口的混合室内形成低压；将蒸发器内处于状态 1 的制冷蒸汽不断吸入混合室。工作蒸汽和制冷蒸汽混合成一股汽流变成状态 2；经过扩压管减速增压至状态 3，进入冷凝器定压放热而冷凝至状态 4。由冷凝器流出的饱和液体，一部分作为制冷工质经过节流阀，降压、降温形成低温湿蒸汽至状态 5 而送入冷藏室蒸发器，吸热汽化成为干饱和蒸汽回到状态 1，从而完成了制冷循环 1→2→3→4→5→1。与此同时，从冷凝器出来的另一部分饱和液体作为工作工

质由水泵增压送回锅炉中加热，以得到工作蒸汽，完成了工作蒸汽的循环 $1'\rightarrow2'\rightarrow2\rightarrow3\rightarrow4\rightarrow5'\rightarrow1'$。循环中的工作蒸汽在高温锅炉中吸热，经冷凝器时放热给低温的冷却水，以此为代价实现了制冷循环。

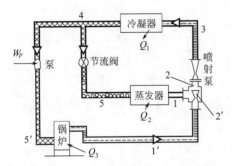

图 7-42 蒸汽喷射制冷循环流程示意图

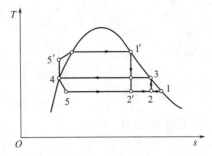

图 7-43 蒸汽喷射制冷循环的 T-s 图

蒸汽喷射制冷循环的能量交换为：工质在锅炉内吸热 Q_3，在蒸发器内吸热 Q_2，在冷凝器内放热 Q_1，泵做功 W_p。依热力学第一定律有

$$Q_1=Q_2+Q_3+W_p \tag{7-21}$$

其热量利用系数为

$$\xi=\frac{Q_2}{Q_3+W_p} \tag{7-22}$$

因 W_p 很小，常可忽略不计。

与蒸气压缩制冷循环相比，蒸汽喷射制冷循环中的泵、锅炉和喷射器三者的综合作用相当于蒸气压缩制冷循环中压缩机的作用。

蒸汽喷射制冷循环的优点是，只消耗少量机械能或电能，可直接耗热而实现制冷；其缺点是循环中包含有不可逆的混合过程和锅炉的燃烧及温差传热过程；㶲损失较大，热能利用系数较低。

7.3 热泵供热循环

逆向循环工作的温度范围不同，所产生的效果就不同。逆向循环如工作在冷库（低温热源）和环境（高温热源）之间，循环的结果是从冷库取出热量并输送到环境，其效果就是维持冷库温度始终低于环境温度，这种循环就是前述的制冷循环。逆向循环如工作在环境（低温热源）和暖房（高温热源）之间，循环的结果是从环境取出热量并输送到暖房，其效果就是维持暖房温度始终高于环境温度，这种由环境取出热量向暖房供热的逆向循环称为热泵供热循环，或简称热泵循环。热泵是一种很有前途的节能装置，现已广泛应用于空调和其他工业生产过程中。

7.3.1 逆向卡诺循环

根据热力学第二定律，实现逆向卡诺热泵循环时消耗的外功 W，作为实现热量从低温物体传向高温物体这种非自发过程的补偿。制冷循环与热泵循环原理与分析方法相同，只是工作温度的范围和利用的热能部分不同。图 7-44 为制冷循环和热泵循环工作原理图。

根据热力学第一定律，供给高温热源（暖房）的热量

$$Q=Q'+W$$

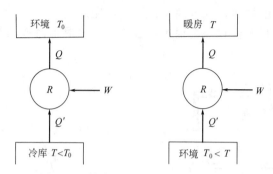

图 7-44　制冷循环和热泵循环工作原理

由 2.7.1 知供暖系数

$$\varepsilon_w = \frac{Q}{W} = \frac{Q' + W}{W} = \varepsilon_c + 1 \tag{7-23}$$

因热泵向暖房所供热量等于从环境提取的热量与输入热泵的功之和，因此，它较之单纯用电加热器向暖房供热的热量要大得多。故热泵是一种比较合理的节能型供热装置，在冬季家用空调供暖中被广泛采用。

7.3.2　热泵的种类与热力过程

与制冷装置一样，逆向卡诺热泵循环提供了一个在一定温度范围内最有效的制热循环，但实际的制热循环不能按逆向卡诺循环工作，而是依所用工质或循环过程不同而不同。由于制热循环与制冷循环基本工作原理相同，因此，热泵循环与制冷过程与设备较为相似，主要有以下几种热泵。

7.3.2.1　空气压缩式热泵

这种热泵以空气作为工作介质，依据气体受压后温度升高，降压后温度降低的现象设计。它由空气压缩机、膨胀机和用于吸热、放热的两个热交换器组成，如图 7-45 所示。空气从状态 1（压力 p_1，温度 T_1）经压缩机耗功 w_c 绝热压缩后至状态 2，温度、压力分别升高至 T_2、p_2，在放热器中放出热量 q_1，温度下降到状态 3 点的 T_3，压力仍为 p_2；放热后的空气进入膨胀机绝热膨胀后，温度、压力降为 T_4、p_1，该过程中输出外功 w_E；状态 4 的空气进入吸热器等压吸热 q_2 后，温度上升到 T_1，回到起始状态 1，完成一个完整的供热循环过程。

单位质量空气在高压放热器中放出的热量为

$$q_1 = h_2 - h_3 = c_p (T_2 - T_3) \tag{7-24}$$

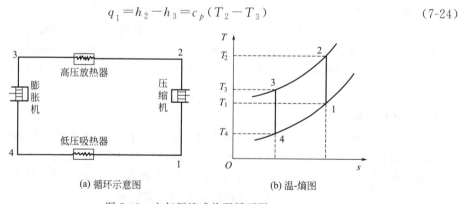

(a) 循环示意图　　　　　(b) 温-熵图

图 7-45　空气压缩式热泵循环图

在低压吸热器中吸取的热量为

$$q_2 = h_1 - h_4 = c_p(T_1 - T_4)$$

压缩机消耗的单位功为

$$w_c = h_2 - h_1 = c_p(T_2 - T_1) \tag{7-25}$$

膨胀机产生的单位功为

$$w_e = h_3 - h_4 = c_p(T_3 - T_4) \tag{7-26}$$

从而理论循环消耗的单位功为

$$w = w_c - w_e = c_p(T_2 - T_1) - c_p(T_3 - T_4) \tag{7-27}$$

理论循环的制热性能系数为

$$\varepsilon_h = \frac{q_1}{w} = \frac{T_2 - T_3}{(T_2 - T_1) - (T_3 - T_4)} \tag{7-28}$$

考虑 1→2 和 3→4 都是绝热过程，有

$$\frac{T_2}{T_1} = \frac{T_3}{T_4} = \left(\frac{p_2}{p_1}\right)^{\frac{k-1}{k}}$$

上式代入式(6-28) 得

$$\varepsilon_h = \frac{1}{1 - \left(\dfrac{p_2}{p_1}\right)^{\frac{1-k}{k}}} = \frac{T_2}{T_2 - T_1} = \frac{T_3}{T_3 - T_4} \tag{7-29}$$

　　实际循环的制热系数要比以上理论循环的制热系数小得多。这是因为实际的压缩和膨胀并非绝热过程，吸热和放热过程都有温差。再考虑到空气的比热容小，所构成的热泵供热系数小，因而尽管有以空气作为工质不产生污染，易于取得，可采用普通空气压缩机等优点，工业上一般仍采用较少。

7.3.2.2　蒸汽压缩式热泵

　　蒸汽压缩式热泵与蒸汽压缩式制冷机一样，利用工质相变的特性，使凝结和蒸发过程基本等温进行，从而得到接近逆向卡诺循环的封闭循环过程。

　　图 7-46(a) 示出了蒸汽压缩式热泵的工作原理，其基本组成是压缩机、冷凝器、节流阀和蒸发器。系统中利用冷凝器和蒸发器实现等压的冷凝放热和汽化吸热过程，利用节流阀（膨胀阀）取代了膨胀机，使系统大为简化。图 7-46(b)、(c) 分别是蒸汽压缩式热泵的温熵 (T-s) 图和压焓 ($\lg p$-h) 图。低温汽、液两相共存工质从状态 5 等压吸取热量 q_e 至状态 1，全部转变为蒸汽；经 1→2 过程的绝热压缩到达状态 2，压力为 p_c，温度为 T_2；状态 2 的工质被送入冷凝器等压放热 q_h，期间经过 2→3 冷却和 3→4 冷凝两个阶段，达到状态 4 时温度为 T_c；线段 4→5 表示节流膨胀过程，状态 4 的工质经过节流膨胀后，焓值不变，压力降低，温度降低，并进入两相区，到达状态 5，此时工质压力为 p_e，温度为 T_e，是汽、液两相共存状态。由此可见，经过以上循环过程，在 2→3→4 过程中将由环境介质中吸取的热量（5→1 过程）q_e 和压缩功 w 输送到温度较高的被加热物体。

　　在 2→3→4 过程中每千克工质放出的热量为

$$q_h = c_p(T_2 - T_3) + r_c = h_2 - h_4 \tag{7-30}$$

在 5→1 过程中每千克工质吸取的热量为

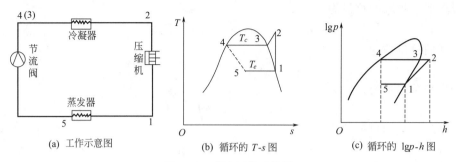

(a) 工作示意图   (b) 循环的 T-s 图   (c) 循环的 $\lg p$-h 图

图 7-46　蒸汽压缩式热泵

$$q_e = h_1 - h_5 \tag{7-31}$$

单位质量工质被压缩机压缩时消耗的功量为

$$w = h_2 - h_1 \tag{7-32}$$

从而可得蒸汽压缩式热泵理论循环的制热性能系数

$$\varepsilon_h = \frac{q_h}{w} = \frac{h_2 - h_4}{h_2 - h_1} \tag{7-33}$$

由于该循环的制冷系数为

$$\varepsilon_c = \frac{q_e}{w} = \frac{h_1 - h_5}{h_2 - h_1} \tag{7-34}$$

对节流过程 4→5 有 $h_4 = h_5$，从而有

$$\varepsilon_h = 1 + \varepsilon_c \tag{7-35}$$

上式类似研究逆向卡诺循环时得出的结果式(7-23)，只是上式不能表示成高、低温热源的温度之比。

由于蒸汽压缩式热泵循环是在具有温差传热的两相区的逆向卡诺循环基础上改造而成，基本实现等温吸热和等温放热，制热性能系数较高，相变潜热也使单位质量工质的供热系数较大，蒸汽压缩式热泵得到了广泛的应用。常用工质有氨（NH_3），氯氟烃类的氟利昂 12（R12，CCl_2F_2）和氟利昂 22（R22，$CHClF_2$），混合工质 R502（CHF_2Cl 和 CF_2ClCF_3）等。基于环境保护的原因，氯氟烃类工质正被逐渐淘汰，而代之以不破坏臭氧层的混合工质 Solkane 134A（CF_3-CH_2F）等。

7.3.2.3　吸收式热泵

吸收式热泵与吸收式制冷工作原理相同，利用溶液的特性完成工作循环和实现供热。由两种相互溶解，沸点截然不同的流体组成二元溶液，沸点较低的组分被称为溶质，是制冷剂，沸点较高的组分是溶剂，用作吸收剂。常用的这种二元溶液有：以水为溶剂的氨水溶液，以水为溶质的溴化锂溶液等。

溴化锂吸收式热泵的工作原理如图 7-47 所示。显见，压缩式热泵中的压缩机被吸收器、发生器、溶液泵和节流阀所组成的循环装置所代替。吸收式热泵有两个循环。一个是制冷剂回路循环，即由发生器中产生的制冷剂蒸气，在放热器中放出热量 Q_c（2→3→4）后冷凝为液体（高压），经节流阀 I 节流降压（4→5）后至吸热器吸热（5→6）蒸发成蒸气（低压），低压蒸气进入吸收器被稀的制冷剂溶液吸收；另一个是溶液回路循环，即吸收器内的稀溶液在低压情况下，吸收吸热器来的低压蒸气，在吸收过程中放出热量 Q_a，得到溶质（即制冷剂）含量高的溶液，由溶液泵耗功 W_p，提高压力送入发生器，在发生器中加入热量 Q_g，产生高压制冷剂蒸汽供放热器使用，而制冷剂蒸发后的稀制冷剂溶液经节流阀 II 降压后回到

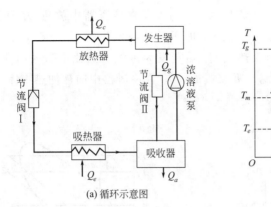

(a) 循环示意图　　　　　　(b) 理想循环的温-熵图

图 7-47　吸收式热泵

吸收器。因此，在吸收器热泵的两个循环中，有三种浓度的工质，即在放热器、节流阀 I 和吸热器中的纯制冷剂，由吸收器通过溶液泵送到发生器中的制冷剂溶液以及由发生器通过节流阀 II 到吸收器中的制冷剂稀溶液。

　　在稳定工况下，若无外界热损失，由热力学第一定律，可建立吸收式热泵热量平衡式

$$Q_a + Q_c = Q_e + Q_g + W_p \tag{7-36}$$

由于溶液泵消耗的功 W_p 相对于发生器中消耗的热量 Q_g 来说很小，可忽略不计，则吸收式热泵的热量平衡式

$$Q_a + Q_c = Q_e + Q_g \tag{7-37}$$

吸收式热泵的制热性能系数为

$$\varepsilon_h = \frac{Q_h}{Q_g} = \frac{Q_a + Q_c}{Q_g} \tag{7-38}$$

制冷性能系数为

$$\varepsilon_c = \frac{Q_e}{Q_g} \tag{7-39}$$

从而有

$$\varepsilon_h = 1 + \varepsilon_c \tag{7-40}$$

　　由图 7-47(b) 吸热式热泵理想循环温-熵图可以证明，忽略溶液泵耗功 W_p 时理想的吸收式循环最大制热性能系数为

$$\varepsilon_{h,\max} = \frac{T_g - T_e}{T_g} \frac{T_m}{T_m - T_e}$$

$$= \eta_c \varepsilon_{h,c} \tag{7-41}$$

$\varepsilon_{h,\max}$ 等于 T_g、T_e 间卡诺循环热机效率 η_c 与 T_m、T_e 间逆向卡诺循环热泵制热性能系数 $\varepsilon_{h,c}$ 的乘积。由于 $\eta_c < 1$，则 $\varepsilon_{h,\max} < \varepsilon_{h,c}$，即吸收式热泵的制热性能系数，永远小于同温度范围内逆向卡诺循环的制热性能系数。

7.3.2.4　蒸汽喷射式热泵

　　同吸收式热泵一样，蒸汽喷射式热泵依靠消耗热能产生的蒸汽经过喷射产生动能来压缩制冷剂蒸汽。尽管喷射式热泵的热效率低，但因其结构简单，几乎没有机械运动部件，操作方便，经久耐用，仍得到人们的重视。蒸汽喷射式热泵的系统流程见图 7-48，相应的理论循环示于图 7-49。系统的工作过程是：工质在发生器中吸热 Q_g，产生 q_{mg} 的高压蒸汽（6→7），状态 7 的高压蒸汽进入喷射器进行绝热膨胀（7→8），压力下降，速度增加，并同时与吸入的 q_{me} 制冷剂蒸汽混合为状态 2，质量流量为 $q_{mc} = q_{mg} + q_{me}$，经喷射器扩压段扩

压后压力升高至 p_3，达到冷凝压力。流量为 q_{mc} 的工质在冷凝器中放热 Q_c 而冷凝为液态（3→4）后，分成两路，一路流量为 q_{mg}，经泵加压后返回发生器（4→6），另一路流量为 q_{me}，经节流阀降压进入蒸发器，吸收热量 Q_e 后蒸发为蒸气。如此不断地循环，工质就不断在蒸发器中从环境介质（低温热源）吸取热量 Q_e，在冷凝器中向被加热物体（高温热源）放出热量 Q_c，而循环中消耗热能 Q_g。

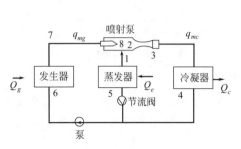

图 7-48　蒸汽喷射式热泵系统流程

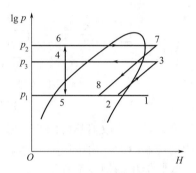

图 7-49　蒸汽喷射式热泵理论循环

根据热力学第一定律

$$\dot{Q}_c = \dot{Q}_g + \dot{Q}_e \tag{7-42}$$

$$\dot{Q}_g = q_{mg}(h_7 - h_6) = q_{mg}q_g \tag{7-43}$$

$$\dot{Q}_e = q_{me}(h_1 - h_5) = q_{me}q_e \tag{7-44}$$

式中　q_g，q_e——发生器单位热负荷和蒸发器单位制冷量；

q_{mg}，q_{me}——发生器和蒸发器的质量流量。

由此可得蒸汽喷射式热泵的制热系数为

$$\varepsilon_h = \frac{\dot{Q}_c}{\dot{Q}_g} = 1 + \frac{\dot{Q}_e}{\dot{Q}_g}$$

$$= 1 + \frac{q_{me}q_e}{q_{mg}q_g} = 1 + \frac{q_e}{q_g}\frac{1}{f} = 1 + u\frac{q_e}{q_g} \tag{7-45}$$

式中　u——喷射系数，$u = \dfrac{1}{f}$；

f——循环倍率，$f = \dfrac{q_{mg}}{q_{me}}$。

由式（7-45）可见，喷射式热泵的性能系数总是大于 1，即制热量总是大于消耗的热量。但是，喷射式热泵的性能系数比较低，只限用于具有废热和廉价热能的地方。

7.3.2.5　其他类型的热泵

热电式热泵是建立在珀尔特（Peltier）效应的原理上的。如果一个直流电压加在两种不同导体连成的环路上，环路中就有电流通过，根据电流的方向不同，接点处或者升温，或者降温，这就是珀尔特效应。利用这一效应，在两种不同导体间具有两个接触点的回路中，通过施加一个直流电压，就可以将热量由一个接触点传导到另一个接触点，如图 7-50 所示。

然而所使用的导体必须具有高的热电功率（thermo-electric power）、足够高的导电率和低的导热率才能使热电式热泵具有实际意义，这种材料只有选用适当的半导体材料并配入微量的其他物质才能满足要求。目前这种热泵已应用于电子元件的严格温度控制、核潜艇的冷藏间等。由于成本高、效率较低、可靠性差，应用较少。

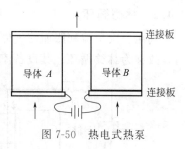

图 7-50　热电式热泵

利用化学反应、吸收、吸附、浓度差等化学现象的热泵都可称为化学热泵。以利用热化学反应的热泵为例，热化学反应方程式通常可表示为

$$A+B \Longleftrightarrow AB+Q$$

其中，AB 为化合物；Q 为两种化学物质 A 和 B 起化学反应，合成化合物 AB 时，放出（或吸收）的热量。若这一过程是可逆的，则当 A 和 B 化合成 AB 时，就可放出热量 Q，而当反应过程逆向进行时，即由化合物 AB 分解为 A 和 B 两个组分时，将吸收相同的热量 Q。化学热泵是一种很有发展前途的节能型产品，目前正处于开发研制阶段，主要难点是找出合适的工质、材料的耐蚀性及热泵的高性能。

涡流管热泵利用了兰奎效应（Ranque effect）。当高压气体沿切线进入一根管子时，管内形成涡流，且位于管子中心的气体较接近于管壁的气体处于较低的温度和较低的压力。分别在这两处将气体导出，则得到热和冷的气体。然而至今还未开发出可供实际应用的热泵。

7.4　气体液化循环

为实现气体液化，须对气体进行冷却。对容易液化的气体，如高碳烃类物质，采用前述的制冷循环即可使其液化。但对临界温度很低的气体，如甲烷、氮气、氢气等，则必须采用特殊的低温技术才能液化。气体液化循环就是其中一种。它与前述制冷循环的区别是，气体液化循环中的工质，在循环中既作为制冷剂使用，同时本身又被液化并输出液态产品。典型的气体循环有两类，即节流膨胀循环——林德（Linde）循环和定熵膨胀循环——克劳德（Claude）循环。实际气体液化循环中，常将两者结合使用。

7.4.1　气体液化的最小功

如图 7-51 所示，被液化的气体处于状态 1，压力 p_1，温度 T_1，熵 S_1，使之转变为相同压力下的液态 6，温度 T_6，熵 S_6。依据㶲方程可得过程所需的最小功为

$$W_{\min}=T_0(S_1-S_6)-(H_1-H_6) \tag{7-46}$$

要实现这种过程，可设想：首先把处于状态 1 的气体经定温压缩至状态 2，然后再经定熵膨胀至状态 6，从而实现液化。这样，1→2→6→5→1 构成一个理想循环，循环所消耗的功就是最小理论功。

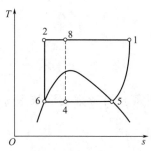

图 7-51　气体液化最小功能

如果液化终点为状态 4，则只有部分气体被液化。设状态 4 下的干度为 x，则液体所占的分数为

$$y=1-x \tag{7-47}$$

y 也称为气体液化系数。

7.4.2 林德循环

利用一次节流膨胀而使气体液化的循环是 1895 年由德国工程师林德（Linde）首先提出的，故称为林德循环。其设备流程和 $T\text{-}s$ 图分别见图7-52和图7-53。

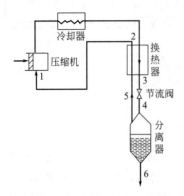

图 7-52　林德循环流程示意图

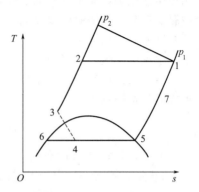

图 7-53　林德循环的 $T\text{-}s$ 图

处于状态 1 下的气体，经压缩机升压至 p_2，随后经冷却器定压冷却至状态 2，再进入换热器被从分离器返回的气体进一步冷却至状态 3，然后经节流阀节流降温降压至状态 4，最后进入分离器。液体自气液分离器导出作为产品，其状态为 $T\text{-}s$ 图中的点 6；未液化的气体（对应于 $T\text{-}s$ 图中的点 5）自气液分离器导出，经换热器对高压气体进一步冷却后变为状态 1 下的气体返回压缩机，完成一个循环。

下面对循环的液化量和耗功量等进行计算。首先取换热器、节流阀和分离器为研究对象，则每千克初始气体产生的液体量为 y，返回的气体量为 $1-y$。若忽略系统对外的热损失和气体的动能差与位能差，则依热力学第一定律有

$$h_2 = yh_6 + (1-y)h_1 \tag{7-48}$$

$$y = \frac{h_1 - h_2}{h_1 - h_6} \tag{7-49}$$

循环的制冷量为液化 $y(\text{kg})$ 气体产生的冷量，即

$$q_2 = y(h_1 - h_6) = h_1 - h_2 \tag{7-50}$$

循环耗功量为压缩过程所消耗的功，可依具体情况计算。

实际气体液化循环中存在着各种不可逆因素。首先，换热器中存在着不完全换热损失 q'，称为温度损失，即冷气不能回到 1 点，只能回到 7 点。其次，循环中不能做到完全绝热，因而必然从环境吸热 q''。依热力学第一定律有

$$h_2 + q'' = yh_6 + (1-y)h_1 - q'$$

$$y = \frac{h_1 - h_2 - q' - q''}{h_1 - h_6} \tag{7-51}$$

实际循环的制冷量为

$$q_2 = h_1 - h_2 - q' - q'' \tag{7-52}$$

同理，气体压缩过程也存在不可逆损失。通常，先按定温压缩计算，再考虑定温效率 η_T（依经验可取 $\eta_T = 0.59$），故实际耗功为

$$w_s = \frac{RT}{\eta_T} \ln \frac{p_2}{p_1} \tag{7-53}$$

每液化 1kg 气体耗功为

$$w_{ys}=\frac{w_s}{y} \tag{7-54}$$

应该指出，为实现气体液化，压缩机出口压力一般较高，气体不能按理想气体处理。状态 1 和 2 的焓值 h_1 和 h_2 不相等，应由被液化气体的 $T\text{-}s$ 图或其他图表查得，或按有效方法算得。附图 7 是空气的 $T\text{-}s$ 图。

7.4.3 克劳德循环

与对外不做功的节流膨胀相比，采用对外做功的膨胀可获得更低的温度，同时还可回收部分功。然而，膨胀机在低温下操作，如果出现液化，易造成水力撞击而受损；此外，低温下润滑油易凝固，润滑问题难以解决。因此，不能单独采用膨胀机进行气体液化循环，而必须与节流阀联合使用。1902 年，法国的 Claude 首先提出这种方案，故称克劳德循环。其设备流程和 $T\text{-}s$ 图分别见图 7-54 和图 7-55。

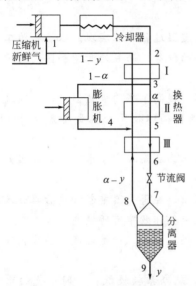

图 7-54 克劳德循环流程示意图

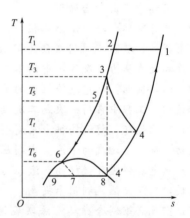

图 7-55 克劳德循环的 $T\text{-}s$ 图

处于状态 1 下的 1kg 气体，经压缩机定温压缩至状态 2，再经换热器 I 定压冷却至状态 3 后分成两路：一路为 $(1-\alpha)$ kg 气体通过膨胀机绝热膨胀至状态 4，并对外做功；另一路为 α kg 气体经换热器 II、III 进一步冷却至状态 6，随后进行节流膨胀至状态 7，然后进入分离器。y kg 液体自分离器导出为产品。$(\alpha-y)$ kg 气体经换热器 III 预冷高压气后，与膨胀机出口气体汇合。汇合后的气体经换热器 II 和 I 预冷高压气体后变为状态 1 下的气体进入压缩机，完成一个循环。

克劳德循环中的能量交换计算方法与林德循环的能量交换计算方法相似。取换热器 I、II、III、节流阀和分离器为研究对象，设 q' 为温度损失，q'' 为保温不良的冷损失，依热力学第一定律有

$$h_2+(1-\alpha)h_4+q'+q''=yh_9+(1-y)h_1+(1-\alpha)h_3 \tag{7-55}$$

$$y=\frac{(h_1-h_2)+(1-\alpha)(h_3-h_4)-q'-q''}{h_1-h_9} \tag{7-56}$$

循环制冷量为

$$q_2=(h_1-h_2)+(1-\alpha)(h_3-h_4)-q'-q'' \tag{7-57}$$

循环的耗功量为压缩机耗功量与膨胀机回收功量之差。压缩机耗功量仍为定温压缩功除以定温效率，而膨胀机回收的功量为定熵膨胀功除以定熵效率。膨胀机中实际进行的过程中，由于各种损耗使它偏离理想的定熵过程，即实际焓差 $h_3 - h_4$ 小于定熵焓差 $h_3 - h_4'$。定熵效率表达式为

$$\eta_s = \frac{h_3 - h_4}{h_3 - h_4'} \tag{7-58}$$

一般透平膨胀机的定熵效率为 $\eta_s = 0.80 \sim 0.85$，活塞式膨胀机的定熵效率为 $\eta_s = 0.65 \sim 0.75$。

再考虑膨胀机的机械效率，则循环耗功量为

$$w_s = \frac{RT}{\eta_T} \ln \frac{p_2}{p_1} - \eta_m (1-\alpha)(h_3 - h_4) \tag{7-59}$$

小　结

（1）以气体为工质无法实现卡诺循环，因为两个定温过程难以实现。以蒸气为工质虽然理论上可以实现卡诺循环，但是缺乏处理气液混合物的设备，而且处于饱和区内的循环功较小，工程实际中不用卡诺循环。

（2）朗肯循环：与卡诺循环相比，增设了过热器，提高了平均吸热温度，冷凝过程也使乏汽完全凝结，从而可以用泵使冷凝液升压。影响朗肯循环效率的主要因素是蒸汽初始压力、温度和乏汽压力以及循环中的不可逆性。

（3）回热循环：利用汽轮机中的蒸汽预热锅炉给水，从而减少了水与热源间温差，提高了循环效率。工程中常用一次或二次抽汽回热循环。

（4）再热循环：将汽轮机中未完全膨胀的蒸汽引出，经再热器重新加热后再进入汽轮机膨胀做功，提高了乏汽的干度。中间压力选取得当也使循环效率有所提高。

（5）热电联供循环：提高乏汽压力，虽然降低了循环效率，但是乏汽的温度较高，可以用于供暖，从而使热能利用率提高。

（6）空气压缩制冷循环无法实现逆向卡诺循环，制冷系数较低。又因空气的比热容较小，所以循环制冷量也较小。影响空气压缩制冷循环效率的主要因素是压缩机出口压力和膨胀机出口压力。

（7）蒸气制冷循环理论上可以实现卡诺循环，但是由于缺乏处理气液混合物的设备，同时膨胀机成本也较高，再考虑到蒸发压力的调节方便，工程实际中不用逆向卡诺循环，而是以节流阀代替膨胀机，且使工质在蒸发器中完全蒸发，便于压缩机压缩。影响蒸气压缩制冷循环效率的主要因素是蒸发温度和冷凝温度及各过程的不可逆性。

（8）吸收式制冷循环和蒸汽喷射制冷循环都是以消耗热量为代价而实现制冷的，循环中的冷凝、节流和蒸发过程与蒸气制冷循环完全相同，其余过程的综合作用相当于压缩机的作用。它们的优点是可以充分利用工厂废气、余热等，无复杂的转动设备，操作简便。缺点是热能利用系数较低。

（9）热泵是将热能从低温热源送往高温物体的装置，与制冷过程有相似原理与分析方法。热泵的理想逆向卡诺循环的制热系数为

$$\varepsilon_{hc} = \frac{q_1}{w} = \frac{T_1}{T_1 - T_2} = \varepsilon_c + 1$$

不同热泵的制热系数为

空气压缩式热泵
$$\varepsilon_h = \cfrac{1}{1-\left(\cfrac{p_2}{p_1}\right)^{\frac{1-k}{k}}} = \cfrac{T_2}{T_2-T_1} = \cfrac{T_3}{T_3-T_4}$$

蒸汽压缩式热泵
$$\varepsilon_h = \cfrac{q_h}{w} = \cfrac{h_2-h_4}{h_2-h_1} = 1+\varepsilon_c$$

吸收式热泵
$$\varepsilon_{h,\max} = \cfrac{T_g-T_e}{T_g}\cfrac{T_m}{T_m-T_e} = \eta_c\varepsilon_{h,c}$$

蒸汽喷射式热泵
$$\varepsilon_h = 1 + \cfrac{q_{me}q_e}{q_{mg}q_g} = 1 + \cfrac{q_e}{q_g}\cfrac{1}{f} = 1 + u\cfrac{q_e}{q_g}$$

（10）气体液化循环有节流膨胀循环和定熵膨胀循环两类。后者可以回收部分膨胀功，也可以获得更低的温度。气体液化循环中的工质，在循环中即作为制冷剂使用，同时本身又被液化并作为产品输出。气体液化中的工质不能按理想气体处理。影响气体液化循环效率的主要因素是气体初始压力、温度、压缩后的压力和液体的温度、压力、循环中的不可逆性及热损失。

（11）把各种循环按吸热（蒸发）、膨胀（节流）、冷凝和压缩（或相当于压缩功能）四个过程利用稳定流动能量方程和㶲方程进行热力分析可获得循环功、热效率、㶲效率等指标。各种不可逆性通常以相应的效率表示，例如汽轮机效率、定温压缩效率、定熵压缩效率、锅炉效率、装置效率等。

思 考 题

1. 朗肯循环与卡诺循环有何区别与联系？实际动力循环为什么不采用卡诺循环？

2. 朗肯循环的缺点是什么？如何对其进行改进？

3. 影响循环热效率和㶲效率的因素有哪些？如何分析？

4. 蒸汽动力循环中，若将膨胀做功后的乏汽直接送入锅炉中使之吸热变为新蒸汽，从而避免在冷凝器中放热，不是可大大提高热效率吗？这种想法对否？为什么？

5. 蒸气压缩制冷循环与逆向卡诺循环有何区别与联系？实际制冷循环为什么不采用逆向卡诺循环？

6. 影响制冷循环热效率和㶲效率的因素有哪些？

7. 耗功制冷循环与耗热制冷循环有哪些相同和不同之处？

8. 空气制冷循环采用膨胀机定熵膨胀，而蒸气压缩制冷循环采用节流阀节流膨胀，为什么？各有哪些特点？

9. 制冷循环可产生低温。若利用这种低温物质作冷源，则可降低动力循环的平均放热温度，提高动力循环的热效率。这种做法合理吗？

10. 实际循环的热效率与工质有关，这是否违反热力学第二定律？

11. 分析循环的热效率法和㶲效率法有何不同？两种分析法所得的结论是否一致？

12. 对动力循环来说，热效率越高，做功越大；对制冷循环来说，制冷系统越大，耗功越少。这种说法对吗？

13. 气体液化循环与蒸气压缩制冷循环有何不同？林德循环和克劳德循环各有什么特点？

习 题

1. 试计算下列各朗肯循环的净功量、加热量、热效率、汽耗率及汽轮机出口蒸汽的干度并进行分析比较：① $p_1 = 10$MPa，$t_1 = 440$℃，$p_2 = 0.003$MPa；② $p_1 = 5$MPa，$t_1 = 440$℃，$p_2 = 0.003$MPa；③ $p_1 = 5$MPa，$t_1 = 550$℃，$p_2 = 0.003$MPa；④ $p_1 = 5$MPa，$t_1 = 440$℃，$p_2 = 0.005$MPa。

2. 试计算具有一次抽汽加热给水的蒸汽动力回热循环的抽汽量 α，循环净功量、吸热量、热效率和汽耗率，并与第1题所得结果对比。已知汽轮机入口蒸汽参数为 $p_1 = 5$MPa，$t_1 = 440$℃，乏汽压力 $p_2 =$

0.003MPa；抽汽压力 $p_7 = 1$ MPa。

3. 某汽轮机入口蒸汽 $p_1 = 1.4$ MPa，$t_1 = 400$℃，出口蒸汽为 $p_2 = 0.08$ MPa 的干饱和蒸汽。设环境温度为 20℃，试求：①汽轮机的实际功量、理想功量和相对内效率；②汽轮机能完成的最大功量及㶲效率；③分析所得结果，弄清相对内效率与㶲效率的区别。

4. 某蒸汽动力装置锅炉过热器出口蒸汽压力 $p_1' = 12.5$ MPa，温度 $t_1' = 500$℃；汽轮机入口压力 $p_1 = 12.2$ MPa，温度 490℃；汽轮机出口乏汽压力 $p_2 = 0.005$ MPa；锅炉效率 $\eta_B = 0.9$，汽轮机相对内效率 $\eta_i = 0.85$，忽略水泵功。试计算：①汽轮机输出的功；②循环热效率；③装置效率；④循环㶲效率。设环境压力 $p_0 = 0.1$ MPa，温度 $t_0 = 15$℃，燃烧温度 1600K。

5. 水蒸气再热循环的初压 $p_1 = 5$ MPa，初温 $t_1 = 440$℃，乏汽压力 $p_2 = 0.003$ MPa，再热前压力 $p_{01} = 1$ MPa，再热后压力为 $p_1' = 0.7$ MPa，温度与初温相同。试计算循环功、加热量、热效率、汽耗率及汽轮机出口蒸汽干度。

6. 某空气压缩制冷循环，膨胀机入口空气温度 $t_3 = 28$℃，压力 $p_3 = 0.4$ MPa，绝热膨胀后压力 $p_4 = 0.1$ MPa，经冷库吸热后温度 $t_1 = -10$℃。若要求制冷量为 20kW，试计算空气流量、压缩机功率、膨胀机功率和制冷系数。

7. 某氨蒸气压缩制冷循环，蒸发温度为 $t_1 = -20$℃，冷凝温度 $t_2 = 30$℃，制冷量为 300kW。压缩机吸入干饱和氨蒸气并进行绝热压缩，冷凝器出口为饱和液体。试计算氨流量、循环功率、向环境放热速率和制冷系数。

8. 对第 7 题，若压缩机绝热压缩效率为 $\eta_s = 0.75$，冷凝器出口为过冷 5℃ 的未饱和液氨，重新计算各参数并进行㶲分析。

9. 若将第 8 题中的制冷剂改为 HFC134a，试对循环进行分析。

10. 某厂要制取液态空气，初态温度为 280K，等温压缩后压力为 6MPa，膨胀终了压力为 0.1MPa。若不考虑温度损失和冷损失，试按林德循环计算液化 1kg 空气需消耗的功及循环㶲效率。

11. 对第 10 题，若采用克劳德循环，当冷却至 240K 时抽出 80% 空气经膨胀机膨胀，其余经节流阀膨胀，膨胀机定熵效率 $\eta_s = 0.7$，机械效率 $\eta_m = 0.8$，试计算液化 1kg 空气需消耗的功及循环㶲效率。

8 溶液热力学与相平衡基础

内容提要 两种或两种以上的物质，彼此均匀混合而呈分子状态分布的体系称为溶液。溶液有气态、液态和固态之分。液态溶液又可分为电解质溶液和非电解质溶液。凡是有溶液存在的地方和伴有能量交换的过程，都有溶液热力学的问题。物质从一个相迁移至另一相的过程称为该物质的相变过程，当在宏观上物质迁移停止的时候，称为相平衡。在指定的条件下，相平衡体系中各相的性质和组成不随时间而变化。溶液热力学与相平衡是分离过程及其设备开发设计的理论基础。本章主要论述气态溶液和液态非电解质溶液的热力学性质及汽液平衡的基本概念和计算方法。

基本要求 ①掌握溶液的自由能、自由焓、偏摩尔性质、化学位、逸度和逸度系数、活度和活度系数、混合过程热效应和超额参数等热力学性质的基本概念；②掌握逸度系数和活度系数的计算方法；③掌握稀溶液、理想溶液与非理想溶液的基本概念及有关定律、相图的应用；④掌握汽液相平衡的基本概念及低压汽液相平衡的计算方法，了解加压及高压汽液相平衡的处理方法。

8.1 自由能和自由焓

8.1.1 自由能

8.1.1.1 函数的导出

化工过程多在恒温恒容或恒温恒压下进行，其物质与环境之间必有能量传递，需结合热力学第一定律进行分析。以下只就封闭系统予以讨论。

热力学第一定律表达式为

$$dU = \delta Q - \delta W_{tot}$$

对于可逆过程则为

$$dU = \delta Q_{可逆} - \delta W_{tot可逆} \tag{8-1}$$

由熵差定义式 $dS = \dfrac{\delta Q_{可逆}}{T}$ 可知

$$\delta Q_{可逆} = T dS \tag{8-2}$$

式中，δW_{tot} 表示物系的总功，包括体积功与非体积功 δW_e，对于可逆过程则为

$$\delta W_{tot可逆} = p \, dV + \delta W_{e可逆} \tag{8-3}$$

将式(8-2)和式(8-3)代入式(8-1)得

$$dU = T dS - p \, dV - \delta W_{e可逆} \tag{8-4}$$

如果是恒温恒容过程，则可写为

$$dU = d(TS) - \delta W_{e可逆}$$

或

$$d(U - TS)_{T,V} = -\delta W_{e可逆} \tag{8-5}$$

从式(8-5) 可以看出，等式左边括号中 U、T、S 都是物系的状态参数，所以 $U-TS$ 必然也是物系的状态参数。为了简便起见，将 $U-TS$ 用另一符号 A 表示，称为自由能。自由能的定义式为

$$A = U - TS \tag{8-6a}$$

A 又称赫氏自由能、功函、恒容位。

显然，自由能具有能量单位，是物系的容量性质。物系的状态一定，则有确定的 A 值；只要始终状态一定，则不论过程是否恒温恒容或是可逆，其 ΔA 为一定值。

$$\Delta A = \Delta U - \Delta(TS) \tag{8-6b}$$

但是，只有在恒温恒容可逆过程中，$-\Delta A$ 才等于物系所做的最大非体积功。这可由式(8-6b) 结合第一定律导得。

对于恒温恒容过程，式(8-6b) 可写为

$$\Delta A_{T,V} = \Delta U_{T,V} - T\Delta S_{T,V} \tag{8-6c}$$

将第一定律用于恒温恒容可逆过程，则

$$\Delta U_{T,V} = Q_{可逆} - W_{tot可逆} = T\Delta S_{T,V} - W_{e可逆}$$

将上式代入式(8-6c)，得

$$-\Delta A_{T,V} = W_{e可逆} \tag{8-7}$$

从式(8-7) 可以看出，在恒温恒容过程中，自由能的减少等于物系所做的最大非体积功。因恒容过程无体积功，所以最大非体积功就等于物系在恒温恒容过程中的做功能力。

应当指出，式(8-7) 的恒温条件，并不等于过程自始至终物系的温度必须保持恒定不变，由式(8-6b) 可知，只要 $T_1 = T_2 = T_环 = $ 常数即可。

8.1.1.2 自由能判据

由式(8-7) 可知，当 $W_{e可逆} > 0$ 时，说明在恒温恒容条件下物系有对外做功能力，因而是自发过程，物系的 $\Delta A_{T,V} < 0$；当 $W_{e可逆} = 0$ 时，说明此时物系没有做功能力，达平衡状态，其 $\Delta A_{T,V} = 0$；当 $W_{e可逆} < 0$ 时，说明物系需消耗外功，因而是非自发过程，其 $\Delta A_{T,V} > 0$。以上情况可归纳表示如下。

$$\Delta A_{T,V} < 0 \text{ 自发过程}$$
$$\Delta A_{T,V} = 0 \text{ 平衡状态} \tag{8-8}$$
$$\Delta A_{T,V} > 0 \text{ 非自发过程}$$

式(8-8) 即用自由能差作为判断过程的方向与限度的依据，简称自由能判据。它是热力学第二定律用于恒温恒容过程的数学表达式。它说明在恒温恒容过程中，如果任其自然进行，则物系必然自动地从自由能大的状态向自由能小的状态进行；达到平衡状态时，则自由能不再改变；物系不会自动地从自由能小的状态向自由能大的状态进行。可见，判断过程进行的方向和限度只考虑物系的自由能差即可，较用熵判据简便得多。应当指出，应用自由能判据时，必须是恒温恒容过程。

8.1.2 自由焓

8.1.2.1 函数的导出

在化工生产中，更经常遇到的是在恒温恒压下进行的过程，所以有必要再根据式(8-4) 导出更为适用的状态参数作为判据。

如果是恒温恒压可逆过程，则式(8-4) 可写为

$$dU = d(TS) - d(pV) - \delta W_{e可逆}$$

或 $$\mathrm{d}(U-TS+pV)_{T,p}=-\delta W_{e可逆} \tag{8-9}$$

从式(8-9)可以看出，等式左边括号中 U、T、S、p、V 都是物系的状态参数，所以 $U-TS+pV$ 自然也是物系的状态参数。为了简便，$U-TS+pV$ 用另一符号 G 表示，称它为自由焓。即自由焓的定义为

$$G=U-TS+pV \tag{8-10a}$$

G 又称为吉氏自由能、恒压位。

显然，自由焓具有能量单位，是物系的容量性质。物系的状态一定时，则有确定的 G 值。当始终状态一定时，则不论过程是否恒温恒压或是否可逆，其 ΔG 就一定。

$$\Delta G=\Delta H-\Delta(TS) \tag{8-10b}$$

但是，只有在恒温恒压可逆过程中，$-\Delta G$ 才等于物系所做的最大非体积功，这可由式(8-10b)结合第一定律导得。

对于恒温恒压过程，式(8-10b)可写为

$$\Delta G_{T,p}=\Delta H_{T,p}-T\Delta S_{T,p}$$

可进一步推导得

$$\Delta G_{T,p}=\Delta U_{T,p}+p\Delta V_{T,p}-T\Delta S_{T,p} \tag{8-10c}$$

将第一定律用于恒温恒压可逆过程，则

$$\Delta U_{T,p}=Q_{可逆}-W_{tot可逆}=T\Delta S_{T,p}-p\Delta V_{T,p}-W_{e可逆}$$

将上式代入式(8-10c)可得

$$-\Delta G_{T,p}=W_{e可逆} \tag{8-11}$$

从式(8-11)可以看出，在恒温恒压过程中，自由焓的减少等于物系所做的最大非体积功。这个功是表示物系在恒温恒压过程中的做功能力。

应当指出，式(8-11)的恒温恒压条件并不限于过程自始至终物系的温度和压力必须都保持恒定不变。从式(8-10b)可知，只要 $T_1=T_2=T_环=$ 常数和 $p_1=p_2=p_环=$ 常数即可。

为什么恒温恒压过程的做功能力要用除体积之外的最大非体积功来衡量呢？因为在过程中如果物系的体积发生变化，则不可避免地必须反抗外压而做体积功，才能保证过程在恒压下进行；也就是说，这个体积功是用于维持恒压过程的，所以它不能用来衡量物系在恒温恒压下的做功能力。

8.1.2.2 自由焓判据

由式(8-11)可知：当 $W_{e可逆}>0$ 时，说明在恒温恒压下物系有对外做功能力，因而是自发过程，其 $\Delta G_{T,p}<0$；当 $W_{e可逆}=0$ 时，说明此时物系无做功能力，达到平衡状态，其 $\Delta G_{T,p}=0$；当 $W_{e可逆}<0$ 时，说明物系需消耗外功，因而是非自发过程，其 $\Delta G_{T,p}>0$。以上情况可归纳表示如下。

$$\begin{aligned} \Delta G_{T,p}&<0 \quad\quad 自发过程\\ \Delta G_{T,p}&=0 \quad\quad 平衡状态\\ \Delta G_{T,p}&>0 \quad\quad 非自发过程 \end{aligned} \tag{8-12}$$

式(8-12)即自由焓判据式。它是热力学第二定律用于恒温恒压过程的数学表示式。它说明在恒温恒压过程中，若任其自然进行，则物系自动地从自由焓大的状态向自由焓小的状态进行；达到平衡状态时，则自由焓不再改变。物系不会自动地从自由焓小的状态向自由焓大的状态进行。

应当指出，应用自由焓判据时必须是恒温恒压过程。大多数的化学反应和相变化的化工过程均属于这种条件。所以，自由焓差可以作为化学反应或相变化过程的推动力。

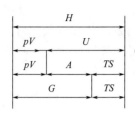

图 8-1　重要热力学
参数间关系

到此为止，结合热力学第一定律和第二定律，一共学到了五个重要的热力学状态参数：内能 U、热焓 H、熵 S、自由能 A 和自由焓 G，它们之间的关系可用图 8-1 示意。

$$H = U + pV$$
$$A = U - TS$$
$$G = H - TS$$
$$= U + pV - TS$$
$$= A + pV$$

在这五个热力学状态参数中，最基本的是内能 U 和熵 S，它们具有确切的物理意义。内能是物系内部能量的总和；熵与物系在某一宏观热力学状态下的微观状态数有关，即与物系的混乱度有关。由内能和熵引出的其他三个辅助热力学状态参数，实际上是状态参数的组合，其目的是为了计算的方便，参数本身并无确切的物理意义，只是在特定条件下，参数的变化与过程中热和功的联系。这种联系表现在式(2-31)、式(8-7) 和式(8-11)。

有了这些状态参数，应用热力学方法可以解决大量实际问题。在运用这些参数处理实际问题之前，应当知道它们之间的基本关系式。

8.1.2.3　自由焓的计算

自由焓是状态参数，在给定的始态和终态之间的自由焓差 ΔG 是定值，可按可逆过程计算。对组成不变的系统

$$G = H - TS$$
$$H = U + pV$$
$$T\,\mathrm{d}S = \mathrm{d}U + p\,\mathrm{d}V$$

整理得
$$\mathrm{d}G = V\,\mathrm{d}p - S\,\mathrm{d}T \tag{8-13}$$

① 对于纯组分定温过程，$\mathrm{d}T = 0$

$$\mathrm{d}G = V\,\mathrm{d}p$$

$$\Delta G = \int_{p_1}^{p_2} V\,\mathrm{d}p$$

对于理想气体，$V = \dfrac{nR_m T}{p}$，则

$$\Delta G = nR_m T \ln \frac{p_2}{p_1} = nR_m T \ln \frac{V_2}{V_1} \tag{8-14}$$

② 对于纯物质的定压过程

$$\Delta G = 0$$

③ 对于组成变化的过程，自由焓是压力 p、温度 T 和每个瞬间各物质摩尔数的函数，即

$$G = G(T, p, n_1, n_2, \Lambda n_k)$$

$$\mathrm{d}G = \left(\frac{\partial G}{\partial T}\right)_{p,n} \mathrm{d}T + \left(\frac{\partial G}{\partial p}\right)_{T,n} \mathrm{d}p + \sum_{i}^{k} \left(\frac{\partial G}{\partial n_i}\right)_{T,p,n_j} \mathrm{d}n_i \tag{8-15}$$

式中，下标 n 表示各组分的摩尔数不变；n_j 表示除了第 i 组分外其余组分均不变。

8.2 热力学性质之间的基本关系式

所谓热力学性质，即指热力学状态参数。除了上一节提到的五个重要热力学状态参数之外，还有压力 p、体积 V 和温度 T 三个状态参数。这八个热力学参数可分为能直接测量与不能直接测量的两类。p、V、T 是可以直接测量的，而 U、H、S、A、G 五个参数则须通过与可测参数的关系计算得到。因此，建立这两类热力学性质之间的关系式是十分重要的。

8.2.1 封闭系统热力学基本关系式

根据热力学第一定律和第二定律，可以导出在非流动条件下 1 摩尔恒组成的均匀流体热力学性质之间的关系式如下

$$dU_m = T dS_m - p dV_m \tag{8-16}$$

$$dH_m = T dS_m + V_m dp \tag{8-17}$$

$$dA_m = -p dV_m - S_m dT \tag{8-18}$$

$$dG_m = V_m dp - S_m dT \tag{8-19}$$

式(8-16)～式(8-19) 称为热力学基本关系式，式中加下标 m 表示摩尔性质。它们既可用于单相，也可用于多相系统。因为式中各项均为系统的性质，是状态参数，与过程无关，故以上各式既可用于可逆过程，也可用于不可逆过程，唯一的限制条件是系统与环境间没有质量交换。

8.2.2 变组成系统的热力学性质关系式

式(8-16)～式(8-19) 也可以应用在恒组成的，单一液相或气相构成的，不发生化学变化的封闭混合物系统。对于这种情况，以式(8-16) 为例，写成如下的形式比较方便。

$$dU = T dS - p dV$$

式中的 U、S、V 是系统的总性质。所以，总内能可以看成总熵和总体积的函数。即

$$U = U(S, V)$$

U 的全微分为

$$dU = \left(\frac{\partial U}{\partial S}\right)_{V,n} dS + \left(\frac{\partial U}{\partial V}\right)_{S,n} dV$$

式中的注脚符号 n 表示物系中所有化学物质的摩尔数保持不变。比较上述两个 dU 式表明

$$\left(\frac{\partial U}{\partial S}\right)_{V,n} = T \tag{8-20}$$

$$\left(\frac{\partial U}{\partial V}\right)_{S,n} = -p \tag{8-21}$$

现在进一步讨论单相敞开系统，即系统与环境之间有物质交换发生。这种情况意味着物质可以加入系统或从系统取出，所以总内能 U 不仅是 S 和 V 的函数，而且也是系统中各种化学物质摩尔数的函数。即

$$U = U(S, V, n_1, n_2, \cdots, n_i)$$

式中，n_i 代表化学物质 i 的摩尔数。U 的全微分为

$$dU = \left(\frac{\partial U}{\partial S}\right)_{V,n} dS + \left(\frac{\partial U}{\partial V}\right)_{S,n} dV + \sum_i \left(\frac{\partial U}{\partial n_i}\right)_{S,V,n_j} dn_i \tag{8-22}$$

式中，加和号 $\sum$ 表示它包括系统中所有的物质；下标 n_j 表示除第 i 种化学物质外所有其他化学物质摩尔数都保持不变。为简明起见，令加和号里前面的系数恒等于 μ_i，即

$$\mu_i \equiv \left(\frac{\partial U}{\partial n_i}\right)_{V,S,n_j} \tag{8-23}$$

把式(8-20)、式(8-21)、式(8-23)代入式(8-22)，得

$$dU = TdS - pdV + \sum(\mu_i dn_i) \tag{8-24}$$

同理，可以推导得

$$dH = TdS + Vdp + \sum(\mu_i dn_i) \tag{8-25}$$

$$dA = -SdT - pdV + \sum(\mu_i dn_i) \tag{8-26}$$

$$dG = -SdT + Vdp + \sum(\mu_i dn_i) \tag{8-27}$$

式(8-24)~式(8-27)是单相流体系统的热力学基本关系式。它们适用于变质量、变组成($dn_i \neq 0$)系统，也适用恒质量、恒组成系统。式中 μ_i 称为化学位，其重要意义将在下面讨论。

8.2.3　克劳修斯-克拉贝龙（Clausius-Clapeyron）方程式

人们知道，液体和固体的饱和蒸气压是温度的函数，随着温度的升高而增大。这种关系的定量表达式可应用热力学基本关系式推导出来。

设有一个纯物质的系统，在一定温度和压力下，有 α 和 β 两个相共存。如果有 1 摩尔物质由 α 相转移至 β 相，其自由焓变化为

$$\Delta G_{T,p} = G_m^\beta - G_m^\alpha$$

式中，G_m^α、G_m^β 分别为 α 相和 β 相的摩尔自由焓。按式(8-12)，两相达到平衡状态时，$\Delta G_{T,p} = 0$，所以

$$G_m^\alpha = G_m^\beta \qquad (\text{恒 } T、p) \tag{8-28}$$

当温度从 T 变至 $T+dT$ 时，应建立新的平衡，压力必须相应从 p 变至 $p+dp$，两相的摩尔自由焓则分别变为 $G_m^\alpha + dG_m^\alpha$ 和 $G_m^\beta + dG_m^\beta$。在新的平衡条件下，摩尔自由焓仍然相等，故得出下式

$$G_m^\alpha + dG_m^\alpha = G_m^\beta + dG_m^\beta \qquad (\text{恒 } T+dT，p+dp)$$

将式(8-28)代入上式，得

$$dG_m^\alpha = dG_m^\beta \tag{8-29}$$

上式表明，由于温度和压力的变化而引起的自由焓变化，对于两相必须相等。这样才能建立新的平衡。也就是说，温度和压力不能再任意变化，它们之间必须遵循一定的依赖关系。

根据热力学基本关系式(8-19)，对两相可分别写成

$$dG_m^\alpha = V_m^\alpha dp - S_m^\alpha dT$$

$$dG_m^\beta = V_m^\beta dp - S_m^\beta dT$$

将上两式代入式(8-29)，得

$$V_m^\alpha dp - S_m^\alpha dT = V_m^\beta dp - S_m^\beta dT$$

进一步得

$$\frac{dp}{dT} = \frac{S_m^\beta - S_m^\alpha}{V_m^\beta - V_m^\alpha} = \frac{\Delta S_m}{\Delta V_m} \tag{8-30}$$

式中，ΔS_m 为两相摩尔熵的差值，即相变熵；ΔV_m 为相变时摩尔体积的变化。

由热力学第二定律知，相变熵 ΔS_m 和相变热 ΔH_m 的关系式为

$$\Delta S_m = \frac{\Delta H_m}{T}$$

所以得

$$\frac{\mathrm{d}p}{\mathrm{d}T} = \frac{\Delta H_m}{T \Delta V_m} \tag{8-31}$$

式(8-31) 就是克劳修斯-克拉贝龙方程式，它定量地表达了两相平衡时温度与压力的依赖关系。在推导上式的过程中没有引入任何假定，因此对于单组分的任何两相平衡（如蒸发、升华、熔化和晶型转变等）都适用。对于蒸发及升华过程，式(8-31) 中的 p 是指饱和蒸气压；对于熔化与结晶型转变过程，p 是指平衡外压。

当式(8-31) 用于蒸发和升华时，由于涉及气相，若假设气相服从理想气体状态方程，并设 ΔH 不随温度变化，则可简化为由状态 $1(T_1, p_1)$ 到状态 $2(T_2, p_2)$ 的关系式

$$\ln \frac{p_2}{p_1} = -\frac{\Delta H_m}{R_m} \left(\frac{1}{T_2} - \frac{1}{T_1} \right) \tag{8-32}$$

式中，R_m 为通用气体常数。

或表示为不定积分的表达式

$$\ln p = -\frac{\Delta H_m}{R_m T} + C \tag{8-33}$$

式中，C 为积分常数。

如果已知不同温度下的饱和蒸气压数据，也可用上式计算蒸发热或升华热。

例 8-1　在气压为 96.0kPa 的实验室中，水的沸腾温度应是多少？已知水的蒸发热为 40.67×10^3 J·mol^{-1}。

解　因为水的正常沸点（在 101.325kPa 下）是 100℃；通用气体常数 $R_m = 8.314$ J·mol^{-1}·K^{-1}。

用式(8-32) 计算

$$\ln \frac{p_2}{p_1} = -\frac{\Delta H_m}{R_m} \left(\frac{1}{T_2} - \frac{1}{T_1} \right)$$

$$\ln \frac{96.0}{101.33} = -\frac{40.67 \times 10^3}{8.314} \left(\frac{1}{T_2} - \frac{1}{373} \right)$$

解得 $T_2 = 371$K，即当气压为 96.0kPa 时，水的沸腾温度为 98℃。

8.3　偏摩尔性质与化学位

纯物质体系或组成恒定的多组分体系的状态只要两个独立的状态参数（如 T、p）就可以确定，如 $X = f(T, p)$。当多组分封闭体系内组成改变或有相变、化学变化时，体系的广度状态参数改变量 $\mathrm{d}X$，除了与 T，p 有关外，还与各组分的变化有关。函数式为

$$\mathrm{d}X = f(T, p, n_1, n_2, n_3, \cdots)$$

由此引出两个新的状态参数：偏摩尔性质和化学位。

8.3.1　偏摩尔性质

8.3.1.1　偏摩尔性质的引出

众所周知，系统的质量等于构成系统的各个部分的质量和。然而，除了质量之外，其他容量性质除非在纯物质或在理想溶液中，一般不具有加和性。例如，将乙醇和水混合，混合后的体积并不等于两者纯组分时的体积之和。且混合液的浓度不同，混合后的体积也不同（表 8-1）。因此，在讨论多组分系统时，必须引入新的量来代替描述纯物质所用的摩尔量，这个新的量就是偏摩尔性质。

表 8-1 混合物总体积与各组分体积的关系

C_2H_5OH 含量（质量分数）/%	$V^0_{C_2H_5OH}$/cm³	$V^0_{H_2O}$/cm³	$V_{计算}$/cm³	$V_{实验}$/cm³	ΔV/cm³
10	12.67	90.36	103.03	101.84	1.19
20	25.34	80.32	105.66	103.24	2.42
30	38.01	70.28	108.29	104.84	3.45
40	50.68	60.24	110.92	106.93	3.99
50	63.35	50.20	113.55	109.43	4.12
60	76.02	40.16	116.18	112.22	3.96
70	88.69	36.12	118.81	115.25	3.56
80	101.36	20.08	121.44	118.56	2.88
90	114.03	10.04	124.07	122.25	1.82

表中 $V^0_{C_2H_5OH}$、$V^0_{H_2O}$ 分别为纯己醇和纯水在 293K 未混合时的体积；$V_{计算}$ 为 $V^0_{C_2H_5OH}$ 与 $V^0_{H_2O}$ 之和；$V_{实验}$ 是实际测得的混合物的总体积；ΔV 为 $V_{计算}$ 与 $V_{实验}$ 之差。

表中的数据表明，真实混合物的总体积不等于各纯组分体积的和，且两者相差的程度随系统的组成不同而变化。

8.3.1.2 偏摩尔性质的定义与物理意义

设有一个由 k 种组分构成的均相系统，其任意容量性质除与温度和压力有关外，还与各组分的摩尔数有关，有

$$M = f(T, p, n_1, n_2, n_3, \cdots)$$

其全微分为

$$dM = \left(\frac{\partial M}{\partial T}\right)_{p,n} dT + \left(\frac{\partial M}{\partial p}\right)_{T,n} dp + \sum_i^k \left(\frac{\partial M}{\partial n_i}\right)_{T,p,n_j} dn_i$$

令

$$\overline{M} = \left(\frac{\partial M}{\partial n_i}\right)_{T,p,n_j} \tag{8-34}$$

则定温定压条件下

$$dM = \sum_i^k \overline{M}_i dn_i \tag{8-35}$$

$\overline{M}$ 称为组分 i 这种性质的偏摩尔性质。其物理意义是，定温定压下，向浓度一定的无限大的体系中（系统浓度不变），加入 1mol 的任意组分 i，引起某一广度性质 M 的改变量。或是要 p、T 及各组分物质量都保持不变时，体系中的某一广度性质 M 随组分 i 的偏摩尔变化率。

偏摩尔性质具有强度性质，与混合物的浓度有关，而与溶液的总量无关。如果按照初始溶液中各组分的比例，同时向溶液中加入各组分，使各组分的摩尔数分别为 n_1，n_2，$\cdots$，n_k，则溶液的总容量性质为

$$M = n_1\overline{M}_1 + n_2\overline{M}_2 + \cdots + n_k\overline{M}_k \tag{8-36}$$

若在系统中不按比例地加入各组分，则溶液的浓度将有所改变，因而 $\overline{M}_i$ 也改变。在定温定压条件下对式(8-36) 微分得

$$dM = n_1 d\overline{M}_1 + n_2 d\overline{M}_2 + \cdots + n_k d\overline{M}_k + \overline{M}_1 dn_1 + \overline{M}_2 dn_2 + \cdots + \overline{M}_k dn_k$$

与式(8-35) 比较，得

$$n_1 d\overline{M}_1 + n_2 d\overline{M}_2 + \cdots + n_k d\overline{M}_k = 0$$

即

$$\sum_i^k n_i d\overline{M}_i = 0 \tag{8-37}$$

或
$$\sum_{i}^{k} x_i \, \mathrm{d}\,\overline{M}_i = 0 \qquad (8\text{-}38)$$

式中，x_i 为组分 i 的摩尔分数。式(8-37) 和式(8-38) 称为吉布斯-杜亥姆（Gibbs-Du-hum）公式。

对于组成不变的溶液，可根据摩尔性质之间的关系写出相应的偏摩尔性质之间的关系。如

$$H = U + pV$$
$$\overline{H}_i = \overline{U}_i + p\,\overline{V}_i$$

8.3.2　化学位

8.3.2.1　化学位的概念

化学位是化学热力学中最重要的一个物理量，相平衡或化学平衡的条件首先要通过化学位来表达；利用化学位与系统的温度、压力、组成的关系可以建立平衡温度，平衡压力及平衡组成的关系。

式(8-23) 给出了化学位的一种定义式，事实上还可以推导出分别以 A、G 表示的化学位定义式，即

$$\mu_i = \left(\frac{\partial U}{\partial n_i}\right)_{S,V,n_j} = \left(\frac{\partial H}{\partial n_i}\right)_{S,p,n_j}$$
$$= \left(\frac{\partial A}{\partial n_i}\right)_{V,T,n_j} = \left(\frac{\partial G}{\partial n_i}\right)_{T,p,n_j} \qquad (8\text{-}39)$$

式中，下标 n_j 系指溶液中除 n_i 外，其余所有组分的摩尔数都保持不变。

上式方程组中第一个偏导数即是式(8-23) 所给的 μ_i 定义式。按偏摩尔性质的定义，上式第四个偏导数是偏摩尔自由焓，所以存在下式关系

$$\mu_i = \overline{G}_i$$

应该注意，式(8-39) 中的各偏摩尔导数的下标不同，不能把任意的热力学函数对 n_i 的偏导数叫做化学位。此外，不能把偏摩尔性质与化学位混淆，只有在定温定压下的偏导数才是偏摩尔性质。即只有偏摩尔自由焓 $\overline{G}$ 与化学位 μ_i 相等，其他偏摩尔性质均不是化学位。

8.3.2.2　理想气体化学位

对于理想气体，若规定压力为 p_0 时的自由焓以 G^0 表示，则依式(8-10) 得压力为 p 时的自由能为

$$G = G^0 + nR_m T \ln\left(\frac{p}{p_0}\right) \qquad (8\text{-}40)$$

对于 1kmol 理想气体

$$g = g^0 + R_m T \ln\left(\frac{p}{p_0}\right) \qquad (8\text{-}40a)$$

依式(8-39)，有

$$\mu = \left(\frac{\partial G}{\partial n}\right)_{T,p} = g = \mu^0 + R_m T \ln\left(\frac{p}{p_0}\right)$$

$$\mu = \mu^0 + R_m T \ln\left(\frac{p}{p_0}\right) \qquad (8\text{-}41)$$

式中，μ^0 是压力为 p_0 时理想气体的化学位。以往手册中，常取 $p_0 = 1\text{atm}$ （1atm = 101325Pa）。

对于理想混合气体，任一组分 i 的化学位是

$$\mu_i = \mu_i^0 + R_m T \ln\left(\frac{p_i}{p_0}\right) \qquad (8\text{-}42)$$

8.4　理想溶液和稀溶液

根据溶液中相同分子之间和相异分子之间作用的异同，溶液可分为理想溶液和非理想溶液。理想溶液中各组分的分子挥发能力与相应的纯组分的分子挥发能力相同。溶液中溶质含量很低时，称为稀溶液。稀溶液服从两个重要的经验定律——拉乌尔定律和亨利定律。

8.4.1　稀溶液

8.4.1.1　拉乌尔定律

溶液很重要的一个性质是，在一定的温度下其蒸气压不仅与溶液的本质有关，还与溶液的浓度有关。拉乌尔于 1886 年从许多实验数据中发现，稀溶液中溶剂的蒸气压 p_A 与它的摩尔分率之间存在下述关系

$$p_A = p_{sA} x_A \qquad (8\text{-}43)$$

式中，p_{sA} 是与溶液相同温度下纯溶剂的饱和蒸气压。上式表明，稀溶液中溶剂的蒸气压等于同一温度下纯溶剂的饱和蒸气压与其摩尔分率的乘积，这就称为拉乌尔定律。

设溶质的摩尔分率为 x_B，由于 $x_A + x_B = 1$，所以式(8-43) 可以变为

$$p_A = p_{sA}(1 - x_B) \qquad (8\text{-}44a)$$

或

$$\frac{p_{sA} - p_A}{p_{sA}} = x_B \qquad (8\text{-}44b)$$

上式表明，稀溶液蒸气压下降的分数等于溶质的摩尔分率。这是拉乌尔定律的另一表达形式。

拉乌尔定律是根据稀溶液的实验结果总结出来的，所以对于大多数溶液来说，仅在浓度很低时才符合该定律。

拉乌尔定律也可以从理论上予以分析：在很稀的溶液中，由于溶质的分子数很少，因而围绕着溶剂分子的周围几乎都是溶剂自己的分子，其处境与它在纯物质时的情况几乎相同。显然，溶剂分子所受的作用力并未因少量溶质分子的存在而改变，它从溶液中逸出的能力也不变，只是由于溶质分子的存在，使溶剂分子的浓度减小了一些。所以，溶液中溶剂的蒸气压 p_A 就按纯溶剂的饱和蒸气压打一个摩尔分率的折扣。

至于浓度多稀的溶液才能符合拉乌尔定律呢？这要看溶剂和溶质的性质而定，不能一概而论。

8.4.1.2　亨利定律

亨利早于 1803 年根据许多实验数据总结出稀溶液的另一重要定律。即在恒温和平衡状态下，一种气体在液体中的溶解度和该气体的平衡压力成正比。这就是亨利定律，其表达式为

$$p_B = k x_B \qquad (8\text{-}45)$$

式中，x_B 是挥发性溶质（溶解的气体）在溶液中的摩尔分率；p_B 是平衡时液面上该气体的分压力；k 称为亨利常数，它决定于温度、总压、溶质和溶剂的性质，但由于总压对 k 值的影响不大，所以 k 值是在恒温下由实验测定的。

亨利定律可以理解为，稀溶液中溶质在气相中的平衡分压与溶质在溶液中的摩尔分率成正比。

亨利定律是化工过程吸收操作的理论依据，吸收分离就是利用溶剂对气体混合物中各组分溶解度的差异，选用适宜的溶剂把溶解度大的气体组分吸收下来，以达到从气体混合物中回收或除去某气体的目的。由式(8-45)知，当溶质、溶剂一定，且温度一定时，k 为定值。气体的分压越大，则其在溶液中的溶解度越大。所以增加气体的压力有利于吸收过程的进行。

例 8-2 含乙醇 3%（质量分数）的水溶液，在 97.11℃下蒸气总压为 101.325 kPa，纯水的蒸气压为 91.298 kPa。试计算 97.11℃时在乙醇摩尔分率为 0.02 的水溶液上乙醇和水的蒸气分压各为多少？

解 由于该溶液浓度很低，故可按稀溶液处理，即可以认为溶剂服从拉乌尔定律，溶质服从亨利定律。

先将质量分数换算成摩尔分率

$$x_乙 = \frac{n_乙}{n_水 + n_乙} = \frac{W_乙/M_乙}{(W_乙/M_乙)+(W_水/M_水)}$$
$$= \frac{0.03/46}{(0.03/46)+(0.97/18)} = 0.0120$$

因为
$$p_总 = p_乙 + p_水 = k_乙 x_乙 + p_水^s x_水$$
经整理得
$$k_乙 = \frac{p_总 - p_水^s x_水}{x_乙}$$
$$= \frac{101.325 - 91.298(1-0.0120)}{0.0120} = 927.170 \,(kPa)$$

对于摩尔分率为 $x'_乙 = 0.02$ 的乙醇水溶液上方水和乙醇的蒸气分压为
$$p'_水 = p_水^s(1-x'_乙) = 91.298 \times 0.98 = 89.472 \,(kPa)$$
$$p'_乙 = k_乙 x'_乙 = 927.170 \times 0.02 = 18.54 \,(kPa)$$

8.4.1.3 稀溶液的依数性

难挥发溶质的稀溶液有四个重要的性质：蒸气压降低、沸点升高、凝固点下降和渗透压。它们主要只由所含溶质分子的数目决定，而与溶质的本性无关，故称为依数性。在这 4 个性质中，蒸气压降低是最基本的。现分述如下。

(1) 蒸气压降低 由于溶质是难挥发的，它对溶液蒸气压的贡献可以忽略，所以溶液的蒸气压就是溶剂的蒸气压。从拉乌尔定律可知，此时溶剂的蒸气压比它纯组分的饱和蒸气压要小，其表达式为
$$\Delta p = p_{sA} - p_A = p_{sA} x_B \tag{8-46}$$

(2) 沸点升高 难挥发性溶质稀溶液沸点升高的原因，在于溶质加入后使溶液蒸气压小于纯溶剂的饱和蒸气压。沸点是液体的蒸气压等于外压时的温度。而溶液的蒸气压显然小于外压，要使后者的蒸气压等于外压，必然提高其温度。这种关系可用图 8-2 表示。其表达式为
$$\Delta T_b = T_b - T_b^0 = K_b m_B \approx \frac{R_m(T_b^0)^2}{\Delta H_蒸发} x_B \tag{8-47}$$

式中，ΔT_b 表示沸点升高，升高多少与溶质浓度有关；T_b 和 T_b^0 分别为溶液和纯溶剂

在外压为 101.325kPa 下的沸点；K_b 称为沸点升高常数，是溶剂的特有常数；m_B 代表溶于 1000g 溶剂中溶质的摩尔数；$\Delta H_{蒸发}$ 为纯溶剂的蒸发热。

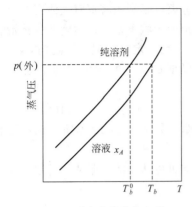

图 8-2　稀溶液的沸点上升

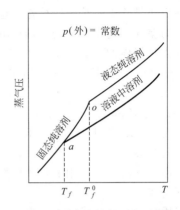

图 8-3　稀溶液的凝固点下降

（3）凝固点（冰点）下降　凝固点是固相和液相平衡共存时的温度，亦称为冰点。难挥发溶质的稀溶液凝固点下降的原因同样在于溶质加入后溶液的蒸气压降低。如果温度不变，由于固相只有溶剂而无溶质，因此固态溶剂的蒸气压将大于溶液的蒸气压。那么，为了重新使两者相等，则必须降低温度，这样才能在某一较低的温度下建立新的平衡。这种情况如图 8-3 所示。其表达式为

$$\Delta T_f = T_f^0 - T_f = K_f m_B \approx \frac{R_m (T_f^0)^2}{\Delta H_{熔化}} x_B \tag{8-48}$$

式中，ΔT_f 表示凝固点下降；T_f^0 和 T_f 分别是纯溶剂与溶液的凝固点；K_f 称为凝固点下降常数，也是溶剂的特有常数；$\Delta H_{熔化}$ 为纯溶剂的熔化热。

（4）渗透压　如图 8-4 所示，当用一个只允许溶剂分子通过的半透膜，将溶剂与难挥发性溶质的稀溶液隔开时，溶剂有向溶液渗透的倾向。因此必须在溶液上方施加额外的压力 Π，才能阻止溶剂的渗透，这个压力就称为渗透压。存在渗透压的原因也在于，溶质加入后溶剂的蒸气压下降，相应使逸度减小，而纯溶剂的逸度不变，因此溶剂分子将从纯溶剂转移至溶液。若在溶液上施加额外压力，逸度将增加，当增加与减小相当时，即达到平衡，溶剂就不再渗透。

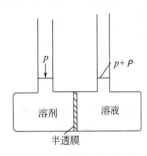

图 8-4　渗透压示意图

渗透压的表达式为

$$\Pi V_A = n_B R_m T \tag{8-49}$$

式中，Π 代表渗透压；V_A 为溶剂的摩尔体积；n_B 为溶质的摩尔数。式（8-49）与理想气体状态方程很相似，称为范特霍夫（Vant·Hoff）公式。

例 8-3　已测出 30℃时蔗糖水溶液的渗透压为 2.520×10^5 Pa，水的沸点升高常数为 0.52，试求溶液中蔗糖的质量摩尔浓度和沸点升高多少？

解　已知 $\Pi = 2.520 \times 10^5$ Pa；$K_b = 0.52$
根据式（8-49）

$$\Pi V_A = n_B R T$$

$$\frac{n_B}{V_A} = \frac{\Pi}{RT} = \frac{2.520 \times 10^5}{8.314 \times 10^3 \times (30 + 273.15)} = 0.1 \ (mol/L)$$

当浓度很稀时溶液的体积 V 等于水的体积 V_A；另外，1L 水近似地等于 1000g，故溶液中蔗糖的质量摩尔浓度为

$$m_B = \frac{n_B}{V} \approx \frac{n_B}{V_A} = 0.1 \, [\text{mol/kg(水)}]$$

根据沸点升高公式

$$\Delta T_b = K_b m_B$$
$$= 0.52 \times 0.1 = 0.052 \, (℃)$$

故此溶液的沸点将升高至 0.052℃。

8.4.2　理想溶液

8.4.2.1　理想溶液的概念

拉乌尔定律是在研究稀溶液时得出的规律，但大多数溶液在浓度较大时，则不符合此规律。可是实验发现，由性质极近似的物质所构成的溶液，如苯-甲苯、正己烷-正庚烷、甲醇-乙醇等溶液，在全部浓度范围内拉乌尔定律都适用。它们中两个组分的蒸气分压都可用拉乌尔定律计算

$$p_A = p_{sA} x_A$$
$$p_B = p_{sB} x_B$$

根据道尔顿定律，溶液上的蒸气总压为两组分的压力之和，并结合上两式可得到下式

$$p = p_{sA} + (p_{sB} - p_{sA}) x_B \tag{8-50}$$

人们受到理想气体的启发，对大量溶液研究之后，抽象出"理想溶液"的概念。把任一组分在全部浓度范围内都符合拉乌尔定律的溶液称为理想溶液。

形成理想溶液的各组分必须是：

ⅰ．分子结构非常相似，分子体积基本相等；

ⅱ．同类分子之间及异类分子之间的相互作用力相等。

理想溶液的这种微观特征在宏观上则表现为形成溶液时不产生热效应和体积的变化。因此，理想溶液中各组分的偏摩尔性质与它们的纯态性质之间存在着如下关系式

$$\left.\begin{array}{l} \overline{V}_i = V_{mi} \\[4pt] \overline{U}_i = U_{mi} \\[4pt] \overline{H}_i = H_{mi} \\[4pt] \overline{G}_i = G_{mi} + R_m T \ln x_i \\[4pt] \overline{S}_i = S_{mi} - R_m \ln x_i \end{array}\right\} \tag{8-51}$$

式(8-51) 表达了理想溶液的特性：理想溶液中组分 i 的偏摩尔体积、偏摩尔内能和偏摩尔焓分别等于纯组分 i 的摩尔体积、摩尔内能和摩尔焓。式中虽然偏摩尔自由焓、偏摩尔熵不等于纯态时的摩尔自由焓和摩尔熵，但它们与其他组分的种类及其相对含量无关，仅与该组分的含量（摩尔分率）有关。

严格地说，除了光学活性异构物的溶液和同位素组成的混合物外，没有任何一种溶液具有理想溶液的性质。但是，由于理想溶液所服从的规律比较简单，而且实际上有许多溶液在一定范围内表现得很像理想溶液。所以引用理想溶液的概念，不仅具有理论价值，而且有实际意义。

8.4.2.2　理想溶液的化学位

物系中许多性质都由化学位决定，下面来讨论理想溶液中各组分的化学位。

假定在定温定压下，由数种挥发性物质组成一溶液，则当此溶液与其蒸汽达到平衡时，根据相平衡的条件，此时溶液中任一组分 i 在两相中的化学位相等。即 $\mu_{i,L}=\mu_{i,V}$。

若蒸汽为理想气体混合物，组分 i 的蒸气分压为 p_i，则由式（8-42）知，蒸汽相中各组分的化学位为

$$\mu_{i,V}=\mu_{i,V}^0+R_mT\ln\left(\frac{p_i}{p_0}\right)$$

取 $p_0=1\text{atm}$，这样，平衡溶相中组分 i 的化学位为

$$\mu_{i,L}=\mu_{i,V}^0+R_mT\ln p_i \tag{8-52}$$

这里要注意的是，p_i 为平衡时溶液中组分 i 的蒸汽分压，单位为 atm。

若溶液为理想溶液，则其中任一组分在全部浓度范围内均服从拉乌尔定律，即

$$p_i=p_{si}x_i$$

代入式（8-52）可得理想溶液中组分 i 的化学位表达式

$$\mu_{i,L}=\mu_{i,V}^0+R_mT\ln p_i^0+R_mT\ln p_{si}x_i$$

即

$$\mu_{i,L}=\mu_{i,L}^0+R_mT\ln p_{si}x_i \tag{8-53}$$

式中，$\mu_{i,L}^0=\mu_{i,V}^0+R_mT\ln p_i^0$ 为 $x_i=1$ 时的化学位，称为标准化学位。因 p_{si} 与温度、压力有关，因而 $\mu_{i,L}$ 也是温度、压力的函数。

8.5 逸度与活度

以上用热力学方法讨论了理想体系的一些性质，但是实际中遇到的大多是非理想体系。理想体系的化学位表示式对非理想体系来说是不适用的。为了使这两类体系中物质的化学位有相似的简单形式。路易斯用逸度代替压力，活度代替浓度来表示非理想体系的化学位。

8.5.1 逸度与逸度系数

由于理想气体状态方程不能正确地反映非理想气体的行为，所以式（8-41）和式（8-42）也不能正确地反映非理想气体的化学位与压力的关系，但若非理想气体的压力乘以校正系数 ϕ，以 $f=\phi p$ 代替 p，即得到非理想气体的化学位

$$\mu=\mu^0+R_mT\ln\left(\frac{f}{f_0}\right) \tag{8-54}$$

式中，μ^0 为 $f=f_0$ 时的化学位；f 称为逸度，单位与压力单位相同。逸度可以看作校正压力或有效压力。可见，当压力趋于零时，即可把气体视为理想气体，逸度 f 就等于压力。用极限表示为

$$\lim_{p\to0}\left(\frac{f}{p}\right)=1$$

压力的校正系数 ϕ 称为逸度系数

$$\phi=\frac{f}{p} \tag{8-55}$$

它反映了实际气体对理想气体性质的偏离程度。ϕ 不仅与气体的本性有关，而且与温度、压力有关。式（8-55）既适用于纯组分气体，也适用混合气体。

依逸度系数的定义：物质的逸度与它的压力之比，对于混合气体中组分 i 的逸度系数为

$$\phi_i=\frac{f_i}{p_i}=\frac{f_i}{x_ip} \tag{8-56}$$

8.5.2 活度与活度系数

由于非理想溶液中各组分的分子体积不同，同组分分子间的作用力与不同组分分子间的作用力不一样，因此它们表现出与理想溶液性质的差别。在宏观上则表现为形成非理想溶液混合时往往伴随着放热或吸热现象，且体积也有变化；真实液体混合物的任意组分均不遵守拉乌尔定律，溶液的溶剂不遵守拉乌尔定律，溶质也不遵守亨利定律。

在真实气体中使用逸度较正压力，相似地，在非理想溶液中使用活度来较正浓度。这样在处理较复杂的非理想溶液时，就可以应用理想溶液的那些简单的公式了。

前面讨论了理想溶液任一组分 i 的化学位可按式(8-53)计算。为使非理想溶液中组分 i 的化学位也有类似的简单形式，可将非理想溶液的浓度 x_i 乘以校正系数 γ_i，以 $a_i = \gamma_i x_i$ 代替 x_i，即得到非理想溶液组分 i 的化学位表示式

$$\mu_{i,L} = \mu_{i,L}^0 + R_m T \ln a_i$$

式中，a_i 是组分 i 的活度，可看作是校正浓度（或有效浓度）。理想溶液中组分 i 的活度等于其摩尔分率。

组分 i 的浓度校正系数 γ_i 称为组分 i 的活度系数。

$$\gamma_i = \frac{a_i}{x_i}$$

γ_i 与压力、温度及浓度均有关。它表示非理想溶液与理想溶液的偏差程度。这就是活度的物理意义。

显然，理想溶液 $\gamma_i = 1$；非理想溶液 $\gamma_i \neq 1$。若 $\gamma_i > 1$，则表明正偏差；$\gamma_i < 1$ 则表明负偏差。

8.6 相 平 衡

许多热力过程常常伴有物质聚集态的变化，因此，讨论有关相变化问题也是热力学的一个重要内容。相平衡主要是应用热力学原理研究多相系统中有关相的变化方向与限度的规律。具体地说，就是研究温度、压力及组成等因素对相平衡状态的影响。它是蒸馏、结晶、萃取和吸收等化工操作的理论基础。

8.6.1 平衡的判据

定温定压下，不做非体积功的多组成体系自由焓变量可由式(8-27)计算，即

$$dG = -S dT + V dp + \sum_i \mu_i dn_i$$

定温定压下

$$dG_{p,T} = \sum_i \mu_i dn_i$$

根据自由焓判据，在恒定的 T，p 及 $W_e = 0$ 时，有

$$\sum_i \mu_i dn_i \leqslant 0 \qquad \begin{array}{l} 自发过程 \\ 平衡状态 \end{array} \tag{8-57}$$

式(8-57)即为化学位判据。

设多组分体系有 α、β 两相，若组分 i 有 dn_i 由 α 相转移到 β 相（图8-5），由质量平衡，α 相摩尔数减少 dn_i，β 相增加 dn_i，即 $dn_i^\alpha = -dn_i^\beta$（$dn_i^\beta > 0$），再由式(8-57)有

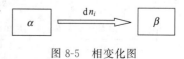

图8-5 相变化图

$$(\mu_i^\beta - \mu_i^\alpha)\, dn_i^\beta \leqslant 0$$

因为 $dn_i^\beta \neq 0$

所以
$$(\mu_i^\beta - \mu_i^\alpha) \leqslant 0 \qquad \begin{matrix} \text{自发过程} \\ \text{平衡状态} \end{matrix} \tag{8-58}$$

式(8-58)为相平衡判据。由式(8-58)可知，定温定压，非体积功 $W_e = 0$ 条件下，物质总是由化学位高的相向化学位低的相自发的转化，当物质在两相中的化学位相等时即达到平衡。

显然，对于多相（相数为 π）多组分（组分数为 k）的体系达到平衡时，可写为
$$\mu_i^\alpha = \mu_i^\beta = \cdots = \mu_i^\pi \tag{8-59}$$
式(8-59)即为相平衡条件。它表示处于平衡条件时，各组分 i 化学位相等。

8.6.2　二组分理想溶液气液平衡相图

这类相图是气液平衡相图中最有规律性、最重要的相图。

8.6.2.1　压力-组成图

在学习理想溶液的特性中已经知道，对于由 A、B 两个组分形成的理想溶液组分蒸气压力和气相总压可分别按式(8-43)和式(8-50)计算，即
$$p_A = p_{sA} x_A = p_{sA}(1 - x_B)$$
$$p_B = p_{sB} x_B$$
$$p = p_{sA} + (p_{sB} - p_{sA}) x_B$$

上述三式表明，p_A-x_B、p_B-x_B 和 p-x_B 均成直线关系。

以甲苯（A）-苯（B）溶液为例，将 $100℃$ 时 $p_{sA} = 74.17 \text{ kPa}$，$p_{sB} = 180.1 \text{ kPa}$ 代入上述三式，作蒸气压-液相组成图，即可得到图 8-6 中的三条直线。由图可知，理想溶液的蒸气总压总是介于两个纯组分的蒸气压之间，即
$$p_{sA} < p < p_{sB}$$

p-x 线表示体系的压力（即蒸气总压）与其液相组成之间的关系，称为液相线。从液相线上可以找出指定组成液相的蒸气总压，或指定蒸气总压下的液相组成。

以 y_A 和 y_B 表示气相中 A 和 B 组分的摩尔分率，若气相为理想气体混合物，根据道尔顿分压定律有
$$y_A = p_A/p = p_{sA} x_A/p = p_{sA}(1 - x_B)/p \tag{8-60a}$$
$$y_B = p_B/p = p_{sB} x_B/p \tag{8-60b}$$

将上面式中的 p 用式(8-50)代入，则两式即表示气相组成和液相组成的依赖关系。对于本体系，因 $p_{sB} > p > p_{sA}$，即 $p_{sB}/p > 1$，$p_{sA}/p < 1$，所以
$$y_B > x_B$$
$$y_A < x_A$$

这说明，由饱和蒸气压不同的两个组分形成的理想溶液达到气液平衡时，两相组成的量不相同，易挥发组分在气相

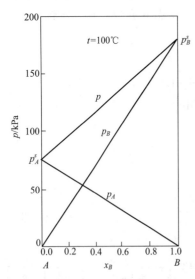

图 8-6　甲苯（A）-苯（B）理想溶液的 p-x 图

中的相对含量大于它在液相中的相对含量。

p-y 线表示蒸气总压与气相组成的关系，称为气相线。若把它与液相线画在同一张图上，就得到 p-x-y 图，如图 8-7 所示。图中左上方的直线是液相线，右下方的曲线是气相线。因为在同一温度和压力下 $y_B > x_B$，故气相组成要比液相组成更加靠近纯组分 B。液相线以上的区域是液相区，以 l 表示；气相线以下的区域是气相区，以 g 表示；液相线和气相线之间的区域是气液平衡两相共存区，以 $g+l$ 表示。据相律知，在恒定温度下，单相区内有两个自由度，压力和组成可以在一定范围内独立改变。也就是说，需要同时指定温度和压力，单相体系的状态才能确定；在气液平衡两相共存区内只有一个自由度，压力和气相组成、液相组成之间都有着依赖关系，如果压力确定了，则平衡时的气相组成和液相组成也就随之而定了。

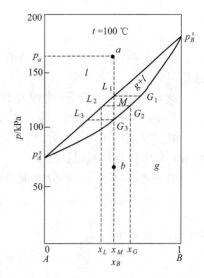

图 8-7　甲苯 (A)‑苯 (B) 理想溶液的 p-x-y 图

应用相图可以了解指定体系在外界条件改变时相变化情况。现以二组分溶液恒温减压的变化过程如何在 p-x-y 图上表示出来为例进行讨论。在一个带活塞的导热气缸中盛有含 A、B 两组分的溶液，其总组成以易挥发组分 B 表示为 x_B，将气缸置于 100℃ 恒温槽中保持体系恒温。起始时体系压力为 p_a，状态点相当于图 8-7 中液相区内的 a 点。当压力缓慢降低时，体系点沿恒组成线垂直向下移动，在到达 L_1 点之前一直是单一的液相。到达 L_1 点后，液相开始蒸发，最初形成的蒸气相的状态为图中的 G_1 点所示，体系进入气液平衡两相共存区。在两相区内随着压力继续降低，液相不断蒸发为蒸气，液相状态沿液相线向下方移动，与之成平衡的气相状态则相应地沿气相线向左下方移动。当体系由 L_1 点移到 M 点时，两相平衡的液相状态点为 L_2 点，气相状态点为 G_2 点，L_2 点和 G_2 点都称为相点。两个平衡相点的连接线称为结线，例如 $L_2 G_2$ 线。当压力继续降低，体系点到达 G_3 点时，液相全部蒸发为蒸气，最后消失的一滴液相的状态点为 L_3 点。此后系统进入气相区，自 G_3 至 b 点的过程为气相减压过程。

应该指出，当体系由 L_1 点变化到 G_3 点的整个过程中，体系内部始终是气、液两相共存，但平衡两相的组成和两相的相对数量均随着压力而变化。

平衡时两相相对数量可依据杠杆规则计算。例如，当体系点在图 8-7 中两相区内的 M 点时，体系的总组成为 x_M，平衡时气相点 G_2 的组成为 x_G，液相点 L_2 的组成为 x_L。以 n_G 和 n_L 分别代表气相和液相的物质的量，每个相的物质的量应等于该相中组分 A 和组分 B 的物质的量之和。若对组分 B 作物料衡算

$$n_G x_G + n_L x_L = (n_G + n_L) x_M$$

整理得

$$\frac{n_L}{n_G} = \frac{x_G - x_M}{x_M - x_L} = \frac{\overline{MG_2}}{\overline{L_2 M}} \tag{8-61a}$$

上式即称为杠杆规则。此规则表明：当组成以摩尔分率表示时，两相的物质的量反比于体系点到两个相点的线段长度。这里结线 $L_2 G_2$ 好比一个杠杆，体系点 M 为支点，两个相点 L_2 和 G_2 为力点，分别悬挂着 n_L 和 n_G 的重物，当杠杆平衡时，支点两边的力矩相等，即

$$n_L \overline{L_2 M} = n_G \overline{MG_2} \tag{8-61b}$$

可见，对于一定温度、压力下的两相平衡体系来说，因为结线的两个端点（即两个相点）是固定的，故平衡时两相的组成固定不变。但当体系点在结线上不同位置时，两相的数量是不同的。

例 8-4 甲苯和苯形成理想溶液，已知在 90℃ 时两纯组分的饱和蒸气压分别为 54.22 kPa 和 136.13 kPa。求在 90℃ 和 101.325 kPa 下气液平衡两相的组成。

解 根据相律，二组分溶液两相平衡的自由度为 2，故体系的温度、压力已指定时，平衡两相的组成也就确定。

因为体系的总压和组分的饱和蒸气压均已知，故按式(8-50)

$$p = p_A^s + (p_B^s - p_A^s) x_B$$

整理得液相组成

$$x_B = \frac{p - p_A^s}{p_B^s - p_A^s} = \frac{101.325 - 54.22}{136.12 - 54.22} = 0.5752$$

$$x_A = 1 - x_B = 1 - 0.5752 = 0.4248$$

据式(8-60b)

$$y_B = p_B^s x_B / p = 136.12 \times 0.5752 / 101.325 = 0.7727$$

$$y_A = 1 - 0.7727 = 0.2273$$

8.6.2.2 温度-组成图

在恒定压力下表示二组分溶液气液平衡时的温度与组成关系的相图，称为温度-组成图。对于液态理想溶液来说，若已知两组分在不同温度下的饱和蒸气压数据，则可通过计算得出一系列温度-组成关系的数据，并绘成温度-组成图。

图 8-8 是甲苯(A)-苯(B)气液平衡体系的 t-x-y 图。t_A 和 t_B 分别为纯甲苯和纯苯的沸点，溶液的沸点应介于 t_A 和 t_B 之间。相交于 t_A、t_B 的两条线为气液平衡曲线；上方为气相线，下方为液相线。气相线在液相线的右上方，是因为易挥发组分苯在气相中的相对含量大于它在液相中的相对含量。液相线以下的区域为液相区，气相线以上的区域为气相区。液相线与气相线之间的区域为气液两相平衡共存区。

若将状态为 a 点的液相溶液恒压升温，达到液相线上的 L_1 点（对应温度为 t_1）时，液相开始起泡沸腾，t_1 称为该液相的泡点，此时产生的气泡的状态点为 G_1 点。液相线表示了液相组成与泡点的关系，所以也叫泡点线。若将状态为 b 点的蒸气恒压降温，到达气相线上的 G_2 点（对应温度为 t_2）时，汽相开始凝结出露珠似的液滴，t_2 称为该气相的露点。此时液滴的状态点为 L_2 点。气相线表示了气相组成与露点的关系，所以也叫露点线。

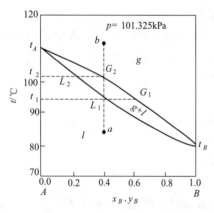

图 8-8 甲苯(A)-苯(B)物系的
温度-组成图

8.6.2.3 气-液组成图

研究蒸馏问题和工程计算中，还经常用到气液平衡组成图（y-x 图）。它是以横坐标 x 表示易挥发组分在平衡液相中的组成（摩尔分率），以纵坐标 y 表示易挥发组分在平衡气相中的组成（摩尔分率）。根据温度-组成图中的气液两相平衡数据，即可作出恒定压力下的 y-x 图。图 8-9 是在 101.325 kPa 下甲苯-苯体系的 y-x 图。图中对角线表示 $y = x$，作为参比之用。气液平衡曲线在它的上方，表明 $y_B > x_B$。应该指出，气液平衡曲线上不同的点具有不同的温度。

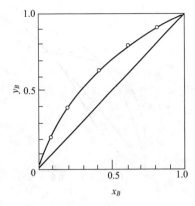

图 8-9　甲苯 (A)- 苯 (B) 体系的 y-x 图

8.6.3　二组分非理想溶液气液平衡相图

通过上两节的学习已经知道，理想溶液和非理想溶液存在着差别，其差别主要在于，在一定温度下，理想溶液在全部组成范围内每一组分的蒸气分压均遵循拉乌尔定律，因而蒸气总压与组成（摩尔分率）成直线关系；非理想溶液对拉乌尔定律则表现出明显的偏差，因而蒸气总压与组成并不成直线关系。

若组分的蒸气压大于按拉乌尔定律的计算值，则称为正偏差；反之则为负偏差。根据蒸气总压对理想情况下的偏差程度，非理想溶液（真实溶液）可分成以下 5 种类型。

（1）具有一般正偏差的体系　蒸气总压对理想情况为正偏差，但在全部组成范围内，溶液上气相的蒸气总压均介于两个纯组分的饱和蒸气压之间。如甲醇-水、呋喃-四氯化碳等体系属于此类型。该类型的相图如图 8-10(a) 和图 8-11 的 a 曲线所示。

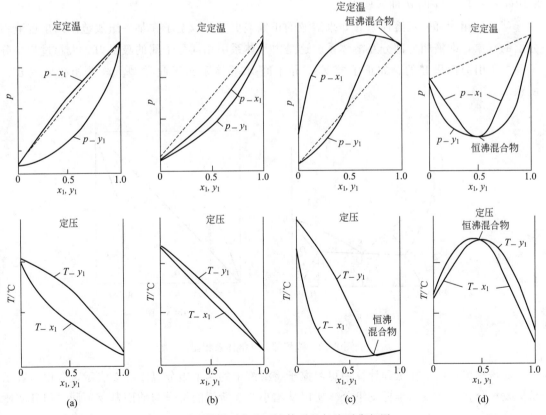

图 8-10　低压下完全互溶体系的气液平衡相图

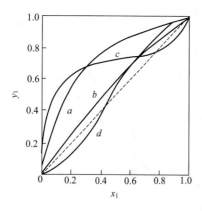

图 8-11　定压（101.325kPa）下
气液平衡的 y-x 图

（2）具有一般负偏差的体系　此类体系中蒸气总压对理想情况为负偏差，但在全部组成范围内，溶液的蒸气总压介于两个纯组分的饱和蒸气压之间。如氯仿-苯、四氯化碳-四氢呋喃体系等属于此类型。该类型的相图见图 8-10（b）和图 8-11 的 b 曲线所示。

（3）具有较大正偏差而形成最大压力恒沸物体系　此类体系中蒸气总压对理想情况具有较大正偏差，以至于在某一组成范围内，溶液的蒸气总压比易挥发组分的饱和蒸气压还大，因而在 p-x 曲线上出现最高点，相应在 t-x 曲线上为最低点。该点 $y=x$，称为恒沸点。在 y-x 图上，恒沸点便是 y-x 曲线与对角线

的交点。如乙醇-水、乙醇-苯等体系属于此类型。该类相图见图 8-10(c) 和图 8-11 的 c 曲线所示。

（4）具有较大负偏差而形成最小压力恒沸物体系　此类体系中蒸气总压对理想情况具有较大负偏差，以至于在某一组成范围内，溶液的蒸气总压比难挥发组分的饱和蒸气压还要小，因而在 p-x 曲线上出现最低点，相应在 t-x 曲线上为最高点。该点亦称为恒沸点，其气相与液相组成相等。如氯仿-丙酮、三氯甲烷-四氢呋喃等体系属于此类型。该类型相图见图 8-10(d) 和图 8-11 的 d 曲线所示。

（5）液相为部分互溶体系　如果溶液的正偏差更大，以至于在某一组成范围内出现液相分层的现象，即液相为部分互溶体系。这是由于体系中相同分子间的吸引力大大超过相异分子间的吸引力而引起的。如正丁醇-水、异丁醛-水等体系属于此类型。该类相图见图 8-12 所示。

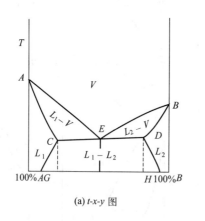

(a) t-x-y 图

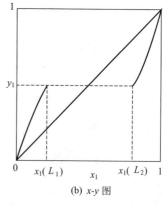

(b) x-y 图

图 8-12　液相部分互溶体系相图

应该提出，由于在工程计算中更习惯于将溶液中的两个组分以 1 和 2 表示，并以 1 表示易挥发组分，以 2 表示难挥发组分。所以从本小节起所用的符号与前面略有不同，但其实质是相同的。

8.6.4 气液相平衡关系

8.6.4.1 气液平衡形式

事实上不存在绝对的理想气体，生产实际过程中，在常压或低压下操作，气相可视为理想气体。这里所谓的"低压"，具体指多大的压力要视溶液的性质与温度而定。对于非极性（或中性）的溶液，在温度接近或高于沸点组分正常沸点时，操作压力低于几个大气压时，可将气相视为理想气体。同样，实际上也不存在理想溶液，但在实际中有许多溶液在一定范围内表现得很像理想溶液，所以简化为理想溶液计算。因此，气液组成的物系可简化成以下四种情况：

ⅰ. 气相和液相均为理想体系，即完全理想系；完全理想体系遵循拉乌尔定律和道尔顿（分压）定律。

ⅱ. 气相为理想气体，液相为非理想液体；

ⅲ. 气相为非理想气体，液相为理想液体；

ⅳ. 气相和液相均为非理想体系。

8.6.4.2 平衡常数与相对挥发度

多组分溶液的气液平衡关系，一般采用平衡常数法和相对挥发度法表示。

（1）平衡常数　当系统的气液两相在定温定压下达到平衡时，液相中的某组分 i 的组成 x_i 与该组分在气相中的组成 y_i 的比值，称为组分 i 在此温度、压力下的平衡常数。通常表示为

$$K_i = \frac{y_i}{x_i} \tag{8-62}$$

（2）相对挥发度　在温度变化的系统中，平衡常数也是变量，利用平衡常数表达多组分溶液的平衡关系就比较麻烦。而相对挥发度随温度变化较小，可取平均值，故采用相对挥发度法表示平衡关系可使问题得到简化。

相对挥发度 $\alpha_{i,j}$ 的定义为：两组分 i，j 气液平衡常数的比值，即

$$\alpha_{i,j} = \frac{K_i}{K_j} = \frac{y_i x_j}{x_i y_j} \tag{8-63}$$

由 $\alpha_{i,j}$ 的定义可直接写出用 $\alpha_{i,j}$ 表示的气液平衡组成的关系为

$$y_i = \frac{\alpha_{i,j} x_i}{\sum_{i=1}^{n} \alpha_{i,j} x_i} \tag{8-64}$$

$$x_i = \frac{y_i / \alpha_{i,j}}{\sum_{i=1}^{n} (y_i / \alpha_{i,j})} \tag{8-65}$$

应当指出的是平衡常数表示的气液平衡关系与挥发度表示的气液平衡关系是完全等价的，只是在不同的场合选择不同的方法使问题得到简化。通常对于定温系统，应用平衡常数法计算，对于温度变化系统，采用挥发度法，近似取平均挥发度简化计算。

8.6.4.3 理想体系气液平衡关系

完全理想体系，即气相和液相均为理想体系。由拉乌尔定律和道尔顿定律

$$p_i = p_{si} x_i$$
$$p_i = p y_i$$

则用平衡常数和用相对挥发度表示的气液平衡关系分别为

$$K_i = \frac{p_{si}}{p} \tag{8-66}$$

$$\alpha_{i,j} = \frac{p_{si}}{p_j^S} \tag{8-67}$$

8.6.4.4 非理想体系气液平衡关系

非理想气体不再符合道尔顿定律，同样，非理想溶液中的各组分也与拉乌尔定律发生偏差。因此，需要对道尔顿定律和拉乌尔定律进行修正后才能用于非理想体系。对于非理想气体体系，用逸度代替压强修正道尔顿定律和拉乌尔定律；对于非理想溶液体系，用活度代替浓度修正拉乌尔定律。

（1）气相为理想气体，液相为非理想液体 理想气体遵循道尔顿定律

$$p_i = p y_i$$

非理想液体遵循修正的拉乌尔定律

$$p_i = \gamma_i p_{si} x_i$$

与式（8-62）和式（8-63）比较，则用平衡常数和用相对挥发度表示的气液平衡关系分别为

$$K_i = \frac{\gamma_i p_{si}}{p} \tag{8-68}$$

$$\alpha_{i,j} = \frac{\gamma_i p_{si}}{\gamma_j p_{sj}} \tag{8-69}$$

（2）气相为非理想气体，液相为理想液体 若系统的压强较高，气相不能再视为理想气体。但液相仍然是理想溶液的体系，此时，需用逸度代替压强，修正的道尔顿定律和拉乌尔定律。修正后的道尔顿定律和拉乌尔定律可分别表示为

$$f_i = f_i^0 y_i$$

$$f_i = f_{si} x_i$$

式中　f_i——混合物中组分 i 的逸度，Pa；

　　f_i^0——气相中组分 i 在体系温度 T 和体系压力 p 下的逸度，Pa；

　　f_{si}——纯组分 i 在温度 T 和相应的饱和蒸气压下的逸度，Pa。

与式（8-62）和式（8-63）比较，则用平衡常数和用相对挥发度表示的气液平衡关系分

别为

$$K_i = \frac{f_{si}}{f_i^0} \tag{8-70}$$

$$\alpha_{i,j} = \frac{f_{si}f_j^0}{f_j^S f_i^0} \tag{8-71}$$

将式(8-70)、式(8-71)与式(8-66)、式(8-67)比较可以看出，在压强高时，对于理想溶液体系，只要用逸度替代压强，可计算得到平衡常数。

（3）气相和液相均为非理想体系　气相和液相均为非理想体系时，用逸度代替压强，用活度代替浓度，得到

$$K_i = \frac{\gamma_i f_{si}}{f_i^0} \tag{8-72}$$

$$\alpha_{i,j} = \frac{\gamma_i f_{si} f_j^0}{f_{sj} f_i^0} \tag{8-73}$$

8.6.5　气液相平衡关系的应用

气液平衡的计算是为了得出体系处于平衡时压力、温度及气、液相组成之间的关系。典型的气液平衡计算为泡点、露点计算，这是精馏过程逐板计算中需反复进行的基本运算内容。

假设一个含有 N 个组分的混合物处于气液平衡状态，总的变量数为 $2N$ 个（T，p，$N-1$ 个液相摩尔分率 x_i，$N-1$ 个气相摩尔分率 y_i），相律分析得出独立变量为 N 个。根据独立变量指定的方案，工程上常见的气液平衡问题有以下四类：

① 已知体系的压力 p 与液相组成 x_i，求泡点温度与气相组成 y_i；

② 已知体系的压力 p 与气相组成 y_i，求露点温度与液相组成 x_i；

③ 已知体系的温度 T 与液相组成 x_i，求泡点压力与气相组成 y_i；

④ 已知体系的温度 T 与气相组成 y_i，求露点压力与液相组成 x_i。

当 N 个变量一经指定，同其余 N 个组分的平衡关系式联立求解而得。

多元气液平衡关系，应用平衡常数计算时，由于 K_i 与温度、压力、组成有关，通常需用试差法求解。

① 已知 p、x_i，求泡点温度 T 和平衡气相组成 y_i

因

$$\sum_i^N y_i = 1 \tag{8-74}$$

将式(8-62)代入上式，可得

$$\sum_i^N K_i x_i = 1 \tag{8-74a}$$

利用式(8-74)可以计算泡点温度和平衡气相组成。由于温度未知，计算时需用试差法。即先假设泡点温度 T，根据已知的压强 p 和所设的温度 T，求出平衡常数 K_i，再校核 $\sum K_i y_i = 1$ 是否成立，若是，即表示所设正确，否则应另设温度，重复上面计算，直到 $\sum K_i y_i \approx 1$ 为止，此时的温度和气相组成即为所求。试差步骤如图 8-13。

② 已知 p、y_i，求露点温度 T 和平衡液相组成 x_i

因

$$\sum_i^N x_i = 1 \tag{8-75}$$

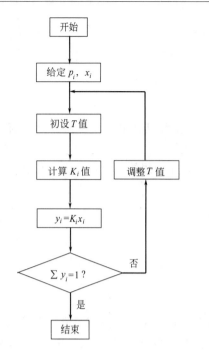

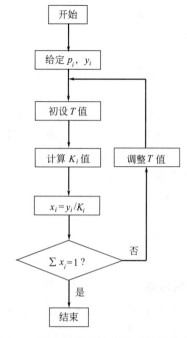

图 8-13　泡点温度和气相组成计算流程图　　　图 8-14　露点温度和液相组成计算流程图

将式(8-62) 代入上式，可得

$$\sum_i^N \frac{y_i}{K_i} = 1 \qquad (8\text{-}75a)$$

利用式(8-75) 可以计算露点温度和平衡液相组成。计算时也需用试差法。试差原则与计算泡点温度时完全相同。试差步骤如图 8-14 所示。

③ 多组分溶液的部分气化。多组分溶液部分气化后，两相的量和组成随压强及温度变化。工程中常见的气液平衡问题的后两种问题可用以下公式求解。对于一定量的原料液作物料衡算

总物料衡算　　　　　　　　　　$F = V + L$

任一组分物料衡算　　　　　　　$F x_{Fi} = V y_i + L x_i$

相平衡关系　　　　　　　　　　$y_i = K_i x_i$

联立上三式，解得

$$y_i = \frac{x_{Fi}}{\dfrac{V}{F}\left(1 - \dfrac{1}{K_i}\right) + \dfrac{1}{K_i}} \qquad (8\text{-}76)$$

式中　　F——进料量，摩尔；

　　　　V——进料中气相量，摩尔；

　　　　L——进料中液相量，摩尔；

　　V/F——气化率；

　　x_{Fi}——进料液相中任意组分 i 的组成，摩尔分率。

当物系的温度和压强一定时，可以由式(8-76) 计算气化率和相应的气液组成。反之，当气化率一定时，也可用上式计算气化条件。

　　例 8-5　二元体系丙酮（1）-乙腈（2）服从拉乌尔定律，使用下表中的蒸气压数据绘制 50℃ 下的 $p\text{-}x_1\text{-}y_1$ 图和 53.3 kPa 下的 $t\text{-}x_1\text{-}y_1$ 图。

$t/℃$	38.45	42.00	46.00	50.00	54.00	58.00	62.33
p_{s1}/kPa	53.3	61.1	70.9	82.0	94.4	108.2	124.9
p_{s2}/kPa	21.2	24.6	28.9	33.8	39.3	45.6	53.3

解 （1）求 50℃时 p、x_1、y_1 数据

应用 $\qquad y_1 = \dfrac{x_1 p_{s1}}{p}$ 和 $y_1 = \dfrac{a_{12}x_1}{a_{12}x_1 + (1-x_1)}$

联立解得

$$p = p_{s1}\left[\frac{1+x_1(\alpha_{12}-1)}{\alpha_{12}}\right] = p_{s2}[1+x_1(\alpha_{12}-1)]$$

当温度固定时，p_{s1}、p_{s2} 和 α_{12} 均为常数。

由上表中知，当 $t=50℃$ 时，$p_{s1}=82.0$ kPa；$p_{s2}=33.8$ kPa，所以 $\alpha_{12}=\dfrac{82.0}{33.8}=2.43$，取 $x_1=0.2$，0.4，0.6，0.8，由上两式计算结果列于下表。

x_i	y_i	p/kPa	x_i	y_i	p/kPa
0.0000	0.000	33.8	0.600	0.785	62.8
0.200	0.378	43.5	0.800	0.907	72.5
0.400	0.618	53.1	1.000	1.000	82.0

根据以上计算结果绘成 $p\text{-}x_1\text{-}y_1$ 图，如图 8-15 所示。

（2）求压力为 53.3kPa 下的 $t\text{-}x_1\text{-}y_1$ 数据

当压力恒定时，温度随组成而变化，p_{s1}、p_{s2}、a_{12} 不是常数。在给定压力下两纯组分的饱和温度之间选择某一温度，利用 $x_1 = \dfrac{p-p_{s2}}{p_{s1}-p_{s2}}$；$y_1 = \dfrac{x_1 p_{s2}}{p}$ 计算结果列于下表

$t/℃$	x_1	y_1	$t/℃$	x_1	y_1
38.45	1.000	1.000	54.00	0.254	0.450
42.00	0.786	0.901	58.00	0.123	0.249
46.00	0.581	0.773	62.33	0.000	0.000
50.00	0.405	0.623			

根据以上计算结果，绘成 $t\text{-}x_1\text{-}y_1$ 图，如图 8-16 所示。

例 8-6 试作环己烷(1)-苯(2)体系在 40℃时 $p\text{-}x_1\text{-}y_1$ 图。

已知气相符合理想气体，液相活度系数与组成的关联式为

$$\ln\gamma_1 = 0.458x_2^2$$

$$\ln\gamma_2 = 0.458x_1^2$$

40℃时组分的饱和蒸气压为 $p_{s1}=24.6$ kPa，$p_{s2}=24.4$ kPa。

解 气相为理想气体，液相为非理想溶液的气液平衡关系式为

$$py_1 = \gamma_1 x_1 p_{s1}$$

$$py_2 = \gamma_2 x_2 p_{s2}$$

平衡体系的总压关系式可写成

$$p = \gamma_1 x_1 p_{s1} + \gamma_1 x_2 p_{s2}$$

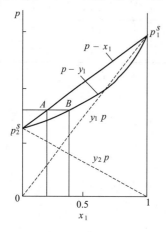

图 8-15 例 8-5 图

丙酮(1)-乙腈(2)p-x_1-y_1 图

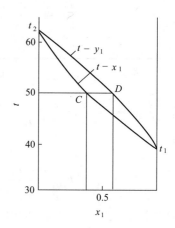

图 8-16 例 8-5 图

丙酮(1)-乙腈(2)t-x_1-y_1 图

因为 40℃时 $p_{s1}=24.6$ kPa，$p_{s2}=24.4$ kPa 应用题目提供的活度系数与组成的关联式，对

不同的 x_i 值求出相应的 γ_1、γ_2 值代入上式即可求得 p。然后由 $y_1=\dfrac{\gamma_1 x_1 p_{s1}}{p}$，求出 y_i 值。

计算结果列于下表。

x_1	γ_1	γ_2	y_1	p/kPa	x_1	γ_1	γ_2	y_1	p/kPa
0.000	1.581	1.000	0.000	24.4	0.600	1.076	1.179	0.580	27.4
0.200	1.341	1.018	0.249	26.5	0.800	1.018	1.341	0.754	26.6
0.400	1.179	1.076	0.424	27.4	1.000	1.000	1.581	1.000	24.6
0.500	1.121	1.121	0.501	27.5					

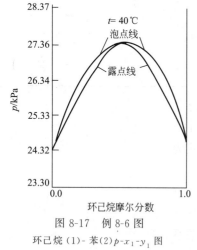

图 8-17 例 8-6 图

环己烷(1)-苯(2)p-x_1-y_1 图

用以上数据可作出该体系的 p-x_1-y_1 图，如图 8-17 所示。可见，该温度下此体系形成最大压力恒沸物。

例 8-7 试用 Wilson 方程计算甲醇(1)-水(2)二元体系在 1.013×10^5 Pa 下的气液平衡数据。

已知该二元体系的 Wilson 参数

$$g_{12}-g_{11}=1085.13 \text{ J/mol}$$
$$g_{21}-g_{22}=1631.04 \text{ J/mol}$$

查得甲醇、水的 Antoine 方程以及液相摩尔体积与温度的关系式如下

甲醇 $\lg p_{s1}=8.00902-1541.861/$
$$(t+236.154)$$
$$V_1^L=64.509-19.716 \times 10^{-12} T+3.8735 \times 10^{-4} T^2$$

水 $\lg p_{s2}=7.9392-1650.4/(t+226.27)$
$$V_2^L=22.888-3.642 \times 10^{-2} T+0.685 \times 10^{-4} T^2$$

单位：p_{si}/mmHg；V_i/cm^3·mol^{-1}；t/℃；T/K。

解 由于该体系处于低压，气相可视作理想气体。液相为非理想溶液。所以其气液平衡的关系式为

$$y_1 = \frac{\gamma_1 x_1 p_{s1}}{p}, \quad y_2 = \frac{\gamma_2 x_2 p_{s2}}{p}$$

$$y_1 + y_2 = 1$$

二元体系的 Wilson 方程

$$\ln\gamma_1 = -\ln(x_1 + \Lambda_{12} x_2) + x_2\left[\frac{\Lambda_{12}}{x_1 + \Lambda_{12} x_2} - \frac{\Lambda_{21}}{x_2 + \Lambda_{21} x_1}\right]$$

$$\ln\gamma_2 = -\ln(x_2 + \Lambda_{21} x_1) - x_1\left[\frac{\Lambda_{12}}{x_1 + \Lambda_{12} x_2} - \frac{\Lambda_{21}}{x_2 + \Lambda_{21} x_1}\right]$$

式中

$$\Lambda_{12} = \frac{V_{m2}^L}{V_{m1}^L}\exp[-(g_{12} - g_{11})/R_m T]$$

$$\Lambda_{21} = \frac{V_{m1}^L}{V_{m2}^L}\exp[-(g_{21} - g_{22})/R_m T]$$

由于平衡温度未知，需试差求解，计算步骤如下。

已知 $p_1 x_1 \xrightarrow{\text{设} t}$ 计算 $p_{s1} V_1^L \rightarrow$ 计算 $\Lambda_{ij} \rightarrow$ 计算 $\gamma_1 \rightarrow$ 计算 $y_i \xrightarrow{\text{判断}} \sum y_i = 1? \xrightarrow[\text{否}]{\text{是}} \begin{matrix} t \\ y_i \end{matrix}$

例如，计算 $x_1 = 0.40$ 时 t、y_1、y_2。

试差法计算结果，设 $t = 76.1℃$，由上述公式算得

$$p_{s1} = 1178 \text{ mmHg} = 1.57 \times 10^5 \text{ Pa}; \qquad V_1^L = 42.898 \text{ cm}^3/\text{mol}$$

$$p_{s2} = 303 \text{ mmHg} = 0.404 \times 10^5 \text{ Pa}; \qquad V_2^L = 18.532 \text{ cm}^3/\text{mol}$$

$$\Lambda_{12} = 0.2972; \qquad \Lambda_{21} = 1.3192$$

$$\ln\gamma_1 = 0.1544; \qquad \gamma_1 = 1.167$$

$$\ln\gamma_2 = 0.1424; \qquad \gamma_2 = 1.153$$

$$y_1 = 0.7235; \qquad y_2 = 0.2758$$

$$y_1 + y_2 = 0.7235 + 0.2758 = 0.9993 \approx 1$$

所以，假设的 t 为所求的平衡温度，气相组成为

$$y_1 = 0.7235/0.9993 = 0.724$$

$$y_2 = 1 - 0.724 = 0.726$$

同理，可计算其他各气相组成下的平衡温度与液相组成，所得结果与实测值列于下表中。

甲醇(1)-水(2)体系在 1.013×10^5 Pa 下气液平衡数据

x_1		0.05	0.20	0.40	0.60	0.80	0.90
$t/℃$	计算值	92.70	82.59	76.10	71.57	67.82	66.11
	实测值	92.39	81.48	75.36	71.29	67.83	66.14
y_1	计算值	0.269	0.564	0.724	0.832	0.920	0.961
	实测值	0.277	0.582	0.726	0.824	0.914	0.958

小　结

（1）自由能、自由焓

自由能
$$A = U - TS$$

自由焓
$$G = U - TS + pV$$

（2）热力学性质之间的基本关系式

封闭系统
$$dU_m = TdS_m - pdV_m$$
$$dH_m = TdS_m + V_m dp$$
$$dA_m = -pdV_m - S_m dT$$
$$dG_m = V_m dp - S_m dT$$

变组成系统
$$dU = TdS - pdV + \sum(\mu_i dn_i)$$
$$dH = TdS + Vdp + \sum(\mu_i dn_i)$$
$$dA = -SdT - pdV + \sum(\mu_i dn_i)$$
$$dG = -SdT + Vdp + \sum(\mu_i dn_i)$$

克劳修斯-克拉贝龙方程式
$$\frac{dp}{dT} = \frac{\Delta H_m}{T \Delta V_m}$$

（3）偏摩尔性质、化学位

偏摩尔性质的定义及其与溶液性质间的关系
$$\overline{M}_i = \left(\frac{\partial M}{\partial n_i}\right)_{T,p,n_j}$$
$$M_m = \sum(x_i \overline{M}_i)$$

化学位的定义及其与偏摩自由焓的关系
$$\mu_i = \left(\frac{\partial U}{\partial n_i}\right)_{S,V,n_j} = \left(\frac{\partial H}{\partial n_i}\right)_{S,p,n_j} = \left(\frac{\partial A}{\partial n_i}\right)_{V,T,n_j} = \left(\frac{\partial G}{\partial n_i}\right)_{T,p,n_j}$$

从上式可以看出，化学位具有四个同等的定义式；化学位等于偏摩尔自由焓，即 $\mu_i = \overline{G}_i$

（4）稀溶液与理想溶液

稀溶液

拉乌尔定律
$$p_A = p_{sA} x_A$$

亨利定律
$$p_B = k x_B$$

理想溶液概念：任一组分在全部浓度范围内都符合拉乌尔定律的溶液，称为理想溶液。

理想溶液的化学位
$$\mu_{i,L} = \mu_{i,L}^0 + R_m T \ln p_{si} x_i$$

（5）逸度与活度

在非理想气体中使用逸度校正压力；在非理想溶液中使用活度来校正浓度。

逸度与逸度系数

理想气体及混合物逸度和逸度系数

逸度
$$f = \phi p$$
$$\lim_{p \to 0}\left(\frac{f}{p}\right) = 1$$

逸度可以看作为校正压力或有效压力，理想气体的逸度等于压力。

逸度系数

$$\phi = \frac{f}{p}$$

混合气体中组分 i 的逸度系数为

$$\phi_i = \frac{f_i}{p_i} = \frac{f_i}{x_i p}$$

逸度系数物理意义是：表示实际气体对理想气体性质的偏离程度。理想气体 $\phi_i = 1$。

活度与活度系数

活度 $\qquad\qquad\qquad\qquad a_i = \gamma_i x_i$

活度可看作是校正浓度（或有效浓度）。理想溶液中组分 i 的活度等于其摩尔分率。

组分 i 的活度系数

$$\gamma_i = \frac{a_i}{x_i}$$

活度系数物理意义：表示非理想溶液与理想溶液的偏差程度。

（6）相平衡

二组分理想溶液的气液平衡相图有 $p\text{-}x$ 图、$p\text{-}x\text{-}y$ 图、$t\text{-}y\text{-}x$ 图。

以非理想溶液与理想溶液偏差程度的大小划分，有以下五种类型。

① 平衡常数表示相平衡关系一般式

$$K_i = \frac{y_i}{x_i}$$

相对挥发度表示的相平衡关系一般式

$$\alpha_{i,j} = \frac{K_i}{K_j} = \frac{y_i x_j}{x_i y_j}$$

② 理想体系相平衡关系

$$K_i = \frac{p_{si}}{p}$$

$$\alpha_{i,j} = \frac{p_{si}}{p_{sj}}$$

③ 气相为理想气体，液相为非理想液体相平衡关系

$$K_i = \frac{\gamma_i p_{si}}{p}$$

$$\alpha_{i,j} = \frac{\gamma_i p_{si}}{\gamma_j p_{sj}}$$

④ 气相为非理想气体，液相为理想液体相平衡关系

$$K_i = \frac{f_{si}}{f_i^0}$$

$$\alpha_{i,j} = \frac{f_{si} f_j^0}{f_{sj} f_i^0}$$

⑤ 气相和液相均为非理想体系相平衡关系

$$K_i = \frac{\gamma_i f_{si}}{f_i^0}$$

$$\alpha_{i,j} = \frac{\gamma_i f_{si} f_j^0}{f_{sj} f_i^0}$$

习 题

1. 实验室需要配制 $1500 cm^3$ 防冻溶液，它含有 30%（mol%）的甲醇（1）和 70% 的水（2）。试求需要多少体积 25℃ 的甲醇与水进行混合。已知甲醇和水在 25℃、30%（mol%）甲醇溶液的偏摩尔体积

$$\bar{V}_1 = 38.632 \ cm^3 \cdot mol^{-1} \qquad \bar{V}_2 = 17.765 \ cm^3 \cdot mol^{-1}$$

25℃ 下纯物质的体积

$$V_{m1} = 40.727 \ cm^3 \cdot mol^{-1} \qquad V_{m2} = 18.068 \ cm^3 \cdot mol^{-1}$$

2. 试用普遍化关系求算 1-丁烯在 473 K 及 7.0 MPa 下的逸度。

3. 试估算正丁烷在 393 K、4.0 MPa 下的逸度。在 393 K 时，正丁烷的饱和蒸气压为 2.238 MPa，其饱和液体的摩尔体积为 137 $cm^3 \cdot mol^{-1}$。

4. 利用水蒸气性质表，试估算液体水在 273 K，10 MPa 下的 f/f^{sat}，其中 f^{sat} 为饱和水在 273 K 时的逸度。

5. 式 $\hat{f}_i^V = \hat{f}_i^L$ 为气-液两相平衡的判据式，试问平衡时下式是否成立？

$$f^L = f^V$$

也就是说，当混合系处于平衡时其气相混合物的逸度是否等于液相混合物的逸度？

6. 试计算液态水在 30℃ 下，压力分别为（a）饱和蒸气压，（b）10 MPa 下的逸度和逸度系数。

已知：① 水在 30℃ 时饱和蒸气压 $p^s = 4.24 \times 10^3$ Pa；

② 在 30℃ 时，0~10 MPa 范围内将液态水的摩尔体积视为常数，其值为 0.01809 $m^3 \cdot kmol^{-1}$；

③ 1×10^5 Pa 以下的水蒸气可以认为是理想气体。

7. 试计算 298K 时，下列反应式所表示的碳酸钠的水合热。

$$Na_2CO_3 + 10H_2O \longrightarrow Na_2CO_3 \cdot 10H_2O$$

8. 试求在恒温 298 K，30 kg 的固体 LiCl 加入 150 kg 的 15% LiCl 溶液的热效应。已知 298 K 下：

1mol LiCl 溶解在 5.7mol H_2O 中的溶解热为 -29.5 kJ；

1mol LiCl 溶解在 13.3mol H_2O 中的溶解热为 -34 kJ。

9. 25℃ 丙醇（A）- 水（B）系统气-液两相平衡时两组分蒸气分压与液相组成的关系如下

x_B	0	0.1	0.2	0.4	0.6	0.8	0.95	0.98	1
p_A/kPa	2.90	2.59	2.37	2.07	1.89	1.81	1.44	0.67	0
p_B/kPa	0	1.08	1.79	2.65	2.89	2.91	3.09	3.13	3.17

① 画出完整的压力-组成图（包括蒸气分压及总压，液相线及气相线）；

② 组成为 $x_B = 0.3$ 的系统在平衡压力 $p = 4.16$ kPa 下，气-液两相平衡，求平衡时气相组成 y_B 及液相组成 x_B。

10. 一个由丙酮（1）- 乙酸甲酯（2）- 甲醇（3）所组成的三元液态溶液，当温度为 50℃ 时，$x_1 = 0.34$，$x_2 = 0.33$，$x_3 = 0.33$，试用 Wilson 方程计算 γ_i。已知在 50℃ 时三个二元体系的 Wilson 配偶参数值如下

$$\Lambda_{12} = 0.7189 \qquad \Lambda_{21} = 1.1816$$

$$\Lambda_{13} = 0.5088 \qquad \Lambda_{31} = 0.9751$$

$$\Lambda_{23} = 0.5229 \qquad \Lambda_{32} = 0.5793$$

11. 某蒸馏塔的操作压力为 0.1066 MPa，釜液含苯、甲苯的混合物，其组成（摩尔分率）苯（1）0.2，甲苯（2）0.8。试求此溶液的泡点温度及其平衡的气相组成。假设苯-甲苯混合物可作理想体系处理，该两组分的 Antoine（安托因）方程如下

$$\ln[7.502p_{s1}] = 15.9008 - \frac{2788.51}{T - 52.36}$$

$$\ln[7.502p_{s2}] = 16.0137 - \frac{3096.52}{T - 53.67}$$

$$p_{si} \text{ 单位 kPa,} \; T \text{ 单位 K}$$

12. 苯和甲苯组成的溶液近似于理想溶液。试计算：

① 总压力为 101.3 kPa 温度为 92℃时，该体系气液平衡的汽液相组成；

② 该体系达到气液平衡时，液相组成 $x_1 = 0.55$，气相组成 $y_1 = 0.75$。确定此时的温度与压力。

（组分的 Antoine 方程常数见上题）

13. 已知丙酮(1)-水(2)二元体系的一组组成与活度系数的数据，即 $x_1 = 0.22$，$\gamma_1 = 2.90$，$\gamma_2 = 1.17$，请采用以下两种方法计算总压 0.1013 MPa 下与液相呈平衡的汽相组成。①用迭代法求解；②采用 $py_1 = \gamma_i x_i p_{si}$ 公式，计算中将 p_{s1}/p_{s2} 的比值作为定值的直接代入法（计算中所需的蒸气压数据自行查阅）。

14. 二元溶液由三氯甲烷（1）- 丙酮（2）组成。采用 Wilson 方程计算 $p = 0.1013$ MPa，$x_1 = 0.7$ 时与液相呈平衡的气相组成。

已知：Wilson 方程的二元交互作用能量参数为

$$g_{12} - g_{11} = 1390.98 \text{ J} \cdot \text{mol}^{-1}$$

$$g_{21} - g_{22} = 302.29 \text{ J} \cdot \text{mol}^{-1}$$

纯组分的摩尔体积：$V_{m1} = 71.48 \text{cm}^3 \cdot \text{mol}^{-1}$，$V_{m2} = 78.22 \text{cm}^3 \cdot \text{mol}^{-1}$。纯物质的 Antoine 方程如下

$$\ln[7.502p_{s1}] = 15.9732 - \frac{2696.79}{T - 46.16}$$

$$\ln[7.502p_{s2}] = 16.6315 - \frac{2940.46}{T - 35.93}$$

$$p_{si} \text{ 单位 kPa,} \; T \text{ 单位 K}$$

9 热化学与化学平衡

内容提要　本章研究有化学反应的过程中热力学基本定律的应用，包括热化学和化学平衡两个内容。热化学在给出有化学变化时内能、焓、功和热的定义的基础上，应用热力学第一定律，讨论了化学反应热效应的概念与计算方法，分析了热效应随温度变化的关系，介绍了燃烧过程助燃气体与燃烧产物的计算及理论燃烧温度的计算。

化学反应进行到一定程度就会达到平衡。本章讨论了化学平衡的概念与计算方法，介绍了平衡组成的计算，分析了化学平衡移动的原理及化学反应进行的方向与限度，提出了化学亲和力的概念。最后，讨论了反应过程的离解与离解度。通过本章学习应掌握化学反应过程热的计算、平衡组成的计算，学会应用平衡移动原理分析化学反应进行的方向。

基本要求　①掌握化学反应过程热效应的概念与热效应和反应热的计算方法，能计算各种温度下的反应热效应；②学会计算绝热燃烧时的理论燃烧温度；③掌握化学平衡的概念，能根据化学平衡常数熟练计算各种化学反应的平衡组成；④能判断化学反应进行的方向与限度，熟练应用平衡移动原理；⑤了解平衡常数的计算方法，了解离解与离解度的概念。

许多工程实际问题中伴有化学变化，例如燃料的燃烧反应过程，化肥工业中的合成氨反应过程等。对于有化学变化的过程，仅根据热力学基本定律研究限于工质物理变化范围内的各种热力过程是不够的。将热力学的基本定律应用于化学过程或物理过程，研究这些过程中能量的转换，确定过程的能量平衡，判断过程可能进行的方向，研究相平衡、化学平衡等，是工程热力学的重要组成部分。本章主要讨论热力学第一定律和热力学第二定律在化学反应过程中的应用。

在前面各章对热力过程的讨论中，主要是针对简单的可压缩热力系，这时热力系的状态由两个独立参数决定，或者说过程中只可能有一个独立的参数保持不变。例如，对于理想气体，既要定压，又要定温的过程是不可能进行的；另一方面，人们感兴趣的是那些在热力学过程为循环时的特征。

本章讨论的热力学过程，则是物系由一个状态转化到另一个不同于起始状态的过程。由于化学反应的存在，热力系的状态参数不能仅由两个独立变量确定，还必须考虑系统的化学组成，如系统中各组元的摩尔数。

工程上实际应用的化学反应过程中，常令其中一个或两个不变，如在定温和定压下、定温和定容下进行的过程，分别称为定温定压过程、定温定容过程。这是两个具有重要意义的过程，许多反应都是在这两种情况下完成的。

9.1　化学反应过程的热力学第一定律

系统的能量转换与转移包括内能（或焓）、功和热量。热力学第一定律表征了这些能量形式间转换与转移的数量关系。本节应用热力学第一定律来研究化学反应前后系统的能量转换与转移关系。涉及化学变化时,各种能量需重新定义。

9.1.1 内能和焓

在化学反应过程中,由于反应前后系统组成会发生变化,所涉及的物质的内能包含两部分,即物理内能和化学内能。物理内能是分子热运动的内动能和内位能的总和,也就是前面各章中所说的内能,以 U_{ph} 表示。对于理想气体来说,物理内能只取决于气体的温度。化学内能则随系统中的物质的成分而定,与温度无关。对某个给定的状态,化学内能是一个固定值,常以 U_{ch} 表示。这样,涉及化学变化时,系统的总能量为

$$U = U_{ph} + U_{ch} \tag{9-1}$$

同理,系统的总焓为

$$H = H_{ph} + H_{ch}$$

显然,U 和 H 都是状态参数。

9.1.2 化学反应过程的功

化学反应过程的功也包含两部分,一部分是由于反应前后系统容积变化而对外做的容积功,仍以 W 表示。另一部分是与容积变化无关的非体积功,如电池内发生化学反应对外做的电功等,常以 W_e 表示。总功或称反应功为

$$W_{tot} = W + W_e \tag{9-2}$$

功的正负仍规定为系统对外做功为正,外界对系统做功为负。

9.1.3 化学反应过程的热量

化学反应过程中,系统与外界交换的热量称为反应热,仍以 Q 表示。系统向外界散热的反应称为放热反应,Q 取负值;系统从外界吸热的反应称为吸热反应,Q 取正值。

9.1.4 热力学第一定律在化学反应中的应用

根据以上各能量形式的定义,化学反应中的热力学第一定律解析式可表示为

$$Q = \Delta U + W_{tot} = U_P - U_R + W \mid W_e \tag{9-3}$$

写成微分形式则有

$$\delta Q = dU + \delta W_{tot} = dU_P - dU_R + \delta W + \delta W_e \tag{9-4}$$

式中,下标 P 和 R 分别表示生成物和反应物。

9.2 化学反应的热效应

9.2.1 定容热效应与定压热效应

若化学反应过程中不做非容积功,即 $W_e = 0$,而且生成物的温度和反应物的温度相同,则此时的反应热称为反应热效应。

若反应在定温定容下进行,则其热效应称为定容热效应,以 Q_V 表示。因 $dV = 0$,故 $W = 0$,$W_{tot} = W + W_e = 0$。依据式(9-3)有

$$Q_V = U_P - U_R \tag{9-5}$$

式(9-5)表明,定容热效应等于系统内能的变化。

若反应在定温定压下进行,则其热效应称为定压热效应,以 Q_p 表示。此时,$W = p(V_P - V_R)$,$W_{tot} = W + W_e = W$。依据式(9-3)有

$$Q_p = H_P - H_R \tag{9-6}$$

式中，H_P 为所有生成物的焓的总和；H_R 为所有反应物的焓的总和。式(9-6)表明，定压热效应等于系统焓的变化。

若同样的反应物分别经定温定容和定温定压过程反应后得到相同的生成物，温度分别相等，则两种过程系统的内能变化相等。从而结合式(9-5)和式(9-6)可有

$$Q_p = Q_V + p(V_P - V_R) \tag{9-7}$$

由此可见，定压热效应与定容热效应的差等于定压下系统所做的容积功。

对理想气体有

$$Q_p = Q_V + (n_P - n_R)R_m T \tag{9-8}$$

式中，n_P 和 n_R 分别表示生成物和反应物的摩尔数；R_m 为通用气体常数。由于固态和液态物质与同摩尔数的气态物质相比，其体积可忽略不计，故应用式(9-8)时可不计及固态和液态物质的摩尔数。

必须注意，热效应与反应热有所不同，热效应是专指定温反应过程且无非容积功时的反应热。若生成物和反应物的温度不同，则系统内能的变化等于定容反应热，系统焓的变化等于定压反应热。

9.2.2　赫斯定律

1840 年俄国科学家赫斯建立了关于化学反应热效应与反应途径无关的定律：化学反应的热效应只与系统进行化学反应的初、终状态有关，而与反应的中间途径无关。

赫斯定律是能量守恒定律的必然推论，也是热力学第一定律在化学反应中的具体应用。其含义可由 9.2.1 节中定容热效应和定压热效应的定义理解：定容热效应等于 ΔU，定压热效应等于 ΔH，U 和 H 都是状态参数，ΔU 和 ΔH 的数据与所经历的途径无关，只取决于反应前后的状态。因此热效应也只取决于反应前后的状态，而与所经历的途径无关。

赫斯定律的重要性也就在于，它把不同的反应过程通过热效应关联起来，从而可由某些已知或易知反应的热效应计算某些未知或难知反应的热效应。

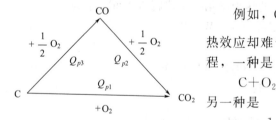

图 9-1　不同的化学反应路径

例如，$C + \frac{1}{2}O_2 \rule[0.5ex]{1.5em}{0.4pt} CO$ 是一个很重要的反应，但其热效应却难于测量。若设计如图 9-1 所示的两种反应过程，一种是

$$C + O_2 \rule[0.5ex]{1.5em}{0.4pt} CO_2; \qquad Q_{p1} = -393520 \text{ kJ/kmol}$$

另一种是

$$CO + \frac{1}{2}O_2 \rule[0.5ex]{1.5em}{0.4pt} CO_2; \qquad Q_{p2} = -282990 \text{ kJ/kmol}$$

则由赫斯定律可将两个反应相减得 $C + \frac{1}{2}O_2 \rule[0.5ex]{1.5em}{0.4pt} CO$ 反应的热效应为

$$Q_{p3} = Q_{p1} - Q_{p2} = -110530 \text{ kJ/kmol}$$

应当注意，如上化学反应所进行的中间途径虽然不同，但反应都在相同的压力下进行，反应前后的状态都相同。这是应用赫斯定律求取定压热效应的前提。

9.2.3　温度对反应热效应的影响

热效应的数值与反应时系统所处的温度和压力有关。分别在定温下（这时压力有变化）及定压下（这时温度有变化）研究压力、温度对热效应的影响发现，只有当压力很高时，压力的变化对热效应的影响才是显著的，而温度对热效应的影响却要大得多。因而本节仅研究温度对反应热效应的影响。

热化学上常以 101325Pa 、25℃时的热效应为标准热效应，常记为 Q_p^0。当化学反应不在标准状态下进行时，任意温度下的热效应可按如下方法求得。

设 A、B、D、E 为理想气体，分别有 a、b、d、e 千摩尔参加某一定压化学反应

$$aA + bB \Longleftrightarrow dD + eE$$

该反应在温度 T_1 时的热效应为 $Q_{p1} = H_{PT_1} - H_{RT_1} = \Delta H_{T_1}$，在温度 T_2 时的热效应为 $Q_{p2} = H_{PT_2} - H_{RT_2} = \Delta H_{T_2}$。为确定 Q_{p1} 与 Q_{p2} 之间的关系，可设计如图 9-2 所示的过程，即让反应按两种途径进行，一种是反应直接在温度 T_2 下进行；另一种是先让反应物由 T_2 变换到 T_1，在温度 T_1 下进行反应后使生成物由 T_1 回到 T_2。

图中 ΔH_R 为反应物从温度 T_2 变化到 T_1 时焓的变化量，ΔH_P 为生成物从温度 T_1 变化到 T_2 时焓的变化量。因为焓是状态参数，故有

$$\Delta H_{T_2} = \Delta H_R + \Delta H_{T_1} + \Delta H_P$$

而

$$\Delta H_R = \int_{T_2}^{T_1} \sum_R n_i C_{pmi} \mathrm{d}T$$

$$\Delta H_P = \int_{T_1}^{T_2} \sum_P n_i C_{pmi} \mathrm{d}T$$

图 9-2 反应热效应与温度的关系

式中，n_i 为反应物或生成物任一成分的千摩尔数；C_{pmi} 为第 i 种成分的千摩尔定压热容。故

$$Q_{p2} = Q_{p1} + \int_{T_1}^{T_2} \left(\sum_P n_i C_{pmi} - \sum_R n_i C_{pmi} \right) \mathrm{d}T \tag{9-9}$$

式(9-9) 称为基尔霍夫方程。可见，化学反应的热效应随温度变化，是由于生成物和反应物的热容随温度变化而引起的。

依式(9-9)，如果已知标准热效应，就可计算任一温度下的反应热效应，即

$$Q_p = Q_p^0 + \int_{298}^{T} \left(\sum_P n_i C_{pmi} - \sum_R n_i C_{pmi} \right) \mathrm{d}T \tag{9-10}$$

工程上常用的是反应热，由以上反应热效应的计算结果即可计算任一反应的反应热。以燃烧反应为例，温度为 T_1 的反应物经燃烧反应后生成物的温度为 T_2，燃烧产生的热量全部用来提高生成物的温度，则系统的反应热为

$$Q = Q_p^0 + \int_{298}^{T_2} \sum_P n_i C_{pmi} \mathrm{d}T - \int_{298}^{T_1} \sum_R n_i C_{pmi} \mathrm{d}T \tag{9-11}$$

若反应物与生成物在 T_1 到 T_2 区间内有相变时，应根据实际情况对图 9-2 中 ΔH_P 和 ΔH_R 的计算作相应修正。

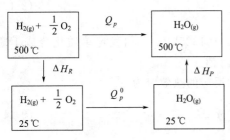

图 9-3 例 9-1 图

例 9-1 试计算 H_2 在 500℃ 完全燃烧时的热效应。

解 H_2 完全燃烧时的反应方程式

$$H_{2(g)} + \frac{1}{2} O_2 \longrightarrow H_2O_{(g)}$$

解法一 根据赫斯定律设计如图 9-3 所示反应路径

查附表 2 有

$$c_{p,H_2O} = 32.24 + 19.24 \times 10^{-3} T + 10.56 \times 10^{-6} T^2 - 3.59 \times 10^{-9} T^3 \ [\mathrm{kJ/(kmol \cdot K)}]$$

$$c_{p,\mathrm{H_2}} = 29.21 - 1.916 \times 10^{-3} T - 4.004 \times 10^{-6} T^2 - 0.8705 \times 10^{-9} T^3 \quad [\mathrm{kJ/(kmol \cdot K)}]$$

$$c_{p,\mathrm{O_2}} = 25.48 + 15.20 \times 10^{-3} T + 5.062 \times 10^{-6} T^2 + 1.312 \times 10^{-9} T^3 \quad [\mathrm{kJ/(kmol \cdot K)}]$$

则

$$\Delta H_R = \int_{773}^{298} (n_{\mathrm{H_2}} c_{p,\mathrm{H_2}} + n_{\mathrm{O_2}} c_{p,\mathrm{O_2}}) \mathrm{d}T = -21127 \ \mathrm{kJ/kmol}$$

$$\Delta H_P = \int_{298}^{773} n_{\mathrm{H_2O}} c_{p,\mathrm{H_2O}} \mathrm{d}T = 21488 \ \mathrm{kJ/kmol}$$

查附表 16 有

$$Q_p^0 = \Delta H_f^0 = -241997 \ \mathrm{kJ/kmol}$$

$$Q_p = Q_p^0 + \Delta H_R + \Delta H_P = -241997 - 21127 + 21488 = -241636 \ (\mathrm{kJ/kmol})$$

解法二 可以直接应用式(9-10)计算 Q_p

$$Q_p = Q_p^0 + \int_{298}^{773} [n_{\mathrm{H_2O}} c_{p,\mathrm{H_2O}} - (n_{\mathrm{H_2}} c_{p,\mathrm{H_2}} + n_{\mathrm{O_2}} c_{p,\mathrm{O_2}})] \mathrm{d}T = -241636 \ \mathrm{kJ/kmol}$$

9.2.4 热效应的计算

9.2.4.1 利用生成焓计算热效应

利用物质的标准生成焓也能计算反应的热效应。如图 9-4 所示，定温定压下的元素 a、b、c、d、e、f 发生化合，而生成化合物质 E 的化学反应，可以由单质直接化合一步完成；也可以分两步完成，即在定温定压下先由单质化合成 A 和 B，再由 A 和 B 化合成 E。根据赫斯定律，可利用物质的生成焓，计算出 A 和 B 的反应热效应 Q_p^0。

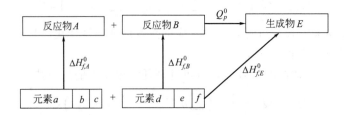

图 9-4 利用生成热计算反应热效应

$$\Delta H_{f,A}^0 + \Delta H_{f,B}^0 + Q_p^0 = \Delta H_{f,E}^0$$

$$Q_p^0 = \Delta H_{f,E}^0 - (\Delta H_{f,A}^0 + \Delta H_{f,B}^0)$$

写成普通式

$$Q_p^0 = \Delta H_p^0 - \Delta H_R^0 \tag{9-12}$$

$$Q_p^0 = \sum_P n_i \Delta h_f^0 - \sum_R n_i \Delta h_f^0 \tag{9-13}$$

式中，Δh_f^0 为标准生成焓，即在标准状态（298、101325kPa），由稳定单质化合成 1 摩尔化合物时的热效应。附表 16 给出了部分物质的 Δh_f^0 值。

将上面过程推广到任意温度，则任意温度下化学反应的热效应为

$$Q_p = \sum_P n_i \Delta h_f - \sum_R n_i \Delta h_f \tag{9-14}$$

式(9-14)表示，反应热效应等于各生成物的生成焓总和减去各反应物的生成焓总和。上述结论是由赫斯定律导出的，故可作为赫斯定律的一个推论。

9.2.4.2 利用燃烧焓计算热效应

1 摩尔燃料在标准状况下完全燃烧时的热效应称为该燃烧反应的燃烧焓，其绝对值称为热值。所谓完全燃烧是指，C 全部转变为 CO_2，H 全部转变为 H_2O，S 全部转变为 SO_2，N 为游离态 N_2，金属也全部转变为游离状态。燃烧产物中的 H_2O 若为气态，则放出的热少，此时热效应称为低热值；若 H_2O 为液态，则放出的热多，此时的热效应称为高热值。燃烧焓常以 Δh_c^0 表示，常见燃料的燃烧焓见附表 17。

利用燃烧焓可以计算反应的热效应。前已述及，在标准状态（298、101325kPa）下进行的化学反应的热效应称为标准热效应，以 Q_p^0 表示。

计算定温定压下由 A 和 B 化合成 E 的反应热，可以借助 A 和 B、E 燃烧后的共同产物来计算，设计反应过程如图 9-5 所示，燃烧产物可以通过直接燃烧 A 和 B 一步得到；也可以分步得到，即先由 A 和 B 化合成 E，再燃烧 E 得到。根据赫斯定律，可利用物质的燃烧焓，计算出 A 和 B 的反应热效应 Q_p^0。

$$Q_p^0 + \Delta H_{c,E}^0 = \Delta H_{c,A}^0 + \Delta H_{c,B}^0$$

$$Q_p^0 = (\Delta H_{c,A}^0 + \Delta H_{c,B}^0) - \Delta H_{c,E}^0$$

写成普通式

$$Q_p^0 = \Delta H_{c,R}^0 - \Delta H_{c,P}^0 \qquad (9\text{-}15)$$

与标准生成焓类似，上面过程可以从单质开始，有

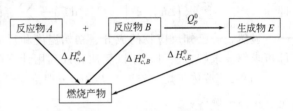

图 9-5　利用燃烧焓计算反应热效应

$$Q_p^0 = \sum_R n_i \Delta h_{ci}^0 - \sum_P n_i \Delta h_{ci}^0 \qquad (9\text{-}16)$$

将上面过程推广到任意温度，则任意温度下化学反应的热效应为

$$Q_p = \Delta H_{c,R} - \Delta H_{c,P} \qquad (9\text{-}17)$$

$$Q_p = \sum_R n_i \Delta h_{ci} - \sum_P n_i \Delta h_{ci} \qquad (9\text{-}18)$$

例如，丙烷裂解反应为

$$C_3H_8 = C_2H_4 + CH_4$$

欲求丙烷裂解标准反应热效应 Q_p^0，可设计如下丙烷、乙烯和甲烷的燃烧反应

$$C_3H_8 + 5O_2 = 3CO_2 + 4H_2O \qquad \Delta h_{c1}^0 = -2220kJ/mol$$

$$C_2H_4 + 3O_3 = 2CO_2 + 2H_2O \qquad \Delta h_{c2}^0 = -1411kJ/mol$$

$$CH_4 + 2O_2 = CO_2 + 2H_2O \qquad \Delta h_{c3}^0 = -890kJ/mol$$

由式(9-16)，丙烷裂解的热效应为

$$\begin{aligned} Q_p^0 &= \Delta h_{c1}^0 - (\Delta h_{c2}^0 + \Delta h_{c3}^0) \\ &= -2220 - (-1411 - 890) \\ &= 81 \quad (kJ/mol) \end{aligned}$$

无论利用燃烧焓还是生成焓计算标准热效应，都必须注意各物质的聚集状态。气态物质的焓值与液态物质的焓值相差一个蒸发潜热（汽化热）。几种物质的汽化焓也列于附表 17。

9.3 理论燃烧火焰温度

如果燃烧反应所放出的热量未传到外界，而全部用来加热燃烧产物，使其温度升高，则这种燃烧称为绝热燃烧。在不计及离解作用的条件下，绝热燃烧时所能达到的温度最高，这一温度称为理论燃烧火焰温度。若绝热燃烧是在定压条件下进行的，则燃烧火焰温度称为定压理论火焰温度，若绝热燃烧是在定容条件下进行的，则燃烧火焰温度称为定容理论火焰温度。

9.3.1 定压燃烧火焰温度

根据热力学第一定律，若绝热燃烧时不做非体积功

$$Q_p = H_{PT2} - H_{RT1} = \sum_P n_i h_i - \sum_R n_i h_i = 0$$

即

$$\sum_P n_i \left(\Delta h^0_{f_i} + \int_{298}^{T_2} C_{pm_i} \, dT \right) - \sum_R n_i \left(\Delta h^0_{f_i} + \int_{298}^{T_1} C_{pm_i} \, dT \right) = 0 \tag{9-19}$$

显然，若已知反应物的成分、初始温度和反应方程，则只有 T_2 是未知数，由式(9-19)即可求解。求解方法可采用试算法，或利用计算机进行迭代求解。

例 9-2 液体丁烷（25℃）与 400% 理论空气量的空气（温度 600 K）进行定压反应，试求理论火焰温度。

解 理论燃烧方程为

$$C_4 H_{10} + 6.5 O_2 == 4 CO_2 + 5 H_2 O$$

400% 理论空气量时的燃烧方程为

$$C_4 H_{10}(l) + 4 \times 6.5 O_2(g) + 4 \times 6.5 \times 3.76 N_2(g) = 4 CO_2(g) + 5 H_2 O(g) + 3 \times 6.5 O_2(g) + 4 \times 6.5 \times 3.76 N_2(g)$$

即

$$C_4 H_{10}(l) + 26 O_2(g) + 97.76 N_2(g) = 4 CO_2(g) + 5 H_2 O(g) + 19.5 O_2(g) + 97.76 N_2(g)$$

式中，(l) 表示液体；(g) 表示气体。

对反应物

$$H_{RT_1} = \sum_R n_i \left(\Delta h^0_{f_i} + \int_{298}^{T_1} C_{pm_i} \, dT \right) = \sum_R n_i (\Delta h^0_{f_i} + h'_{iT_1} - h'_{i298})$$

$$= (\Delta h^0_f + h'_{600} - h'_{298})_{C_4 H_{10}} + 26 \times (\Delta h^0_f + h'_{600} - h'_{298})_{O_2} + 97.76 \times (\Delta h^0_f + h'_{600} - h'_{298})_{N_2}$$

对燃烧产物

$$H_{PT_2} = \sum_P n_i \left(\Delta h^0_{f_i} + \int_{298}^{T_2} C_{pm_i} \, dT \right) = \sum_P n_i (\Delta h^0_{f_i} + h'_{iT_2} - h'_{i298})$$

$$= 4 \times (\Delta h^0_f + h'_{T_2} - h'_{298})_{CO_2} + 5 \times (\Delta h^0_f + h'_{T_2} - h'_{298})_{H_2 O} + 19.5 \times (\Delta h'_f + h'_{T_2} - h'_{298})_{O_2} + 97.76 \times (\Delta h'_f + h'_{T_2} - h'_{298})_{N_2}$$

式中的上标 " ' " 代表物理焓。

查表

$$\Delta h^0_{f C_4 H_{10}(g)} = -126150 \text{ kJ/mol} \qquad \Delta h^0_{f O_2(g)} = 0$$

$$\Delta h^0_{f N_2(g)} = 0 \qquad \Delta h^0_{f CO_2(g)} = -393520 \text{ kJ/mol}$$

$$\Delta h^0_{f H_2 O(g)} = -241820 \text{ kJ/mol}$$

标准状态下 C_4H_{10} 的汽化潜热 $\gamma = 21060$ kJ/mol

$$\Delta h^0_{fC_4H_{10}(l)} = \Delta h^0_{fC_4H_{10}(g)} - \gamma = -147210 \text{ kJ/mol}$$

$$h'_{298CO_2} = 9364 \text{ kJ/mol} \qquad h'_{298H_2O} = 9904 \text{ kJ/mol}$$

$$h'_{298O_2} = 8682 \text{ kJ/mol} \qquad h'_{298N_2} = 8669 \text{ kJ/mol}$$

$$h'_{600O_2} = 17929 \text{ kJ/mol} \qquad h'_{600N_2} = 17563 \text{ kJ/mol}$$

根据式(9-19)有

$$H_{RT_1} = H_{PT_2}$$

即

$$\sum_R n_i(\Delta h^0_{f_i} + h'_{iT_1} - h'_{i298}) = \sum_P n_i(\Delta h^0_{f_i} + h'_{iT_2} - h'_{i298})$$

将查得的数据代入上式并整理得

$$4h'_{T_2CO_2} + 5h'_{T_2H_2O} + 19.5h'_{T_2O_2} + 97.76h'_{T_2N_2} = 4846800$$

上式可用试算法求解。即先假定一个 T_2 值,查出各生成物相应的 h'_{T_2} 值,将数据代入上式,使方程左边之和等于方程右边之值,则求得 T_2。

经多次试算解得 $\qquad\qquad T_2 = 1220$ K

9.3.2 定容燃烧火焰温度

定容燃烧火焰温度的计算方法与定压燃烧火焰温度的计算方法相似。在定容条件下绝热燃烧,燃烧产物的压力将提高。依热力学第一定律

$$Q_V = U_{PT_2} - U_{RT_1} = \sum_P n_i u_i - \sum_R n_i u_i = 0$$

$$\left(\sum_P n_i h_i - p_2 V\right) - \left(\sum_R n_i h_i - p_1 V\right) = 0$$

$$\left(\sum_P n_i h_i - n_P R_m T_2\right) - \left(\sum_R n_i h_i - n_R R_m T_1\right) = 0 \qquad (9-20)$$

可见,上式中也只有 T_2 为未知数,可以求解。

定容燃烧反应的终压力 p_2 可按理想气体方程式计算,即

$$p_2 = \frac{n_P R_m T_2}{V} \qquad (9-21)$$

上述各式中 V 为燃烧室容积。

9.4 化学平衡

前面各节用热力学第一定律研究了有化学反应的过程中能量之间的数量关系,它建立了诸如反应的热效应等重要关系。然而,如同前面几章一样,还需用热力学第二定律才能确立化学反应过程进行的条件、方向和限度,进行化学平衡计算。

热力学第二定律表明,在孤立系统中,一切过程只能沿着熵增大的方向进行,或者在极限情况下维持熵不变,而任何使熵减少的过程都是不可能的。这一结论对于化学反应过程仍是适用的。但在化学反应过程中,常常遇到的是定温-定压过程,这时可应用由熵增原理推出的另一个判据——自由焓判据,即在定温-定压系统中使自由焓增加的过程是不可能发生的。

9.4.1 化学平衡的条件

在化学平衡理论建立以前,人们认为一种化学反应一旦发生,就会进行到发生反应的物质完全转变为反应生成物为止。但事实并非如此。实际上,当反应进行到一定程度后,反应

物与生成物的浓度不再发生变化，反应达到平衡，虽然反应物的数量有时可能是极少的。这种反应达到平衡时系统所处的状态称为化学平衡状态。如果发生反应的条件不变，系统的化学平衡又是稳定的，则这一平衡状态将不随时间变化。

化学反应的不完全，即化学平衡状态的存在，是由化学反应的可逆性引起的。考虑理想气体进行的任一可逆化学反应

$$aA + bB \Longleftrightarrow dD + eE \tag{9-22}$$

式中，a、b、d、e 分别为反应物 A、B 和生成物 D、E 在反应方程式中的系数。反应过程可以由 A、B 结合生成 D、E（称为正反应），也可由 D、E 生成 A、B（称为逆反应）。反应开始时，系统中只存在 A、B，反应物浓度高，获得生成物的正向反应是主要的，同时，随着生成物 D、E 的生成开始了由 D、E 生成 A、B 的逆反应；随着反应的进行，反应物的浓度不断减少，生成物的浓度不断增加，正向反应的速度不断降低，逆向反应的速度不断提高，当这两个反应速度相等时，反应物与生成物的浓度不再变化，系统达到了化学平衡状态。此时，化学反应在正、逆两个方向以相同的速度仍在继续不断地进行，但系统内反应物与生成物的成分不再随时间变化，化学反应没有停止，但化学反应中可见的变化已经停止。因此，化学平衡是一种动态平衡。

化学反应处于平衡时的条件可利用自由焓判据导出。

设由式(9-22)表示的化学反应处于平衡状态，所处的温度、压力条件一定，此时反应物及生成物的平衡分压分别为 p_A、p_B、p_D、p_E。如果在该温度、压力下平衡状态发生微小波动，系统中的 n kmol 理想气体发生了一微小的成分变化，有 $a(dn)$ kmol 的 A 与 $b(dn)$ kmol 的 B 相互作用，生成 $d(dn)$ kmol 的 D 与 $e(dn)$ kmol 的 E，则 A、B、D、E 四种组元的数量变化分别为 $dn_A = a(dn)$，$dn_B = b(dn)$，$dn_D = d(dn)$，$dn_E = e(dn)$，因为假定只有微量成分发生变化，可以认为反应系统中各组元的分压力与化学位保持不变。由于系统仍可视为处于平衡状态，则系统自由焓的变化应等于零。在定温定压条件下，根据式(9-27)，由于 $dp = 0$，$dT = 0$

$$dG = \sum \mu_i \, dn_i = 0$$
$$dG = \mu_A \, dn_A + \mu_B \, dn_B + \mu_D \, dn_D + \mu_E \, dn_E$$
$$= (d\mu_D + e\mu_E - a\mu_A - b\mu_B)dn = 0$$

因为
$$dn \neq 0$$

则
$$d\mu_D + e\mu_E - a\mu_A - b\mu_B = 0$$

或
$$\sum \nu_i \mu_i = 0 \tag{9-23}$$

式(9-23)为化学平衡条件。式中 ν_i 和 μ_i 分别为反应方程中第 i 种物质的系数和化学位。对于反应物 ν_i 取负号，对于生成物 ν_i 取正号。

9.4.2 化学平衡常数

将理想气体的化学位方程式应用于 A、B、D、E 等组元，则得

$$\mu_D = \mu_D^0 + R_m T \ln(p_D / p_0)$$
$$\mu_E = \mu_E^0 + R_m T \ln(p_E / p_0)$$
$$\mu_A = \mu_A^0 + R_m T \ln(p_A / p_0)$$
$$\mu_B = \mu_B^0 + R_m T \ln(p_B / p_0)$$

以上四式代入式(9-23)并整理后可得

$$d\mu_D^0 + e\mu_E^0 - a\mu_A^0 - b\mu_B^0 + R_m T[d\ln(p_D / p_0)$$
$$+ e\ln(p_E / p_0) - a\ln(p_A / p_0) - b\ln(p_B / p_0)] = 0 \tag{9-24}$$

令
$$\Delta G_T^0 = d\mu_D^0 + e\mu_E^0 - a\mu_A^0 - b\mu_B^0$$
$$= dg_D^0 + eg_E^0 - ag_A^0 - bg_B^0$$

称 ΔG_T^0 为化学反应的标准自由焓差。上式代入式(9-24)可得

$$\ln \frac{p_D^d p_E^e}{p_A^a p_B^b p_0^{\Delta\nu}} = -\frac{1}{R_m T} \Delta G_T^0 \tag{9-25}$$

其中，$\Delta\nu = (d+e)-(a+b)$，是反应前后物系摩尔数的变化。

对于一个确定的化学反应，作为理想气体的各组元的化学位 μ_i^0 只是温度的函数，所以 ΔG_T^0 也只是温度的函数。温度一定时，这个确定反应的 ΔG_T^0 亦是定值。从而

$$K_p = \frac{p_D^d p_E^e}{p_A^a p_B^b p_0^{\Delta\nu}} = 常数 \tag{9-26}$$

式中，K_p 称为化学平衡常数。

K_p 值表明了平衡时化学反应系统中各物质间的数量关系。K_p 的大小反映了化学反应完全的程度，K_p 值越大反应产物的浓度越大，反应越完全。同时，K_p 也是计算平衡组分的重要依据。由于 K_p 仅是温度的函数，为便于计算，已将不同温度的 K_p 值列成数据表，以备查用。附表18给出了部分反应的 K_p 值，以往手册中通常取 $p_0 = 101325\ \text{Pa}$。

将式(9-26)代入式(9-25)得

$$\Delta G_T^0 = -R_m T \ln K_p \tag{9-27}$$

上述各式推导的 K_p 值是从单相系统导出的，且组成系统的物质均处于气态，如果在多相系统中发生化学反应，反应中有凝聚相（固体或液体）存在，如

$$C(s) + CO_2 \Longleftrightarrow 2CO$$

则因为在高温下固相、液相的升华或蒸发，会形成各自相应物质的饱和蒸气，这些物质与气态物质发生反应。如果反应在一定温度下进行，则其对应的饱和蒸气压力为一定的数值，而与凝聚相的数量多少无关。如果把反应写作

$$C(g) + CO_2 \Longleftrightarrow 2CO$$

则平衡常数为
$$\Delta G_T^0 = -R_m T \ln K_p'$$

$$K_p' = \frac{p_{CO}^2}{p_C p_{CO_2}}$$

但因反应温度一定，上式中 p_C 为常数，平衡常数 K_p 随 p_{CO} 及 p_{CO_2} 变化，因此可将 p_C 包括在 K_p 中，而有

$$K_p = \frac{p_{CO}^2}{p_{CO_2}}$$

以上推导说明，由凝聚相的多相反应的平衡常数由参加反应的气态物质的分压力确定。

平衡常数也可用气体的浓度来表示。此处浓度是指单位体积内所含物质的摩尔数。由理想气体状态方程式 $pV = nR_m T$ 和浓度定义式 $C = \dfrac{n}{V}$ 可得

$$C = \frac{p}{R_m T}$$

化学反应达平衡时，各物质以浓度表示的平衡常数 K_C 可写成

$$K_C = \frac{C_D^d C_E^e}{C_A^a C_B^b} \tag{9-28}$$

式中，C_A、C_B、C_D、C_E 分别表示 A、B、D、E 气体达到化学平衡时的浓度。上式也可写为

$$K_C = \frac{p_D^d p_E^e}{p_A^a p_B^b}(R_m T)^{(a+b-d-e)} \tag{9-29}$$

可见，K_C 也仅与温度有关。已定义

$$\Delta\nu = (d+e) - (a+b)$$

则

$$K_C = K_p \left(\frac{p_0}{R_m T}\right)^{\Delta\nu}$$

或

$$K_p = K_C \left(\frac{R_m T}{p_0}\right)^{\Delta\nu} \tag{9-30}$$

式(9-30)表明了 K_p 与 K_C 的关系，在一般情况下，K_C 与 K_p 是不相等的，只有在 $\Delta\nu=0$ 时，K_p 与 K_C 才相等。

除了 K_C、K_p 外，还有用相对摩尔数表示的平衡常数 K_y

$$K_y = \frac{y_D^d y_E^e}{y_A^a y_B^b} \tag{9-31}$$

式中，y_A、y_B、y_D、y_E 分别表示 A、B、D、E 气体在达到化学平衡时的相对摩尔数。由于

$$y_i = \frac{n_i}{n} = \frac{p_i}{p}$$

则

$$K_y = \frac{y_D^d y_E^e}{y_A^a y_B^b} = \frac{p_D^d p_E^e}{p_A^a p_B^b}\left(\frac{1}{p}\right)^{\Delta\nu}$$

即

$$K_y = K_p \left(\frac{p_0}{p}\right)^{\Delta\nu}$$

或

$$K_p = K_y \left(\frac{p}{p_0}\right)^{\Delta\nu} = \frac{n_D^d n_E^e}{n_A^a n_B^b}\left(\frac{p}{np_0}\right)^{\Delta\nu} \tag{9-32}$$

可见 K_y、K_p 一般也是不相等的。而

$$K_y = K_p \left(\frac{p_0}{p}\right)^{\Delta\nu} = K_C \left(\frac{V}{n}\right)^{\Delta\nu}$$

因而只有 $\Delta\nu=0$ 时，K_C、K_p、K_y 三者才相等。K_y 除了与温度有关外，还与总压力有关。三个平衡常数中只要知道了一个，便可求出其他两个。

对于化学平衡与平衡常数的概念，应注意如下几点。

① 对于确定的化学反应，当温度一定时，平衡常数 K_p 的数值不变。因为化学平衡时各物质的分压（或浓度）是彼此关联的，当系统中某物质的分压（或浓度）变化时其他物质的分压（或浓度）也要相应地发生变化，以保持 K_p 值不变。

② 反应中 K_p 的值与系统的总压力无关。考察式(9-27)，因为标准自由焓差 ΔG_T^0 是各气体均处于压力为101325Pa下的值，所以，K_p 与系统实际的总压力无关。

③ 平衡常数 K_p 与化学反应式的写法有关。例如

$$CO + \frac{1}{2}O_2 \Longleftrightarrow CO_2 \qquad\qquad K_{p1} = \frac{p_{CO_2}}{p_{CO} p_{O_2}^{1/2}} \tag{1}$$

$$2CO + O_2 \Longleftrightarrow 2CO_2 \qquad\qquad K_{p2} = \frac{p_{CO_2}^2}{p_{CO}^2 p_{O_2}} \qquad\qquad (2)$$

$$CO_2 \Longleftrightarrow CO + \frac{1}{2}O_2 \qquad\qquad K_{p3} = \frac{p_{CO} p_{O_2}^{1/2}}{p_{CO_2}} \qquad\qquad (3)$$

可见，反应(2)的 $K_{p2} = (K_{p1})^2$，而反应(3)的 $K_{p3} = \dfrac{1}{K_{p1}}$，所以由附表 18 查取 K_p 值时，必须与相应的化学反应方程式相对应，以免产生错误。

④ 应注意 $dG_{T,p}$ 和 ΔG_T^0 的区别。$dG_{T,p}$ 是在任一温度、压力下的平衡判据，只要定温定压反应（$W_e = 0$）达到了平衡，它必须为零。而 ΔG_T^0 是参加反应的物质均处于压力为 101325Pa，在给定温度下的自由焓差，通常是一有限值（正或负），对于任一个反应只有在一个特定的温度下 ΔG_T^0 为零，此时 K_p 值为 1。

⑤ 某些复杂化学反应的平衡常数无法查到，可利用简单化学反应的平衡常数进行计算。例如已知

$$CO + \frac{1}{2}O_2 \Longleftrightarrow CO_2 \qquad\qquad K_{p1} = \frac{p_{CO_2}}{p_{CO} p_{O_2}^{1/2}}$$

$$H_2 + \frac{1}{2}O_2 \Longleftrightarrow H_2O \qquad\qquad K_{p2} = \frac{p_{H_2O}}{p_{H_2} p_{O_2}^{1/2}}$$

则
$$CO + H_2O \Longleftrightarrow CO_2 + H_2$$

的平衡常数为
$$K_{p3} = \frac{p_{CO_2} p_{H_2}}{p_{CO} p_{H_2O}} = \frac{K_{p1}}{K_{p2}}$$

9.4.3 平衡组成的计算

只要知道反应方程、反应物组成及平衡常数，就可计算平衡组成。求解的一般步骤为：

① 列出反应方程；

② 列出质量平衡方程；

③ 列出平衡常数表达式；

④ 求解平衡常数表达式，得到平衡组成。

例 9-3 合成氨反应 $\frac{1}{2}N_2 + \frac{3}{2}H_2 \Longleftrightarrow NH_3$ 在 400℃、30.4MPa 下的化学平衡常数为 $K_p = 0.0138$，原料气中 $N_2 : H_2 = 1 : 3$。试求平衡时的组成。

解
$$\frac{1}{2}N_2 + \frac{3}{2}H_2 \Longleftrightarrow NH_3$$

初始摩尔数   1   3   0

反应摩尔数 x $3x$ $2x$

平衡摩尔数 $1-x$ $3(1-x)$ $2x$

平衡时总摩尔数 $n = 1-x + 3(1-x) + 2x = 4-2x$

$$
\begin{aligned}
K_p &= \frac{n_{NH_3}}{n_{N_2}^{1/2} n_{H_2}^{3/2}} \left(\frac{p}{n p_0} \right)^{\Delta \nu} \\
&= \frac{2x}{(1-x)^{1/2}(1-x)^{3/2} 3^{3/2}} \left[\frac{30.4}{0.101325(4-2x)} \right]^{(1-1/2-3/2)} \\
&= 0.0138
\end{aligned}
$$

解得
$$x = 0.604$$
$$n = 2.792$$

平衡组成为

$$y_{N_2} = \frac{1 - 0.604}{2.792} = 14.18\%$$

$$y_{H_2} = \frac{3(1 - 0.604)}{2.792} = 42.55\%$$

$$y_{NH_3} = \frac{2 \times 0.604}{2.792} = 43.27\%$$

9.5　化学反应进行的方向和限度

平衡常数表明了系统达到平衡时各物质之间的关系，只适用于系统达到平衡时的情况。本节讨论系统处于不平衡状态时，反应自发进行的方向。

对式(9-22)表示的任意化学反应

$$aA + bB \Longleftrightarrow dD + eE$$

若 p'_A、p'_B、p'_D、p'_E 为任意指定的分压力（不是平衡分压），且认为所有各气体的数量有足够大，当 a kmol 的 A 与 b kmol 的 B 相互作用，生成 d kmol 的 D 和 e kmol 的 E 后，尽管发生了化学变化，但整个反应系统的变化很小，仍可以认为反应系统各组元的分压力和化学位保持不变。

在定温定压下
$$\Delta G = (d\mu_D + e\mu_E - a\mu_A - b\mu_B)$$

对于理想气体
$$\mu_i = \mu_i^0 + R_m T \ln\left(\frac{p_i}{p_0}\right)$$

应用于各组元气体，并代入 ΔG 式，经整理得

$$\Delta G = d\mu_D^0 + e\mu_E^0 - a\mu_A^0 - b\mu_B^0 + R_m T \ln \frac{p_D'^d p_E'^e}{p_A'^a p_B'^b p_0^{\Delta\nu}}$$

$$= \Delta G_T^0 + R_m T \ln \frac{p_D'^d p_E'^e}{p_A'^a p_B'^b p_0^{\Delta\nu}}$$

令
$$J_p = \frac{p_D'^d p_E'^e}{p_A'^a p_B'^b p_0^{\Delta\nu}} \tag{9-33}$$

J_p 称为压力商。于是

$$\Delta G = \Delta G_T^0 + R_m T \ln J_p \tag{9-34}$$

将式(9-27)

$$\Delta G_T^0 = -R_m T \ln K_p$$

代入式(9-34)，得

$$\Delta G = -R_m T \ln K_p + R_m T \ln J_p \tag{9-35}$$

式(9-35)把化学反应的自由焓的增量与平衡常数，以及反应物和生成物的指定的分压力联系了起来，该式叫做化学反应等温方程式，可用于判断化学反应进行的方向。由上式可以看出，ΔG 的正负决定于 K_p 和 J_p 的大小：

$J_p < K_p$ 时，$\Delta G < 0$，反应能自发正向进行；

$J_p > K_p$ 时，$\Delta G > 0$，反应不能自发正向进行，而能自发逆向进行；

$J_p = K_p$ 时，$\Delta G = 0$，反应处于平衡状态。

9.6 化学平衡的影响因素

平衡是相对的，有条件的。处于平衡状态的系统，当条件改变时，旧的平衡便被破坏，而移向另一种新的平衡。本节研究影响化学平衡的因素及平衡常数的计算。

9.6.1 温度的影响

前已指出，平衡常数 K_p 是取决于温度的一个函数。研究温度对化学平衡的影响，要从分析温度对 K_p 的影响入手。由式（9-27）

$$\Delta G_T^0 = -R_m T \ln K_p$$

可知，只要研究 ΔG_T^0 随温度变化的关系，即可求知温度对 K_p 的影响。

在定温反应中，根据自由焓的定义式 $G = H - TS$，有

$$\Delta G = \Delta H - T \Delta S \tag{9-36}$$

根据式（8-27），对于反应物和生成物，可分别写出

$$\left(\frac{\partial G_1}{\partial T}\right)_p = -S_1$$

$$\left(\frac{\partial G_2}{\partial T}\right)_p = -S_2$$

则

$$\left(\frac{\partial \Delta G}{\partial T}\right)_p = -\Delta S$$

将上式代入（9-36）得

$$\Delta G = \Delta H + T \left(\frac{\partial \Delta G}{\partial T}\right)_p$$

或

$$\left(\frac{\partial \Delta G}{\partial T}\right)_p = \frac{\Delta G - \Delta H}{T} \tag{9-37}$$

这个公式叫做吉布斯-亥姆霍兹方程式，它导出了 ΔG 与 T 的关系。将上式应用于标准压力（即 101325 Pa）下的定温反应，则式（9-37）可写成

$$\left(\frac{\partial \Delta G_T^0}{\partial T}\right)_p = \frac{\Delta G_T^0 - \Delta H^0}{T}$$

式中，ΔG_T^0 和 ΔH^0 为标准自由焓的变化和标准焓的变化。将上式改写为以下形式

$$\left(\frac{\partial \Delta G_T^0}{\partial T}\right)_p - \frac{\Delta G_T^0}{T} = \frac{-\Delta H^0}{T}$$

或

$$\frac{1}{T}\left(\frac{\partial \Delta G_T^0}{\partial T}\right)_p - \frac{\Delta G_T^0}{T^2} = \frac{-\Delta H^0}{T^2}$$

即

$$\frac{\partial}{\partial T}\left(\frac{\Delta G_T^0}{T}\right)_p = \frac{-\Delta H^0}{T^2} \tag{9-38}$$

将 $\Delta G_T^0 = -R_m T \ln K_p$ 代入上式，可得

$$\left[\frac{\partial (\ln K_p)}{\partial T}\right]_p = \frac{\Delta H^0}{R_m T^2} \tag{9-39}$$

上式称为范德霍夫（Van't Hoff）方程式，它给出了平衡常数 K_p 随温度而变化的关系。理想气体的焓只是温度的函数，因此，式中的 ΔH^0 可以用 ΔH 代替，并可以写成

$$\frac{d(\ln K_p)}{dT} = \frac{\Delta H}{R_m T^2} = \frac{H_p - H_R}{R_m T^2} = \frac{Q_p}{R_m T^2} \tag{9-40}$$

式中，Q_p 为定压热效应；H_p 和 H_R 分别为生成物和反应物的焓值。

由式（9-40）可以看出，如果是吸热反应，即 $Q_p > 0$，则 $\frac{d(\ln K_p)}{dT} > 0$，即当温度升高时 K_p 增大，平衡时生成物增多而反应物变少，平衡向着产生生成物的方向移动。也可以这样说，温度的升高，可使吸热的化学反应进行得更完全一些。

同理，如果是放热反应，即 $Q_p < 0$，则 $\frac{d\ln K_p}{dT} < 0$，即当温度升高时 K_p 减小，平衡时生成物减少，而反应物增多，平衡向着生成反应物的方向移动。也可以这样说，温度的升高，可使放热的化学反应进行得更不完全一些。

范式方程不仅能用来研究温度对化学平衡的影响，也能用来计算平衡常数。

9.6.2 压力的影响

由于 K_p 和 K_C 只是温度的函数，总压力变化并不影响 K_p 和 K_C 的值。但 K_y 却是温度和总压力的函数，即使温度不变，总压力变化后，K_y 也会随之变化。

前已推知

$$K_y = K_p \left(\frac{p_0}{p} \right)^{\Delta \nu}$$

两边取对数

$$\ln K_y = \ln K_p - \Delta \nu \, \ln \left(\frac{p}{p_0} \right)$$

等温条件下，上式两边对 p 求偏导，得

$$\frac{\partial}{\partial p} (\ln K_y)_T = \frac{\partial}{\partial p} (\ln K_p)_T - \frac{\partial}{\partial p} \left[\Delta \nu \, \ln \left(\frac{p}{p_0} \right) \right]_T$$

由于 K_p 只是温度的函数，所以 $\frac{\partial}{\partial p} (\ln K_p)_T = 0$，则

$$\frac{\partial}{\partial p} (\ln K_y)_T = -\Delta \nu \, \frac{p_0}{p} \tag{9-41}$$

由式（9-41）可以看出：K_y 随压力而变，即平衡点的位置随压力的改变而变化。

对于自左向右摩尔数减少的反应，$\Delta \nu < 0$，则 $\frac{\partial}{\partial p} (\ln K_y)_T > 0$，平衡常数 K_y 随压力 p 的增大而增大，即生成物的相对摩尔数增加，反应物的相对摩尔数减少，平衡向产生生成物的方向移动。也可以这样说，压力增大，可使摩尔数减少的化学反应进行得更完全一些。

同理，对于自左向右摩尔数增加的反应，$\Delta \nu > 0$，则 $\frac{\partial}{\partial p} (\ln K_y)_T < 0$，平衡常数 K_y 随压力 p 的增大而减小，即生成物的相对摩尔数减少，反应物的相对摩尔数增加，平衡向生成反应物的方向移动。也可以说，压力增大，可使摩尔数增加的化学反应进行得更不完全一些。

对于反应前后摩尔数不变的化学反应，$\Delta \nu = 0$，由式（9-41）可知，平衡常数 K_y 与压力的变化无关。

总之，压力增加，反应的平衡点向体积缩小的方向移动。

9.6.3 惰性气体的影响

在实际生产中，原料气中常混有不参加反应的惰性气体，例如在合成氨的原料气中常含

有氩、甲烷等气体；在 SO_2 的转化反应中，需要的是氧气，而加入的却是空气，多余的氮气即是不参加反应的惰性气体。这些惰性气体虽不参加反应，但却增加了系统中气体的总摩尔数，影响了平衡组成。根据式(9-32)，若总摩尔数增大，而总压力和平衡常数 K_p 不变，则对于自左向右摩尔数增加的情况，$\Delta\nu>0$，必定使反应向正方向移动，反应生成物相对摩尔数增加；对于自左向右摩尔数减少的情况，$\Delta\nu<0$，必定使反应逆向移动，反应物相对摩尔数增加。合成氨的反应是 $\Delta\nu<0$ 的反应，因此，当氩和甲烷积累过多时，就影响氨的产率，所以每隔一段时间就需要放空处理。

惰性气体的影响也可以这样理解：在总压不变的条件下，增加惰性气体的量实际上起到了稀释的作用，因此它和减少反应系统总压的效应是一样的。

9.6.4 平衡移动原理

根据以上分析，可以归纳出以下结论。

若在处于化学平衡的反应系统中加入或减少某数量的一种或几种反应物或生成物，或者使其压力或温度发生变化，则将使平衡遭到破坏。在这种情况下，化学反应将重新开始，反应将朝着建立新的化学平衡的方向进行。新的过程将遵循以下原则：如果把决定化学平衡的因素加以改变，则化学反应重新开始，新的化学平衡向着抵消或削弱这种因素的改变的方向移动。这个定律称为平衡移动定律，或吕-查德里原理。

据此原理，如果提高平衡系统的温度，则所引起的化学反应将导致热的吸收。如果减少平衡系统中某一组元的浓度，平衡就朝着生成此成分的方向移动。

外界因素对化学平衡的影响，可总结如下：

增高（或降低）温度，则反应向吸热（或放热）的方向进行；

增加（或减小）压力，则反应向摩尔数减小（或增大）的方向进行；

增加（或减小）反应物的浓度，则反应正向（或逆向）进行；

增加（或减小）生成物的浓度，则反应逆向（或正向）进行；

增加（或减小）惰性气体的量，则反应向体积增大（或减小）的方向进行。

9.6.5 化学平衡常数的计算

化学反应的平衡常数 K_p，可以由实验测得，也可以通过计算求得。下面介绍用标准生成自由焓来计算标准状态下的平衡常数 K_p。

对于理想气体间的任一反应

$$aA+bB \Longleftrightarrow dD+eE$$

系统的标准自由焓差为

$$\Delta G_T^0 = d\mu_D^0+e\mu_E^0-a\mu_A^0-b\mu_B^0 = dg_D^0+eg_E^0-ag_A^0-bg_A^0 \qquad (9\text{-}42)$$

由上式可见，如果已知物质的标准自由焓，计算任一反应的 ΔG_T^0 时，只需将各生成物的标准自由焓之和减去各反应物的标准自由焓之和即可求得。但现在还无法知道每种物质自由焓的绝对值，为了解决这一困难，可采用与规定标准生成焓相类似的方法，选用一相对的标准，即规定：稳定单质在 101325Pa、25℃标准条件时的自由焓为零。据此，某种化合物的标准生成自由焓就是在标准条件下，由化学单质化合生成 1kmol 该化合物时的自由焓的变化，以符号 $\Delta\bar{g}_f^0$ 表示，因为单质的自由焓值为零，所以 1kmol 该化合物在 298K、101325Pa 时的千摩尔自由焓，在数值上等于其标准生成自由焓。因此，式(9-42)可写为

$$\Delta G_{298}^0 = d(\Delta\bar{g}_f^0)_D+e(\Delta\bar{g}_f^0)_E-a(\Delta\bar{g}_f^0)_A-b(\Delta\bar{g}_f^0)_B \qquad (9\text{-}43)$$

将式(9-43)求得的 ΔG_{298}^0 值代入式(9-27)即可计算出标准状态下的 K_p 值。部分物质的标准生成自由焓列于附表16中。

例 9-4 已知反应

$$CO_2 \Longleftrightarrow CO + \frac{1}{2}O_2$$

试用标准生成自由焓的数据，求出 25℃时的平衡常数 K_p。

解 由附表 16 查得各物质的标准生成自由焓为

$$(\Delta \bar{g}_f^0)_{CO_2} = -394360 \text{kJ/kmol}$$

$$(\Delta \bar{g}_f^0)_{CO} = -137150 \text{kJ/kmol}$$

$$(\Delta \bar{g}_f^0)_{O_2} = 0$$

$$\Delta G_{298}^0 = 1 \times (\Delta \bar{g}_f^0)_{CO} + \frac{1}{2} \times (\Delta \bar{g}_f^0)_{O_2} - 1 \times (\Delta \bar{g}_f^0)_{CO_2}$$

$$= 1 \times (-137150) + \frac{1}{2} \times 0 - 1 \times (-394360)$$

$$= 257210 \text{ (kJ/kmol)}$$

由式(9-27)，可得

$$\ln K_p = -\frac{\Delta G_{298}^0}{R_m T} = -\frac{257210}{8.314 \times 298} = -103.815$$

所以 $\qquad K_p = 8.195 \times 10^{-46}$

可见，K_p 的值很小，说明在 25℃时 CO_2 不会分解成 CO 和 O_2，这是符合实际的，事实上 CO_2 只有在高温下才会分解。

任意温度下平衡常数的计算，需要用到热力学第三定律的结论。

9.7　热力学第三定律

热力学第三定律是独立于热力学第一、第二定律之外的一个基本定律。它是研究低温现象而得到的一个普遍定律。它的主要内容是奈斯特热定理，或绝对零度不能达到原理。

1906 年德国化学家奈斯特在研究化学反应在低温的性质时得到一个结论，人们称之为奈斯特热定理，表述为："凝聚系的熵在可逆定温过程中的改变随绝对温度趋于零而趋于零。"即

$$\lim_{T \to 0} (\Delta S)_T = 0 \tag{9-44}$$

到 1912 年奈斯特根据这个定理进一步推论出绝对零度不能达到原理，这个原理是："不可能用有限个手续使一个物体冷却到绝对温度的零度"，这就是热力学第三定律的标准表述。

普朗克进一步指出，当温度趋于绝对零度时，不但体系熵的变化趋于零，而且各物质的熵值也均各趋于零。这就是说，"温度为绝对零度时，任何物质（纯凝聚相）的熵均各为零。"即

$$\lim_{T \to 0} S_0 = 0 \tag{9-45}$$

普朗克的假定仅适用于完整晶体。所谓完整晶体是指晶体中的原子（或分子）仅有一种排列形式。热力学第三定律的另一种说法，可表述为："在 0 K 时，任何完整晶体的熵值等于零。"

有了以上热力学第三定律的结论，就可用反应的热效应和绝对熵来计算 ΔG_T^0，进而求得任意温度时的平衡常数。

若将某物质在 101325Pa 下任意温度时的绝对熵称为标准绝对熵，则 1kmol 物质的标准

绝对熵为 $\bar{s}_T^0$。对于固态物质

$$\bar{s}_T^0 = \int_0^T C_{pm} \frac{\mathrm{d}T}{T} = \int_0^T C_{pm} \mathrm{d}(\ln T) \tag{9-46}$$

如果在温度 T 下，物质已处于气态，则需要考虑各相变过程，此时对于理想气体有

$$\bar{s}_T^0 = \int_0^{T_f} C_{pm(s)} \mathrm{d}(\ln T) + \frac{\Delta H_f}{T_f} +$$

$$\int_{T_f}^{T_b} C_{pm(l)} \mathrm{d}(\ln T) + \frac{\Delta H_v}{T_b} + \int_{T_b}^{T} C_{pm(g)} \mathrm{d}(\ln T)$$

$$\tag{9-47}$$

式中，下标 f 表示熔解；v 代表蒸发；b 代表沸腾；s 代表固体；l 代表液体；g 代表气体。在工程计算中，理想状态下气体的 $\bar{s}_T^0$ 一般可在各种气体的热力性质表中查到，附表 19 给出了部分理想气体的标准绝对熵值。

根据自由焓的定义 $G = H - TS$，在定温条件下，

$$\Delta G_T^0 = \Delta H_T^0 - T\Delta S_T^0 \tag{9-48}$$

式中，ΔH_T^0 为标准状态下的反应热效应 Q_p^0，可由式（9-13）求得。而

$$\Delta S_T^0 = \sum_P S_T^0 - \sum_R S_T^0 = d\bar{s}_D^0 + e\bar{s}_E^0 - a\bar{s}_A^0 - b\bar{s}_B^0$$

$$\tag{9-49}$$

式中，$\bar{s}_D^0$、$\bar{s}_E^0$、$\bar{s}_A^0$、$\bar{s}_B^0$ 分别为生成物 D、E 和反应物 A、B 在给定温度和均处于压力为 101325Pa 下的千摩尔熵的绝对值，可由式（9-46）或式（9-47）求得。

至此，为求得任意温度 T 时的 ΔG_T^0，可由式（9-13）求得 ΔH_T^0，并由各种物质的标准绝对熵 $\bar{s}_T^0$，求得反应系统总的熵变 ΔS_T^0，于是根据 $\Delta G_T^0 = \Delta H_T^0 - T\Delta S_T^0$ 即可算出 ΔG_T^0 的值。再利用

$$\Delta G_T^0 = -R_m T \ln K_p$$

便可求出反应系统在任意温度时的平衡常数 K_p，这是热力学第三定律的重要应用之一。上述计算过程用框图描述如图 9-6 所示。

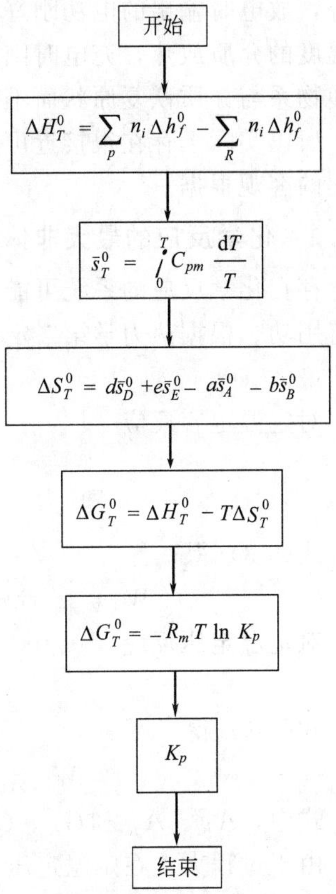

图 9-6　求解平衡常数计算流程图

9.8　化学反应的可逆过程

9.8.1　化学反应的可逆过程

与物理状态变化过程一样，如果在完成某含有化学反应的过程以后，当使过程沿相反方向进行时，能够使物系和周围介质完全恢复到反应前的状态，不留下任何变化，这样理想的过程就是可逆过程，否则就是不可逆过程。可逆过程只是一种理想的极限，实际过程都是不可逆的，但不可逆的程度可以很不相同。少数特殊条件下的化学反应比较接近可逆，例如蓄电池的放电和充电。绝大多数的实际化学反应都是不可逆程度很强烈的反应，例如燃料的燃烧过程。氢在燃烧中氧化成为水或是碳在燃烧中氧化成为二氧化碳以后，如果不借助于外来的电功就不可能使之再分解成为原来的氢和碳，但燃烧时并未产生电功，所以是不可逆过程。

当蓄电池放电时，由于蓄电池中所发生的化学反应，得到电功（有用功），同时也有少量的反应热放出或吸入（随各种反应而定）。如果将放电时所获得的电功反过来使蓄电池充电，则蓄电池中即发生与放电时方向相反的化学反应。如果反应进行得比较缓慢的话，则反应可以接近可逆。如果假设它为理想上的可逆，则电池的温度也应该保持与周围介质的温度相等，放电时输出的电功刚好等于充电时化学反应逆向进行所需要的电功。放电时如果向相同温度的介质放热，充电时则从介质吸入等量的热量。正向化学反应与逆向化学反应的结果可使物系与介质恢复原状而不留下任何变化。

所以实际上存在很接近可逆的化学反应，这是将可逆与不可逆过程的概念推广到化学热力学的客观根据。

9.8.2 化学反应的最大非体积功

存在化学反应的系统可能对外做出包括技术功、电功、磁功等非体积功，有些书中称之为有用功。根据热力学第二定律可知，如果进行的是可逆反应过程，则系统对外做出的非体积功最大。

对定温定容反应

$$Q = T\Delta S = \Delta(TS)$$
$$W = 0$$

代入式（9-3）得

$$W_{e,V,\max} = -\Delta U + \Delta(TS) = -\Delta(U-TS) = -\Delta A = A_R - A_p \tag{9-50}$$

对定温定压反应

$$W = p\Delta V = \Delta(pV)$$

代入式（9-3）得

$$W_{e,p,\max} = -\Delta(H-TS) = -\Delta G = G_R - G_P \tag{9-51}$$

式中，A_R、A_p 和 G_R、G_p 分别代表反应物和生成物的自由能和自由焓。

由于过程大多在定温定压下进行，计算定温定压过程的最大非体积功显得尤为重要。任意状态下物质的摩尔自由焓可表示为

$$g = g_{298}^0 + (g - g_{298}^0) = \Delta\bar{g}_f^0 + (g - g_{298}^0)$$
$$= \Delta\bar{g}_f^0 + (h' - h'_{298}) - (Ts - 298s^0) \tag{9-52}$$

代入式（9-51）得

$$W_{e,p,\max} = \sum_R n_i \left[\Delta\bar{g}_{f_i}^0 + (h' - h'_{298})_i - (Ts - 298s^0)_i\right] -$$
$$\sum_P n_i \left[\Delta\bar{g}_{f_i}^0 + (h' - h'_{298})_i - (Ts - 298s^0)_i\right] \tag{9-53}$$

需要补充说明的是，作为一种热力学势差的 ΔG，除可以用来作为热化学过程进行方向的判据，用来计算最大功及判断化学平衡外，在化学热力学中，还可被用来作为化学亲和力的量度。

由实验知道，一种物质可以很容易很迅速地与某物质发生反应，而与另一种物质则较难发生反应，对第三种物质甚至完全不发生反应。因此，有必要提出某种物理量来度量不同物质彼此反应的能力，这个能力叫做化学亲和力。对化学过程而言，反应前后的不平衡势——热力学势差是推动过程进行的动力，这个势差越大，反应越易进行，反应的完全度越大，而当势差消失时，系统处于平衡状态，这时，化学亲和力为零。

在定温定压过程中，热力学势差就是自由焓的变化，即反应的最大非体积功，是化学亲和力的度量。

例 9-5　一氧化碳气体与 400% 理论空气量在燃烧室内进行定温定压燃烧，压力为 101325Pa，温度为 500K。试计算该反应过程的最大非体积功。

解　反应方程式为

$$CO+2O_2+7.5N_2 \Longleftrightarrow CO_2+1.5O_2+7.5N_2$$

由于氮气是惰性气体，多余的氧气（$1.5O_2$）也在反应物和产物中同时存在，依式(9-53)，它们不影响最大非体积功的计算，故仍可按化学计量方程计算最大非体积功。

$$CO+0.5O_2 \Longleftrightarrow CO_2$$

查附表 11 得　　$(h'_{500})_{CO}=14601kJ/kmol$，$(h'_{298})_{CO}=8669kJ/kmol$

查附表 7 得　　$(h'_{500})_{O_2}=14773kJ/kmol$，$(h'_{298})_{O_2}=8682kJ/kmol$

查附表 10 得　　$(h'_{500})_{CO_2}=17684kJ/kmol$，$(h'_{298})_{CO_2}=9364kJ/kmol$

查附表 16 得　　$(\Delta \overline{g}^0_f)_{CO}=-137150kJ/kmol$，$(\Delta \overline{g}^0_f)_{CO_2}=-394360kJ/kmol$

查附表 19 得　　$(s_{500})_{CO}=212.828kJ/(kmol \cdot K)$，$(s^0)_{CO}=197.653kJ/(kmol \cdot K)$

$\qquad\qquad\qquad (s_{500})_{O_2}=220.698kJ/(kmol \cdot K)$，$(s^0)_{O_2}=205.142kJ/(kmol \cdot K)$

$\qquad\qquad\qquad (s_{500})_{CO_2}=234.924kJ/(kmol \cdot K)$，$(s^0)_{CO_2}=213.795kJ/(kmol \cdot K)$

$$
\begin{aligned}
W_{e,p,\max} =& (\Delta \overline{g}^0_f)_{CO}+(h'_{500}-h'_{298})_{CO}-(500s_{500}-298s^0)_{CO}+ \\
& 0.5 \times [(\Delta \overline{g}^0_f)_{O_2}+(h'_{500}-h'_{298})_{O_2}-(500s_{500}-298s^0)_{O_2}]- \\
& [(\Delta \overline{g}^0_f)_{CO_2}+(h'_{500}-h'_{298})_{CO_2}-(500s_{500}-298s^0)_{CO_2}] \\
=& -137150+14601-8669-500 \times 212.828+298 \times 197.653+ \\
& 0.5 \times 0 +0.5 \times (14773-8682)-0.5 \times (500 \times 220.698- \\
& 298 \times 205.142)+394360-(17684-9364)+(500 \times 234.924- \\
& 298 \times 213.799) \\
=& 239497 (kJ/kmol)
\end{aligned}
$$

9.9　离解与离解度

离解是指化合物（或反应生成物）分解成为一些较为简单的物质与元素。根据前面论述的化学反应平衡原理，任何反应都不可能单方向全部完成，例如

$$CO+0.5O_2 \Longleftrightarrow CO_2$$

当达到化学平衡时，CO_2 与 CO、O_2 总是多少不一同时存在的。这时，按从左至右方向反应的观点来说，可以认为物系中不可能全部为 CO_2，而是必有一部分离解成为 CO 和 O_2。

离解度是指达到化学平衡时，1kmol 物质离解了几分之几。离解度以 α 表示（$\alpha<1$）。下面以 CO_2 的离解为例，说明反应的温度和压力对离解度的影响。

$$CO_2 \Longleftrightarrow CO+0.5O_2$$

当达到化学平衡时，设 1kmol 的 CO_2 中有 α 摩尔离解，即 α 为离解度，1kmolCO_2 中将离解出 α kmol 的 CO 和 0.5α kmol 的 O_2，余下的 CO_2 为 $(1-\alpha)$kmol，混合气的总千摩尔数 n 为

$$n=n_{CO_2}+n_{CO}+n_{O_2}=(1-\alpha)+\alpha+\frac{\alpha}{2}=1+\frac{\alpha}{2}$$

将 n、n_{CO_2}、n_{CO}、n_{O_2} 代入 K_p 表达式，可得

$$K_p = \frac{n_{CO} n_{O_2}^{1/2}}{n_{CO_2}} \left(\frac{p}{np_0}\right)^{1/2} = \frac{\alpha \left(\frac{\alpha}{2}\right)^{1/2}}{1-\alpha} \left(\frac{p}{p_0\left(1+\frac{\alpha}{2}\right)}\right)^{1/2}$$

$$= \frac{\alpha}{1-\alpha}\left(\frac{\alpha}{2+\alpha}\right)^{1/2}\left(\frac{p}{p_0}\right)^{1/2} \tag{9-54}$$

温度对离解度的影响可由上式说明：设反应总压力不变，如 $p=2MPa$，则式(9-54) 为

$$K_p = \frac{\alpha}{1-\alpha}\left(\frac{\alpha}{2+\alpha}\right)^{1/2}\sqrt{\frac{2}{0.101325}}$$

因为 K_p 只是温度的函数，由附表18可查出各假设温度下的 K_p 值，进而由上式可算出各假设温度下的 α 值，如表9-1。

表 9-1 CO_2 的离解度与温度的关系

α	0.02	0.05	0.10	0.15	0.20	0.25	0.28
T/K	2257	2502	2708	2866	3006	3106	3176

不难看出，离解度随着温度的升高而增加。这是因为离解是吸热反应，以平衡移动原理，温度愈高，离解度愈大，燃烧产物离解的愈多。这样，燃烧温度愈高，燃烧进行的就愈不完全。离解是燃料不能完全燃烧的化学热力学上的原因。

压力对离解度的影响也可由式(9-54) 得到：设温度 $T=2800K$，由附表18查得 $K_p=0.1496$，代入式(9-54) 得

$$\frac{\alpha}{1-\alpha}\left(\frac{\alpha}{2+\alpha}\right)^{1/2}\left(\frac{p}{p_0}\right)^{1/2}=0.1496$$

根据上式解出的各给定压力下的离解度列于表9-2。

表 9-2 CO_2 的离解度与压力的关系

α	0.06	0.07	0.08	0.09	0.10	0.12	0.15	0.20
$p/101325Pa$	188.6	116.8	77	53.1	38.1	21.3	10.3	3.9

离解度随压力的升高而降低。这是因为，CO_2 离解为 CO 和 O_2 是摩尔数增加的反应，依据平衡移动原理，压力增加，将使摩尔数增加的反应进行的更不完全，故压力增加，离解度降低。

对于燃烧反应，前面已介绍了理论火焰温度，那是在不考虑离解时求得的。由于高温下必然存在离解过程，所以燃烧温度将比理论火焰温度低。这种考虑离解作用时绝热燃烧所能达到的最高温度叫做实际火焰温度。

应该指出，这里的实际火焰温度并不是实际燃烧中真正测得的温度，而是相对理论火焰温度而言的。实际燃烧中，由于燃烧不完全、散热等各种原因，实际测得的温度还要低。

小　结

(1) 在重新定义了有化学反应时内能、焓、功和热量后，给出了有化学反应时的热力学第一定律表达式

$$Q=U_P-U_R+W+W_e$$

（2）赫斯定律指出，化学反应热效应与反应途径无关，因此可由简单的已知反应过程的热效应求取未知或不易测反应过程的热效应。标准状态下化学反应的热效应可应用物质的燃烧焓或标准生成焓计算，即

$$Q_p^0 = \Delta H^0 = \sum_R n_i \, \Delta h_{ci}^0 - \sum_P n_i \, \Delta h_{ci}^0$$

$$Q_p^0 = \Delta H^0 = H_P^0 - H_R^0 = \sum_P n_i \, \Delta h_{fi}^0 - \sum_R n_i \, \Delta h_{fi}^0$$

（3）热效应随温度变化是由生成物与反应物的热容不同引起的，任意温度下的热效应可由基尔霍夫方程计算

$$Q_{p_2} = Q_{p_1} + \int_{T_1}^{T_2} \left(\sum_P n_i C_{pmi} - \sum_R n_i C_{pmi} \right) dT$$

（4）热效应的计算

利用生成焓计算热效应

标准生成热

$$Q_p^0 = \Delta H_P^0 - \Delta H_R^0$$

或

$$Q_p^0 = \sum_P n_i \, \Delta h_f^0 - \sum_R n_i \, \Delta h_f^0$$

任意温度下的热效应

$$Q_p = \sum_P n_i \, \Delta h_f - \sum_R n_i \, \Delta h_f$$

利用燃烧焓计算热效应

标准生成热

$$Q_p^0 = \Delta H_{c,R}^0 - \Delta H_{c,P}^0$$

或

$$Q_p^0 = \sum_R n_i \, \Delta h_{ci}^0 - \sum_P n_i \, \Delta h_{ci}^0$$

任意温度下的热效应为

$$Q_p = \sum_R n_i \, \Delta h_{ci} - \sum_P n_i \, \Delta h_{ci}$$

（5）绝热燃烧过程所能达到的温度最高，称为理论燃烧温度。已知反应的组分、初始温度及反应方程，就可计算定容或定压过程的理论燃烧温度。考虑离解作用时的实际燃烧火焰温度要低于理论燃烧火焰温度，反应过程化合物的离解度随反应的温度和压力变化。

（6）热力学第二定律被用来研究化学反应进行的条件、方向和限度。由于熵判据、自由焓判据和自由能判据都是等效的，研究化学反应的平衡时，采用了比较简单的自由焓判据。从而，系统达到化学平衡时

$$\sum \nu_i \mu_i = 0$$

（7）平衡时必有平衡常数

$$K_p = \frac{p_D^d p_E^e}{p_A^a p_B^b p_0^{\Delta\nu}}$$

平衡常数也可用平衡时各物质的浓度或相对摩尔数表示，即

$$K_C = \frac{C_D^d C_E^e}{C_A^a C_B^b} = K_p \left(\frac{p_0}{R_m T} \right)^{\Delta\nu}$$

及

$$K_y = \frac{y_D^d y_E^e}{y_A^a y_B^b} = K_p \left(\frac{p_0}{p} \right)^{\Delta\nu}$$

需要注意的是，对于确定的化学反应，温度一定，则 K_p 不变，且与系统的总压力无关，但却与化学方程式的写法有关。利用平衡常数可求解确定化学反应的平衡组成。

（8）当化学反应不是处于平衡状态时，可以用下式判断化学反应进行的方向

$$\Delta G = -R_m T \ln K_p + R_m T \ln J_p$$

即当 $\Delta G < 0$ 时，反应能自发地进行等。

（9）化学平衡受温度、压力等因素的影响，平衡被破坏时，重新开始的化学反应向抵消或削弱这种因素的影响的方向移动。这就是平衡移动定律，或称吕-查德里原理。

（10）化学平衡常数可由下式计算

$$\Delta G_T^0 = -R_m T \ln K_p$$

其中，ΔG_T^0 可用标准自由焓 g^0、标准生成自由焓 $\Delta \bar{g}_f^0$ 计算，也可用物质的标准绝对熵 $\bar{s}_T^0$ 计算，计算任意温度下的平衡常数时尤其需要。

（11）在可逆反应过程中，系统对外做出的非体积功最大。在定温定压过程中，这一非体积功就是热力学势差 $\Delta G = G_R - G_p$，该势差还可被用来作为化学亲和力的量度。

思 考 题

1. 化学反应过程中系统的内能、焓、功和热量与无化学反应的物理过程中的相应量的含义有何不同？化学反应过程中的焓变化能否直接利用各物质的热性质表计算？

2. 什么是反应热？什么是反应的热效应？它们有何区别？

3. 氢气、甲烷、乙烯燃烧时，对于每个反应，定压热效应与定容热效应哪个大？放热量哪个多？

4. 研究赫斯定律和基尔霍夫方程有什么意义？使用条件和注意点是什么？

5. 除电池反应外，通常化学反应的目的大多不在于得到非体积功，这时最大非体积功的计算还有什么重要意义？

6. 在 298 K、101325Pa 有下列反应，指明 Q_1、Q_2、Q_3、Q_4 那几个热效应可称为标准生成焓？

$$CO + \frac{1}{2}O_2 = CO_2 + Q_1$$

$$C(石墨) + O_2 = CO_2 + Q_2$$

$$2H + O = H_2O(g) + Q_3$$

$$H_2 + \frac{1}{2}O_2 = H_2O(g) + Q_4$$

7. 过量空气系数的大小会不会影响理论燃烧温度？会不会影响热效应？如何提高理论燃烧温度？

8. 化学反应实际上都有正向反应与逆向反应在同时进行，这样的反应是否就是可逆反应？怎样的反应才算可逆反应？它与可逆过程的"可逆"有何不同？

9. 熵、自由能和自由焓的变化，都可用来作为化学反应进行方向的判据，试说明它们各适用于什么情况？

10. 某反应的标准自由焓差 $\Delta G_T^0 > 0$，能否由此判断该反应不能自发进行？

11. 说明平衡常数与化学平衡组成的关系。若对某一反应，其平衡常数 K_p 变了，其化学平衡组成是否变化？相反，在一定温度下，若平衡组成发生了变化，其 K_p 值是否改变？

12. 简要说明自由焓、标准自由焓差和标准自由生成焓的定义及其在研究化学平衡中的作用。

13. 由吕-查德里原理说明离解度随温度变化的情况。

习 题

1. 若反应 $C + \frac{1}{2}O_2 = CO$ 在 298 K 下的定压热效应为 $-110603kJ/kmol$，求同温度下的定容热效应。

2. 已知在定温（298 K）、定压（101325Pa）下，

$$CO + \frac{1}{2}O_2 = CO_2, \qquad Q_1 = -283190kJ/kmol$$

$$H_2 + \frac{1}{2}O_2 \rightleftharpoons H_2O(g), \qquad Q_2 = -241997 \text{kJ/kmol}$$

试确定下列反应的热效应 Q_3：

$$H_2O(g) + CO \rightleftharpoons H_2 + CO_2$$

并计算该反应在 2000K 时的热效应。

3. 丙烷的燃烧反应方程式为

$$C_3H_8(g) + 5O_2(g) \rightleftharpoons 3CO_2(g) + 4H_2O(g)$$

试计算在标准状态下（压力 101325Pa、温度 298K），反应的热效应（按 $1 \text{kmol} C_3H_8$ 计算）。

4. 气态丙烷 C_3H_8 在 298K 时与 20% 的过量空气（400K）在定压（101325Pa）下燃烧，生成物在 1500K 离开燃烧室，试求反应热（按 $1 \text{kmol} C_3H_8$ 计算）。

5. 甲烷气（CH_4）在空气中燃烧，当不计生成的水分时，生成物的"干"容积成分为 CO_2——9.7%，CO——0.5%，O_2——3.0%，试确定每千摩燃料应用空气的千摩数。

6. 液态辛烷与过量系数等于 4 的空气完全燃烧。若反应物在 298K、0.1 MPa 下进入燃烧室，试计算理论火焰温度。

7. C_2H_4（g）初始温度为 298K，与 300% 过量空气（温度为 400K），在定压下完全燃烧，试求燃气可达到的最高温度。

8. 由 CO_2 和 O_2 在 2100℃、101325Pa 下组成的平衡混合物，其容积成分为 86.53% CO_2，8.98% CO，4.49% O_2。利用这些数据求 $CO_2 \rightleftharpoons CO + \frac{1}{2}O_2$ 在此温度下的平衡常数。

9. 试求化学反应 $CO_2 + H_2 \rightleftharpoons CO + H_2O$ 在 900℃ 下的平衡常数 K_p、K_C，已测得平衡时混合物中各物质的摩尔数为

$$n_{CO} = 1.2, n_{CO_2} = 1.4, n_{H_2} = 0.8, n_{H_2O} = 1.2$$

10. 已知反应 $CO + H_2O \rightleftharpoons CO_2 + H_2$ 在 700K 时的平衡常数 $K_p = 9$，反应开始时系统中含有 H_2O、CO_2、H_2 各 1kmol，试求平衡组成。

11. 由 $1 \text{kmol } H_2O$、$0.6 \text{kmol } O_2$、$1 \text{kmol } N_2$ 组成的混合气，在 3000K、50kPa 下发生化学反应，反应方程为 $H_2 + \frac{1}{2}O_2 \rightleftharpoons H_2O$，试求平衡组成。

12. 常压下乙苯脱氢制苯乙烯的反应 $C_6H_5 + C_2H_5 \rightleftharpoons C_6H_5CH + CH_2 + H_2$ 在 873K 时的化学平衡常数 $K_p = 0.178$，试求平衡组成；若原料气中乙苯和水蒸气的比例为 1:9，求平衡组成。

13. 求化学反应 $2H_2O \rightleftharpoons 2H_2 + O_2$ 在 101325Pa 及温度分别为 298K 和 2000K 时的平衡常数。

14. 在 101325Pa、25℃ 时下列反应能否自发进行

$$Fe_3O_4(s) + CO(g) \rightleftharpoons 3FeO(s) + CO_2(g)$$

已知：$(\Delta G_f^0)_{Fe_3O_4} = -1117876$ kJ/kmol，$(\Delta G_f^0)_{FeO} = -266699$ kJ/kmol。

15. 已知化学反应 $CO + H_2O \rightleftharpoons CO_2 + H_2$ 在 1000 K 时的平衡常数为 $K_p = 1.36$，试问当各成分的原始浓度分别为 $[CO] = 5 \text{kmol/m}^3$，$[H_2O] = 3 \text{kmol/m}^3$，$[CO_2] = 3 \text{kmol/m}^3$ 及 $[H_2] = 3 \text{kmol/m}^3$ 时反应向何方向进行？

16. 一氧化碳与 220% 过量氧气在 $p = 0.1$ MPa 下定压燃烧，初始温度为 25℃，求实际火焰温度。

17. 以氢气为燃料的燃料电池中所进行的反应可视为定温定压反应。若压力为 101325Pa，温度为 25℃，试计算反应过程能完成的最大非体积功。液态水的 $S = 69.98 \text{kJ/(kmol·K)}$。

18. 反应 $2CO + O_2 \rightleftharpoons 2CO_2$ 在 2800 K、101325Pa 下达到平衡，平衡常数 $K_p = \dfrac{p_{CO_2}^2}{p_{CO}^2 p_{O_2}} = 44.67$。求：

①这时的离解度及各气体的分压力；②在相同温度下，下列两反应各自的平衡常数。

$$CO + \frac{1}{2}O_2 \rightleftharpoons CO_2$$

及

$$CO_2 \rightleftharpoons CO + \frac{1}{2}O_2$$

附　　录

附表1　单位换算表

1. 能、功、热量

焦耳 J或N·m	千克力·米 kgf·m	千瓦时 kW·h	千卡 kcal	大气压·升 atm·L	马力·时 hp·h	英尺·磅 ft·lbf	英热单位 Btu
1	0.10197	2.7778×10^{-7}	2.3885×10^{-4}	9.8692×10^{-3}	3.7767×10^{-7}	0.73757	9.4782×10^{-4}
9.80665	1	2.7241×10^{-3}	2.3423×10^{-3}	9.6784×10^{-2}	3.7037×10^{-6}	7.2331	9.2949×10^{-3}
3.6000×10^{6}	3.6710×10^{5}	1	8.5985×10^{2}	3.5529×10^{4}	1.3596	2.6552×10^{6}	3.4142×10^{3}
4.1868×10^{3}	4.2694×10^{2}	1.1630×10^{-3}	1	41.321	1.5812×10^{-3}	3.0881×10^{3}	3.9683
101.325	10.332	2.8146×10^{-5}	2.4201×10^{-2}	1	3.8268×10^{-5}	7.4734×10^{1}	9.6038×10^{-2}
2.6478×10^{6}	2.7000×10^{5}	0.73550	6.3242×10^{2}	2.6132×10^{4}	1	1.9529×10^{6}	2.5096×10^{3}
1.3558	1.3826×10^{-1}	3.7662×10^{-7}	3.2383×10^{-4}	1.3381×10^{-2}	5.1206×10^{-7}	1	1.2851×10^{-3}
1.0551×10^{3}	1.0759×10^{2}	2.9307×10^{-4}	2.5200×10^{-1}	1.0413×10^{1}	3.9847×10^{-4}	7.7817×10^{2}	1

2. 压力

帕 Pa	工程大气压 at或 kgf/cm²	标准大气压 atm	毫米汞柱 mmHg	毫米水柱 mmH₂O	磅/平方英尺 lbf/ft²	磅/平方英寸 psi或 lbf/in²	英寸汞柱 inHg	英寸水柱 inH₂O
1	1.0197×10^{-5}	9.8692×10^{-6}	7.5006×10^{-3}	1.0197×10^{-1}	2.0885×10^{-2}	1.4504×10^{-4}	2.9530×10^{-4}	4.0146×10^{-3}
9.8067×10^{4}	1	9.6784×10^{1}	7.3556×10^{2}	1.0000×10^{4}	2.0481×10^{3}	1.4224×10^{1}	2.8959×10^{1}	3.9370×10^{2}
1.01325×10^{5}	1.0332	1	7.600×10^{2}	1.0332×10^{4}	2.1162×10^{3}	1.4696×10^{1}	2.9921×10^{1}	4.0677×10^{2}
1.3332×10^{2}	1.3595×10^{-3}	1.3158×10^{-3}	1	1.3595×10^{1}	2.7844	1.9337×10^{-2}	3.9370×10^{-2}	5.3522×10^{-1}
9.8067	1.0000×10^{-4}	9.6786×10^{-5}	7.3556×10^{-2}	1	2.0481×10^{1}	1.4224×10^{-3}	2.8959×10^{-3}	3.9370×10^{-2}
4.7880×10^{1}	4.8826×10^{-4}	4.7255×10^{-4}	3.5914×10^{-1}	4.8826	1	6.9444×10^{-3}	1.4139×10^{-2}	1.9223×10^{-1}
6.8948×10^{3}	7.0307×10^{-2}	6.8045×10^{-2}	5.1715×10^{1}	7.0309×10^{2}	1.4399×10^{2}	1	2.0360	2.7681×10^{1}
3.3864×10^{3}	3.4532×10^{-2}	3.3421×10^{-2}	2.5400×10^{1}	3.4533×10^{2}	7.0723×10^{1}	4.912×10^{-1}	1	1.3595×10^{1}
2.4908×10^{2}	2.5399×10^{-3}	2.4582×10^{-3}	1.8683	2.5400×10^{1}	5.2022	3.6126×10^{-2}	7.3554×10^{-2}	1

注：$1Pa = 10^{-5}bar = 10dyn/cm^{2}$（达因/平方厘米）。

附表2 理想气体状态下的千摩尔比定压热容与温度的关系式

$$c_{p0}=a_0+a_1T+a_2T^2+a_3T^3[\text{kJ}/(\text{kmol}\cdot\text{K})]$$

气　体	a_0	$a_1\times10^3$	$a_2\times10^6$	$a_3\times10^9$	温度范围/K	最大误差/%
H_2	29.21	-1.916	-4.004	-0.8705	273~1800	1.01
O_2	25.48	15.20	5.062	1.312	273~1800	1.19
N_2	28.90	-1.570	8.081	-28.73	273~1800	0.59
CO	28.16	1.675	5.372	-2.222	273~1800	0.89
CO_2	22.26	59.81	-35.01	7.470	273~1800	0.647
空气	28.15	1.967	4.801	-1.966	273~1800	0.72
H_2O	32.24	19.24	10.56	-3.595	273~1500	0.52
CH_4	19.89	50.24	12.69	-11.01	273~1500	1.33
C_2H_4	4.026	155.0	-81.56	16.98	298~1500	0.30
C_2H_6	5.414	178.1	-69.38	8.712	298~1500	0.70
C_3H_6	3.746	234.0	-115.1	29.31	298~1500	0.44
C_3H_8	-4.220	306.3	-158.6	32.15	298~1500	0.28

附表3 常用气体的主要物理参数表

序号	气体名称	分子式	分子量	标准状态下密度/(kg/m³)	气体常数 R/[J/(kg·K)]	常压下沸点 T_b/K	偏心因子 ω	临界状态参数 p_c/kPa	T_c/K	V_c/[cm³/mol]	Z_c	比热容 c_p/[kJ/(kg·K)]	c_V/[kJ/(kg·K)]	$k=\dfrac{c_p}{c_V}$
1	空气		28.95	1.293	287.04			3775.58	132.42			1.004	0.716	1.4
2	氮	N_2	28.02	1.251	296.75	77.40	0.04	3398.40	126.20	89.5	0.29	1.038	0.741	1.4
3	氧	O_2	32.00	1.429	259.78	90.18	0.021	5045.99	154.60	73.4	0.288	0.913	0.657	1.4
4	氦	He	4.00	0.1785	2079.01	4.25	0	226.97	5.15	57.3	0.301	5.234 (15℃)	3.140 (15℃)	1.66
5	氩	Ar	39.95	1.784	208.20	87.30	-0.002	4873.73	150.80	74.9	0.291	0.524	1.316	1.667
6	氢	H_2	2.01	0.090	4121.74	20.37	0	1297.28	33.20	65	0.305	14.24	10.132	1.41
7	氯	Cl_2	70.91	3.22	117.29	283.15	0.074	7700.70	417.15	124	0.275	0.481	0.356	1.36
8	氖	Ne	20.18	0.90	411.68	27.05	0	2756.04	44.40	41.7	0.311	1.030	0.620	1.675
9	氪	Kr	83.8	3.74	100.32	119.8	-0.002	5501.95	209.40	91.2	0.288	0.251	0.149	1.68
10	氟	F_2	38.00	1.695	218.69	85.0	0.048	5218.24	144.3	66.2	0.288			
11	一氧化氮	NO	30.01	1.340	277.14	121.40	0.607	6484.8	180.15	58	0.25	0.996	0.720	1.40
12	一氧化碳	CO	28.01	1.250	296.95	81.70	0.049	3495.71	132.90	93.1	0.295	1.047	0.754	1.40
13	二氧化碳	CO_2	44.01	1.977	188.78	194.70	0.225	7376.46	304.20	94.0	0.274	0.837	0.653	1.31
14	二氧化硫	SO_2	64.06	2.927	129.84	263	0.251	7883.1	430.8	122	0.268	0.632	0.502	1.25
15	二氧化氮	NO_2	46.01	1.490	179.85	294.3	0.86	10132.5	431.4	170	0.48	0.804	0.615	1.31
16	水蒸气	H_2O	18.016	0.804	461.50	373.15	0.344	22048.3	647.3	56.0	0.229	1.859	1.394	1.3(过热) 1.135(饱和)
17	氨	NH_3	17.03	0.7714	488.18	239.75	0.250	11277.47	405.55	92.5	0.242	2.219	1.675	1.29
18	硫化氢	H_2S	34.08	1.539	244.19	212.75	0.10	8936.87	373.20	78.5	0.284	1.059	0.804	1.3
19	氯化氢	HCl	36.47	1.639	228.01	188.15	0.12	8308.65	324.55	81	0.249	0.812	0.578	1.41
20	氙	Xe	131.30	5.89	63.84	165	0.002	5836.32	289.7	118	0.286	0.158	0.095	1.667
21	氯甲烷	CH_3Cl	150.49	2.307	164.75	249.15	0.156	6677.32	416.3	139	0.268	0.741	0.582	1.28
22	F-12	CF_2Cl_2	120.92	5.083	68.77	243.15	0.176	4123.93	385	217	0.280	0.618	0.544	1.14
23	F-22	CHF_2Cl	86.47	3.860	96.15	232.4	0.215	4975.06	369.2	165	0.267	0.6029	0.5049	1.194
24	F-113	$C_2Cl_3F_3$	187.36	8.364	43.46	320.7	0.252	3414.65	487.2	304	0.256	0.6741	0.6242	1.080
25	F-115	C_2F_6Cl	154.48	6.896	53.82	234	0.253	3161.34	353.15	252	0.271	0.6867	0.6290	1.092
26	氯乙烯	C_2H_3Cl	62.50	2.79	133.03	259.8	0.122	5603.27	429.70	169		0.8638	0.6911	1.25
27	甲烷	CH_4	16.02	0.717	518.77	111.7	0.008	4600.16	190.6	99.0	0.288	2.206	1.683	1.3

续表

序号	气体名称	分子式	分子量	标准状态下密度 /(kg/m³)	气体常数 R/[J/(kg·K)]	常压下沸点 T_b/K	偏心因子 ω	临界状态参数				比热容		$k=\dfrac{c_p}{c_V}$
								p_c/kPa	T_c/K	V_c/[cm³/mol]	Z_c	c_p/[kJ/(kg·K)]	c_V/[kJ/(kg·K)]	
28	乙烷	C_2H_6	30.03	1.356	276.74	184.56	0.098	4883.87	305.4	148	0.285	1.717	1.436	1.192
29	乙烯	C_2H_4	28.04	1.261	296.661	169.4	0.085	5035.85	282.4	129	0.276	1.516	1.218	1.243
30	丙烷	C_3H_8	44.087	2.019	188.79	231.1	0.152	4245.52	369.8	203	0.281	1.629	1.432	1.133
31	丙烯	C_3H_6	42.08	1.915	198.0	225.4	0.148	4620.42	365.0	181	0.275	1.482	1.285	1.154
32	正丁烷	$n\text{-}C_4H_{10}$	58.124	2.703	143.18	272.7	0.193	3799.69	425.2	255	0.274	1.662	1.520	1.094
33	异丁烷	$i\text{-}C_4H_{10}$	58.124	2.668	143.18	261.3	0.176	3647.7	408.1	263	0.283	1.620	1.474	1.097
34	异丁烯	$i\text{-}C_4H_8$	56.108	2.505	148.18	266.9	0.187	4022.60	419.6	240	0.277	1.549	1.403	1.106
35	正戊烷	$n\text{-}C_5H_{12}$	72.15	3.457	115.29	309.2	0.251	3375.14	469.6	304	0.262	1.662	1.549	1.074
36	异戊烷	$i\text{-}C_5H_{12}$	72.15	3.221	115.29	245.15	0.227	3384.26	460.4	306	0.271	1.624	1.511	1.076

附表 4　气体的平均比定压质量热容

kJ/(kg·℃)

温度/℃ \ 气体	O_2	N_2	CO	CO_2	H_2O	SO_2	空气
0	0.915	1.039	1.040	0.815	1.859	0.607	1.004
100	0.923	1.040	1.042	0.866	1.873	0.636	1.006
200	0.935	1.043	1.046	0.910	1.894	0.662	1.012
300	0.950	1.049	1.054	0.949	1.919	0.687	1.019
400	0.965	1.057	1.063	0.983	1.948	0.708	1.028
500	0.979	1.066	1.075	1.013	1.978	0.724	1.039
600	0.993	1.076	1.086	1.040	2.009	0.737	1.050
700	1.005	1.087	1.098	1.064	2.042	0.754	1.061
800	1.016	1.097	1.109	1.085	2.075	0.762	1.071
900	1.026	1.108	1.120	1.104	2.110	0.775	1.081
1000	1.035	1.118	1.130	1.122	2.144	0.783	1.091
1100	1.043	1.127	1.140	1.138	2.177	0.791	1.100
1200	1.051	1.136	1.149	1.153	2.211	0.795	1.108
1300	1.058	1.145	1.158	1.166	2.243	—	1.117
1400	1.065	1.153	1.166	1.178	2.274	—	1.124
1500	1.071	1.160	1.173	1.189	2.305	—	1.131
1600	1.077	1.167	1.180	1.200	2.335	—	1.138
1700	1.083	1.174	1.187	1.209	2.363	—	1.144
1800	1.089	1.180	1.192	1.218	2.391	—	1.150
1900	1.094	1.186	1.198	1.226	2.417	—	1.156
2000	1.099	1.191	1.203	1.233	2.442	—	1.161
2100	1.104	1.197	1.208	1.241	2.466	—	1.166
2200	1.109	1.201	1.213	1.247	2.489	—	1.171
2300	1.114	1.206	1.218	1.253	2.512	—	1.176
2400	1.118	1.210	1.222	1.259	2.533	—	1.180
2500	1.123	1.214	1.226	1.264	2.554	—	1.184
2600	1.127	—	—	—	2.574	—	—
2700	1.131	—	—	—	2.594	—	—
2800	—	—	—	—	2.612	—	—
2900	—	—	—	—	2.630	—	—
3000	—	—	—	—	—	—	—

附表 5 气体的平均比定容质量热容

kJ/(kg·℃)

气体 温度/℃	O_2	N_2	CO	CO_2	H_2O	SO_2	空气
0	0.665	0.742	0.743	0.626	1.398	0.477	0.716
100	0.663	0.774	0.745	0.667	1.411	0.507	0.719
200	0.675	0.747	0.749	0.721	1.432	0.532	0.724
300	0.690	0.752	0.757	0.760	1.457	0.557	0.732
400	0.705	0.760	0.767	0.794	1.486	0.578	0.741
500	0.719	0.769	0.777	0.824	1.516	0.595	0.752
600	0.733	0.779	0.789	0.851	1.547	0.607	0.762
700	0.745	0.790	0.801	0.875	1.581	0.624	0.773
800	0.756	0.801	0.812	0.896	1.614	0.632	0.784
900	0.766	0.811	0.823	0.916	1.648	0.645	0.794
1000	0.775	0.821	0.834	0.933	1.682	0.653	0.804
1100	0.783	0.830	0.843	0.950	1.716	0.662	0.813
1200	0.791	0.839	0.857	0.964	1.749	0.666	0.821
1300	0.798	0.848	0.861	0.977	1.781	—	0.829
1400	0.805	0.856	0.869	0.989	1.813	—	0.837
1500	0.811	0.863	0.876	1.001	1.843	—	0.844
1600	0.817	0.870	0.883	1.011	1.873	—	0.851
1700	0.823	0.877	0.889	1.020	1.902	—	0.857
1800	0.829	0.883	0.896	1.029	1.929	—	0.863
1900	0.834	0.889	0.901	1.037	1.955	—	0.869
2000	0.839	0.894	0.906	1.045	1.980	—	0.874
2100	0.844	0.900	0.911	1.052	2.005	—	0.879
2200	0.849	0.905	0.916	1.058	2.028	—	0.884
2300	0.854	0.909	0.921	1.064	2.050	—	0.889
2400	0.858	0.914	0.925	1.070	2.072	—	0.893
2500	0.863	0.918	0.929	1.075	2.093	—	0.897
2600	0.868	—	—	—	2.113	—	—
2700	0.872	—	—	—	2.132	—	—
2800	—	—	—	—	2.151	—	—
2900	—	—	—	—	2.168	—	—
3000	—	—	—	—	—	—	—

附表 6 空气的热力性质表

T/K；$h/(kJ/kg)$；$u/(kJ/kg)$；$s_T^0/[kJ/(kg \cdot K)]$

T	h	p_R	u	v_R	s_T^0
200	199.97	0.3363	142.56	1707	1.29559
210	209.97	0.3987	149.69	1512	1.34444
220	219.97	0.4690	156.82	1346	1.39105
230	230.02	0.5477	164.00	1205	1.43557
240	240.02	0.6355	171.13	1084	1.47824
250	250.05	0.7329	178.28	979	1.51917
260	260.09	0.8405	185.45	887.8	1.55848
270	270.11	0.9590	192.60	808.0	1.59634
280	280.13	1.0889	199.75	738.0	1.63279
285	285.14	1.1584	203.33	706.1	1.65055
290	290.16	1.2311	206.91	676.1	1.66802
295	295.17	1.3068	210.49	647.9	1.68515
300	300.19	1.3860	214.07	621.2	1.70203
305	305.22	1.4686	217.67	596.0	1.71865
310	310.24	1.5546	221.25	572.3	1.73498
315	315.27	1.6442	224.85	549.8	1.75106
320	320.29	1.7375	228.43	528.6	1.76690
325	325.31	1.8345	232.02	508.4	1.78249
330	330.34	1.9352	235.61	489.4	1.79783
340	340.42	2.149	242.82	454.1	1.82790
350	350.49	2.379	250.02	422.2	1.85708
360	360.67	2.626	257.24	393.4	1.88543
370	370.67	2.892	264.46	367.2	1.91313
380	380.77	3.176	271.69	343.4	1.94001
390	390.88	3.481	278.93	321.5	1.96633
400	400.98	3.806	286.16	301.6	1.99194
410	411.12	4.153	293.43	283.3	2.01699
420	421.26	4.522	300.69	266.6	2.04142
430	431.43	4.915	307.99	251.1	2.06533
440	441.61	5.332	315.30	236.8	2.08870
450	451.80	5.775	322.52	223.6	2.11161
460	462.02	6.245	329.97	211.4	2.13407
470	472.24	6.742	337.32	200.1	2.15604
480	482.49	7.268	344.70	189.5	2.17760
490	492.74	7.824	352.08	179.7	2.19876

T	h	p_R	u	v_R	s_T^0
500	503.02	8.411	359.49	170.6	2.21952
510	513.32	9.031	366.92	162.1	2.23993
520	523.63	9.684	374.36	154.1	2.25997
530	533.98	10.37	381.84	146.7	2.27967
540	544.35	11.10	389.34	139.7	2.29906
550	554.74	11.86	396.86	133.1	2.31809
560	565.17	12.66	404.42	127.0	2.33685
570	575.59	13.50	411.97	121.2	2.35531
580	586.04	14.38	419.55	115.7	2.37348
590	596.52	15.31	427.15	110.6	2.39140
600	607.02	16.28	434.78	105.8	2.40902
610	617.53	17.30	442.42	101.2	2.42644
620	628.07	18.36	450.09	96.92	2.44356
630	638.63	19.48	457.78	92.84	2.46048
640	649.22	20.64	465.50	88.99	2.47716
650	659.84	21.86	473.25	85.34	2.49364
660	670.47	23.13	481.01	81.89	2.50985
670	681.14	24.46	488.81	78.61	2.52589
680	691.82	25.85	496.62	75.50	2.54175
690	702.52	27.29	504.45	72.56	2.55731
700	713.27	28.80	512.33	67.76	2.57277
710	724.04	30.38	520.23	67.07	2.58810
720	734.82	32.02	528.14	64.53	2.60319
730	745.62	33.72	536.07	62.13	2.61803
740	756.44	35.50	544.02	59.82	2.63280
750	767.29	37.35	551.99	57.63	2.64737
760	778.18	39.27	560.01	55.54	2.66176
780	800.03	43.35	576.12	51.64	2.69013
800	821.95	47.75	592.30	48.08	2.71787
820	843.98	52.49	608.59	44.84	2.74504
840	866.08	57.60	624.95	41.85	2.77170
860	888.27	63.09	641.40	39.12	2.79783
880	910.56	68.98	657.95	36.61	2.82344
900	932.93	75.29	674.58	34.31	2.84856
920	955.38	82.05	691.28	32.18	2.87324

续表

T	h	p_R	u	v_R	s_T^0
940	977.92	89.28	708.08	30.22	2.89748
960	1000.55	97.00	725.02	28.40	2.92128
980	1023.25	105.2	741.98	26.73	2.94468
1000	1046.04	114.0	758.94	25.17	2.96770
1020	1068.89	123.4	771.60	23.72	2.99034
1040	1091.85	133.3	793.36	22.39	3.01260
1060	1114.86	143.9	810.62	21.14	3.03449
1080	1137.89	155.2	827.88	19.98	3.05608
1100	1161.07	167.1	845.33	18.896	3.07732
1120	1184.28	179.7	862.79	17.886	3.09825
1140	1207.57	193.1	880.35	16.946	3.11883
1160	1230.92	207.2	897.91	16.064	3.13916
1180	1254.34	222.2	915.57	15.241	3.15916
1200	1277.79	238.0	933.33	14.470	3.17888
1220	1301.31	254.7	951.09	13.747	3.19834
1240	1324.93	272.3	968.95	13.069	3.21751
1260	1348.55	290.8	986.90	12.435	3.23638
1280	1372.24	310.4	1004.76	11.835	3.25510
1300	1395.97	330.9	1022.82	11.275	3.27345
1320	1419.76	352.5	1040.88	10.747	3.29160
1340	1443.60	375.3	1058.94	10.247	3.30959
1360	1467.49	399.1	1077.10	9.780	3.32724
1380	1491.44	424.2	1095.26	9.337	3.34474
1400	1515.42	450.5	1113.52	8.919	3.36200
1420	1539.44	478.0	1131.77	8.526	3.77901
1440	1563.51	506.9	1150.13	8.153	3.39586
1460	1587.63	537.1	1168.49	7.801	3.41247
1480	1611.79	568.8	1186.95	7.468	3.42892
1500	1635.97	601.9	1205.41	7.152	3.44516
1520	1660.23	636.5	1223.87	6.854	3.46120

续表

T	h	p_R	u	v_R	s_T^0
1540	1684.51	672.8	1242.43	6.569	3.47712
1560	1708.82	710.5	1260.99	6.301	3.49276
1580	1733.17	750.0	1279.65	6.046	3.50829
1600	1757.57	791.2	1298.30	5.804	3.52364
1620	1782.00	834.1	1316.96	5.574	3.53879
1640	1806.46	878.9	1335.72	5.355	3.55381
1660	1830.96	925.6	1354.48	5.147	3.56867
1680	1855.50	974.2	1373.24	4.949	3.58335
1700	1880.1	1025	1392.7	4.761	3.5979
1750	1941.6	1161	1439.8	4.328	3.6336
1780	2003.3	1310	1487.2	3.944	3.6684
1850	2065.3	1475	1534.9	3.601	3.7023
1900	2127.4	1655	1582.6	3.295	3.7354
1950	2189.7	1852	1630.6	3.022	3.7677
2000	2252.1	2068	1678.7	2.776	3.7994
2050	2314.6	2303	1726.8	2.555	3.8303
2100	2377.4	2559	1775.3	2.356	3.8605
2150	2440.3	2837	1823.8	2.175	3.8901
2200	2503.2	3138	1872.4	2.012	3.9191
2250	2566.4	3464	1912.3	1.864	3.9474

附表7 氧的热力性质表

T/K；h 和 $u/(\text{kJ/kmol})$；$s_T^0/[\text{kJ}/(\text{kmol}\cdot\text{K})]$

T	h	u	s_T^0	T	h	u	s_T^0
0	0	0	0	440	12923	9264	216.656
260	7566	5405	201.027	480	14151	10160	219.326
270	7858	5613	202.128	520	15395	11071	221.812
280	8150	5822	203.191	560	16654	11998	224.146
290	8443	6032	204.218	600	17929	12940	226.346
298	8682	6203	205.033	640	19219	13898	228.429
300	8736	6242	205.213	680	20524	14871	230.405
320	9325	6664	207.112	720	21845	15859	223.291
360	10511	7518	210.604	760	23178	16859	234.091
400	11711	8384	213.765	800	24523	17872	235.810

续表

T	h	u	s_T^0	T	h	u	s_T^0
840	25877	18893	237.462	1840	61866	46568	265.521
880	27242	19925	239.051	1880	63365	47734	266.326
920	28616	20967	240.580	1920	64868	48904	267.115
960	29999	22017	242.052	1960	66374	50078	267.891
1000	31389	23075	243.471	2000	67881	51253	268.655
1040	32789	24142	244.844	2050	69772	52727	269.588
1080	34194	25214	246.171	2100	71668	54208	270.504
1120	35606	26294	247.454	2150	73573	55697	271.399
1160	37023	27379	248.698	2200	75484	57192	272.278
1200	38447	28469	249.906	2250	77397	58690	273.136
1240	39877	29568	251.079	2300	79316	60139	273.981
1280	41312	30670	252.219	2350	81243	61704	274.809
1320	42753	31778	253.325	2400	83174	63219	275.625
1360	44198	32891	254.404	2450	85112	64742	276.424
1400	45648	34008	255.454	2500	87057	66271	277.207
1440	47102	35192	256.475	2550	89004	67802	277.979
1480	48561	36256	257.474	2600	90956	69339	278.738
1520	50024	37387	258.450	2650	92916	70883	279.485
1560	51490	38520	259.402	2700	94881	72433	280.219
1600	52961	39658	260.333	2750	96852	73987	280.942
1640	54434	40799	261.242	2800	98826	75546	281.654
1680	55912	41944	262.132	2850	100808	77112	282.357
1720	57394	49093	263.005	2900	102793	78682	283.048
1760	58880	44247	263.861	2950	104785	80258	283.728
1800	60371	45405	264.701	3000	106780	81837	284.399

附表8 氮的热力性质表

T/K；h 和 $u/(kJ/kmol)$；$s_T^0/[kJ/(kmol \cdot K)]$

T	h	u	s_T^0	T	h	u	s_T^0
0	0	0	0	298	8669	6190	191.502
260	7558	5395	187.514	300	8723	6229	191.682
270	7849	5604	188.614	320	9306	6645	193.562
280	8141	5813	189.673	360	10471	7478	196.995
290	8432	6021	190.695	400	11640	8314	200.071

续表

T	h	u	s_T^0	T	h	u	s_T^0
440	12811	9153	202.863	1640	51980	38344	244.896
480	13988	9997	205.424	1680	53393	39424	245.747
520	15172	10848	207.792	1720	54807	40507	246.580
560	16363	11707	209.999	1760	56227	41591	247.396
600	17563	12574	212.066	1800	57651	42685	248.195
640	18772	13450	214.018	1840	59075	43777	248.979
680	19991	14337	215.866	1880	60504	44873	249.748
720	21220	15234	217.624	1920	61936	45973	250.502
760	22460	16141	219.301	1960	63381	47075	251.242
800	23714	17061	220.907	2000	64810	48181	251.969
840	24974	17990	222.447	2050	66612	49567	252.858
880	26248	18931	223.927	2100	68417	50957	253.726
920	27532	19883	225.353	2150	70226	52351	254.578
960	28826	20844	226.728	2200	72040	53749	255.412
1000	30129	21815	228.057	2250	73856	55149	256.227
1040	31442	22798	229.344	2300	75676	56553	257.027
1080	32762	23782	230.591	2350	77496	57958	257.810
1120	34092	24780	231.799	2400	79320	59366	258.580
1160	35430	25786	232.973	2450	81149	60779	259.332
1200	36777	26799	234.115	2500	82981	62195	260.073
1240	38129	27819	235.223	2550	84814	63163	260.799
1280	39488	28845	236.302	2600	86650	65033	261.512
1320	40853	29878	237.353	2650	88488	66455	262.213
1360	42227	30919	238.376	2700	90328	67880	262.902
1400	43605	31964	239.375	2750	92171	69306	263.577
1440	44988	33014	240.350	2800	91014	70734	264.241
1480	46377	34071	241.301	2850	95859	72163	264.895
1520	47771	35133	242.228	2900	97705	73593	265.538
1560	49168	36197	243.137	2950	99556	75028	266.170
1600	50571	37268	244.028	3000	101407	76464	266.793

附表 9　氢的热力性质表

T/K；h 和 $u/(kJ/kmol)$；$s_T^0/[kJ/(kmol \cdot K)]$

T	h	u	s_T^0	T	h	u	s_T^0
0	0	0	0	1440	42808	30835	177.410
260	7370	5209	127.719	1480	44091	31786	178.291
270	7657	5412	126.636	1520	45384	32746	179.153
280	7945	5617	128.765	1560	46683	33713	179.995
290	8233	5822	129.775	1600	47990	34687	180.820
298	8468	5989	130.574	1640	49303	35668	181.632
300	8522	6027	130.754	1680	50622	36654	182.428
320	9100	6440	132.621	1720	51947	37648	183.208
360	10262	7268	136.039	1760	53279	38645	183.973
400	11426	8100	139.106	1800	54618	39652	184.724
440	12594	8936	141.888	1840	55962	40663	185.463
480	13764	9773	144.432	1880	57311	41680	186.190
520	14935	10611	146.775	1920	58668	42705	186.904
560	16107	11451	148.945	1960	60031	43735	187.607
600	17280	12291	150.968	2000	61400	44771	188.297
640	18453	13133	152.863	2050	63119	46074	189.148
680	19630	13976	154.645	2100	64847	47386	189.979
720	20807	14821	156.328	2150	66584	48708	190.796
760	21988	15669	157.923	2200	68328	50037	191.598
800	23171	16520	159.440	2250	70080	51373	192.385
840	24359	17375	160.891	2300	71839	52716	193.159
880	25551	18235	162.277	2350	73608	54069	193.921
920	26747	19098	163.607	2400	75383	55429	194.669
960	27948	19966	164.884	2450	77168	56798	195.403
1000	29154	20839	166.114	2500	78960	58175	196.125
1040	30364	21717	167.300	2550	80755	59554	196.837
1080	31580	22601	168.449	2600	82558	60941	197.539
1120	32802	23490	169.560	2650	84368	62335	198.229
1160	34028	24384	170.636	2700	86186	63737	198.907
1200	35262	25284	171.682	2750	88008	65144	199.575
1240	36502	26192	172.698	2800	89838	66558	200.234
1280	37749	27106	173.687	2850	91671	67976	200.885
1320	39002	28027	174.652	2900	93512	69401	201.527
1360	40263	28955	175.593	2950	95358	70831	202.157
1400	41530	29889	176.510	3000	97211	72268	202.778

附表 10　二氧化碳的热力性质表

T/K；h 和 u/(kJ/kmol)；s_T^0/[kJ/(kmol·K)]

T	h	u	s_T^0	T	h	u	s_T^0
0	0	0	0	1440	67586	55614	289.743
260	7979	5817	208.717	1480	69911	57606	291.333
270	8335	6091	210.062	1520	72246	59609	292.888
280	8697	6369	211.376	1560	74590	61620	294.411
290	9063	6651	212.660	1600	76944	63741	295.901
298	9364	6885	213.685	1640	79303	65668	297.356
300	9431	6939	213.915	1680	81670	67702	298.781
320	10186	7526	216.351	1720	84043	69742	300.177
360	11748	8752	220.948	1760	86420	71787	301.543
400	13372	10046	225.225	1800	88806	73840	302.884
440	15054	11393	229.230	1840	91196	75897	304.198
480	16791	12800	233.004	1880	93593	77962	305.487
520	18576	14253	236.575	1920	95995	80031	306.751
560	20407	15751	239.962	1960	98401	82015	307.992
600	22280	17291	243.199	2000	100804	84185	309.210
640	24190	18869	246.282	2050	103835	86791	310.701
680	26138	20484	249.233	2100	106864	89404	312.160
720	28121	22134	252.065	2150	109898	92023	313.589
760	30135	23817	254.787	2200	112939	94648	314.988
800	32179	25527	257.408	2250	115984	97277	316.356
840	34251	27267	259.934	2300	119035	99912	317.695
880	36347	29031	362.371	2350	122091	102552	319.011
920	38467	30818	264.728	2400	125152	105197	320.302
960	40607	32625	267.007	2450	128219	107849	321.566
1000	42769	34455	269.215	2500	131290	110504	322.808
1040	44953	36306	271.354	2550	134368	113166	324.026
1080	47153	38174	273.430	2600	137449	115832	325.222
1120	49369	40057	275.444	2650	140533	118500	326.396
1160	51602	41957	277.403	2700	143620	121172	327.549
1200	53848	43871	279.307	2750	146713	123849	328.684
1240	56108	45799	281.158	2800	149808	126528	329.800
1280	58381	47739	282.962	2850	152908	129212	330.896
1320	60666	49691	284.722	2900	156009	131898	331.975
1360	62963	51656	286.439	2950	159117	134589	333.037
1400	65271	53631	288.106	3000	162226	137283	334.084

附表 11　一氧化碳的热力性质表

T/K；h 和 $u/(\text{kJ/kmol})$；$s_T^0/[\text{kJ}/(\text{kmol}\cdot\text{K})]$

T	h	u	s_T^0	T	h	u	s_T^0
0	0	0	0	1440	45408	33434	246.876
260	7558	5396	193.554	1480	46813	34508	247.839
270	7849	5604	194.654	1520	48222	35584	248.778
280	8140	5812	195.713	1560	49635	36665	249.659
290	8432	6020	196.735	1600	51053	37750	250.592
298	8669	6190	197.543	1640	52472	38837	251.470
300	8723	6229	197.723	1680	53895	39927	252.329
320	9306	6645	199.603	1720	55323	41023	253.169
360	10473	7480	203.040	1760	56756	42123	253.991
400	11644	8319	206.125	1800	58191	43225	254.797
440	12821	9163	208.929	1840	59629	44331	255.587
480	14005	10014	211.504	1880	61072	45441	256.361
520	15197	10874	213.890	1920	62516	46552	257.122
560	16399	11743	216.115	1960	63961	47665	257.868
600	17611	12622	218.204	2000	65408	48780	258.600
640	18833	13512	220.178	2050	67224	50179	259.494
680	20068	14414	222.052	2100	69044	51584	260.370
720	21315	15328	223.833	2150	70864	52988	261.226
760	22573	16255	225.533	2200	72688	54396	262.065
800	23844	17193	227.162	2250	74516	55809	262.887
840	25124	18140	228.724	2300	76345	57222	263.692
880	26415	19099	230.227	2350	78178	58640	264.480
920	27719	20070	231.674	2400	80015	60060	265.253
960	29033	21051	233.072	2450	81852	61482	266.012
1000	30355	22041	234.421	2500	83692	62906	266.755
1040	31688	23041	235.728	2550	85537	64335	267.485
1080	33029	24049	236.992	2600	87383	65766	268.202
1120	34377	25065	238.217	2650	89230	67197	268.905
1160	35733	26088	239.407	2700	91077	68628	269.596
1200	37095	27118	240.663	2750	92930	70066	270.285
1240	38466	28426	241.686	2800	94784	71504	270.943
1280	39844	29201	242.780	2850	96639	72945	271.602
1320	41226	30251	243.844	2900	98495	74383	272.219
1360	42613	31306	244.880	2950	100352	75825	272.884
1400	44007	32367	245.889	3000	102210	77267	273.508

附表12 水蒸气的热力性质表（理想气体状态）

T/K；h 和 $u/(\text{kJ/kmol})$；$s_T^0/[\text{kJ}/(\text{kmol}\cdot\text{K})]$

T	h	u	s_T^0	T	h	u	s_T^0
0	0	0	0	1440	55198	43226	248.543
260	8627	6466	184.139	1480	57062	44756	249.820
270	8961	6716	185.399	1520	58942	46304	251.074
280	9296	6968	186.616	1560	60838	47868	252.305
290	9631	7219	187.791	1600	62748	49445	253.513
298	9904	7425	188.720	1640	64675	51039	254.703
300	9966	7472	188.928	1680	66614	52646	255.873
320	10639	7978	191.098	1720	68567	54267	257.022
360	11992	8998	195.081	1760	70535	55902	258.151
400	13356	10030	198.673	1800	72513	57547	259.262
440	14734	11075	201.955	1840	74506	59207	260.357
480	16126	12135	204.982	1880	76511	60881	261.436
520	17534	13211	207.799	1920	78527	62564	262.497
560	18959	14303	210.440	1960	80555	64259	263.542
600	20402	15413	212.920	2000	82593	65965	264.571
640	21862	16541	215.285	2050	85156	68111	265.833
680	23342	17688	217.527	2100	87735	70275	267.081
720	24840	18854	219.668	2150	90330	72454	268.301
760	26358	20039	221.720	2200	92940	74649	269.500
800	27896	21245	223.693	2250	95562	76855	270.679
840	29454	22470	225.592	2300	98199	79075	271.839
880	31032	23715	227.426	2350	100846	81308	272.978
920	32629	24980	229.202	2400	103508	83553	274.098
960	34247	26265	230.924	2450	106183	85811	275.201
1000	35882	27568	232.597	2500	108868	88082	276.286
1040	37542	28895	234.223	2550	111565	90364	277.354
1080	39223	30243	235.806	2600	114273	92656	278.407
1120	40923	31611	237.352	2650	116991	94958	279.441
1160	42642	32997	238.859	2700	119717	97269	280.462
1200	44380	34403	240.333	2750	122453	99588	281.464
1240	46137	35827	241.173	2800	125198	101917	282.453
1280	47912	37270	243.183	2850	127952	104256	283.429
1320	49707	38732	244.564	2900	130717	106205	284.390
1360	51521	40213	245.915	2950	133486	108959	285.338
1400	53351	41711	247.241	3000	136264	111321	286.273

附表 13 饱和水与饱和蒸汽表(按温度排列)

温度 $t/℃$	压力 p/kPa	比体积		密度 ρ'' /(kg/m³)	比 焓		汽化潜热 $\gamma/(kJ/kg)$	比 熵	
		v' /(m³/kg)	v'' /(m³/kg)		h' /(kJ/kg)	h'' /(kJ/kg)		s'/[kJ /(kg·K)]	s''/[kJ /(kg·K)]
0	0.6108	0.0010002	206.3	0.004847	−0.04	2501.6	2501.6	−0.0002	9.1577
5	0.8718	0.0010000	147.2	0.006795	21.01	2510.7	2489.7	0.0762	9.0269
10	1.2270	0.0010003	106.4	0.009396	41.99	2519.9	2477.9	0.1510	8.9020
15	1.7039	0.0010008	77.96	0.01282	62.94	2525.1	2466.1	0.2243	8.7826
20	2.337	0.0010017	57.84	0.01729	83.86	2538.2	2454.3	0.2963	8.6684
25	3.166	0.0010029	43.40	0.02304	104.77	2547.3	2442.5	0.3670	8.5592
30	4.241	0.0010043	32.93	0.03037	125.66	2556.4	2430.7	0.4365	8.4546
35	5.622	0.0010060	25.24	0.03961	146.56	2565.4	2418.8	0.5049	8.3543
40	7.375	0.0010078	19.55	0.05116	167.45	2574.4	2406.9	0.5721	8.2583
45	9.582	0.0010099	15.28	0.06546	188.35	2583.3	2394.9	0.6383	8.1661
50	12.335	0.0010121	12.05	0.08302	209.26	2592.2	2382.9	0.7035	8.0776
55	15.741	0.0010145	9.579	0.1044	230.17	2601.0	2370.8	0.7677	7.9926
60	19.920	0.0010171	7.679	0.1302	251.09	2609.7	2358.6	0.8310	7.9108
65	25.01	0.0010199	6.202	0.1612	272.02	2618.4	2346.3	0.8933	7.8322
70	31.16	0.0010228	5.046	0.1982	292.97	2626.9	2334.0	0.9548	7.7565
75	38.55	0.0010259	4.134	0.2419	313.94	2635.4	2321.5	1.0154	7.6835
80	47.36	0.0010292	3.409	0.2933	334.92	2643.8	2308.8	1.0753	7.6132
85	57.80	0.0010326	2.829	0.3535	355.92	2652.0	2296.5	0.1343	7.5454
90	70.11	0.0010361	2.361	0.4235	376.94	2660.1	2283.2	1.1925	7.4799
95	84.53	0.0010399	1.982	0.5045	397.99	2668.1	2270.2	1.2501	7.4166
100	101.33	0.0010437	1.673	0.5977	419.06	2676.0	2256.9	1.3069	7.3554
105	120.80	0.0010477	1.419	0.7046	440.17	2683.7	2243.6	1.3630	7.2962
110	143.27	0.0010519	1.210	0.8265	461.32	2691.3	2230.0	1.4185	7.2388
115	169.06	0.0010562	1.036	0.9650	482.50	2698.7	2216.2	1.4733	7.1832
120	198.54	0.0010606	0.8915	1.122	503.72	2706.0	2202.2	1.5276	7.1293
125	232.10	0.0010652	0.7702	1.298	524.99	2713.0	2188.0	1.5813	7.0769
130	270.13	0.0010700	0.6681	1.497	564.31	2719.9	2173.6	1.6344	7.0261
135	313.1	0.0010750	0.5818	1.719	567.68	2726.6	2158.9	1.6869	6.9766
140	361.4	0.0010801	0.5085	1.967	589.10	2733.1	2144.0	1.7390	6.9284
145	415.5	0.0010853	0.4460	2.242	610.60	2739.3	2128.7	1.7906	6.8815
150	476.0	0.0010908	0.3924	2.548	632.15	2745.4	2113.2	1.8416	6.8358
155	543.3	0.0010964	0.3464	2.886	653.78	2751.2	2097.4	1.8923	6.9711
160	618.1	0.0011022	0.3068	3.260	675.47	2756.7	2081.3	1.9425	6.7475
165	700.8	0.0011032	0.2724	3.671	697.25	2762.0	2064.8	1.9233	6.7048
170	792.0	0.0011145	0.2426	4.123	719.12	2767.1	2047.9	2.0416	6.6630
175	892.4	0.0011209	0.2165	4.618	741.07	2771.8	2030.7	2.0906	6.6221
180	1002.7	0.0011275	0.1938	5.160	763.12	2776.3	2013.1	2.1393	6.5819
185	1123.3	0.0011344	0.1739	5.752	785.26	2780.4	1995.2	2.1876	6.5424
190	1255.1	0.0011415	0.1563	6.397	807.52	2784.3	1976.7	2.2356	6.5036
195	1398.7	0.0011489	0.1408	7.100	829.88	2787.8	1957.9	2.2833	6.4654

温度 $t/℃$	压力 p/kPa	比体积		密度 ρ'' /(kg/m³)	比 焓		汽化潜热 $\gamma/(kJ/kg)$	比 熵	
		v' /(m³/kg)	v'' /(m³/kg)		h' /(kJ/kg)	h'' /(kJ/kg)		$s'/[kJ$ /(kg·K)]	$s''/[kJ$ /(kg·K)]
200	1554.9	0.0011565	0.1272	7.864	852.37	2790.9	1938.6	2.3307	6.4278
210	1907.7	0.0011726	0.1042	9.593	897.74	2796.2	1898.5	2.4247	6.3539
220	2319.8	0.0011900	0.08604	11.62	943.67	2799.9	1856.2	2.5178	6.2817
230	2797.6	0.0012087	0.07145	14.00	990.26	2802.0	1811.7	2.6102	6.2107
240	3347.8	0.0012291	0.05965	16.76	1037.2	2801.2	1764.6	2.7020	6.1406
250	3977.6	0.0012513	0.05004	19.99	1085.8	2800.4	1714.6	2.7935	6.0708
260	4694.3	0.0012756	0.04213	23.73	1134.9	2796.4	1661.5	2.8848	6.0010
270	5505.8	0.0013025	0.03559	28.10	1185.3	2789.9	1604.6	2.9763	5.9304
280	6420.2	0.0013324	0.03013	33.19	1236.8	2780.4	1543.6	3.0683	5.8586
290	7446.1	0.0013659	0.02554	39.16	1290.0	2767.6	1477.6	3.1611	5.7848
300	8592.7	0.0014041	0.02165	46.19	1345.0	2751.0	1406.0	3.2552	5.7081
310	9870.0	0.0014480	0.01833	54.54	1402.4	2730.0	1327.6	3.3512	5.6278
320	11289	0.0014995	0.01548	64.60	1462.6	2703.7	1241.1	3.4500	5.5423
330	12863	0.0015615	0.01299	76.99	1526.5	2670.2	1143.6	3.5528	5.4490
340	14605	0.0016387	0.01078	92.76	1595.5	2626.2	1030.7	3.6616	5.3427
350	16535	0.0017411	0.008799	113.6	1671.9	2567.7	895.7	3.7800	5.2177
360	18675	0.0018959	0.006940	144.1	1764.2	2485.4	721.3	3.9210	5.0600
370	21054	0.0022136	0.004973	201.1	1890.2	2342.8	452.6	4.1108	4.8144
374.15	22120	0.00317	0.00317	315.5	2107.4	2107.4	0.0	4.4429	4.4429

附表14　饱和水与饱和蒸汽表（按压力排列）

压力 p/kPa	温度 $t/℃$	比体积		密度 ρ'' /(kg/m³)	比 焓		汽化潜热 $\gamma/(kJ/kg)$	比 熵	
		v' /(m³/kg)	v'' /(m³/kg)		h' /(kJ/kg)	h'' /(kJ/kg)		$s'/[kJ$ /(kg·K)]	$s''/[kJ$ /(kg·K)]
1.0	6.9828	0.0010001	129.20	0.07739	29.34	2514.4	2485.0	0.1060	8.9760
2.0	17.513	0.0010012	67.01	0.01492	73.46	2533.6	2460.2	0.2607	8.7247
3.0	24.100	0.0010027	45.67	0.02190	101.00	2545.6	2444.6	0.3544	8.5786
4.0	28.983	0.0010040	34.80	0.02873	121.41	2554.5	2433.1	0.4225	8.4755
5.0	32.898	0.0010052	28.19	0.03547	137.77	2561.6	2423.8	0.4763	8.3965
6.0	36.183	0.0010064	23.74	0.04212	151.50	2567.5	2416.0	0.5209	8.3312
8.0	41.534	0.0010084	18.10	0.05523	173.86	2577.1	2403.2	0.5925	8.2296
10	45.833	0.0010102	14.67	0.06814	191.83	2584.8	2392.9	0.6493	8.1511
15	53.997	0.0010140	10.02	0.09977	225.97	2599.2	2373.2	0.7549	8.0093
20	60.086	0.0010172	7.560	0.1307	251.45	2609.9	2358.4	0.8321	7.9094
25	64.992	0.0010199	6.204	0.1612	271.99	2618.3	2346.4	0.8932	7.8323
30	69.124	0.0010223	5.229	0.1912	289.30	2625.4	2336.1	0.9441	7.7695
40	75.886	0.0010265	3.993	0.2504	317.65	2636.9	2319.2	1.0261	7.6709
50	81.345	0.0010301	3.240	0.3086	340.56	2646.0	2305.4	1.0912	7.5947
60	85.954	0.0010333	2.732	0.3661	359.93	2653.6	2293.6	1.1454	7.5327

续表

压力 p/kPa	温度 t/℃	比体积		密度 ρ″ /(kg/m³)	比 焓		汽化潜热 γ/(kJ/kg)	比 熵	
		v′ /(m³/kg)	v″ /(m³/kg)		h′ /(kJ/kg)	h″ /(kJ/kg)		s′/[kJ /(kg·K)]	s″/[kJ /(kg·K)]
70	89.959	0.0010361	2.365	0.4229	376.77	2660.1	2283.3	1.1921	7.4804
80	93.512	0.0010387	2.087	0.4792	391.72	2665.8	2274.0	1.2330	7.4352
90	96.713	0.0010412	1.869	0.5350	405.21	2670.9	2265.6	1.2696	7.3954
100	99.632	0.0010434	1.694	0.5904	417.51	2675.4	2257.9	1.3027	7.3598
120	104.81	0.0010476	1.428	0.7002	439.36	2683.4	2244.1	1.3609	7.2984
140	109.32	0.0010513	1.236	0.8088	458.42	2690.3	2231.9	1.4109	7.2465
160	113.32	0.0010547	1.091	0.9165	475.38	2696.2	2220.9	1.4550	7.2017
180	116.93	0.0010579	0.9772	1.023	490.70	2701.5	2210.8	1.4944	7.1622
200	120.23	0.0010608	0.8854	1.129	504.70	2706.3	2201.6	1.5301	7.1268
220	123.27	0.0010636	0.8098	1.235	517.62	2710.6	2193.0	1.5627	7.0949
240	126.09	0.0010663	0.7465	1.340	529.64	2714.5	2184.9	1.5929	7.0657
260	128.73	0.0010688	0.6925	1.444	540.87	2718.2	2177.3	1.6209	7.0389
280	131.20	0.0010712	0.6460	1.548	551.44	2721.1	2170.1	1.6471	7.0140
300	113.54	0.0010735	0.6056	1.651	561.43	2724.7	2163.2	1.6716	6.9906
320	135.75	0.0010757	0.5700	1.754	570.90	2727.6	2156.7	1.6948	6.9693
340	137.86	0.0010779	0.5385	1.857	579.92	2730.3	2150.4	1.7168	6.9489
360	139.86	0.0010799	0.5103	1.960	588.53	2732.9	2144.4	1.7376	6.9297
380	141.78	0.0010819	0.4851	2.062	596.77	2735.3	2138.6	1.7574	6.9116
400	143.62	0.0010839	0.4622	2.163	604.67	2737.6	2133.0	1.7764	6.8943
450	147.92	0.0010885	0.4138	2.417	623.16	2742.9	2119.7	1.8204	6.8547
500	151.84	0.0010928	0.3747	2.669	640.12	2747.5	2107.4	1.8604	6.8192
600	158.84	0.0011009	0.3155	3.170	670.42	2755.5	2085.0	1.9308	6.7575
700	164.96	0.0011082	0.2727	3.667	697.06	2762.0	2064.9	1.9918	6.7052
800	170.41	0.0011150	0.2403	4.162	720.94	2767.5	2046.5	2.0457	6.6596
900	175.36	0.0011213	0.2148	4.655	742.64	2772.1	2029.5	2.0941	6.6192
1000	179.88	0.0011274	0.1943	5.147	762.61	2776.2	2013.6	2.1382	6.5828
1200	187.96	0.0011386	0.1632	6.127	798.43	2782.7	1984.3	2.2161	6.5194
1400	195.04	0.0011489	0.1407	7.106	830.08	2787.8	1957.7	2.2837	6.4651
1600	201.37	0.0011586	0.1237	8.085	858.56	2791.7	1933.2	2.3436	6.4175
1800	207.11	0.0011678	0.1103	9.065	884.58	2794.8	1910.3	2.3976	6.3751
2000	212.37	0.0011766	0.09954	10.05	908.59	2797.2	1888.6	2.4469	6.3367
2200	217.24	0.0011850	0.09065	11.03	930.95	2799.1	1868.1	2.4922	6.3015
2400	221.78	0.0011932	0.08320	12.02	951.93	2800.4	1848.5	2.5343	6.2690
2600	226.04	0.0012011	0.07686	13.01	971.72	2801.4	1829.6	2.5736	6.2387
2800	230.05	0.0012088	0.07139	14.01	990.48	2802.0	1811.5	2.6106	6.2104
3000	233.84	0.0012163	0.06663	15.01	1008.4	2802.3	1793.9	2.6455	6.1837
3200	237.45	0.0012237	0.06244	16.20	1025.4	2802.3	1776.9	2.6786	6.1585
3400	240.88	0.0012310	0.05873	17.03	1041.8	2802.1	1760.3	2.7101	6.1344
3600	244.16	0.0012381	0.05541	18.05	1057.6	2801.7	1744.2	2.7401	6.1115
3800	247.31	0.0012451	0.05244	19.07	1072.7	2801.1	1728.4	2.7689	6.0896

压力 p/kPa	温度 t/℃	比体积		密度 ρ″/(kg/m³)	比 焓		汽化潜热 γ/(kJ/kg)	比 熵	
		v′/(m³/kg)	v″/(m³/kg)		h′/(kJ/kg)	h″/(kJ/kg)		s′/[kJ/(kg·K)]	s″/[kJ/(kg·K)]
4000	250.33	0.0012521	0.04975	20.10	1087.4	2800.3	1712.9	2.7965	6.0685
4500	257.41	0.0012691	0.04404	22.71	1122.1	2797.7	1675.6	2.8612	6.0191
5000	263.91	0.0012858	0.03943	25.36	1154.5	2794.2	1639.7	2.9206	5.9735
5500	269.93	0.0013023	0.03563	28.07	1184.9	2789.9	1605.0	2.9757	5.9309
6000	275.55	0.0013187	0.03244	30.83	1213.7	2785.0	1571.3	3.0273	5.8908
7000	285.79	0.0013513	0.02737	36.53	1267.4	2773.5	1506.0	3.1219	5.8162
8000	294.97	0.0013842	0.02353	42.51	1317.1	2759.9	1442.0	3.2076	5.7471
9000	303.31	0.0014179	0.02050	48.79	1363.7	2744.6	1380.9	3.2867	5.6820
10000	310.96	0.0014526	0.01804	55.43	1408.0	2727.7	1319.7	3.3605	5.6198
11000	318.05	0.0014887	0.01601	62.48	1450.6	2709.3	1258.7	3.4304	5.5595
12000	324.65	0.0015268	0.01428	70.01	1491.8	2689.2	1197.4	3.4972	5.5002
13000	330.83	0.0015672	0.1280	78.14	1532.0	2667.0	1135.0	3.616	5.4408
14000	336.64	0.0016106	0.01150	86.99	1571.6	2642.4	1070.7	3.6242	5.3803
15000	342.13	0.0016579	0.01034	96.71	1611.0	2615.0	1004.0	3.6859	5.3178
16000	347.33	0.0017103	0.009308	107.4	1650.5	2584.9	934.3	3.7471	5.2531
18000	356.96	0.0018399	0.007498	133.4	1734.8	2513.9	779.1	3.8765	5.1128
20000	365.70	0.0020370	0.005877	170.2	1826.5	2418.4	591.9	4.0149	4.9412
21000	369.78	0.0022015	0.005023	199.1	1886.3	2347.6	461.3	4.1048	4.8223
22000	373.69	0.0026714	0.003728	268.3	2011.1	2195.6	184.5	4.2947	4.5799
22120	374.15	0.00317	0.00317	315.5	2107.4	2107.4	0.0	4.4429	4.4429

附表 15　未饱和水与过热蒸汽表

（水平粗线之上为未饱和水、粗线之下为过热蒸汽）

t/℃	0.1MPa			0.5MPa			1.0MPa		
	v/(m³/kg)	h/(kJ/kg)	s/[kJ/(kg·K)]	v/(m³/kg)	h/(kJ/kg)	s/[kJ/(kg·K)]	v/(m³/kg)	h/(kJ/kg)	s/[kJ/(kg·K)]
0	0.0010002	0.1	−0.0001	0.0010000	0.5	−0.0001	0.0009997	1.0	−0.0001
20	0.0010017	84.0	0.2963	0.0010015	84.3	0.2962	0.0010013	84.8	0.2961
40	0.0010078	167.5	0.5721	0.0010076	167.9	0.5719	0.0010074	168.3	0.5717
50	0.0010121	209.3	0.7035	0.0010119	209.7	0.7033	0.0010117	210.1	0.7030
60	0.0010171	251.2	0.8309	0.0010169	251.5	0.8307	0.0010167	251.9	0.8305
80	0.0010292	335.0	1.0752	0.0010290	335.3	1.0750	0.0010287	335.7	1.0746
100	1.696	2676.1	7.3618	0.0010435	419.6	1.3066	0.0010432	419.7	1.3062
110	1.744	2696.4	7.4152	0.0010517	461.6	1.4182	0.0010514	416.9	1.4178
120	1.793	2716.5	7.4670	0.0010605	503.9	1.5273	0.0010602	504.3	1.5269
130	1.841	2736.5	7.5173	0.0010699	546.5	1.6341	0.0010696	546.8	1.6337

续表

$t/℃$	0.1MPa			0.5MPa			1.0MPa		
	v /(m³/kg)	h /(kJ/kg)	s/[kJ /(kg·K)]	v /(m³/kg)	h /(kJ/kg)	s/[kJ /(kg·K)]	v /(m³/kg)	h /(kJ/kg)	s/[kJ /(kg·K)]
140	1.889	2756.4	7.5662	0.0010800	589.2	1.7388	0.0010796	589.5	1.7383
150	1.936	2776.3	7.6137	0.0010908	632.2	1.8416	0.0010904	632.5	1.8410
160	1.984	2796.2	7.6601	0.3835	2766.4	6.8631	0.0011019	675.7	1.9420
170	2.031	2816.0	7.7053	0.3941	2789.1	6.9149	0.0011143	719.2	2.0414
180	2.078	2835.8	7.7495	0.4045	2811.4	6.9647	0.1944	2776.5	6.5835
190	2.125	2855.6	7.7927	0.4148	2833.4	7.0127	0.2002	2802.0	6.6392
200	2.172	2875.4	7.8349	0.4250	2855.1	7.0592	0.2059	2826.8	6.6922
210	2.219	2895.2	7.8763	0.4350	2876.6	7.1042	0.2115	2851.0	6.7427
220	2.266	2915.0	7.9169	0.4450	2898.0	7.1478	0.2169	2874.6	6.7911
230	2.313	2934.8	7.9567	0.4549	2919.1	7.1903	0.2223	2897.8	6.8377
240	2.359	2954.6	7.9958	0.4647	2940.1	7.2317	0.2276	2920.6	6.8825
250	2.406	2974.5	8.0342	0.4744	2961.1	7.2721	0.2327	2943.0	6.9259
260	2.453	2994.4	8.0719	0.4841	2981.9	7.3115	0.2379	2965.2	6.9680
270	2.499	3014.4	8.1089	0.4938	3002.7	7.3501	0.2430	2987.2	7.0088
280	2.546	3034.4	8.1454	0.5034	3023.4	7.3879	0.2480	3009.0	7.0485
290	2.592	3054.4	8.1813	0.5130	3044.1	7.4250	0.2530	3030.6	7.0873
300	2.639	3074.5	8.2166	0.5226	3064.8	7.4614	0.2580	3052.1	7.1251
320	2.732	3114.8	8.2857	0.5416	3106.1	7.5322	0.2678	3094.9	7.1984
340	2.824	3155.3	8.3529	0.5606	3174.4	7.6008	0.2776	3137.4	7.2689
350	2.871	3175.6	8.3858	0.5701	3168.1	7.6343	0.2824	3158.5	7.3031
360	2.917	3196.0	8.4183	0.5795	3188.8	7.6673	0.2873	3179.7	7.3368
380	3.010	3237.0	8.4820	0.5984	3230.4	7.7319	0.2969	3222.0	7.4027
400	3.102	3278.2	8.5442	0.6172	3272.1	7.7948	0.3065	3264.4	7.4665
450	3.334	3382.4	8.6934	0.6640	3377.2	7.9454	0.3303	3370.8	7.6190
500	3.565	3488.1	8.8348	0.7108	3483.8	8.0879	0.3540	3478.3	7.7627
550	3.797	3595.6	8.9695	0.7574	3591.8	8.2233	0.3775	3587.1	7.8991
600	4.028	3704.8	9.0982	0.8039	3701.5	8.3526	0.4010	3697.4	8.0292
650	4.259	3815.7	9.2217	0.8504	3812.8	8.4766	0.4244	3809.3	8.1537
700	4.490	3928.2	9.3405	0.8968	3925.8	8.5957	0.4477	3922.7	8.2734
750	4.721	4042.5	9.4549	0.9432	4040.3	8.7105	0.4710	4037.6	8.3885
800	4.952	4158.3	9.5654	0.9896	4156.4	8.8213	0.4943	4154.1	8.4997

$t/℃$	2.5MPa			5.0MPa			7.6MPa		
	v /(m³/kg)	h /(kJ/kg)	s/[kJ /(kg·K)]	v /(m³/kg)	h /(kJ/kg)	s/[kJ /(kg·K)]	v /(m³/kg)	h /(kJ/kg)	s/[kJ /(kg·K)]
0	0.0009990	2.5	0.0000	0.0009977	5.1	0.0002	0.0009964	7.7	0.0004
20	0.0010006	86.2	0.2958	0.0009995	88.6	0.2952	0.0009983	91.0	0.2947
40	0.0010067	169.7	0.5711	0.0010056	171.9	0.5702	0.0010045	174.2	0.5691
50	0.0010110	211.4	0.7023	0.0010099	213.5	0.7012	0.0010087	215.8	0.7000
60	0.0010160	253.2	0.8297	0.0010149	255.3	0.8283	0.0010137	257.4	0.8269

t/℃	2.5MPa			5.0MPa			7.6MPa		
	v /(m³/kg)	h /(kJ/kg)	s/[kJ /(kg·K)]	v /(m³/kg)	h /(kJ/kg)	s/[kJ /(kg·K)]	v /(m³/kg)	h /(kJ/kg)	s/[kJ /(kg·K)]
80	0.0010280	336.9	1.0736	0.0010268	338.8	1.0720	0.0010256	340.9	1.0703
100	0.0010425	420.9	1.3050	0.0010412	422.7	1.3030	0.0010398	424.7	1.3010
120	0.0010593	505.3	1.5255	0.0010579	507.1	1.5232	0.0010564	508.9	1.5200
140	0.0010787	590.5	1.7368	0.0010771	592.1	1.7342	0.0010754	593.8	1.7315
150	0.0010894	633.4	1.8394	0.0010877	635.0	1.8366	0.0010859	636.6	1.8338
160	0.0011008	676.6	1.9402	0.0010990	678.1	1.9373	0.0010971	679.6	1.9343
180	0.0011262	763.9	2.1372	0.0011241	765.2	2.1339	0.0011219	766.5	2.1304
200	0.0011555	852.8	2.3292	0.0011530	853.8	2.3253	0.0011504	854.9	2.3213
220	0.0011897	943.7	2.5175	0.0011866	944.4	2.5129	0.0011834	945.2	2.5082
230	0.08163	2820.1	6.2920	0.0012056	990.7	2.6057	0.0012020	991.3	2.6006
240	0.08436	2850.5	6.3517	0.0012264	1037.8	2.6984	0.0012224	1038.1	2.6928
250	0.08699	2879.5	6.4077	0.0012494	1085.8	2.7910	0.0012448	1085.8	2.7848
260	0.08951	2907.4	6.4605	0.0012750	1134.9	2.8840	0.0012696	1134.5	2.8771
270	0.09196	2934.2	6.5104	0.04053	2818.9	6.0192	0.0012973	1184.5	2.9701
280	0.09433	2960.3	6.5584	0.04222	2856.9	6.0886	0.0013289	1236.2	3.0643
290	0.09665	2985.7	6.6034	0.04380	2892.2	6.1519	0.0013654	1289.9	3.1605
300	0.09893	3010.3	6.6407	0.04530	2925.5	6.2105	0.02620	2808.8	5.8053
310	0.10115	3034.7	6.6890	0.04673	2957.0	6.2651	0.02752	2854.0	5.9285
320	0.10335	3058.6	6.7296	0.04810	2987.2	6.3163	0.02873	2895.0	5.9982
330	0.10551	3082.1	6.7689	0.04942	3016.1	6.3647	0.02985	2932.9	6.0615
340	0.10764	3105.4	6.8071	0.05070	3044.1	6.4106	0.03090	2968.2	6.1196
350	0.10975	3128.2	6.8442	0.05194	3071.2	6.4545	0.03190	3001.6	6.1737
360	0.11184	3151.0	6.8802	0.05316	3097.6	6.4966	0.03286	3033.4	6.2243
370	0.11391	3173.6	6.9158	0.05435	3123.4	6.5371	0.03378	3063.9	2.2721
380	0.11597	3196.1	6.9505	0.05551	3148.8	6.5762	0.03467	3093.3	6.3174
390	0.11801	3218.4	6.9845	0.05666	3173.7	6.6140	0.03554	3121.8	6.3607
400	0.12004	3240.7	7.0178	0.05779	3198.3	6.6508	0.03638	3149.6	6.4022
410	0.12206	3262.9	7.0505	0.05891	3222.5	6.6866	0.03720	3176.6	6.4422
430	0.12607	3307.1	7.1143	0.06110	3270.4	6.7556	0.03880	3229.2	6.5181
450	0.13004	3351.3	7.1763	0.06325	3317.5	6.8217	0.04035	3280.3	6.5896
500	0.13987	3461.7	7.3240	0.06849	3433.7	6.9770	0.04406	3403.5	6.7545
550	0.14958	3572.9	7.4633	0.07360	3549.0	7.1215	0.04760	3523.7	6.9051
600	0.15921	3685.1	7.5956	0.07862	3664.5	7.2578	0.05105	3642.9	7.0457
650	0.16876	3798.6	7.7220	0.08356	3780.7	7.3872	0.05441	3762.1	7.1784
700	0.17826	3913.4	7.8431	0.08845	3897.9	7.5108	0.05772	3881.7	7.3046
750	0.18772	4029.5	7.9395	0.09329	4016.1	7.6292	0.06099	4002.1	7.4252
800	0.19714	4147.0	8.0716	0.09809	4135.3	7.7431	0.06421	4123.2	7.5408

续表

t/℃	10.0MPa			12.5MPa			15.0MPa		
	v /(m³/kg)	h /(kJ/kg)	s/[kJ /(kg·K)]	v /(m³/kg)	h /(kJ/kg)	s/[kJ /(kg·K)]	v /(m³/kg)	h /(kJ/kg)	s/[kJ /(kg·K)]
0	0.0009953	10.1	0.0005	0.0009946	12.6	0.0006	0.0009928	15.1	0.0007
20	0.0009972	93.2	0.2942	0.0009961	95.6	0.2936	0.0009950	97.9	0.2931
40	0.0010034	176.3	0.5682	0.0010023	178.5	0.5672	0.0010013	180.7	0.5663
50	0.0010077	217.8	0.6989	0.0010066	220.0	0.6977	0.0010055	222.1	0.6966
60	0.0010127	259.4	0.8257	0.0010116	261.5	0.8243	0.0010105	263.6	0.8230
80	0.0010245	342.8	1.0687	0.0010233	344.8	1.0671	0.0010221	346.8	1.0655
100	0.0010386	426.5	0.2992	0.0010374	428.4	1.2973	0.0010361	430.3	1.2954
120	0.0010551	510.6	0.5188	0.0010537	512.4	1.5166	0.0010523	514.2	1.5144
140	0.0010739	595.4	7.7291	0.0010724	597.1	1.7266	0.0010709	598.7	1.7241
150	0.0010843	638.1	1.8312	0.0010827	639.7	1.8285	0.0010811	641.3	1.8259
160	0.0010954	681.0	1.9315	0.0010937	682.5	1.9287	0.0010919	684.0	1.9258
180	0.0011199	767.8	2.1272	0.0011179	769.1	2.1240	0.0011159	770.4	2.1208
200	0.0011480	855.9	2.3176	0.0011456	857.0	2.3139	0.0011433	858.1	2.3102
220	0.0011805	945.9	2.5039	0.0011776	946.7	2.4996	0.0011748	947.6	2.4953
240	0.0012188	1038.4	2.6877	0.0012151	1038.8	2.6825	0.0012115	1039.2	2.6775
250	0.0012406	1085.8	2.7792	0.0012364	1086.0	2.7736	0.0012324	1086.2	2.7681
260	0.0012648	1134.2	2.8709	0.0012600	1134.1	2.8646	0.0012553	1133.9	2.8585
280	0.0013221	1235.0	3.0563	0.0013154	1233.9	3.0481	0.0013090	1232.9	3.0407
300	0.0013979	1343.4	3.2488	0.0013875	1340.6	3.2380	0.0013779	1338.2	3.2277
310	0.0014472	1402.2	3.3505	0.0014336	1398.1	3.3373	0.0014212	1394.5	3.3250
320	0.01926	2783.5	5.7145	0.0014905	1459.7	3.4420	0.0014736	1454.3	3.4267
330	0.02042	2836.5	5.8032	0.01383	2697.2	5.5018	0.0015402	1519.4	3.5355
340	0.02147	2883.4	5.8803	0.01508	2768.7	5.6195	0.0016324	1593.3	3.6571
350	0.02242	2925.8	5.5989	0.01612	2828.0	5.7155	0.01146	2694.8	5.4467
360	0.02331	2964.8	6.0110	0.01704	2879.6	5.7976	0.01256	2770.8	5.5677
370	0.02414	3001.3	6.0682	0.01787	2925.7	5.8698	0.01348	2833.6	5.6662
380	0.02493	3035.7	6.1213	0.01863	2967.6	5.9345	0.01428	2887.7	5.7497
390	0.02568	3068.5	6.1711	0.01934	3006.4	5.9935	0.01500	2935.7	5.8225
400	0.02641	3099.9	6.2182	0.02001	3042.9	6.0481	0.01566	2979.1	5.8876
410	0.02711	3130.3	6.2629	0.02065	3077.5	6.0991	0.01628	3019.3	5.9469
420	0.02779	3159.7	6.3057	0.02126	3110.5	6.1471	0.01686	3057.0	6.0016
430	0.02846	3188.3	6.3467	0.02186	3142.3	6.1927	0.01741	3092.7	6.0528
440	0.02911	3216.2	6.3861	0.02243	3173.1	6.2362	0.01794	3126.9	6.1010
450	0.02974	3243.6	6.4243	0.02299	3203.0	6.2778	0.01845	3159.7	6.1468
470	0.03098	3297.0	6.4971	0.02406	3260.7	6.3565	0.01943	3222.3	6.2322
500	0.03276	3374.6	6.5994	0.02559	3343.3	6.4654	0.02080	3310.6	6.3487
550	0.03560	3499.8	6.7564	0.02799	3474.4	6.6298	0.02291	3448.3	6.5213
600	0.03832	3622.7	6.9013	0.03026	3601.4	6.7796	0.02488	3579.3	6.6764
650	0.04096	3744.7	7.0373	0.03245	3726.6	6.9190	0.02677	3708.3	6.8195
700	0.04355	3866.8	7.1660	0.03457	3851.1	7.0504	0.02859	3835.4	6.9536
750	0.04608	3989.1	7.2886	0.03665	3975.6	7.1752	0.03036	3962.1	7.0806
800	0.04858	4112.0	7.4058	0.03868	4100.3	7.2942	0.03209	4088.6	7.2013

t/℃	20.0MPa			25.0MPa			30.0MPa		
	v /(m³/kg)	h /(kJ/kg)	s/[kJ /(kg·K)]	v /(m³/kg)	h /(kJ/kg)	s/[kJ /(kg·K)]	v /(m³/kg)	h /(kJ/kg)	s/[kJ /(kg·K)]
0	0.0009904	20.1	0.0008	0.0009881	25.1	0.0009	0.0009857	30.0	0.0008
50	0.0010034	226.4	0.6943	0.0010013	230.7	0.6920	0.0009993	235.0	0.6897
100	0.0010337	434.0	1.2916	0.0010313	437.8	1.2879	0.0010289	441.6	1.2843
150	0.0010779	644.5	1.8207	0.0010748	647.7	1.8155	0.0010718	650.9	1.8105
200	0.0011387	860.4	2.3030	0.0011343	862.8	2.2960	0.0011301	865.2	2.2891
220	0.0011693	949.3	2.4870	0.0011640	951.2	2.4789	0.0011590	953.1	2.4710
240	0.0012047	1040.3	2.6677	0.0011983	1041.5	2.6583	0.0011922	1042.8	2.6492
250	0.0012247	1086.7	2.7574	0.0012175	1087.5	2.7472	0.0012107	1088.4	2.7374
260	0.0012466	1134.0	2.8468	0.0012384	1134.2	2.8357	0.0012307	1134.7	2.8250
280	0.0012971	1231.4	3.0262	0.0012863	1230.3	3.0126	0.0012763	1229.7	2.9998
300	0.0013606	1334.3	3.2088	0.0013453	1331.1	3.1916	0.0013316	1328.7	3.1756
320	0.0014451	1445.6	3.3998	0.0014214	1438.9	3.3764	0.0014012	1433.6	3.3556
340	0.0015704	1572.5	3.6100	0.0015273	1558.3	3.5743	0.0014939	1547.7	3.5447
350	0.0016662	1647.2	3.7308	0.0016000	1625.1	3.6824	0.0015540	1610.0	3.6455
360	0.001827	1742.9	3.8835	0.001698	1701.1	3.8036	0.001628	1678.0	3.7541
370	0.006908	2527.6	5.1117	0.001852	1788.8	3.9411	0.001728	1749.0	3.8653
380	0.008246	2660.2	5.3165	0.002240	1941.0	4.1757	0.001874	1837.7	4.0021
390	0.009181	2749.3	5.4520	0.004609	2391.3	4.8599	0.002144	1959.1	4.1865
400	0.009947	2820.5	5.5585	0.006014	2582.0	5.1455	0.002831	2161.8	4.4896
410	0.01061	2880.4	5.6470	0.006887	2691.3	5.3069	0.003956	2394.5	4.8329
420	0.01120	2932.9	5.7232	0.007580	2774.1	5.4271	0.004921	2558.0	5.0706
430	0.01174	2980.2	5.7910	0.008172	2842.5	5.5252	0.005643	2668.8	5.2295
440	0.01224	3023.7	5.8523	0.008696	2901.7	5.6087	0.006227	2754.0	5.3499
450	0.01271	3064.3	5.9089	0.009171	2954.3	5.6821	0.006735	2825.6	5.4495
460	0.01315	3102.7	5.9616	0.009609	3002.3	5.7479	0.007189	2887.7	5.5349
470	0.01358	3139.2	6.0112	0.01002	3046.7	5.8082	0.007602	2943.3	5.6102
480	0.01399	3174.4	6.0581	0.01041	3088.5	5.8640	0.007985	2993.9	5.6779
490	0.01439	3208.3	6.1028	0.01078	3128.1	5.9162	0.008343	3040.9	5.7398
500	0.01477	3241.1	6.1456	0.01113	3165.9	5.9655	0.008681	3085.0	5.7972
520	0.01551	3304.2	6.2262	0.01180	3237.5	6.0568	0.009310	3166.6	5.9014
540	0.01621	3364.7	6.3015	0.01242	3304.7	6.1405	0.009890	3241.7	5.9949
550	0.01655	3394.1	6.3374	0.01272	3337.0	6.1801	0.01017	3277.4	6.0386
560	0.01688	3423.0	6.3724	0.01301	3368.7	6.2183	0.01043	3312.1	6.0805
580	0.01753	3479.5	6.4398	0.01358	3430.2	6.2913	0.01095	3378.9	6.1597
600	0.01816	3535.5	6.5043	0.01413	3489.9	6.3604	0.01144	3443.0	6.2340
620	0.01878	3590.3	6.5663	0.01465	3548.1	6.4263	0.01191	3505.0	6.3042
650	0.01967	3671.1	6.6554	0.01542	3633.4	6.5203	0.01258	3595.0	6.4033
680	0.02054	3751.0	6.7405	0.01615	3716.9	6.6093	0.01323	3682.4	6.4966
700	0.02111	3803.8	6.7953	0.01663	3771.9	6.6664	0.01365	3739.7	6.5560
720	0.02167	3856.4	6.8488	0.01710	3826.5	6.7219	0.01406	3796.3	6.6136
750	0.02250	3935.0	6.9267	0.01779	3907.7	6.8025	0.01465	3880.3	6.6970
800	0.02385	4065.3	7.0511	0.01891	4041.9	6.9306	0.04562	4018.5	6.8288

t/℃	35.0MPa			40.0MPa			45.0MPa		
	v /(m³/kg)	h /(kJ/kg)	s/[kJ /(kg·K)]	v /(m³/kg)	h /(kJ/kg)	s/[kJ /(kg·K)]	v /(m³/kg)	h /(kJ/kg)	s/[kJ /(kg·K)]
0	0.0009834	34.9	0.0007	0.0009811	39.7	0.0004	0.0009879	44.6	0.0001
50	0.0009973	239.2	0.6874	0.0009953	243.5	0.6852	0.0009933	247.7	0.6829
100	0.0010266	445.4	1.2807	0.0010244	449.2	1.2771	0.0010222	453.0	1.2736
150	0.0010689	654.2	1.8056	0.0010660	657.4	1.8007	0.0010632	660.7	1.7959
200	0.0011260	867.7	2.2824	0.0011220	870.2	2.2759	0.0011182	872.8	2.2695
220	0.0011542	955.1	2.4634	0.0011495	957.2	2.4560	0.0011450	959.4	2.4488
240	0.0011863	1044.2	2.6405	0.0011808	1045.8	2.6320	0.0011754	1047.5	2.6238
250	0.0012042	1089.5	2.7279	0.0011981	1090.8	2.7188	0.0011922	1092.1	2.7100
260	0.0012235	1135.4	2.8148	0.0012166	1136.3	2.8050	0.0012102	1137.3	2.7955
280	0.0012670	1277.5	3.0741	0.0012819	1276.8	3.0614	0.0012727	1276.5	3.0494
300	0.0013191	1326.8	3.1608	0.0013077	1325.4	3.1469	0.0012972	1324.4	3.1337
320	0.0013835	1429.4	3.3367	0.0013677	1425.9	3.3193	0.0013535	1423.2	3.3032
340	0.0014666	1539.5	3.5192	0.0014434	1532.9	3.4965	0.0014233	1527.5	3.4760
350	0.0015186	1598.7	3.6149	0.0014896	1589.7	3.5885	0.0014651	1582.4	3.5649
360	0.001580	1662.3	3.7166	0.001542	1650.5	3.6856	0.001512	1641.3	3.6590
370	0.001656	1725.5	3.8156	0.001605	1709.0	3.7774	0.001566	1696.6	3.7457
380	0.001754	1799.9	3.9304	0.001682	1776.4	3.8814	0.001630	1759.7	3.8430
390	0.001892	1886.3	4.0617	0.001779	1805.7	3.9942	0.001706	1827.4	3.9459
400	0.002111	1993.1	4.2214	0.001909	1934.1	4.1190	0.001801	1900.6	4.0554
410	0.002494	2133.1	4.4278	0.002095	2031.2	4.2621	0.001924	1981.0	4.1739
420	0.003082	2296.7	4.6656	0.002371	2145.7	4.4285	0.002088	2070.6	4.3042
430	0.003761	2450.6	4.8861	0.002749	2272.8	4.6105	0.002307	2170.4	4.4471
440	0.004404	2577.2	5.0649	0.003200	2399.4	4.7893	0.002587	2277.0	4.5977
450	0.004956	2676.4	5.2031	0.003675	2515.6	4.9511	0.002913	2384.2	4.7469
460	0.005430	2758.0	5.3151	0.004137	2617.1	5.0906	0.003266	2486.4	4.8874
470	0.005854	2828.2	5.4103	0.004560	2704.4	5.2089	0.003626	2580.8	5.0152
480	0.006239	2890.4	5.4934	0.004941	2779.8	5.3097	0.003982	2667.5	5.1312
490	0.006594	2946.6	5.5676	0.005291	2946.5	5.3977	0.004315	2744.7	5.2330
500	0.006925	2998.3	5.6349	0.005616	2906.8	5.4762	0.004625	2813.5	5.3226
520	0.007532	3091.8	5.7543	0.006205	3013.7	5.6128	0.005190	2933.8	5.4763
540	0.008083	3176.0	5.8592	0.006735	3108.0	5.7302	0.005698	3038.5	5.6066
550	0.008342	3215.4	5.9074	0.006982	3151.6	5.7835	0.005934	3086.5	5.6654
560	0.008592	3253.5	5.9534	0.007219	3193.4	5.8340	0.006161	3132.2	5.7206
580	0.009069	3326.2	6.0396	0.007667	3272.4	5.9276	0.006587	3217.9	5.8222
600	0.009519	3395.1	6.1194	0.008088	3346.4	6.0135	0.006984	3297.4	5.9143
620	0.009949	3461.1	6.1942	0.008487	3416.7	6.0931	0.007359	3372.2	5.9990
650	0.01056	3556.1	6.2988	0.009053	3517.0	6.2035	0.007886	3477.8	6.1154
680	0.01115	3647.7	6.3965	0.009588	3612.8	6.3056	0.008382	3577.9	6.2221
700	0.01152	3707.3	6.4584	0.009930	3674.8	6.3701	0.008699	3642.4	6.2800
720	0.01189	3766.1	6.5181	0.01026	3735.7	6.4320	0.009006	3705.5	6.3532
750	0.01242	3852.9	6.6043	0.01075	3825.5	6.5210	0.009452	3798.1	6.4451
800	0.01327	3995.1	6.7400	0.01152	3971.7	6.6606	0.01016	3948.4	6.5885

附表 16 几种物质的标准生成焓、标准生成自由焓

$(101325Pa，25℃)\Delta\bar{h}_f^0$ 和 $\Delta\bar{g}_f^0/(kJ/kmol)$

物 质	化学式	$\bar{h}_f^0$	$\Delta\bar{g}_f^0$	物 质	化学式	$\bar{h}_f^0$	$\Delta\bar{g}_f^0$
碳	C(s)	0	0	丙烯	$C_3H_6(g)$	+20410	+62720
氢	$H_2(g)$	0	0	丙烷	$C_3H_8(g)$	−103850	−23490
氮	$N_2(g)$	0	0	正丁烷	$C_4H_{10}(g)$	−126150	−15710
氧	$O_2(g)$	0	0	正辛烷	$C_8H_{18}(g)$	−208450	+16530
一氧化碳	CO(g)	−110530	−137150	正辛烷	$C_8H_{18}(l)$	−249950	+6610
二氧化碳	$CO_2(g)$	−393520	−394360	苯	$C_6H_6(g)$	+82930	+129660
水	$H_2O(g)$	−241820	−228590	甲醇	$CH_3OH(g)$	−200670	−162000
水	$H_2O(l)$	−285830	−237180	甲醇	$CH_3OH(l)$	−238660	−166360
过氧化氢	$H_2O_2(g)$	−136310	−105600	乙醇	$C_2H_5OH(g)$	−235310	−168570
氨	$NH_3(g)$	−46190	−16590	乙醇	$C_2H_5OH(l)$	−277690	−174890
甲烷	$CH_4(g)$	−74850	−50790	氧	O(g)	+249190	+231770
乙炔	$C_2H_2(g)$	+226730	+209170	氢	H(g)	+218000	+203290
乙烯	$C_2H_4(g)$	+52280	+68120	氮	N(g)	+472650	+455510
乙烷	$C_2H_6(g)$	−84680	−32890	羟	OH(g)	+39460	+34280

附表 17 几种物质的燃烧焓和汽化焓 $(101325Pa，25℃)$

(生成物中的 H_2O 为液体)

物 质	化学式	$\bar{h}_c^0$ /(kJ/kmol)	$\Delta\bar{h}_{fg}$ /(kJ/kmol)	物 质	化学式	$\bar{h}_c^0$ /(kJ/kmol)	$\Delta\bar{h}_{fg}$ /(kJ/kmol)
氢	$H_2(g)$	−285840		正丁烷	$C_4H_{10}(g)$	−2877100	21060
碳	C(s)	−393520		正戊烷	$C_5H_{12}(g)$	−3536100	26410
一氧化碳	CO(g)	−282990		正己烷	$C_6H_{14}(g)$	−4194800	31530
甲烷	$CH_4(g)$	−890360		正庚烷	$C_7H_{16}(g)$	−4853500	36520
乙炔	$C_2H_2(g)$	−1299600		正辛烷	$C_8H_{18}(g)$	−5512200	41460
乙烯	$C_2H_4(g)$	−1410970		苯	$C_6H_6(g)$	−3301500	33830
乙烷	$C_2H_6(g)$	−1559900		甲苯	$C_7H_8(g)$	−3947900	39920
丙烯	$C_3H_6(g)$	−2058500		甲醇	$CH_3OH(g)$	−764540	37900
丙烷	$C_3H_8(g)$	−2220000	15060	乙醇	$C_2H_5OH(g)$	−1409300	42340

附表 18 化学平衡常数的对数值 lgK_p

(1) $H_2 \rightleftharpoons 2H$

(2) $O_2 \rightleftharpoons 2O$

(3) $N_2 \rightleftharpoons 2N$

(4) $\frac{1}{2}O_2 + \frac{1}{2}N_2 \rightleftharpoons NO$

(5) $H_2O \rightleftharpoons H_2 + \frac{1}{2}O_2$

(6) $H_2O \rightleftharpoons OH + \frac{1}{2}H_2$

(7) $CO_2 \rightleftharpoons CO + \frac{1}{2}O_2$

(8) $CO_2 + H_2 \rightleftharpoons CO + H_2O$

T/K	(1)	(2)	(3)	(4)	(5)	(6)	(7)	(8)
				$\lg K_p$				
298	−71.224	−81.208	−159.600	−15.171	−40.048	−46.054	−45.066	−5.018
500	−40.316	−45.880	−92.672	−8.783	−22.886	−26.130	−25.025	−2.139
1000	−17.292	−19.614	−43.056	−4.062	−10.062	−11.280	−10.221	−0.159
1200	−13.414	−15.208	−34.754	−3.275	−7.899	−8.811	−7.764	+0.135
1400	−10.630	−12.054	−28.812	−2.712	−6.347	−7.021	−6.014	+0.333
1600	−8.532	−9.684	−24.350	−2.290	−5.180	−5.677	−4.706	+0.474
1700	−7.666	−8.706	−22.512	−2.116	−4.699	−5.124	−4.169	+0.530
1800	−6.896	−7.836	−20.874	−1.962	−4.270	−4.613	−3.693	+0.577
1900	−6.204	−7.058	−19.410	−1.823	−3.886	−4.190	−3.267	+0.619
2000	−5.580	−6.356	−18.092	−1.699	−3.540	−3.776	−2.884	+0.656
2100	−5.016	−5.720	−16.898	−1.586	−3.227	−3.434	−2.539	+0.688
2200	−4.502	−5.142	−15.810	−1.484	−2.942	−3.091	−2.226	+0.716
2300	−4.032	−4.614	−14.818	−1.391	−2.682	−2.809	−1.940	+0.742
2400	−3.600	−4.130	−13.908	−1.305	−2.443	−2.520	−1.679	+0.764
2500	−3.202	−3.684	−13.070	−1.227	−2.224	−2.270	−1.440	+0.784
2600	−2.836	−3.272	−12.298	−1.154	−2.021	−2.038	−1.219	+0.802
2800	−2.178	−2.536	−10.914	−1.025	−1.658	−1.624	−0.825	+0.833
3000	−1.606	−1.898	−9.716	−0.913	−1.343	−1.265	−0.485	+0.858
3200	−1.106	−1.340	−8.664	−0.815	−1.067	−0.951	−0.189	+0.878
3400	−0.664	−0.846	−7.736	−0.729	−0.824	−0.687	−0.071	+0.895

附表 19　某些理想气体在 101.325kPa 下的绝对熵

T/K	N₂ $s/[\mathrm{kJ/(kmol \cdot K)}]$	O₂ $s/[\mathrm{kJ/(kmol \cdot K)}]$	CO₂ $s/[\mathrm{kJ/(kmol \cdot K)}]$	CO $s/[\mathrm{kJ/(kmol \cdot K)}]$
0	0	0	0	0
100	159.813	173.306	179.109	165.850
200	179.988	193.486	199.975	186.025
298	191.611	205.142	213.795	197.653
300	191.791	205.322	214.025	197.833
400	200.180	213.874	225.334	206.234
500	206.740	220.698	234.924	212.828
600	212.175	226.455	243.309	218.313
700	216.866	231.272	250.773	223.062
800	221.016	235.924	257.517	227.271

T/K	N₂ s/[kJ/(kmol·K)]	O₂ s/[kJ/(kmol·K)]	CO₂ s/[kJ/(kmol·K)]	CO s/[kJ/(kmol·K)]
900	224.757	239.936	263.668	231.066
1000	228.167	243.585	269.325	234.531
1100	231.309	246.928	274.555	237.719
1200	234.225	250.016	279.417	240.673
1300	236.941	252.886	283.956	243.426
1400	239.484	255.564	288.216	245.999
1500	241.878	258.078	292.224	248.421
1600	244.137	260.446	296.010	250.702
1700	246.275	262.685	299.592	252.861
1800	248.304	264.810	302.993	254.907
1900	250.237	266.835	306.232	256.852
2000	252.078	268.764	309.320	258.710
2100	253.836	270.613	312.269	260.480
2200	255.522	272.387	315.098	262.174
2300	257.137	274.090	317.805	263.802
2400	258.689	275.735	320.411	265.362
2500	260.183	277.316	322.918	266.865
2600	261.622	278.848	325.332	268.312
2700	263.011	280.329	327.658	269.705
2800	264.350	281.764	329.909	271.053
2900	265.647	283.157	332.085	272.358
3000	266.902	284.508	334.193	273.618
3200	269.295	287.098	338.218	276.023
3400	271.555	289.554	342.013	278.291
3600	273.689	291.889	345.599	280.433
3800	275.741	294.115	349.005	282.467
4000	277.638	296.236	325.243	284.369

续表

T/K	NO $s/[\mathrm{kJ/(kmol \cdot K)}]$	NO$_2$ $s/[\mathrm{kJ/(kmol \cdot K)}]$	H$_2$O $s/[\mathrm{kJ/(kmol \cdot K)}]$	H$_2$ $s/[\mathrm{kJ/(kmol \cdot K)}]$
0	0	0	0	0
100	177.034	202.431	152.390	102.145
200	198.753	225.732	175.486	119.437
298	210.761	239.953	188.833	130.684
300	210.950	240.183	189.038	138.864
400	219.535	251.321	198.783	139.215
500	226.267	260.685	206.523	145.738
600	231.890	268.865	213.037	151.077
700	236.765	276.149	218.719	155.608
800	241.091	282.714	223.803	159.549
900	244.991	288.684	228.430	163.060
1000	248.543	294.153	232.706	166.223
1100	251.806	299.190	236.694	169.118
1200	254.823	303.855	240.443	171.792
1300	257.626	308.194	243.986	174.281
1400	260.250	312.253	247.350	176.620
1500	262.710	316.056	250.560	178.833
1600	265.028	319.637	253.622	180.929
1700	267.216	323.022	256.559	182.929
1800	269.287	326.223	259.371	184.833
1900	271.258	329.265	262.078	186.657
2000	273.136	332.160	264.681	188.406
2100	274.927	334.921	267.191	190.088
2200	276.638	337.562	269.609	191.707
2300	278.279	340.089	271.948	193.268
2400	279.856	342.515	274.207	194.778
2500	281.370	344.846	276.396	196.234
2600	282.827	347.089	278.517	197.649
2700	284.232	349.248	280.571	199.017
2800	285.592	351.331	282.563	200.343
2900	286.902	353.344	284.500	201.636
3000	288.174	355.289	286.383	202.887
3200	290.592	359.000	289.994	205.343
3400	292.876	362.490	293.416	207.577
3600	295.031	365.783	296.676	209.757
3800	297.073	368.904	299.776	211.841
4000	299.014	371.866	302.742	213.837

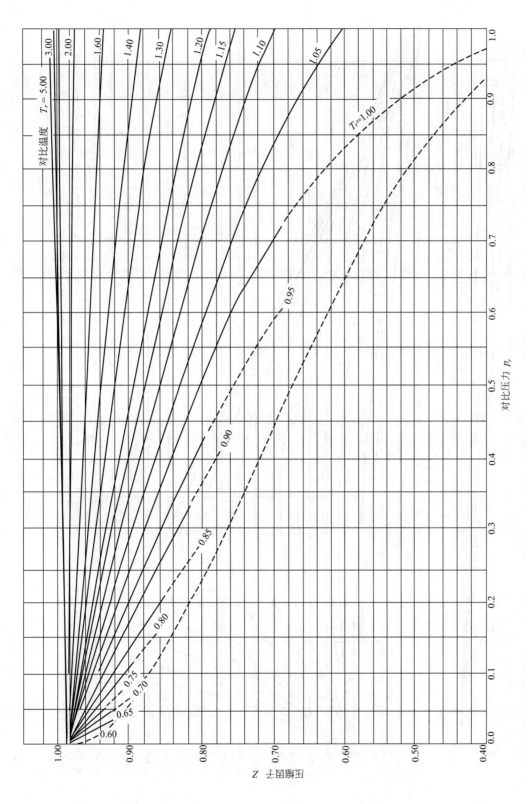

附图 1 （a）气体压缩因子

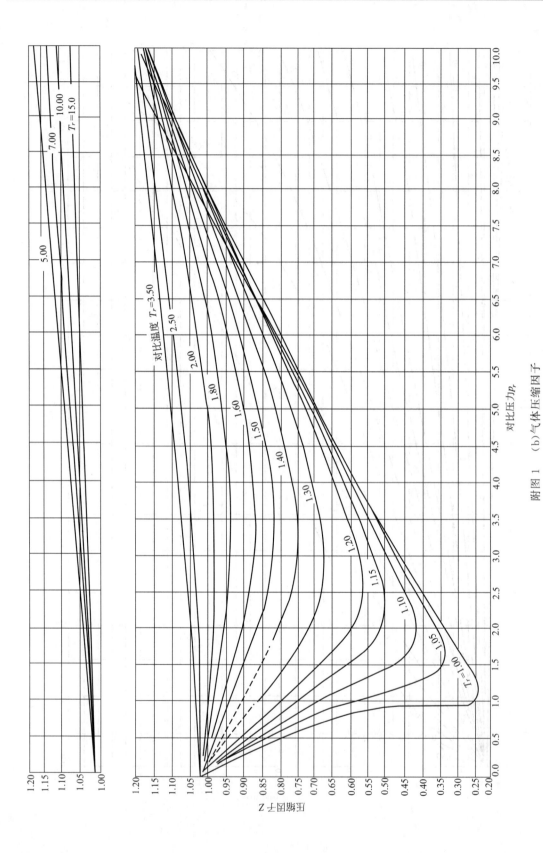

附图 1　（b）气体压缩因子

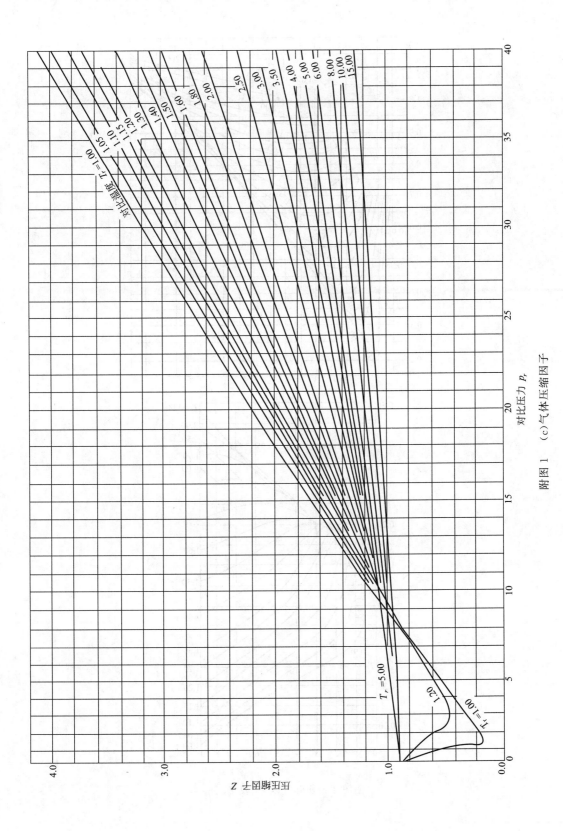

附图 1　(c) 气体压缩因子

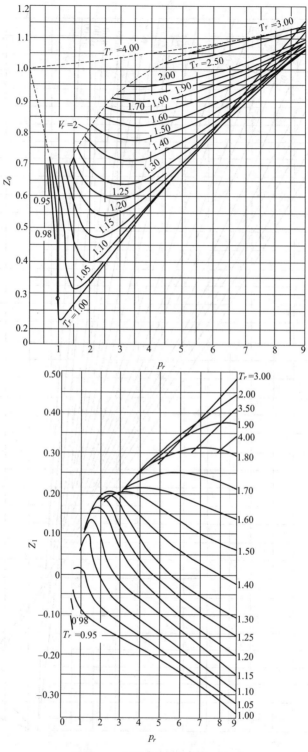

附图 2　实际气体 Z_0 及 Z_1 图

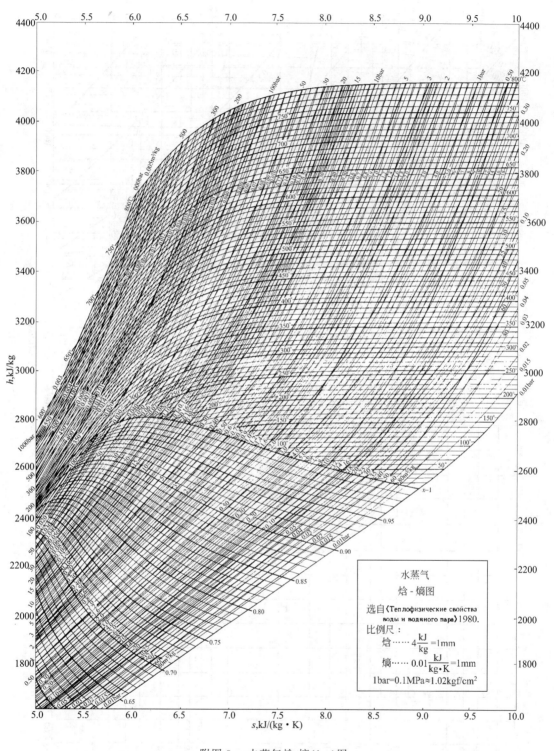

附图 3　水蒸气焓-熵(h-s)图

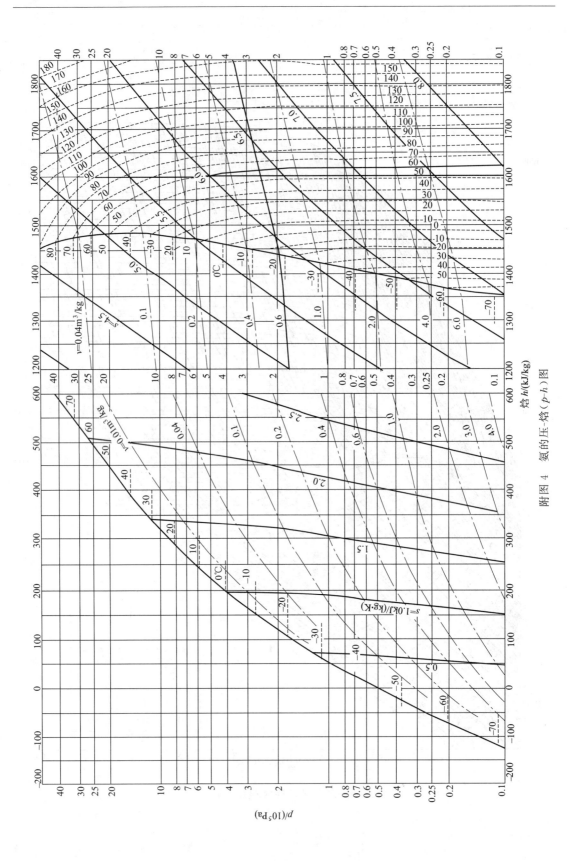

附图 4 氨的压焓（p-h）图

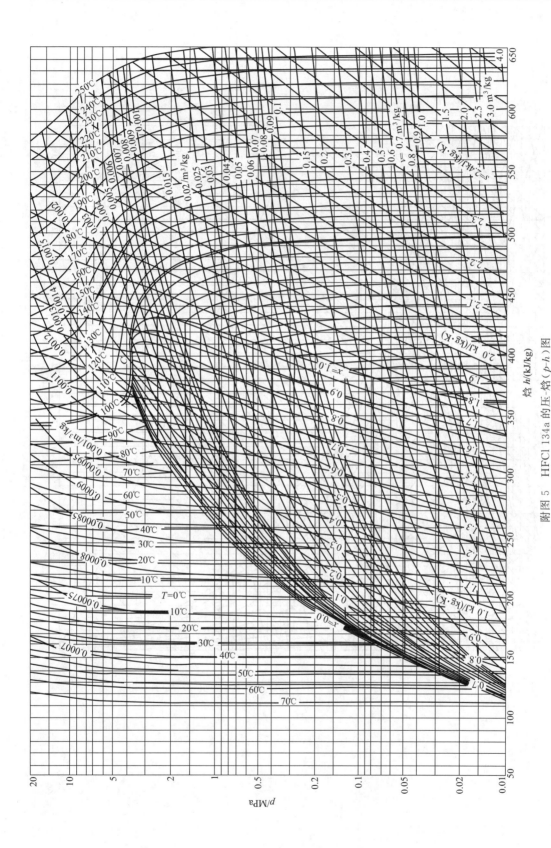

附图 5 HFCl 134a 的压-焓 ($p-h$) 图

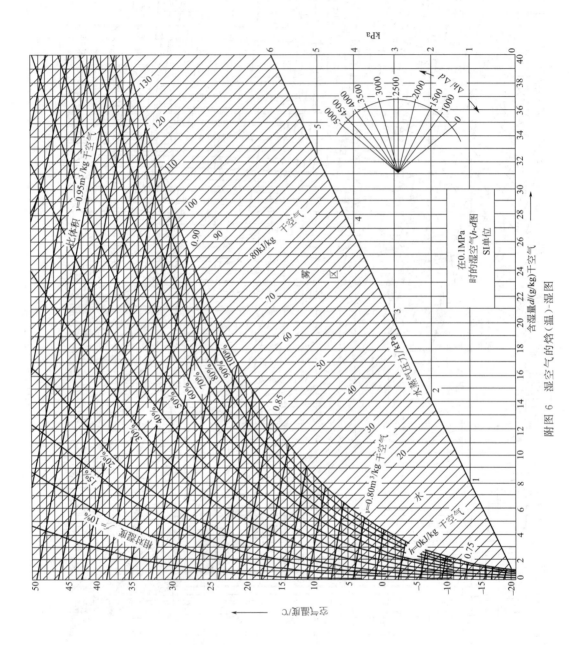

附图 6 湿空气的焓（温）-湿图

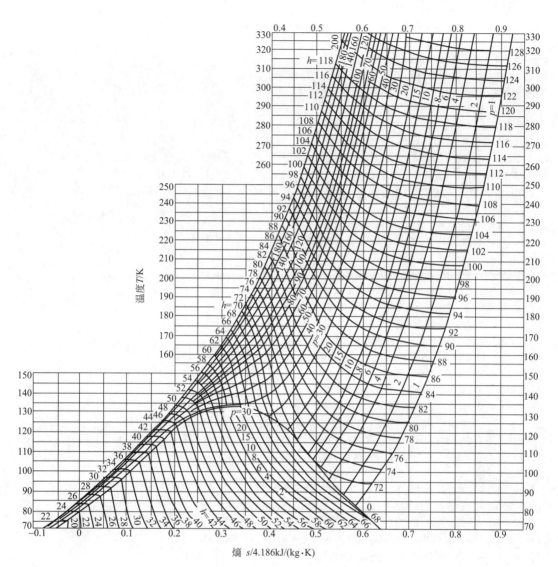

附图7 空气的温-熵(T-s)图

参 考 文 献

[1] 朱明善等. 工程热力学. 北京：清华大学出版社，1996.

[2] 沈维道等. 工程热力学（第二版）. 北京：高等教育出版社，1983.

[3] 郑令仪等. 工程热力学. 北京：国防工业出版社，1983.

[4] 李斯特. 工程热力学原理. 北京：化学工业出版社，1994.

[5] 黄承遇. 化工热力学. 北京：化学工业出版社，1992.

[6] 顾飞燕等. 化工热力学. 成都：成都科技大学出版社，1988.

[7] 付献彩等. 物理化学. 北京：人民教育出版社，1979.

[8] 胡英等. 物理化学. 北京：人民教育出版社，1979.

[9] Michael M. ABBOTT and others, Theory and Problems of Thermodynamics, MCGRAW-HILL Book Company，1976.

[10] 王竹溪. 热力学简程. 北京：人民教育出版社，1964.

[11] 李国珍. 物理化学练习 500 例. 北京：高等教育出版社，1985.

[12] 久保亮五编. 热力学. 吴宝路译. 北京：人民教育出版社，1982.

[13] 崔峨等. 工程热力学习题集. 北京：高等教育出版社，1985.

[14] 朱明善等. 热力学分析. 北京：高等教育出版社，1992.

[15] 骆赞椿等. 化工节能热力学原理. 北京：烃加工出版社，1990.

[16] 项新耀. 工程㶲分析方法. 北京：石油工业出版社，1990.

[17] 涂淑凤等. 化工热力学. 广州：华南理工大学出版社，1994.

[18] [日] 山口乔著. 化工热力学入门. 邢文彬等译. 北京：冶金工业出版社，1985.

[19] Michal J. Moran and Howard N. Shapiro, Fundamentals of Engineering Thermodynamics. John Wiley & Sons，1988.

[20] 杨华东. 㶲分析和能级分析. 北京：科学出版社，1986.

[21] 平田光穗等著. 实用化工节能技术. 梁元修等译. 北京：化学工业出版社，1988.

[22] Jhon Wiley & Sons Chemical and Engineering Thermodynamics，New York Santa Barbara，1977.

[23] 王维城等译. 能量有效利用技术. 北京：化学工业出版社，1984.

[24] 王补宣主编. 热工基础. 北京：高等教育出版社，1981.

[25] 曹玉璋等. 热工基础. 北京：航空工业出版社，1993.

[26] 吴业正等编. 制冷原理及设备. 西安：西安交通大学出版社，1994.

[27] 徐杨和主编. 制冷系统及其原理. 北京：航空工业出版社，1993.

[28] 赵冠春等编. 㶲分析及其应用. 北京：高等教育出版社，1984.

[29] Wilson G M，J. A. C. S，1964，86，127. United States. Briton，England.

[30] Derr E L and Deal C H，International Sysp. On Distillation，1969，3，40.

[31] Abrams D S and Prausnitz J M，AICHE J，1975，21，116. United States.

[32] Fredenslund A，Jones R and Prausnitz J M，AICHE J，1975，21，1086.

[33] 陈学俊等编. 锅炉原理. 北京：机械工业出版社，1981.

[34] 同济大学等编. 锅炉原理. 北京：机械工业出版社，1981.

[35] 蔡颐年主编. 蒸汽轮机. 西安：西安交通大学出版社，1988.

[36] 翦天聪主编. 汽轮机原理. 北京：水利电力出版社，1989.

[37] 陈学堂编著. 工程热力学. 北京：北京理工大学出版社，1998.

[38] 第九届全国热力学分析与节能学术会议学术委员会编. 热力学分析与节能——论文集. 北京：科学出版社，1999.

[39] 科学技术情报研究所重庆分所编. 热管设计研究与工程应用. 重庆：科学技术文献出版社重庆分社，1981.

[40] 马同泽等编著. 热管. 北京：科学出版社，1983.

[41] 田昌霖，K. S. Chung. 热管的携带极限. 3rd Interantional Heat Pipe Conference，Calif/May 22-24，1978.

[42] [日] 实用节能机器全书编辑委员会. 使用节能全书. 北京：中国建筑工业出版社，1987.

[43] H. L von 库柏编. 热泵的理论与实践. 王子介译. 北京：中国建筑工业版社，1986.

[44] 徐邦裕等编. 热泵. 北京：中国建筑工业出版社，1988.

主 要 符 号

A	面积，自由能	r_i	混合物的容积成分
C	热容；浓度	S,s	熵及比熵
c	流速；比热容	T	热力学温度
c_p	比定压热容	t	摄氏温度
c_V	比定容热容	t_s	饱和温度
d	含湿量，汽耗率	U,u	内能及质量内能
E,e	系统总能量及比量	V,v	容积及比体积
E_k,e_k	动能及比动能	W,w	体积功及比体积功
E_p,e_p	位能及比位能	W_0,w_0	循环净功及比循环净功
E_x,e_x	㶲及比㶲	W_e,w_e	非体积功及比非体积功
E_{xQ},e_{eq}	热量㶲及比热量㶲	W_l,w_l	做功能力损失及比做功能
f	逸度		力损失
G,g	自由焓及比自由焓	W_s,w_s	轴功及比轴功
$\Delta \bar{g}_f^0$	标准生成自由焓	W_t,w_t	技术功及比技术功
H,h	焓及比焓	x	干度
$\Delta \bar{h}_f^0$	标准生成焓	x_i	混合物的质量成分，溶液液
k	比热容比或绝热指数		相摩尔成分
K_c	以浓度表示的化学平衡常数	y_i	混合物的摩尔成分，溶液汽
K_p	以压力表示的化学平衡常数		相摩尔成分
K_y	以摩尔分数表示的化学平衡	Z	压缩因子
	常数	z	高度
L	长度	α	离解度，活度
M	分子量	γ	活度系数
m	质量	ε	压缩比
N	功率	ε_c	制冷系数
n	千摩尔数；多变指数	ε_h	供暖系数
p	绝对压力	ζ	热量利用系数
p_b	大气压力	η_c	卡诺循环热效率
p_g	表压力	η_{ex}	㶲效率
p_v	真空度	η_t	热效率
p_s	饱和压力	μ	化学位
Q	热量	μ_J	绝热节流系数
Q_p	定压热效应	μ_s	定熵效应系数
Q_V	定容热效应	ρ	密度
q_m	质量流量	ϕ	相对湿度，逸度系数
R	气体常数	ω	偏心因子
R_m	通用气体常数		

角标符号

a	湿空气中干空气的	R	反应物的
c	临界状态的	r	对比状态的
iso	孤立系统的	s	定熵过程的;饱和状态的
m	摩尔的,千摩尔的	T	定温过程的
P	生成物的	v	定容过程的
p	定压过程的		